JN333679

イタリア都市の空間人類学

陣内秀信

Jinnai Hidenobu

◉弦書房

装丁　毛利一枝

イタリア都市の空間人類学◉目次

イタリアのコミュニティ

イタリアの町づくり

地中海都市

本書で紹介したイタリアの主な都市

「空間人類学」から都市の深層を読む——「はじめに」にかえて

イタリア都市との出会い

イタリアの都市に魅せられ、その研究に取り組んで、すでに四十数年が経った。出発点は、ヨーロッパの中世都市をテーマとした卒業論文にあり、特に個性派揃いのイタリアの都市に私は心を奪われていた。

大学院に入ってすぐの一九七一年の夏、初めて訪ねたイタリアの都市はどれも、私に感動を与えてくれた。長い歴史をもちながら、現代の市民がその都市空間の中で生き生きと、しかも格好よく暮らしている姿は実に新鮮だった。当時の日本といえば、戦後の急速な近代化と大規模な開発によって、都市が歴史と馴染みのある風景を次々と失っていたのだ。東京は「都市砂漠」とも、「コンクリート・ジャングル」とも言われた。このギャップを痛切に感じたカルチャーショックを切掛けに、次は何としても、歴史的にでき上がった建築、都市空間のもつ価値を理解する方法、視点を学びたいと考え、イタリアへの留学を決めた。

こうして一九七〇年代前半、二十代の中頃に、ヴェネツィアに二年間、そしてローマに一年間、留学し、生活をしながら「都市を読み解く」研究の面白さを学んだことが、あらゆる意味で自分自身のベースとなった。

日本では、過去にまったく無頓着な近代建築、近代都市計画の発想や方法に行き詰まりを感じていただけに、歴史に包まれた都市のそれぞれが、人々の生活空間としても評価され、個性を発揮し合っているイタリアの文化状況は、何とも魅力的だった。その「生きられた都市」の空間を古地図や史料を使いながら現地で調べる醍醐味を私自身、たっぷり味わえたのである。そして、「都市を読む」ことが、イタリアの都市づくりでも、大学の建築教育のなかでも、ごく当たり前のことになっているのを見て、この発想こそ、これからの日本が必要とするものに違いないと確信したのだ。

こうして始まった四十年もの長きにわたるイタリアとの付き合いのなかで、現地の多くの研究者、専門家と交流しながら、私は都市に関する様々なテーマの研究に取り組み、数多くのフィールド調査を経験して、幸いこれまでに幾つもの著書を刊行することができた。同時に、機会のあるごとに色々な種類の雑誌、刊行物に論文、報告、エッセイ等を発表してきた。一九八〇年代末までのこうした仕事については、「都市を読む」を表看板に掲げ、『都市を読む*イタリア』として刊行することができた。

本書は、それ以後に様々な雑誌、刊行物に発表した論考、エッセイ、あるいは研究会、講演会での発表内容などを一冊に編んだものである。ここでは、あえて、「空間人類学」という言葉を書名として前面に押し出しているので、先ずはその思いを述べておきたい。

実は、この言葉は、私が一九八五年に刊行した『東京の空間人類学』の書名を決める時に、自分自身で考え、編み出した用語である。都市は、モノとしての形態や構造、目に見える景観だけで捉えられるものではない。人々の営み、心性、身体性、人間関係、生業、場所との結び付きや意味、記憶、聖と俗、祝祭、信仰のあり方や自然観などと深く関係している。人類学・民俗学、社会史等の領域の研究者たちとの共同研究を行った経験が、こうした考え方に導いてくれた。東京を研究する中から得た自分自身のこの着想を、イタリアの都市の特質を描くことを目的とした今回の本づくりにも応用したいと思い、書名には最初から「空間人類学」を掲げることを考えたのである。

東京研究から生まれた「空間人類学」の方法

そもそも、イタリア留学を終え日本に戻ってから、私は長年、〈イタリア―地中海世界〉の都市と〈東京―日本〉の都市を比較しながら研究する、という姿勢を大切にしてきた。「異なる文化圏の二つの地域を研究対象とするのがよい」と、若い頃から先生や先輩から聞かされていたからである。こうした姿勢でいると、発想が広がり、ことの本質がより鮮明に見えてくることを実感してきた。

特に、〈イタリア都市〉と〈江戸東京〉との比較が、私にとって、色々な局面で重要な思考の枠組みを形づくってくれた。「石の文化」と「木の文化」という違いばかりが強調されるが、複雑にでき上がった都市構造、人間的尺度の尊重、地形の変化に富んだ多様な風景、美への豊かな感性など、お互いの共通性がたくさんある。親近感をおおいに感じ合える二つの異文化の国なのだ。違いと共通性をもつもの同士なので、比較研究が効果を発揮するのは、言うまでもない。

だが、「空間人類学」というネーミング、考え方は、イタリア経験からだけでは生まれようがなく、実は、東京の研究を体験するなかで初めて着想できたものなのだ。その経緯を語っておこう。

一九七六年秋に帰国し、法政大学の建築学科で教鞭をとるようになって、以来、学生たちとのフィールドワークの対象として、東京を選び、徹底してこの都市を歴史的に解き明かす作業に取り組んできた。イタリアで学んだ「都市を読む」方法を応用するのに、先ずは、震災、戦災に会わず、歴史的な建物が数多く残っている台東区の下谷根岸地区を選び、建物（町家、長屋、武家屋敷の系譜の住宅、農家）を実測し、敷地割、路地、道との関係を考察して、伝統的な町並みを受け継ぐこの地区の成り立ちを解き明かすことができた（『東京の町を読む――下谷・根岸の歴史的生活環境』）。建築を中心に据えるイタリア流の類型学（タイポロジー）的手法が、幸い、ここではそのまま使えたのだ。

だが、ノスタルジーの感じられるこうした下町の伝統的な地区だけに目を向ける消極的な姿勢では、ダイナミックな東京に切り込むことはできない。そう考えた我々は、次の研究対象としては、思いっきり発想を変え、都市構造が一見複雑でわかりにくく見えた、旧江戸の山の手にあたる地域全体（山手線の内側）を選び、その場所の特徴を時間軸を入れて読む作業に挑戦した。文明開化以後、近代の主役を担った地域であることが、なおさら魅力的だった。とはいえヨーロッパの都市とは異なり、都市の中に古い建物があまり残っているわけではない。

歴史が見えづらいこの東京を料理するには、やはりイタリア流の方法だけでは歯が立たない。もっと自由にそれを解釈し、建築中心の発想を越えて、変化に富む地形、複雑な道路網、豊かな植生、近世にルーツをもつ土地利用の系譜（町人地・大名屋敷、中級武家地、下級武家地、寺社地）などがいかに相互に関連してつくられ、場所のアイデンティティを生んでいるかに着目する必要があった。やってみるとその作業が実に面白く、江戸を下敷きとし、近代・現代の東京がいかに成立しているかが鮮やかに浮かび上がったのだ。実際、江戸の古地図を現状の地図に重ねたところ、見事に対応することに驚かされた。

このように東京では、建築そのものと結びついたフィジカルな論理はイタリアに比べて弱く、結局のところ地形、水路、湧水、植生、聖なる場、道路網、土地区画など、もっぱら土地、場所に着目し、その特徴を分析するという、きわめて日本的な応用の手法を編み出すことにつながった。また、その探究が興味深い知的なチャレンジだったのである。

複雑系からなる東京の都市空間のアイデンティティを生んでいる仕組みには、独特のものがある。トポス（場所）やゲニウス・ロキ（地霊）の発想がこれほど似合う都市も珍しい。場所の意味を掘り下げる必要を感じつつ、私はその思いを「空間人類学」というネーミングに託した。山の手の自然と人工が一体となった不思議な迷宮空間の特性を、実際その中をさまよいながら読み解く作業は実に面白かった。〈自然と都市〉という視点抜きには、日本の都市の歴史的形成の特質を理解できないこともよくわかった。

その観点から、次に大きなテーマとなったのが、江戸東京の「水の都市」であり、自分自身のヴェネツィア体験と二重写しになりながら、調査研究が進められた。切掛けは、八〇年代初頭、下町出身の友人に誘われ、佃島の船宿から舟を出し、隅田川・神田川・日本橋川を巡ったことにある。実際に水上から東京という都市を観察する体験はスリル満点だった。本来この都市の重要な要素、場所の大半は水辺に立地していたという興味深い事実が浮かび上った。江戸東京では水は、飲料、農業、舟運・流通、生産、漁業、宗教、祭礼・演劇、行楽・遊び等など、実に多彩な役割をもった。水辺には市場ばかりか寺社、盛り場、名所、遊里などが発達するという独特の場の形成原理も浮かび上がった。そこにも日本の特質が見出せる。これらを空間や場所との結びつきで理解するには、やはり「空間人類学」の発想が役に立ったのだ。こうした成果をまとめて、『東京の空間人類学』が誕生した。

一九八〇年代の初め、建築家・相田武文氏が主催する建築塾で、「イタリアの都市を読む」をテーマに連続レクチャーを担当した際、会場でルイス・カーンの研究者として知られる論客の工藤国雄氏が聞いておられ、講義を終えた私に、「陣内君、こういう方法で建築を通じて、どこまで都市が読めると思う?」と問を向けて下さり、以後、心の奥に課題として残ることになった。その回答の一つにあたるものが、私のなかでは、この『東京の空間人類学』であった。

再びヴェネツィアを新鮮な視点で見直す

東京という難しい対象を相手に試行錯誤を重ね、自分を鍛えながら研究を進めてきた経験は、有難いことに、イタリアの都市をまた違った新鮮な視点から考え直すのに、大きな力となった。例えば、江戸東京の水の都市の構造と場所の意味をこうした観点から考察し、様々な領域の研究者たちとの学際的共同研究を行った経験は、逆に自分のヴェネツィアを見る視点を広げ、この水の都市を「交易都市」として捉え、舟運と港湾施設、市場、外国人居住、文化経済活動などの観点に広げて見直す切掛けを与えてくれた。まさに異なる文化圏の二つの地域を比較研究することの意義を実感したのである。

一九九一年に在外研究で再度、ヴェネツィアに滞在し、こうした観点から研究を深めたが、同世代の都市史研究者、ドナテッラ・カラビらが、フランスのアナール派の影響も受けながら同じような視点から水の都市の研究を深めているのに驚かされた。私が一九八〇年代、色々な学問分野の研究者達と交流し、目を開かされたように、イタリアの研究仲間の人達も、七〇年代後半から八〇年代にかけて、都市に関する新たな学問の動向を切り拓いていったのだ。

自分自身、留学の成果としての学位論文をベースに出版した『ヴェネツィア――都市のコンテクストを読む』では、もっぱら建築の類型と都市の組織（土地の分割、道路、水路などからなる組織）の視点から水の上にヴェネツィアがいかに形成されたかを論じたが、一九九一年のヴェネツィア滞在を終えて刊行した『ヴェネツィア――水上の迷宮都市』においては、八〇年代以後の新たな経験を活かし、「空間人類学」の視点を強く意識しながら、〈浮島〉〈迷宮〉〈五感〉〈交易〉〈市場〉〈広場〉〈劇場〉〈祝祭〉〈流行〉〈本土〉という十のキーワードを挙げて、都市と人間の営みの関係や場所の意味を考察してみたのである。

以前から暖めていたヴェネツィアらしいテーマの祝祭、劇場については、共和国時代に活躍し、長い中断の後に八〇年代に復活した祝祭のプロデュース組織、コンパニア・デッラ・カルツァのメンバーと親しくなり、その活動に一年を通じて参加したことで、こうしたテーマに実感をもって取り組むことができた。

文部省科学研究費による重点領域研究「イスラームの都市性」プロジェクト（一九八八―九一）に参加して、文系の歴史学、人類学、地理学などの専門家と都市について議論し、さらには彼らと現地調査を共有したことも、目を開かされる貴重な機会となった。一緒に中東の都市、そしてヴェネツィアを回っていても、建築の専門家とは見方が大きく異なり、市場や交易に、そしてエスニック・グループなどに好奇の目を向けるのだ。ヴェネツィアでは、ユダヤ人のゲットーやアルメニア人のコミュニティを詳細に調べる面白さを教えてもらえた。本書に登場する異文化との混淆、融合といったテーマもそんな経験から学んだ。

〈形態〉〈機能〉〈意味〉の三つの視点

その後、「空間人類学」の発想を入れて調査するのに格好の対象として、幸いにもサルデーニャと出会った。この島出身の若手の人類学者が東京の「水の都市」研究を目的に、私のもとへ留学して来たのが切掛けで、神秘の島、サルデーニャの面白さを知ることになり、研究室のメンバーと現地のフィールド調査を三年間、行った。

その頃、私は建築や都市を見るのに、形態の違いを生み出す背後の仕組みに関心があり、〈形態〉〈機能〉〈意味〉の三つの視点を組み合わせた研究の重要性を強く感じていた。そこに図らずも、サルデーニャが登場。古い構造が生き続けるこの島には、気候も地理条件もまったく異なる二つの対照的な地方がある。南部の平野に広がるカンピダーノ地方と、中部の山間部に展開するバルバージア地方だ。土地の自然条件の差は、生業、経済基盤の違いとなって現れる。カンピダーノは、古代からローマに小麦を供給していたほどの穀倉地帯で、大土地所有制（ラティフンディウム）が発達し、立派な農場を構える大地主層とそれに仕える零細な農民層が生まれた。その階級差のある社会の構造は、建築や町並みのあり方にそのまま反映している。

一方、山間のバルバージア地方には古来、牧畜をベースとする羊飼の町が形成されてきた。羊飼は数多くの羊を所有し、誰もが社長のような独立した存在であり、平等社会だけに、粒ぞろいの家が並んでいる。男たちは長期間、家族と離れ、羊たちを引き連れ大自然の中で過ごすから、町の教会や家を守るのは女性の仕事となる。このように社会の構造も生活スタイルも家族関係も、二つの地方では大きく異なるのだ。まさに〈形態〉ばかりか、〈機能〉さらには〈意味〉の三つの視点を組み合わせながら「空間人類学」の視点から研究するのに、サルデーニャはうってつけの対象と言える。

しかも古層が生き続けるサルデーニャは、普通のヨーロッパからは失われてしまった「聖なる場所」という感性が今も、随所で見られるのだ。その点が、日本とよく似ている。これまた「空間人類学」の重要なテーマだ。

この島には、先史時代、そしてヌラーゲ時代（前一五〇〇年—前三世紀）の立派な石造の巨大構造物が無数に存在する。当時の巡礼地、居住地のあとがたどれる。それらを古道が結び、後の時代の地域形成にも影響を与えた。特に、聖なる井戸の存在も大きな意味をもつ。そこにヌラーゲ時代の神殿、神域が生まれ、中世にもその上や周辺に意味ある場が受け継がれた。例えば、シラヌス近郊の田園の教会、サン・サルヴァトーレ教会は、地下にヌラーゲ時代の聖なる井戸をもち、そこがローマ時代、初期キリスト教時代、礼拝空間として受け継がれ、その上に現在につながる教会が建設された。その周辺が今も、カブラス市民にとって重要な聖地であり、ヴァカンス村としても機能している。こうした聖なる場所の継続性に関心をもって現地調査を進めた（『地中海の聖なる島　サルデーニャ』）。

このようなサルデーニャでの体験が、次には、東京の郊外研究に方法論上の重要なヒントを与えてくれたのだから、面白い。かつて江戸の町だった所に歴史があるのは当然として、山手線の外側に広がる、元は江戸の近郊農村だった所には、それほど重要な歴史的な地域の文脈はないだろうと一般には思われてきた。だが、サルデーニャで学んだキーワード、〈湧水〉〈遺跡〉〈古道〉〈聖域〉を地域の構造を読む方法として用いたところ、東京郊外の各地で人々は泉の湧く条件のよい場所に古代から住みつき、聖域としての神社をつくり、古道がそれらを結んでいたことが浮かび上がった。こうした古層が東京近郊に今も持続していることを我々は発見したのである。

イタリア人のライフスタイルへの関心

私がイタリア都市を研究するのに、これまで一貫して関心を持ち続けてきたのは、生活の空間という視点である。幾重もの歴史の層をもつ都市のなかに、人々がどのように生活の空間をつくり上げ、いかにそれを使ってきたのかを、実際の住宅、路地、中庭、そして街路、広場などを観察し、古地図、文献史料を参照しながら解き明かしてきた。

一九九三年以来、法政大学陣内研究室で継続的に行ってきた一連の南イタリア都市に関するフィールド調査の集大成として本を刊行した際にも、人々の居住の場に光を当てることに力点を置いた（『南イタリア都市の居住空間――アマルフィ、レッチェ、シャッカ、サルデーニャ』）。一方、イタリアを中心に地中海世界にまで視点をひろげ、歴史をもった都市における人々の暮らしぶりとその空間のあり方について、ソフトな視点も積極的に入れてNHK人間講座で論じたこともある。このように私は、〈空間〉と〈人間〉の間の相互の密接な関係を考えることを常に念頭に置いてきた。まさに「空間人類学」である。本書にも、そういった人々の生活の場としての住居、都市空間、そしてコミュニティへの関心から書かれた論考が多く収められている。

イタリアの都市研究には、今日の我々にとって、もう一つ重要なテーマがある。こうした長いイタリアと付き合いの間にも、私は歴史をもった〈都市〉、さらにはその周辺に広がる〈地域〉が見事に蘇る現象を幾度も目にし、文明論的に見たその面白さに常に引かれてきた。

こうしたイタリアの「都市・地域の再生」にとっての出発点は、一九七〇年代前半に、ボローニャなどで歴史的街区（チェントロ・ストリコ）の保存再生が成功したことにあると思う。幸い、私がイタリアに留学した頃がまさにその時期で、ボローニャの試みが輝きを放っているのをリアルタイムで目の当たりにした。その後、一九八〇年代に入ると、歴史をもったイタリアの中小規模の都市が蘇って魅力を高め、同時に、「第三のイタリア」と命名されたように、中北イタリアのエミリア・ロマーニャ州、ヴェネト州、ロンバルディア州の一部などの地域で、ファッション、デザインの世界を筆頭に、付加価値の高いイタリアらしい個性的な製品が生み出され、世界の注目を浴びる時期を迎えた。

それを受け、一九九一年に在外研究で再びヴェネツィアに一年滞在した時には、前述のようなヴェネツィアの都市史研究に加え、歴史・文化・自然を活かし新たな産業を興隆させ、見事な蘇りを見せていたヴェネトの諸都市（パドヴァ、ヴィチェンツァ、ヴェローナ、トレヴィーゾ）を対象に、歴史的空間における現代のイタリア人のライフスタイルを徹底的に取材・調査し、雑誌（『プロセス・アーキテクチュア』）の特集を組んだのである。

その後も、イタリアの全国に散らばる小さな都市が元気で、魅力を発信する秘密を解き明かし（『イタリア　小さなまちの底力』）、さらには、一九八六年に誕生し世界中に広がった〈スローフード〉の運動の町づくり版とも言うべき〈スローシティ〉（イタリア語ではチッタ・ズロー）の動きを紹介し、地域の歴史と伝統、自然の素材を活かすこの発想こそが都市を蘇らせる切り札となることを論じてきた（『イタリアの街角から――スローシティを歩く』）。近年、顕著なのは、後進的だとされていた南イタリアの都市がその歴史の厚み、豊かな自然条件などを活かし、再生への道に踏み出したこと、また、都市の周辺に広がる田園の再生の動きがおおいに高まっていることだ。そうしたイタリアの最近の町づくり、地域づくりに関する論考も本書に収録されている。

以上のように、本書は先ず、長い歴史と多様な文化風土を背景としたイタリア都市を特徴づける基層の構造を「空間人類学」の視点も踏まえて解き明かすことを目指している。同時にまた、その歴史的な都市空間を格好よく再生し、現代の人々の魅力的な生活の場を生み出しているイタリア各地の町の在り方を紹介し、その意味について考えることを目的としている。この本が、読者の皆様のイタリア都市理解をより深める上での一助となり、同時にまた、日本の都市や地域を再考する上での何らかのヒントに繋がれば、私にとって望外の喜びである。

I

空間人類学から読むイタリア都市

イタリア都市の歴史と空間文化

イタリアと日本——都市の歴史と空間文化

「町に住む」感覚

人間の生活の場として都市を再生させるには、長い歴史のなかで培われたその土地固有の特徴、町の空間や風景のなかに隠れている魅力を、まず住民がよく認識することが重要であろう。

現代の日本の都市に住む多くの人々にとって、自分の家やそのまわり、そして買い物や仕事、余暇などに使う個々の施設や場所には関心があっても、それらを包み込む都市の風景や空間がもつ価値にはなかなか目が向かない、というのが実情ではなかろうか。日本の都市も、その土地の条件や固有の歴史と結びついた個性や魅力を持っているのは言うまでもないが、案外、それが自覚されていない。

それでは、自分の都市への愛着や誇り、文化的なアイデンティティが生まれるはずがない。経済活性化のための開発、あるいは再開発ばかりが都市づくりの目標となる状況から抜け出せないし、都市は便利に移動でき、効率よく目的を果たせればよいという発想のみがますます強まる。ドア・トゥ・ドアで目的地に車で乗りつけられなければ不便だ、という感覚は今なお根強い。歩く楽しさ、街角に佇む面白さがすっかり忘れられている。建築はまわりの街路や広場、緑地、川や掘割、海など、外部の環境と一体となってその魅力を発するはずだが、それも失われている。これでは、個性のある魅力的な町を市民が一緒につくるという発想が生まれるはずがない。真の都市再生に向けてのベースを共有できない。

本来、日本には、場所ごとの地形を生かし歴史の中で形成された個性ある都市が各地にあった。多くの絵画史料が示す通り、路上のストリートライフが活発で、賑わいに溢れていた。人々は確実に共有の都市のイメージをもち、それが市民の文化となっていた(1)。各都市の経済の活力も、そうした文化的アイデンティティと結びついて生まれていた。

今、都市再生を求めるとすれば、こうした原点に立ち戻り、過去の日本の都市が築き上げていた豊かな空間感覚や町の生活文化のあり方を再評価し、それを現代に蘇らせる方策を考えることが、まずは必要なのではなかろうか。

まず、私が四十年以上の長い期間、付き合ってきたイタリアの都市の例を中心に考えていきたい。今日の日本における都市再生のあり方を探るのに、多くのヒントが隠れていると思われるからである。

イタリア人と話をしていると、「家に住む」というより「町に住む」という感覚を誰もがもっていることに気づく。彼らは、自分の窓から眺める町の風景の価値を味わい深く語り、都市の歴史や文化を肌で感じながら暮らす人生の喜びを大切にしている。日本の都市でも、眺望への関心がないわけではない。しかし、それはもっぱら超高層の住宅からの眺望であり、都市の抽象化された遠景としての眺めにすぎない。人々が歴史の中で築き上げた様々な要素が織りなす、密度の高い、その土地固有のリアルな風景ではない。そこに空間文化は皆無である。

イタリアの都市に住む人々はまた、何でも近くに揃っていて楽しく買い物ができ、カフェで友人と会い、文化的な刺激のある旧市街の魅力を誇らしげに説明してくれる。もちろん郊外の大型スーパーにも車で週末出かけ、食料や生活必需品を大量に買い込んでくるが、日ごろはもっぱら町の中の個性ある洒落た個人店舗での買い物を楽しむ。町に住んでいると、展覧会のオープニング・パーティー、本の出版の祝いのシンポジウムに参加したり、オペラや映画鑑賞に出かける機会は多いし、週末は友人や親族を招いて賑やかに食事を楽しめる。イタリアに見る大人のお洒落感覚も、このような都市生活における社交の機会の多さと関係しているのは間違いない。

家を選ぶのも、通勤時間、駅からの距離、間取りの大きさと家賃の関係、といった要素だけではない。家を包み込む都市の環境としての魅力が決定的に重要になるのだ。

市民の皆が共有し、使いこなすことができる都市の空間がいかに豊かであるかを物語っている。それは街路であり、広場であり、そこに面する商店群やカフェ、ギャラリー、オペラ劇場など、すべてが入る。市場の賑わいも重要であるし、緑の下のベンチでくつろげる公園や、落ち着いた水辺の道も大きな価値をもつ。民間の店や施設も含め、市民の誰もが享受できるこうしたすべての場を公共空間としてとらえることができよう。

これらの多くは、その都市の歴史と深く結びつく存在であり、個性的な風景を生み、文化的なアイデンティティを形づくる重要な要素となっている。

公共空間としての広場

その中でも、広場の存在はとりわけ大きな意味をもつ。近年のヨーロッパでの歴史的都市の復権にとっても、広場が魅力を取り戻したことが重要な役割を果たしている。

こうした広場の伝統は、古代のギリシアのアゴラ、ローマのフォルムに遡るものであるが、直接的には、やはり中世の自治都市の経験と結びつくといえよう。ルネサンスに左右対称で美しく登場した広場は、むしろ君主の威光を表現する性格をもつものだった。市民が主体的に使いこなす親しみをもたれる広場は、中世の伝統を受け継ぐ。しかも、大聖堂の前の広場ではなく、市庁舎前の広場であるところが注目される。公共性という概念も、その経験から骨太に受け継がれてきたといってよい。

中世の美しい広場は各地にあるが、イタリアの中でその象徴としてしばしば引き合いに出されるのが、中部トスカーナ地方の丘上都市、シエナのカンポ広場である。シエナは十三から十四世紀に、見事な都市建設を成し遂げ、フィレンツェと競い合うほどの繁栄を誇った。中世都市の面影をたっぷりと残すこの町の中心に、世界の人々を魅了するカンポ広場がある。

すり鉢状の傾斜のある地形を巧みに生かし、ダイナミックな形態の野外劇場のような広場が実現した。広場の最も低い場所の奥にゴシック様式の市庁舎が建ち、ちょうど劇場の舞台背景のような効果を見せる。その向かって左端にそびえるスレンダーな「マンジャの塔」が、この広場のプロポーションを引き締め、また豊かな景観上の変化を与えている。

今も受け継がれた広場の雰囲気は、まさに中世の都市づくりに由来する。広場のまわりは、民間の建築で囲われているのだが、中世の条例で窓の様式を市庁舎のそれに合わせるように定め、出窓を禁じていたため、この空間には居心地のよい統一感がある。広場を市民にとっての魅力ある戸外サロンとするためには、まわりを連続する壁面で囲い、集中感を生む必要があることを、中世からルネサンスにかけての人々はよく知っていた。一方、馬車、そして車を前提として形成された十八、十九世紀以後の広場は、街路が広場を突き抜け、見通しが効き、人々にとっては落ち着いて佇める場所はない。本来、人間のためにつくられた中世の都市空間から、近年、車を締め出し、歩行者空間を広げつつあるのは、実に理にかなったことだといえる。

こうした中世の市庁舎広場は、市民自治の象徴的存在であった。我が都市への誇り、愛着も、壮麗な広場の美しさがあってこそ、育まれた。シエナは、中世自治都市のスピリットを最もよく受け継ぐ都市と言われる。このカンポ広場で毎夏、熱狂的に催されるパリオと呼ばれる競馬のイベントは、その伝統を守るのに重要な役割を果たしてきた。地区（コントラーダ）対抗の裸馬にまたがっての競馬が、この貝殻状の広場を舞台に行われるのである。その競争心が都市におおいなる活力を与えるという点は、今もなお変わらない。(2)

中心広場の魅力

このようにイタリアの都市に広場は欠かせない。どこでも、町に近づくと、チェントロという矢印の表示が必ず出てくる。中心という意味で、それに従って進むと、古い建物が密度高く連なる迫力のある旧市街に導かれ、さらに道なりに行くと、壮麗な中央の広場に出るという仕組みになっている。広場を象徴的な中心とする求心的な構造が、今なお人々の心の中に強く生き続けている。ちなみに、城壁の内側にあたる旧市街はチェントロ・ストリコ（歴史的中心）と呼ばれ、市民の日常会話にもしばしば登場するキーワードになっている。近代化でいったん見えにくくなった都市の歴史的構造が、このネーミングの力で、本来の姿をくっきり現すようになった。(3)

このような努力で、都市の求心力が取り戻されたことが、都市再生の大きな原動力になっている。日本における中心市街地の空洞化の問題を考えるにも、示唆的である。

イタリア都市がもつ本来の広場のあり方を見るには、観光化された有名な町を避け、市民の日常生活の素顔が観察できる町を訪ねるのがよい。北イタリアのヴェネト地方にある小都市、トレヴィーゾはその格好の対象といえる。市民が集まるこの町の中心は、中世以来政治の中心地であり続けるシニョーリ広場である。(4)

場の固有性、力は、それを囲う建築の質によって大きく左右される。トレヴィーゾは、第二次大戦で町の多くの建物が破壊されたが、戦後の入念な修復によって、もとの姿を再現している。広場に面する市議会議場もその一例で、南西の角に修復の痕跡をあえて残しているのが印象的だ。二階は美術展やシンポジウムなどにも使われる会議場で、建設当時のフレスコ画がよく残されている。一階は、背の高いヴォールト天井のピロティとなって広場と気持ちよく一体化しており、その連続するアーチは、やはり広場を囲う市庁舎、県庁舎のポルティコ（柱廊）と連なって、この広場に晴れがましい統一感を生んでいる。ここに集まる市民は、その洗練された建築と都市空間の造形、デザインを肌で感じながら育ち、町の歴史や固有の文化への感受性をおのずと身に付けていく。

さらに背後にあるモンテ・ディ・ピエタ広場やインディペンデンツァ広場などの小さな広場もつながって、都心に多様な機能からなる変化に富む複合的な公共空間が生まれている。どの町の広場も、実は歴史の中でこうして様々な空間を巧みにつなぎ、多様な機能を織り込んできた。今も、より複雑化する現代社会の諸機能をその中にうまく導入し、都心の魅力を発揮しているのである。

トレヴィーゾのシニョーリ広場

ファッションの舞台もそうして生まれる。広場から宗教的中心のドゥオモ（大聖堂）に至るカルマッジョーレ通り、南側城門へ向かう九月二十日通りに、この地から生まれ世界企業となったベネトンを始めとする華やかなブティックや靴屋、洒落た本屋、日用雑貨などの店が並び、ショッピングや散歩を楽しむ人々が集まる。シニョーリ広場はこの二つの通りが「く」の字形に交わる所に位置し、自然に人が流れ込む仕組みになっている。地形の変化に応じ歪んだ街路をもつ中世都市ならではの魅力といえよう。歴史的にも重要な街路空間に現代の活発な商業機能が見られるのが、イタリア都市の大きな力となっている。ウインドー・ディスプレーの卓抜なセンスも町歩きの魅力を高めている。

広場に面する建物の一階には、バール、オステリア（居酒屋）、ピッツェリア（ピザ屋）などが入り、気候のよい季節には、屋外にテーブルが並ぶ。午前中はピロティ内だけだが、午後には外側のポルティコ沿いにもテーブルが増え、広場は徐々に賑やかになる。都市の建物が日本のように自己完結するのではなく、外部の公共空間と一体となって、その魅力を最大限に発揮するのである。こうした公共空間に張り出すテーブルや椅子については、占有面積に応じて、市当局に使用料が払われる。契約社会であるヨーロッパに典型的に見られる公共空間の上手な使い方といえる。

広場は、昼間はもっぱらリタイアした年金生活者とベビーカーを押す若い母親たちがのんびり過ごす場所だが、夕方には、若い人達で埋め尽くされる。毎日夕方、夏ならば七時頃にここにやってくれば、必ず友達に会えるのである。そして夕食前のひととき、気のおけない仲間と過ごす。広場の階段に腰掛けたり、自転車にまたがったり、車止めの杭に寄り掛かったり、思い思いのスタイルで立ち話をする。買い物をするでもなく、レストランで食事をするでもなく、ひたすらおしゃべりを楽しむのである。そして八時半になるとバッタリと人影がなくなる。家に帰って家族と食事をするためだ。イタリアでは生活の時間帯が明確に分かれており、この夕食前のひとときは、一日の労働や勉学を終え、家族と共に過ごすまでのいわば個人的な自由な時間にあたる。

こうしたコミュニケーション空間としての広場が、高齢化社会において重要な役割を果たすのは、言うまでもない。リタイアした男達が、毎日お金も使わず、楽しげに仲間と交流できる格好の場所をもっているのは、何ともうらやましい。

このように、公共権力の象徴としての広場も、同時に時間帯の差こそあれ、様々な世代の人々が出会い、語らい、楽しむためのコミュニケーションの場として、重要な役割をもってきた。歴史的な空間が今の生活に上手く生かされ、華やかな都市文化を生む舞台となっている。

歴史的空間を現代に活かす

イタリアの広場は、こうした市民の日常生活の中心としての役割を持つだけではない。しばしば、大掛かりな催し物、イベントが行われる華やかな舞台に転じる。それは、まさに歴史的な経験とそのまま直結し、今日まで引き継がれているようにも見える。

広場は、多くの絵画が示すように、都市の歴史の中で、様々な祝祭、スペクタクルが展開するまさに屋外劇場であった。どの町にも、そのための重要な広場がある。ヴェネツィアであれば、サン・マルコ広場を筆頭にサン・ポーロ広場、サンタ・フォルモーザ広場などで、フィレンツェなら、シニョリーア広場、サンタ・クローチェ広場、サンタ・マリア・ノヴェッラ広場などで、多彩な催し物が行われてきた。いずれも、中世やルネサンスの素晴らしい建築群で囲われ、都市の歴史が視覚的にそこに表現されており、その美しい姿と同時に、そこで行われた催し物の光景と一緒になって、人々の心の風景を形づくってきたと思われる。

ローマでは断然、ナヴォナ広場がその舞台であった。このローマのナヴォナ広場は、古代の競技場の跡をそのまま受け継ぐ面白い形をしており、広場を囲う建物の下の方の基礎、壁の一部は、競技場の観客席の壁を使っているのである。ローマっ子にとって、最も人気のあるのがこの広場であり、彼らの心の中に、古代からの記憶が生きているのは間違いない。(5)

今日における広場のイベントを見ると、先に述べたシエナのパリオのような伝統的な祭り等に加え、むしろコンサート、ファッションショー等、現代的な感覚で広場を魅力ある形で積極的に活用していることに興味を引かれる。

北イタリアの小都市、ヴィチェンツァは、ルネサンスの建築家、パラーディオが活躍した町として知られ、欧米人にとっての知的な観光には欠かせない場所となっている。その中心にシニョーリ広場というエレガントな広場があり、その背後にパラーディオの傑作、バジリカ（公会堂）がそびえている。ヴェネツィア共和国の支配を物語る二本の円柱が広場の奥の方に立っている。

ここに夏のある日、突然、ファッションショーの華やかな舞台が出現した。歴史的なモニュメントである二本の円柱の間に、ステージが設けられ、階段で奥へ登っていく象徴的な構成をとる。舞台の前方には、花道が広場に突き出して伸び、それを囲うようにして折畳み式の椅子がたくさん並べられた。こうした設営は手慣れたもので、数時間であっというまに準備が整った。

その晩、市民がぎっしり押し掛け、ファッションショーが華やかに催された。照明で浮かび上がるステージでは、着飾った男女のモデルが階段の上から次々に登場し、さっそうと舞台に下り、花道を進む。これほど身近な広場で、流行の先端を行くイタリアのファッションショーが催される。都市の歴史的空間だからこそ、イメージ豊かなこうした見事な演出が可能となるのである。

ヴェネツィアでは、大運河に面したサルーテ教会の前の水辺の広場で、やはり晩に、ファッションショーが開かれたことがある。優美なドームを戴くバロック様式の教会を背に、水に開く普段から魅力のある空間が、闇の中で照明に映え、いちだんと場所の面白さを発揮するのである。こうした歴史的な公共空間を現代的に生かすことにかけては、イタリア人は独特のセンスをもっている。もちろん、雨が降る確率が低いという恵まれた気候条件がその背後にあるが、日本でも、都市の中に眠っている価値ある戸外空間に光を当て、上手に利用する可能性がおおいにあるに違いない。箱もの主義を乗り越えるには、それが最も有効なはずである。

都市に活気を生むパッセジャータ

都市を徘徊するのを楽しむことも、一つの文化である。そのための舞台が魅力的に備わっていなければ、そういった感覚も発達しない。日本の都市も歴史的には、徘徊を楽しむための多くのガイドブックを出版してきた。各地で『名所図会』が刊行され、丹念な景観画と味のある解説文で人々の町歩きを楽しいものにした。地図の刊行が多いのも日本の都市の特徴であった。特に江戸では、様々な形式の地図が続々と登場し、町歩き文化を高めた。

また、『江戸名所図会』や日本橋から伸びるメインストリートの光景を描いた「熙代勝覧《きだいしょうらん》」の絵を見ていると、ストリートライフがいかに活発だったかがよくわかる。ヨーロッパの都市の景観画でこれほど、賑わいを描いたものは見当たらない。日本の都市の特質は、路上の賑わいにあるといってよかろう。

昭和の初期、震災復興の時期、モダンな都市空間が登場し、人々は町をよく歩いた。町に賑やかなライブ感覚が溢れる時代が再び訪れた。都市の写真集も多く出版された。

ところが、その歴史をもった都市の中心が今、寂れている。郊外への発展、とりわけロードサイドの大型店舗の発達で、都心の商業機能が衰退し、商店街も盛り場も力を失っている。人がともかく歩かない。いかに、都心に魅力を回復させるかが、日本のとりわけ地方都市の最大の課題になっている。

この点から興味を引かれるのが、イタリアの各都市に見られるパッセジャータという現象である。普通に訳すと「散歩」となるが、実際には、都市空間の中の社会化された一種の集団パフォーマンスとして成立している。どの町にも、夕食前のひととき、老若男女の市民がどっと繰り出し、友人達と練り歩く華やかな街路空間が必ずある。同じ街路の決まった区間を、行ったり来たりするのが特徴である。おしゃれをして歩き、お互いに見たり見られたりすることに意味がある。このパッセジャータのルートは、都市を代表する晴れがましい中心広場とリンクしていることが多い。こうして歴史の中で形成された中心部のヒューマン・スケールでできた広場や街路が、毎日、人々によって使い込まれ、共有の体験の場となり、様々な新しいドラマの舞台ともなっているのである。人々の洗練された都市感覚もこうして培われる。公的なもの、公共空間に対する感覚もまたおのずと育まれる。

これまでイタリアで出会ったパッセジャータで最も印象的なものを紹介しておきたい。ナポリの少し南に、中世の海洋都市として名を馳せたアマルフィという魅力的な町がある。羅針盤をヨーロッパで最初に用い、アラブの商人達と結んで地中海交易で活躍したことで知られる。限られた斜面の土地に高密につくられたアマルフィは、坂や階段が複雑に巡るいかにも地中海的な立体迷宮都市である。上の方に住んでいる人達は、毎日の階段の上り下りが大変だ。この斜面都市に、不便を忍びながら大勢の市民が暮らしている。

アマルフィの自慢は、海洋都市の記憶をとどめる港周辺の水辺、そして「海の門」から入ったドゥオモ（大聖堂）広場の空間である。そこがまた、イタリア人の生活に欠かせない「パッセジャータ」の舞台にもなる。夏場は特に、晩の食後の夕涼みに、老若男女を問わず大勢の人々が海辺に出てくる。ベビーカーを押す若い母親も多い。若者のカップルばかりか、熟年の夫婦もロマンチックに水辺の散歩を楽しむ。海に突き出た大きな桟橋はとりわけ人気がある。闇に包まれた海を渡る風が頬に涼しい。ゆったりとした時の流れ。振り返ると、海に迫る斜面にそそり立つ中世以来の住居群や町のシンボルの鐘楼が、ライトアップされて夜空にはえる。

車も入れない不便きわまりない斜面都市、アマルフィだが、市民はこうして素敵な水辺に身を置いて、毎晩、至福の時を過ごすことができる。昼間の主役だった観光客が立ち去った後、ここで最高の贅沢を味わうのは、もっぱら住民である。

八十歳になる老婦人は、ある作家の言葉を引いて、アマルフィの自慢をしてくれた。「アマルフィの人達は、亡くなっても天国に行かない。なぜなら、すでにそこにいるからです」

日本的な広場、そして公共空間

ここで日本に目を向けよう。これまで見てきたイタリアのような広場や公共空間は、日本には歴史的に発達しなかった。それを生む社会的・政治的な背景がなかったし、都市空間における人々の振る舞い方も大きく異なっていた。広場のような明確な形、機能をもつ公共空間というものは、確かに日本の都市の歴史には登場しなかった。

といって日本に広場や公共空間がないかというと、決してそんなことはない。東京も含め、日本のある規模以上の都市の多くは、城下町という来歴をもつ。都心の自然環境上優れた場所に城がつくられ、その周辺に緑と堀の水辺のゾーンを形成してきた。そこに近代に美術館、博物館、ホール等のある文化地区ができ、花見などに親しまれる公園が広がっている。城といえば、もっぱら建物だけを思い浮かべるヨーロッパの都市と比べ、こうして緑と水に包まれ、生態系としても優れた日本の城、およびそのまわりの空間がもつ価値を再認識すべきである。そして、もっと市民に親しまれる真の広場として活用すべきである。イタリアの歴史的広場の現代的な活用はおおいにヒントになるはずだ。

ちなみに、花見の名所として今なお市民に親しまれている場所の多くは、城跡、川や濠沿いの土手、池のまわり、寺社の境内、山の上など、江戸時代に遡る歴史的な場所というのも、興味深い。日本人にとっては、それも公的な性格をもつ広場の一種といえよう。緑や水の存在は、日本的な広場の成立には大きな力を持つ。自然の要素を積極的に取り込んで都市を構成した。そこに日本固有の空間文化がある。

ちょっと観察すれば、日本的広場の性格をもった場所は、いくつも見出せる。東京のような現代の大都市でも、地域の神社や寺の境内の一画にベンチが置かれ、老人たちが居心地よさそうに寛ぎ、のんびり会話を楽しんでいる光景をよく目にする。ここでもまわりの樹木が落ち着きを与える。児童遊具が置かれ、子供たちがそこで飛び回っているということもよくある。日本の典型的な広場のシーンの一つである。

これが静的な広場ならば、動的な広場の代表は、縁日の日の「とげぬき地蔵」の周辺に展開するような空間だろう。巣鴨の小さな宗教空間である高岩寺には、普段は何ということもない境内の姿が見られる。ところが、四のつく縁日にあたる日となると、様相が一変する。門前の商店街一杯に露店が並び、原宿の竹下通りさながらの雑踏で、もみくちゃにされる。ただ、ここに集まるのは年配の女性ばかりで、「おばあちゃんの原宿」というネーミングは実に当を得ていた。(6) 原宿に集まる女の子たち同様に、おばあちゃんたちの顔は輝いている。境内は足の踏み場もないほどにぎっしりで、願掛けをはじめ、祈禱、占いなど様々なパフォーマンスの空間となる。あらゆる商品を売る市も立つ。日本的広場の原形を見る思いがする。こうして歴史的に地域に深く根を下ろしてきた場所のもつ価値をもっと評価すべき時代にきている。

そもそも日本では「道」が広場の役割を果たしてきた、とよく言われる。日本ではとりわけ、道をはさんだ両側のまとまりがコミュニティを形成し、その中心軸の道はまさに広場の役割をもった。日本の町人地には、住みながら店を構えて商売をする職住一体の「町家」という独特のタイプの都市的建築が発達し、それがずらっと並んで町並みを形づくったから、コミュニティの結束は堅かった。ヨーロッパにも中国や韓国にもない、日本の都市の特質である町衆の文化がこうして育った。

しかも、すでに述べた通り、日本の都市におけるストリートライフは極めて活発であった。路上に様々な生活シーンが繰り広げられた。店先の路上は仕事場の延長であったし、縁台を置いて人々の交流が行われ、子供は元気に遊んだ。様々な棒手振の商人が路上で商い、また屋台が並んだ。少なくとも、戦後しばらくは、日本の多くの街路にそんな機能が見られたのである。車の時代になり、しかも郊外化が進むにつけ、日本の都市の道から広場的な機能が急速に失われた。歴史の雰囲気を残す下町的な地区に、かろうじてそれが受け継がれている。「道の復権」は、日本の都市空間を歴史的に振り返る時に立ち現れる大きな課題といえよう。

辻、橋のたもと、そして駅前

日本の都市にはまた、人が移動する流れの結節点にちょっとした広場が形成され、人と人の出会いも生まれるという特徴がある。ヨーロッパの都市のように求心性の高い広場が真ん中に成立するというのとは事情がいささか違う。日本における「辻」や「橋」のたもとの空間の重要性もこうして生まれた。近代には、それが駅の前に移る[7]。

現代でも、交差点は都市の中で決定的に重要なスポットであり、人気のある広場のかなりの部分が、そこに生まれている。東京なら、銀座を思い起こすとよい。四丁目の和光の角は、銀座煉瓦街がつくられた明治の初期から、町の象徴的なスポットとなり、服部時計店の時計塔がつくられて、文明開化のランドマークとして人気を集めた。今も、待ち合わせ場所としてよく使われる。数寄屋橋のソニービルも、街角建築の傑作である。コーナーにちょっとした空地を残し、小粒ながら面白い広場を設けて、そこで四季折々のイベントを行う。

路面電車が主役だった頃、重要な乗り換えポイントであったこともあって、交差点は町の顔だった。商業的な価値も高く、優れたデザインの建築が登場したのである。豆腐を切ったような単に四角い形の近代ビルが主流になり、しかも地下鉄が普及するにつれて、角地を強調する建築のデザインは影を潜めた。町歩きがつまらなくなった。だが、日本の都市の歴史を振り返り、町の記憶を掘り起こす上で、角地への注目は重要なテーマだと思える。路面電車の復活も今後、進むに違いない。路上を行く人々に見られる建築、とりわけ交差点に建つ建築は価値を再び持ってくるものと思われる。

かつて江戸最大の広場は、隅田川に架かる両国橋の西のたもとの広小路に生まれていた。水上と道路の両方での人の流れがここに集まり、刺激に溢れる盛り場の様相を呈していた。火除地としてとられた空地に、仮設の茶屋や芝居小屋が並び、辻芸人、物売りがひしめいて、猥雑な活気に満ちた日本的な広場を形づくっていたのである。

水の都市から陸の都市に転換した近代の東京では、橋のたもとの代わりに、駅前が都市における人の流れの結節点となり、そこに広場が誕生した。駅は町の顔でもある。渋谷のハチ公の銅像のある広場などは、近代日本の生んだ典型的広場といえよう。

現状では、多くの駅前広場は、車が多過ぎて人がほとんど滞留できず、単なる交通広場と化している。だが、これからの日本の都市にとって、地の利のよい駅前をコミュニティの空間として人々に開放することで、大きな可能性が生まれるのではなかろうか。車の量が少ないと、のどかに寛げる雰囲気のある広場が可能になる。樹木も大きく育ち、真ん中に噴水を置いて、ベンチと植え込みで囲った阿佐ケ谷駅（東京都杉並区）の南口広場などは、人々に開放されうまく機能している駅前広場の一つといえる。戦後の区画整理で生まれたこの広場も、すでに五十年以上を経過した歴史的資産である。それが現代流に生かされている。

歴史と空間文化にもとづく都市の再生

再びイタリアに戻ろう。この国でも、冒頭で述べたような古い都市に魅力を感じ、高く評価する感性が、ずっと持続してきたというわけでは決してない。実は、歴史地区に熱い眼差しが向けられ、その保存再生に積極的に乗り出したのは、一九七〇年代前半からにすぎない。イタリアでも一九六〇年代半ばまで、高度成長のもと都市はどんどん農地を潰し、郊外へスプロールを続けた。

ニュータウン、郊外住宅地の建設が活発に行われ、多くの人々が古い町を捨てた。歴史地区の中心部は第三次産業化し、生活感を失いつつあった。一方、その周辺の庶民地区には経済力のない人々が残り、老朽化し、スラムに近い様相を見せていた。

こうした状況を逆転させるべく、一九七〇年代始めに画期的な都市政策をとったのが、革新自治体のボローニャだった。都市と地域を混乱に陥れる量的拡大をやめ、歴史地区の古い住宅群を公的資本を導入して修復再生し、個性的で質の高い生活環境を実現する道をボローニャは選んだのだ。真の都市再生であった。イギリスに始まり、今、日本でも注目されつつある「コンパクトシティ」の発想を先取りしていたのがボローニャだったといえよう。従来の文化財としての町並み保存を大きく超えていた。本来、生活空間として優れ、コミュニティを育んできた歴史地区を再生しながら、古い都市を資本の側から住民の手に取り戻すことを大きな目的としていた。保存は従って革命である、とまで当時のボローニャ市は言い切って、市民の側に立った都市政策を推進したのだ。(8)

以来、イタリアの都市づくりの発想は大きく変わった。都市の拡大が抑えられ、むしろ古い都心に人々が積極的に住みたいと思うようになってきた。郊外の味気ない生活より、歴史の蓄積があり、色々な人と出会え、楽しく充実した空間をもつチェントロ・ストリコが暮らしの舞台として評価されてきたのである。その傾向は八〇年代に入って、さらに進んだ(9)。後進的だった南イタリアの都市でさえ、そうした動きを徐々に見せるようになったのである。

古い建物の修復再生に加え、決定的に重要な役割を果たしたのは、歩行者空間化である。そもそも、中世の都市空間は、ルネサンス以後のそれとは異なり、馬車の侵入も考えず、もっぱら人間の尺度でつくられた。歩いてこそ心地よい空間であるのは言うまでもない。ところが、戦後の近代化で、旧市街の隅々まで車が入り込み、街路や広場が人間の手から遠のいていった。先に述べたローマっ子が大好きなナヴォナ広場も、一九六〇年代の写真を見ると、まるでパーキングエリアのような光景を呈していたことがわかる。

だが、七〇年代に入って、イタリアでは、近代の車社会を反省し、都市における車との付き合い方を真剣に考え始めた。シエナ、ブレシア、コモなど、進んだ自治体では、早い段階から、歩行者空間の実現にチャレンジした。最初はどこでも商店主たちが反対したが、実際にやってみると、車を締め出し快適な空間が実現すれば、買い物客の数もずっと増えることが証明され、人々の考え方が大きく転換した。八〇年代に入ると、どの町でもこぞって歩行者空間化を積極的に推し進めるようになった(10)。

治安が悪く泥棒が多いことで悪名の高かったナポリが、近年、再生の道を確実に歩んでいるが、その切り札となったのが、やはり歩行者空間化だった。一九九四年にナポリでサミットが行われたのを機会に、古い中心部の重要な道から車を締め出した。ベビーカーを押す若い母親やアイスクリームをなめながら歩くカップルなど、賑やかに路上を行き交う大勢の老若男女の姿を見ると、隔世の感がある。王宮前にある、十九世紀に新古典主義の様式でつくられた、半円形に柱廊の巡るプレビシート広場は、長らく駐車場になり下がっていた。ここも完全に車を締め出したおかげで、今や、子供たちの歓声がこだまする格好のサッカー場に転じた。大規模なコンサートの会場としてもしばしば使われる。とてつもなく厚い歴史を誇るナポリの空間文化がこうして蘇ったのである[11]。

それに対し、便利さと経済性を最優先させる日本の都市では、歩行者空間化がなかなか進まないのが実情である。車依存の状況はますます進み、ロードサイドの大型店が続々登場するなかで、都市の解体現象が進行している。今こそ、イタリアやヨーロッパの古い町の体験から学ぶ点は多い。

水辺再生の動き

欧米の各地に、一九七〇年代以後、ウォーターフロントの再生の動きが活発に見られた。世界に誇る「水の都」ヴェネツィアは、水辺再生のまさに象徴的な存在であり、多くの専門家が視察に訪れた。

だいぶタイムラグがあったとはいえ、この十年ほどの間に、南イタリアの水辺空間が蘇る現象を見せている。シチリアの古都、シラクーザの最近の動きは特に注目に値する。ギリシア植民都市に起源をもつこの町は、オルティージアという古い島に旧市街をもつ。とはいえ、アラブのカスバのように高密で迷宮的にできた古い町は近代には見捨てられ、荒廃が進み、歩くのも怖いような状態だった。ところが、ここでも近年、古い島の再生に市当局が力を入れ、歩行者空間化が進み、魅力的な夜間照明が広範囲に実現した。歴史的な建物の修復再生も進んで、住宅や店舗が入って、活気が急速に蘇っている。何よりも海に囲われた島であることのメリットが生かされている。

古代ギリシアの神殿をそっくり受け継いで建つ大聖堂の前の堂々たる広場から、人々はロマンチックなギリシア神話と結びついた「アレトゥーザの泉」のある海辺の方へと流れる。こうした回遊性が生まれれば、もうしめたものである。水際のプロムナードにも、洒落た店やレストランが並ぶようになってきた。水辺と一体となった歴史的な都市空間の楽しさに、人々が気づき始めたのである。海という自然環境と古代ギリシア以来の歴史の重なりが見事に結ばれ、現代ならではの町の楽しみ方が生まれている。[12]

こうした動きは、長靴型のイタリアの踵、プーリア地方にも顕著に見られる。海を背に聳える白亜の殿堂のようなロマネスク教会の存在だけで知られていたトラーニでは、港町全体が蘇りを経験している。弧を描く小さな湾に面する水辺空間、そして迷宮的な旧市街の内部にかけての再評価が急速に進み、晩は大勢の人々で大変な賑わいを見せている。古い建物を修復再生し、洒落たレストランやバールにつくり換えるコンバージョンの動きが活発だ。南イタリアのこの地方は石の宝庫で、どの建物も石造のヴォールト天井をもつため、現代のデザインセンスで再生すると見違えるような豊かな空間が実現するのである。

近くの大都市バーリの、やはり海に突き出た旧市街は、つい十年ほど前までは、ナポリ以上に治安の悪い場所だった。それがこのところ、再生への急速な動きを見せている。ここでも旧市街を取り巻く海に面した水辺のプロムナードに、夕方から晩にかけて市民がどっと繰り出し、その空間の豊かさ、快適さを楽しむのだ。南イタリアならではの、開放感溢れるおおらかな水辺の公共空間が人気を集める時代が到来している。

蘇る日本の水辺空間

最後に再び、現在の日本に目を向けたい。まず、我が国の都市の歴史において常に重要な役割を果たしてきた水辺空間を見よう。都市を包む社会、経済的状況は異なるとはいえ、水辺再評価という点ではイタリアと日本の間に同時代性も感じられる。

近年、東京の水辺空間の復権とともに、隅田川やベイエリアに、水に開いた気持ちのよい広場が幾つか生まれているのが注目される。やや古い話になるが一九八五年に、隅田川に架かる歩行者専用として「桜橋」が完成し、そのたもとの親水広場も人気を呼び、水辺再生に大きな役割を演じた。花見の時期に行われる早慶レガッタの日には、ここに両校の応援団が陣取り、祝祭気分は最高潮に達する。江戸時代の水辺の広場の賑わいをどこか思わせる。

朝潮運河に面する一画に二〇〇一年に、大規模再開発で生まれた水辺の複合空間、晴海アイランド・トリトンスクエアを今、訪ねてみると、丸の内、汐留、そして六本木など、話題のスポットが他に幾つも登場するなか、ここはむしろ地元中心の落ち着いた広場として、生活感のあるいい雰囲気を獲得しているように見える。老若男女が集まり、運河に開いた広場のまわりのベンチで、気持ちよさそうに寛いでいる。広場では、若い母親とやってきた小さな子供たちが楽しげにのびのびと遊んでいる。水辺に若いカップルの姿もある。車の入らない広場が成功の秘密だと思える。

東京のベイエリアには、工業ゾーン、物流ゾーンの土地利用を転換して新たな都市空間として蘇る可能性をもった水辺の場所が沢山ある。舟運を復活させ、水辺の空間をカフェやレストランに積極的に使えるよう、法律や制度を改めることも必要である。水際線の長さという点では、東京や大阪は世界の都市でも有数であり、魅力ある「水の都市」を実現できる大きな可能性を秘めている。

近代の水辺空間が蘇り、魅力ある都市空間となっている例は、全国に目を向けると幾つかある。北九州市の門司港の周辺のレトロゾーンもその一つで、明治の歴史的な駅舎（重要文化財）をはじめ、旧大阪商船、旧門司税関等の歴史的建造物、煉瓦の倉庫群、そして立派な石積み護岸が巡る大きな船溜の水面など、明治から昭和初期にかけての懐かしい雰囲気がただよい、現代の洒落た建築と相まって、大勢の人々を引きつけている。

一方、今後の大きな可能性を感じさせるのは、富山市の水辺空間である。大正時代に建設された富岩運河が埋め立ての危機を乗り越えて保存され、日本では珍しい水位調節のための閘門が近代化遺産としては初めて重要文化財に指定された。その上流の貯木場だったエリアが再生され、そのまわりに複合文化、商業施設がつくられ、水辺の気持ちよい広場を実現している。歴史と現代が対話する場がここに生まれつつある。

このように、日本の都市にとって、その歴史的経験から見ても、とりわけ水辺は魅力ある空間を実現する大きな可能性をもった場所であると言えよう。京都の鴨川沿いの水辺に多くのカップルが並び、楽しく語らっている光景を見るにつけ、そのことを感じる。水辺再生は、その意味でも都市の歴史、公共空間を現代に復権させる上で、重要な課題なのである。

迷宮状の古い町への関心

最近、東京では、谷中・根津、そして神楽坂の人気が高い。大規模開発で登場したスポットは話題を集めても、すぐ忘れられていくのに、これらの歴史の糸が何重にも折り込まれ、複雑にでき上がった迷宮空間の評価は、ますます高まっている。谷中・根津は震災にも戦災にも遇っていない所が多く、古い木造の家屋がたくさん残っている。寺院が多いのも、環境の安定に大きく貢献している。だが、全国の伝統的建造物群の地区に選ばれている町のような、文化財的な価値は必ずしもない。しかし、路地や坂、井戸、墓地、塀など、いずれも歴史と深く結びついた要素が実に魅力的な界隈を生み、生活感溢れる地域を形づくっている。ここには、日本的な空間文化が確実にある。(13)

一方、神楽坂が好きだという人がこのところ、増えている。歴史が現代にうまく生かされた代表例と言ってよいだろう。かつて『週刊現代』の調査で、住んでみたい町として、関東では神楽坂が一番にあがった。便利でいて、風情豊かな落ち着いた雰囲気に包まれた町の佇まいに引かれる人が多いという。もともと、料亭や待合の並ぶ花柳界の町で、石畳の迷宮が不思議な魅力を醸し出している。最近では、その路地的な雰囲気やスケール観を壊さずに、新しい趣向の洒落た店も多く入り、若者や女性にも開かれた界隈になっている。(14)

ここには、懐かしさや粋な遊び心だけでなく、もっと普遍性をもつ現代的な価値がある。地形も道も変化に富み、多彩な機能、活動が詰まった神楽坂は、仕事場としても最高の環境を提供してくれるのだ。ベンチャービジネスの小さめのオフィスも多いという。歴史がたっぷり感じられるいいスケールの変化に富んだ場所が、今の文化を創り出すというのは実に興味深い(15)。ようやく日本も成熟した社会になった、と言いたいところだが、実は問題もある。この地域にも、その人気が高まる程、高層マンションによる環境破壊が増えるという難しい状況がある。

いずれにしても、谷中・根津、そして神楽坂の評価を見ていると、日本にも一部だが、「家に住む」だけでなく、「町に住む」という感覚が育ってきたのではと感じられる。同時に、仕事の環境としても、オフィスの容積や効率ばかりを考えるのではなく、まわりの雰囲気と一体となった場所の価値が評価される時代が来ているといえよう。こうした発想をさらに大きく広げていくことが大切である。

成熟社会を迎え、少子化、高齢化も進み、経済成長も鈍化してきた中で、従来のような大型開発を目指す発想は、大きく軌道修正しなければならない。都市づくり、地域づくりにおいても、量より質への転換が、今こそ必要であろう。個性と活気がある魅力的な都市をコンパクトにつくりあげることが求められる。イタリアをはじめヨーロッパでは、歴史や環境を重視し、そのことを一九七〇年頃から着実に実行して、都市の再生に成果を生んできた。日本にとっては、まさにこれから取り組むべき最大の課題だと思う。

東京のような巨大都市と地方の中小都市とでは、抱える問題の質に大きな違いがあるのは当然だが、共通する課題も多いはずである。まず、自分の都市や地域をよく知ることである。イタリアの都市再生も、もちろんそのことからスタートした。都市の形態（アーバン・モルフォロジー）や歴史的に形成された建築の構成をタイプに分けて丹念に調べ上げた。広場や街路の一つ一つの意味を歴史的に探った。都市の歴史と文化に関する書物がたくさん出版され、展覧会が幾つも実現した。それ自体が新たな文化産業ともなりつつある。

建設市場の動きも重要である。一九六〇年代まではほとんど、建築家も建設関係の職人も、もっぱら新築の仕事に携わったが、徐々に修復再生の分野が増え、九〇年代に入る頃から、全体の半分以上が既存の建物を活用し、デザインし直す範疇のものになっているという。いわゆるリノベーションである。その方が、個々の建物の歴史をふまえ、空間の特徴を引き出しながら、創造性豊かなデザインの仕事が可能になるという認識の転換が起こってきたのだ。

日本においても、近年では、都市における歴史的価値をもった空間、場所の捉え方が急速に大きく変わりつつある。少し前までは、いわゆる町並み保存の対象となるような、古い建物が線的、あるいは面的によく受け継がれた町や地区こそが高く評価される、という傾向があった。だが、最近では、都市の中にある歴史性をもった資産の見方は多様に広がっている。例えば、東京・吉祥寺駅前の戦後ヤミ市から発展したハモニカ横丁が、このところ大きな人気を集め、洒落たバー、ブティック等が登場し、魅力をおおいに発信している。一方、都心の戦後つくられた何の変哲もない中層のオフィス・ビルが、リノベーションされ、用途を変えて（コンバージョンという）、見事に蘇る現象が広がっている。大規模開発こそがメジャーであり、新築こそが格好いい、と考えるのはある世代以上のようであり、若い世代の間では、リノベーション、コンバージョンはごく当たり前、あるいはその方が魅力的な空間や場所が生まれる可能性が高いという認識が定着してきている。日本的な都市再生へのシナリオを描くための準備が整いつつある時代に我々はいると考えられる。

こういう時代だからこそ、日本における都市の歴史と、そこからもたらされた固有の空間文化の在り方を深く探ることが、ますます重要になっているのである。

註（1）小木新造、竹内誠編『江戸名所図屏風の世界』岩波書店、一九九二年などを参照。
（2）拙著『地中海都市のライフスタイル』（NHK人間講座）、日本放送出版協会、二〇〇一年、一二三—一二八頁。
（3）イタリア都市のチェントロ・ストリコの概念の成立、定着については、拙著『イタリア都市再生の論理』鹿島出版会、一九七八年、二六—三四頁参照。

（4）拙編『ヴェネト：イタリア人のライフスタイル』プロセスアーキテクチュア109、一九九三年、一二九―一四九頁。
（5）陣内秀信・三谷徹・糸井孝雄編『広場』（S・D・Sシリーズ）新日本法規出版、一九九四年に多くの広場事例が掲載されている。
（6）川添登編著『おばあちゃんの原宿――巣鴨とげぬき地蔵の考現学』平凡社、一九八九年。
（7）江戸東京の都市空間の歴史的変遷に関しては、拙著『東京の空間人類学』筑摩書房（ちくま学芸文庫）、一九八五年参照。
（8）拙著『都市のルネサンス――イタリア建築の現在』中央公論社、一九七八年。
（9）一九八〇年代以降については、宗田好史『にぎわいを呼ぶイタリアのまちづくり――歴史的景観の再生と商業政策』学芸出版社、二〇〇〇年、に詳しい。
（10）拙著『イタリア　小さなまちの底力』講談社、二〇〇〇年、一一一―一二〇頁。
（11）拙著『南イタリアへ！』講談社（講談社現代新書）、一九九九年、一四―二七頁。
（12）拙著『シチリア――〈南〉の再発見』淡交社、二〇〇二年、一九四―二三九頁。
（13）森まゆみ『小さな雑誌で町づくり――「谷根千」の冒険』晶文社、一九九一年及び『不思議の町　根津』山手書房新社、一九九二年等。
（14）『神楽坂まちの手帖』二〇〇三年創刊、発行人：平松南。
（15）沖塩荘一郎「神楽坂――伝統的空間と先端的仕事場の共存」『国際交流』No.72（特集：東京は二一世紀の都市モデルか、アンチ・モデルか）、一九九六年、四五―四九頁。

イタリア都市の中の異次元空間

都市の立地条件

私は物の世界を扱う建築史の分野におりますので、ふだん未開とか他界とかにはあまり縁がないのです。でもこの研究会に出させていただいていろいろ考えるところもありますので、今日はふだん私が研究の対象にしているイタリアと日本を比較しながら都市空間の中における異界ということにできるだけ近づけて話をしてみたいと思います。

とはいえ、日本の都市の場合には異界にピッタリくるような話題が随分あるのですが、後に詳しく述べますが、イタリアの都市を相手にしていると、まさにこれと逆の世界といいますか、本当の意味での異界的な要素はかなり少ないのではないかと思います。その違いを描くことがむしろ日本とイタリアの都市の比較になるのではないかと考えます。

普通使われている意味での異界とか他界に限定してイタリアを見ると非常に話題が貧困になってしまうので、もう少し枠組みを広げて、ふだん私が扱っている都市の内と外の問題、あるいは都市におけるトポグラフィー、あるいは都市の中での聖域、象徴空間、異次元空間といったあたりにまでイタリアの場合には広げて考えてみたいと思います。

最近いろいろこういう問題を考えるきっかけがあったのです。例えば、日本の都市と地形との関係を景観工学的に研究している樋口忠彦氏が、「日本の集落や都市は水の辺あるいは山の辺に立地する」ということを言っています。彼がつい最近パリで、フランス人の地理を専門とする人達にこういう話をしたらしいのです。その後で、「フランスでも同じようなことが言えるか」と尋ねたら、相手にはピンとこなかったらしく、「あるとすれば地方の小さい町である。パリなんかではそういう傾向はまずない。ふだんは考えたこともない」というような、面白いすれちがいがあったというのです。

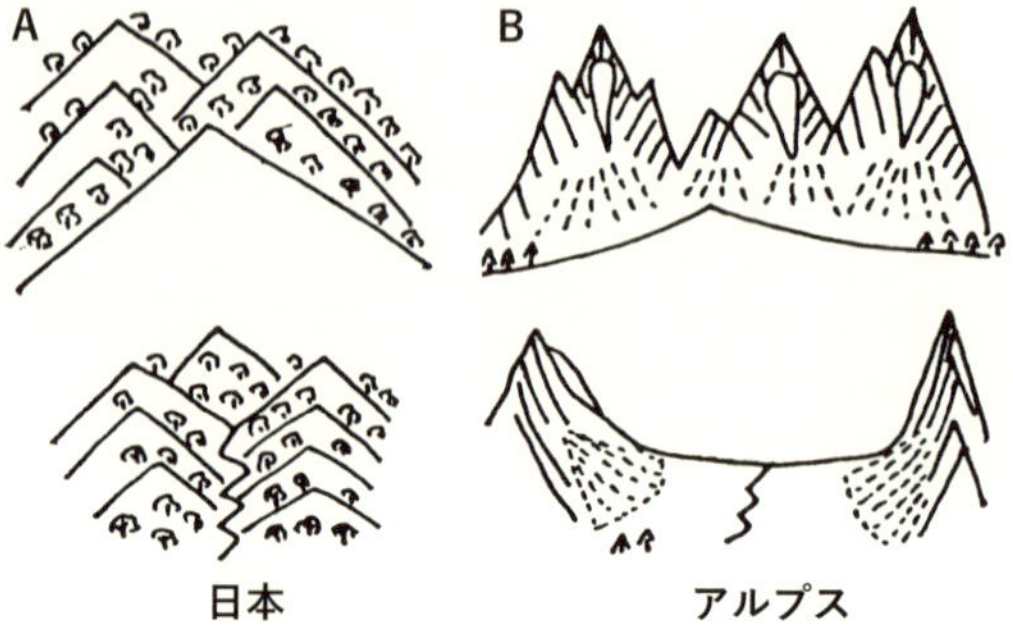

峠の縦断面図（上）と峠越えの視界（下）（小野有五「フランスの空間5　奥のない山」『地理』30巻8号、1985年）

フランスで勉強してきた地理学の小野有五氏が比較の上で大変面白いことを書いています。アルプスと日本の典型的な山での峠を越える時の風景の違いについてです。アルプスというのは、山を越える時にわりと視界が開けて緩やかに登って緩やかに下りていく。非常に連続的で山を登ったという感じはあまりしない。それに対して日本の場合、かなりアップダウンのある場所をハードに登っていって、結局、峠越えも山登りの体験に近い。つまり奥行きがあって山に分け入るという感じがするわけです。対してアルプスは非常にあっさりしている。こういった物理的な場所のあり方の違いが当然人々の山に対する意識を違えてくるのではないかと思います。

小野氏はさらに、フランスの集落と日本の集落の風景の上での違いを論じています。例えばプロヴァンスですと小高い丘の上の真中に教会の塔があり、周りに家の塊が非常にはっきりとコンパクトにまとまってみ

村落の遠望の３つの類型
（小野有五「フランスの空間5　奥のない山」『地理』30巻8号、1985年）

える。周りには何もない。平坦な土地にあるノルマンディーでも似たような構造で、要するに周辺の山や森との関連性がまったくない、集落自体が独立している。それに対して日本の場合は、当然のことながら里のイメージで、背後に山があり森があり、手前に農耕地がある。もちろん背後に山がない場合でも、そこに鎮守の森のようにに森をつくって、森＝山といったイメージで、自然と非常に密接な形で人間の住む空間が位置づけられる、イメージされるということになります。

こういう違いがフランスと日本にあるのだということを指摘していて、ふだん私が考えていることとかなりよく対応するわけです。

アルプスの北と南

それから、前回、阿部謹也氏がゲルマン世界を中心に中世のヨーロッパ都市について話されて、その中でマクロコスモス、ミクロコスモスについて述べられた。居住地の安全な場所の外に拡がる未知の恐ろしい、人間の手では制御しえない自然がマクロコスモスだというお話をされました。

でも中世の時代のイタリアの都市を見ていますと、それとは大分違うのではないかという気がするのです。ヨーロッパ世界の中でもアルプスの北と南では都市のあり方の違いがかなりあると思います。

同じようにイギリスの十六世紀のエリザベス朝のロンドンとイタリアの都市を比較する機会がありました。日本のシェークスピア学会の人達が、十六世紀のロンドンの演劇や祝祭の問題を比較の視点から論じたことがありました。十六世紀のロンドンはかなり人口が増えて都市化していたのですが、そこには華やかな象徴空間の広場やメインストリート、街路といった飾りたてる都市空間がないそうです。イタリア・ルネサンスの華やかなりし頃と比較すると随分都市のあり方が違う。エリザベス朝の時代には演劇が活発だったわけですが、ほとんどの芝居小屋がテームズ川の川向うの河原に、つまり都市の周縁部につくられる。本当に都市の中心、広場みたいなものがつくられるのは十八世紀頃のスクエアーという形です。これもイタリアの広場とは全然違う形をとっています。イタリアから見るとロンドンには広場という概念、実体がほとんど成立しなかったとさえ言えるわけです。

こう見ていくと、同じようにヨーロッパの都市といっても、イギリスとドイツとイタリアではかなり違うのではないか。異界ということとからめて見る場合にでも基本的な都市の形態の違い、あるいは都市文化の違い、あるいは使い方の違い、象徴性の違い、といったものを厳密にみていく必要があるのではないかと思います。

古代の都市文化をもつ地中海世界

ここでまずヨーロッパの南の方、地中海世界の都市の特異性を簡単にみたいと思います。まずギリシア・ローマの古代の都市文化があり、これが第一に大きな問題だと思います。その二つの時代にかけて高度な都市文明が成立したわけで、都市における生活様式、あるいは中心である広場、公共空間に対して、まわりに広がる住宅地、こういうものが非常に明快に確立した。それと都市と農村、あるいは自然との関係がやはりこの時期にかなり確立したのです。

とりわけイタリアをみれば、古代ローマ時代に基礎をもつ都市と農村の密接なつながりが中世以後現代にいたるまでみられ、イタリアでは都市とその周辺のコンタードという二つのものが相互に大きな関連をもって成立しています。お互いに支え合うという構造です。

それから一番大きな問題点は、自然条件がゲルマン世界とイタリアあるいは地中海世界では違う。それは地形や植生にあらわれてくるわけです。ドイツの町や村が周りに恐ろしいイメージの森を持っているのに対して、地中海世界では、地形が比較的なだらかな丘陵であり、うっそうと繁る森は存在しないのです。比較的自然が穏やかです。

イタリアの都市あるいは居住地がどういうふうに国土の上につくられていったかということを、G・カタルディが模式的に説明しています。

イタリア半島を飛行機の上から見下ろしてみると大変面白いことに気がつきます。町だけではなく道路の基本的なものは全て尾根を通っていて、日本と逆なのです。日本にも尾根道はありますが、谷道の方が重要ではないかと思います。イタリアでは集落の基本的分布も丘の上が多かったのです。そういう発展が第一期から第四期まででずっとあります。

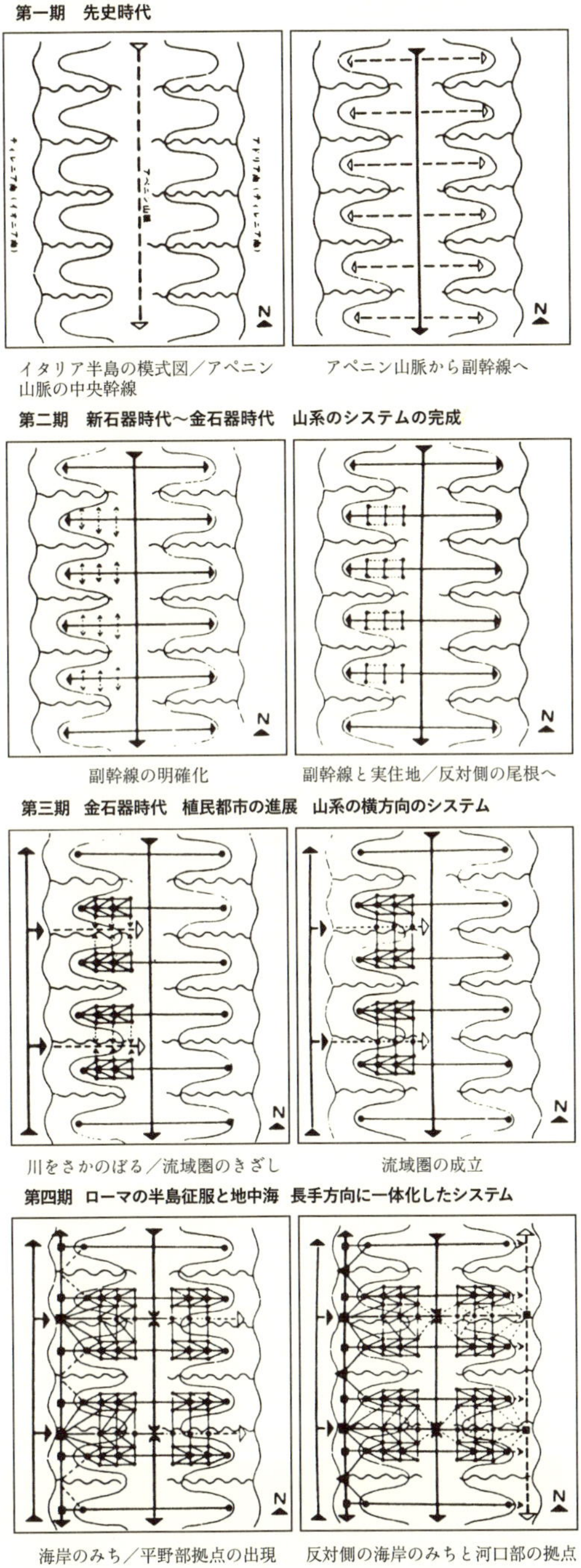

第一期　先史時代
イタリア半島の模式図／アペニン山脈の中央幹線
アペニン山脈から副幹線へ
第二期　新石器時代～金石器時代　山系のシステムの完成
副幹線の明確化
副幹線と実住地／反対側の尾根へ
第三期　金石器時代　植民都市の進展　山系の横方向のシステム
川をさかのぼる／流域圏のきざし
流域圏の成立
第四期　ローマの半島征服と地中海　長手方向に一体化したシステム
海岸のみち／平野部拠点の出現
反対側の海岸のみちと河口部の拠点

G.カタルディによるイタリア都市立地仮説（田島学「シエナ――イタリア中世都市の生と死」『ＳＤ』1981年７月号より）

例えば都市文明の最初である、エトルリアの人たちがつくった古い町は丘の上にあります。アペニン山脈の背骨からだんだん分岐するような尾根道が出ていく。第二期くらいまでです。次第にネットワーク化していくわけです。

第三期にギリシアの連中が海から入ってきて、平地からだんだん奥へ登っていくという二つめのベクトルが生まれます。ローマ時代には技術力を使って平野部に大規模な植民都市的な都市を開発する。ところが中世になると上の方へ戻っていく傾向がある。そういうわけで都市をつくりやすい場所は丘の上だったのです。それはいろいろな理由があるのですが、後で説明します。

それとイタリアでは、中世における都市の復興が非常に早いということがあります。そのことを視覚的に見るのには、いわゆる建築史でロマネスク様式の教会があるのですが、大体フランスなどでは巡礼教会でポツンと村の中にあるロマネスクの教会が多いのに対し、イタリアでは都市のど真中のカテドラルに十二世紀頃にロマネスクの教会をたくさんつくっているのです。ピサのドゥオモなどを見ればよく分かります。

それとルネサンスという時期の都市の文化があったということも非常に重要です。つまり古代があり、中世の都市の復興が早く、そしてまたルネサンスがあるということで、イタリアの人々がもつ他界観についてもし言うとすればアルプス以北とは相当違っているはずだろう。未開とつながるイメージの異界の要素をあえて探そうと思えば当然あるでしょうが、素直にイタリア都市を見た場合に前面には出てこないような気がします。

都市の内と外

しかし小松和彦氏がある所に書かれたものを拝見しますと、他界には時間軸と空間軸の捉え方があるということです。時間軸で言う場合、現世が誕生から死までの時間帯であれば、他界はそれ以前とそれ以後である。空間軸では日常的生活を営むのが現世の空間であり、その周りに広がっている非日常的空間が他界であるとおっしゃっている。このような特別な意味をもつ異次元の空間はイタリアでもあります。それは都市の外あるいは日常空間の周囲に、地理的空間的に外側に広がっているものもあるのですが、同時に都市の中心に、都市の内部に特別な意味をもつ異次元の空間を象徴的な聖域として取り込むということが大きな違いとしてあるのではないかと思います。

それは時間軸からみればモニュメントの考え方ともつながっていく。モニュメントは都市における記憶を常に思い起こさせる。つまり時間をつなぐ、古い時代に遡らせる。普段の日常の空間とは違う場へ人々を意識の上でひきもどすという意味があり、現世を越えているのではないかと思うのです。それが地理的、空間的には、都市の中心にあるというところが、一つの大きな特徴ではないかと思います。

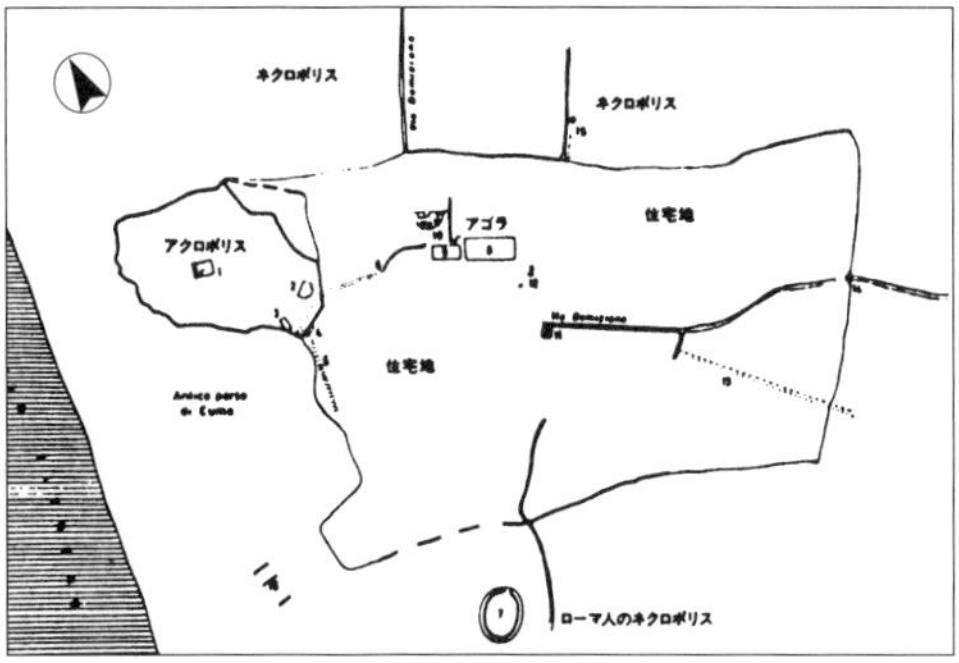

ギリシア植民都市クーマ（南部イタリア）

具体的にそういう問題を、ギリシア・ローマ・中世・ルネサンスという時間軸の中でたどってみます。先程、都市の内と外という問題が出ていましたが、ギリシアの都市は内と外をかなり意識するのです。全体的にみますとギリシア人は非常に自然の状況を大切にします。自然を支配するというよりは自然と一体となって生活空間をつくり都市造型をしていきます。

内と外の問題でみますと、生者の世界と死者の世界がギリシアでは明確に分けられていまして、城壁の内側が生きている者の世界で、その聖なる中心としてアクロポリスの高台がある。南イタリアの小さな都市、クーマもそれをよく表しています。西側にティレニア海があります。海に近い所にちょっとした小高い丘があって、アクロポリスになっています。つまり聖域です。城壁に囲まれた市街地の中心部分にアゴラがあります。これが俗の中心で、低地にあります。その城壁の外にネクロポリス、いわゆる墓地が広がっているのです。死者の世界は城壁の外に出されているわけです。

しかし発生的にみますと、ギリシア人はもともとは城壁を持たなかったのです。アクロポリスがあって、その周りに人々が住んでいる。アクロポリスはもともと防御の砦として生まれたものですが、紀元前五世紀頃城壁ができ、都市を囲うという意識が出てくると、防御の砦としてのアクロポリスがだんだん意味を失い、聖域としてシンボリックにそびえるという形で残っていきます。しかし市民生活の成熟と共に、むしろアゴラ、広場の方が役割が大きくなってくるのです。でもずっとアゴラとアクロポリスという二つの場所が楕円のように二極構造をもって都市をつくりあげるというのがギリシア都市の大きな特徴です。

ギリシア都市の自然に開いた聖域

地形がやはり重要である。その典型的な例がアテネです。アテネの町も城壁をもっていました。真中の丘の上にアクロポリスがあり、その西北にアゴラ、幾つかの建物に囲まれた広場があります。アクロポリスの南には、ディオニソスの神に捧げた劇場が斜面を利用して聖域にくっつくような形でできています。

ギリシア人にとって劇場は非常に重要なものだったわけで、聖域の近くにつくられているものが多いのです。それから大自然へ開く、つまり自然と交流する、そういう大きなスケールの下に劇場の立地が選ばれ、空間演出がなされていて、聖なるドラマを宇宙的な広がりの中で見る、参加するという形をとっています。これはもちろん建設技術が低い段階では斜面に造る必要があった、ということも同時にあります。

聖域のでき方について、ギリシア建築史が専門の伊藤重剛氏が紹介している大変面白い例があります。ドドナという所にあるゼウスの神の聖域のでき方を模式的に示しています。木の下にゼウスの神がいるといういわれがあり、木の近くのさりげない所にまず神殿だけの小さなものができる。次に壁で囲う。三番目にコロネードをつけて、回廊形式にする。四番目に神殿をたてなおしてシンメトリーの軸の上にほぼのっける。だんだん聖域を威厳のある立派なものに仕立て上げていくわけです。過去へ遡れば、聖域というものがどういう形で成立したかということを物語る一つの例です。

つまり神木のような木、自然のエレメントが非常に重要なのです。そして場所、地形、丘といったようなものが建物を配置し、都市空間を組み立てる上で重要なベースになっていることが分かります。

代表的な古代ギリシア都市の例として、デルポイ、今はデルフィと言ってますけども、その町の聖域を見てみましょう。周りに集落というか人家はあったはずなのですが、まだよくわかっていないようです。町の一番重要な所に聖域が壁で囲まれるように置かれています。背後に非常に険しい山がそびえ、岩の間から水が湧いていまして、聖域はその裾に広がる南下りの一番いい斜面にあります。真中にものすごく大きなアポロン神殿がそびえ、各地から巡礼のように人が訪ねていたのです。

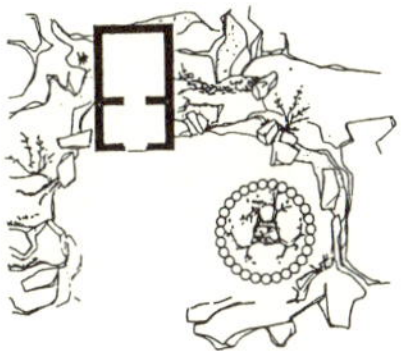
第１段階　前400年頃

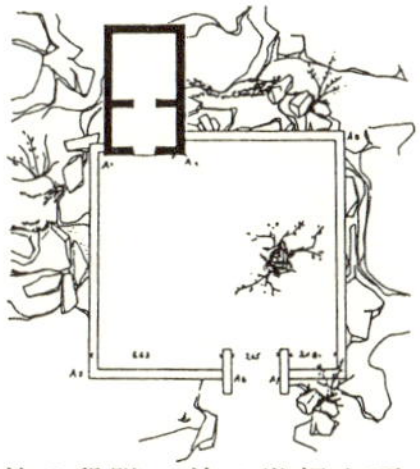
第２段階　前４世紀中頃

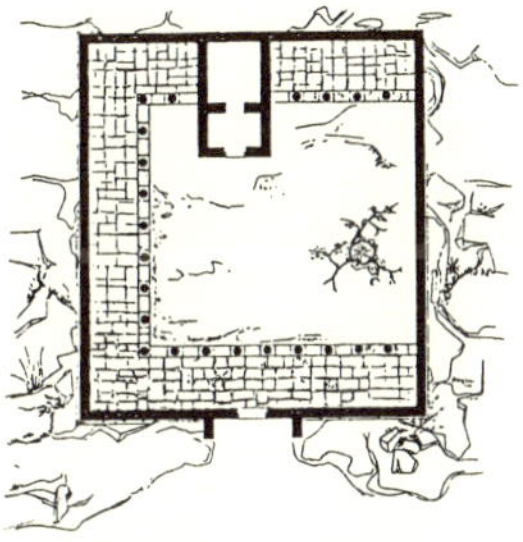
第３段階　前３世紀

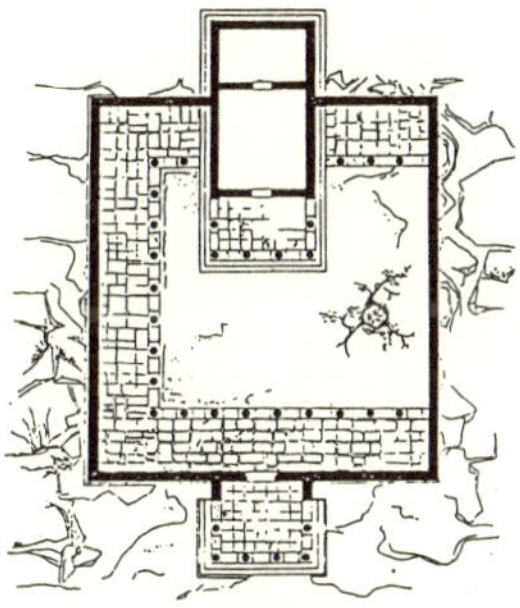
第４段階　前200年頃

ドドナ・ゼウスの聖域の発展段階（S. Dakarisによる）

この聖域の一番奥の左、北西の位置に後から劇場が挿入されました。そこまで登ると、谷の方が開ける。大きなパノラマが展開していく、本当に眺めのいい場所です。アポロン神殿も上から眺めてしまう。つまり聖域の中でも神殿とならぶ劇場の重要性がここでよく示されています。

次に、少し後の紀元前三五〇年頃、ヘレニズム時代につくられた植民都市の代表例であるプリエネを見ます。これはやはり城壁で囲まれていて、北の上の方に一種のアクロポリス、高台があって、南の方の斜面に町が広がっているのです。中心にアゴラがあります。アゴラの北西、少し行った所にアテナの神殿があります。これも少し高い所で、見晴らしがいいのです。そしてアゴラの北の方に扇型のものがあります。これが劇場で、ここからの眺めもいいのです。

こうして、都市の中心に市民の世俗的なセンターがある。アゴラはマーケットでもあるわけで、市民の生活の中心であり、市場であり、同時にしばしば宗教的要素もついてくる。場合によってはその近くに劇場がつくられることもあります。

こういう要素を都市の中に場所を選びながらつくっていった。総じてみれば自然と対応しながら聖なるもの、そして市民の生活の中心のアゴラをうまく配置したということがいえる。

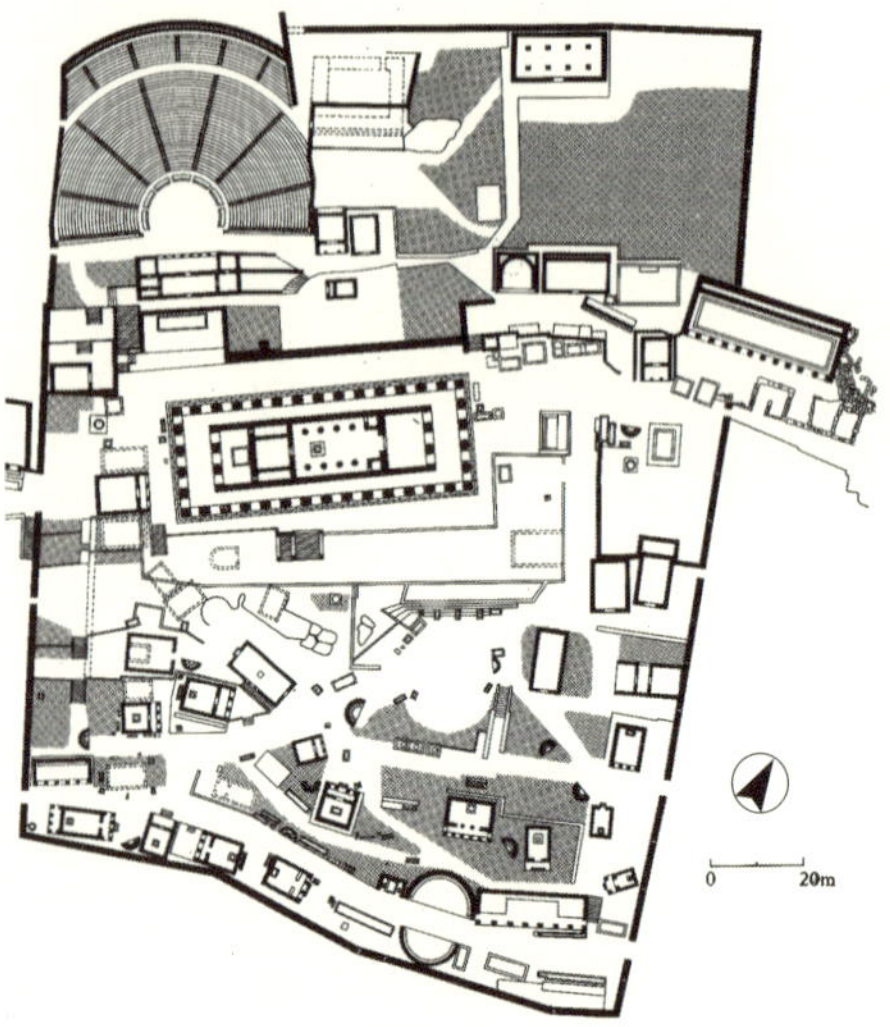

デルフィの聖域平面図

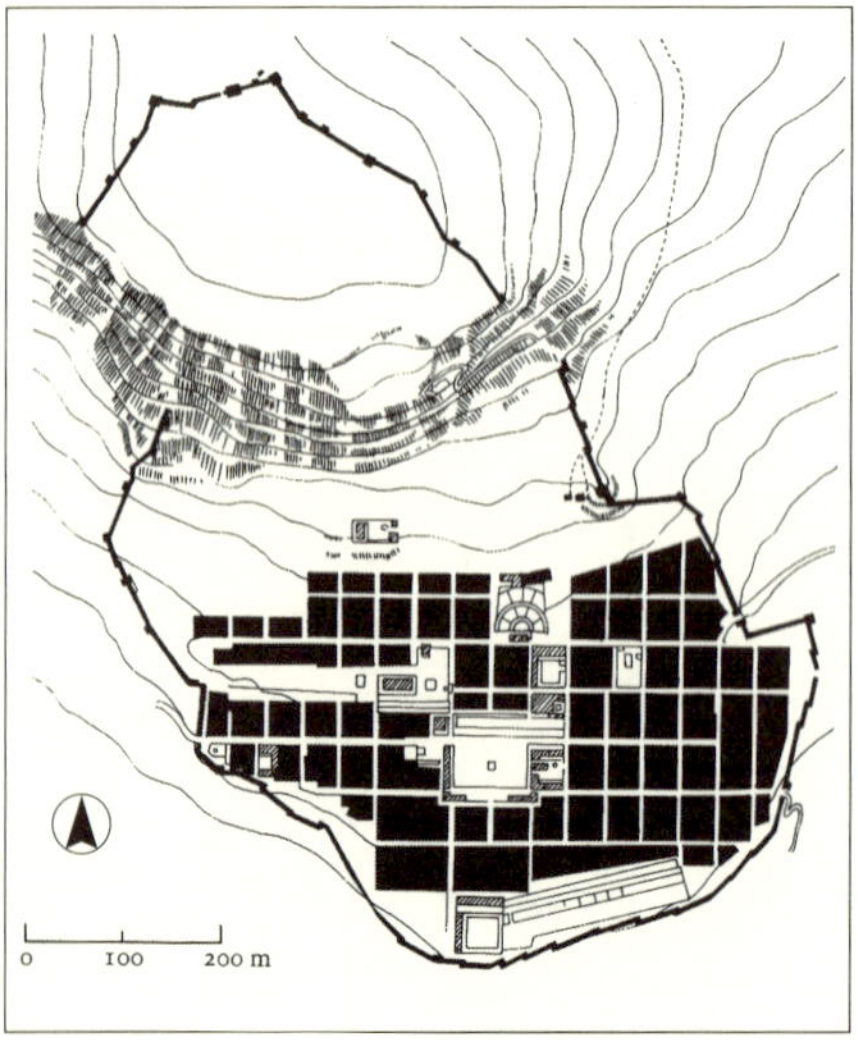

プリエネの都市平面図

人工化、モニュメント化するローマ都市

次にローマの都市ですが、ギリシアの時代に比べれば土木建築技術が高度に発達したということもあり、都市を人工的にモニュメンタルにつくっていく傾向があります。自然を支配するということもあります。都市を囲うという意識はギリシア人以上にローマ人の方が持っていたのです。明快に都市は内と外に分かれます。死者の世界、ネクロポリスはやはり市壁の外にあります。

ところが墓のイメージがだんだん変わっていくのです。墓地を町の外につくるというのはギリシア人だけではなく、イタリアに古くから先住していたエトルリアの人たちにとっても同様だったのです。エトルリアの連中は死者は町の外に、生きていた時と同じように永遠に生き続けられると考えていたらしい。だから墓は生者の家と同じような形でつくっている。ひっそり眠り続けるわけです。ところがローマ人は墓のもつ社会的意味を重要視してきて、だんだんモニュメンタルな造型をしていくのです。その場所が人の目に一番ふれる場所、都市の入口の外、城門の外につくるようになります。

その様子がポンペイの墓地に典型的に見られます。秘儀荘という有名なヴィッラ（別荘）がポンペイの都市遺跡の北西の外にあります。ここへ行くための門を出た所に、重要な街道にそって何十もの墓が造られていて、かなりモニュメンタルに造型されています。

アッピア街道にそって、ローマの町のすぐ外にできている古代の墓とカタコンベもよい例です。これもローマ時代からすでにつくられていて、キリスト教徒が礼拝をしたり、墓地をつくっていた。ローマ人の墓もここにずっとある。ローマの都市に入る入口に死者が眠っていて、しかもそれは対外的にアピールするような立派な墓を地上につくって町を守っている、あるいは死者が都市を守護している。また旅人はここを通過して都市の中に入るという、一種の通過儀礼のような感じもあります。

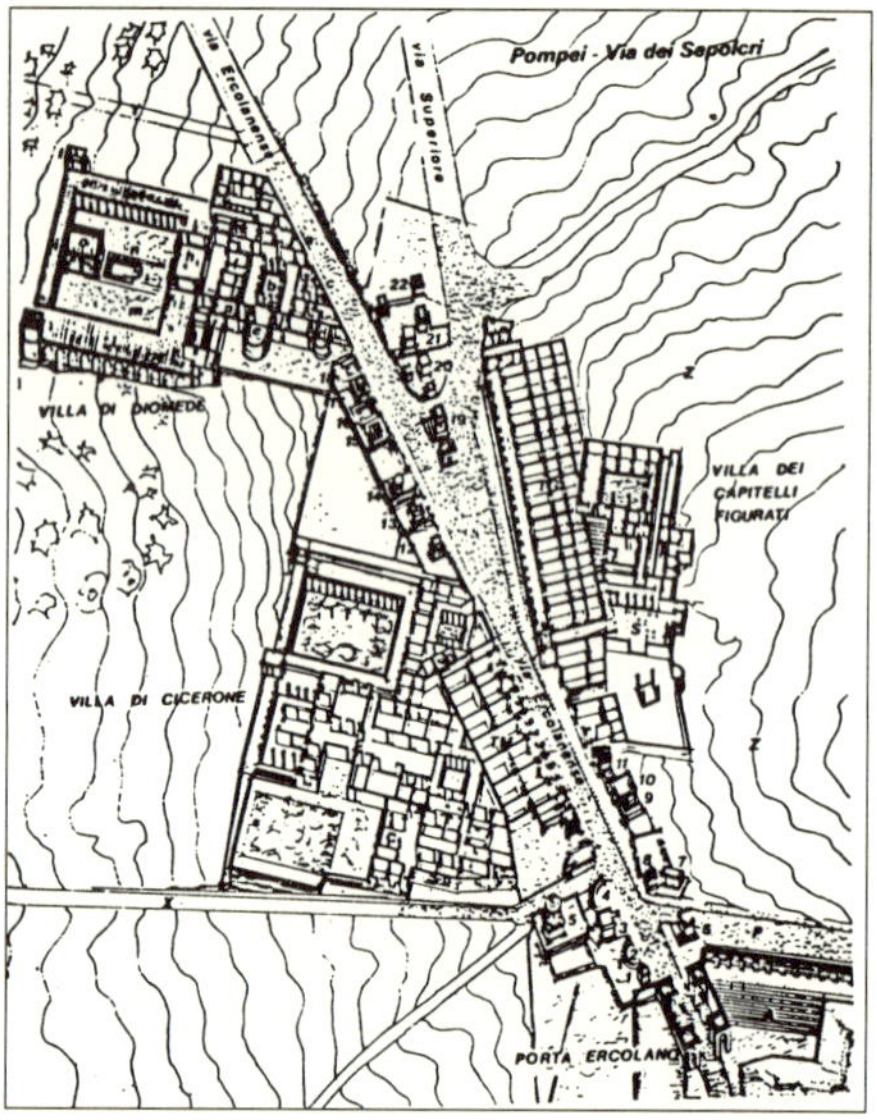

ポンペイのネクロポリス

もっと重要なことは、ローマ人は都市の中と外を明快に区切るために、市壁の周りに聖なる空地を残したんです。これをポメリウムといいます。エトルリア起源のようです。この城壁のすぐ内側と外側に拡がる聖なる空地、ポメリウムではもちろん建設もできませんし、農耕もできない。つまり都市は神聖な境界線で守られた平和な場所として考えられていたわけで、通常は軍隊は中に入れないのです。ところが、外で戦いに勝って凱旋してくる時にはここを軍隊がパレードして通ることができる。凱旋の際には兵士を外に待たせて、仮設の凱旋門をつくったのです。木や竹、つるなんかで仮設の凱旋門をつくって、通過儀礼を行なって、戦争の血の汚れを清めた上で特別に門から入って行進をした。都市と農村が空間的領域として明快に区別されていたということがいえます。

ローマの場合、発生の過程が非常に古いため、丘や低地からなる地形がかなりいかされています。ローマはよく知られるように七つの丘からなっており、特に重要なのが、パラティヌスの丘、そしてその北東にカピトリヌスの丘があります。このあたりが重要なセンターです。もともとはこうした丘の上に先住民族が住んでいたわけで、バラバラだったのです。

そしてパラティヌスの丘とカピトリヌスの丘の間には低地が広がっており、その西側にティベリス（現テヴェレ）川が流れている。その奥まった低地、このあたりはもともとは都市の外の低湿地であり、まさにネクロポリス、墓だったのです。実際考古学者によって墓が発見されています。そこを、ローマの町を統合して大きくして

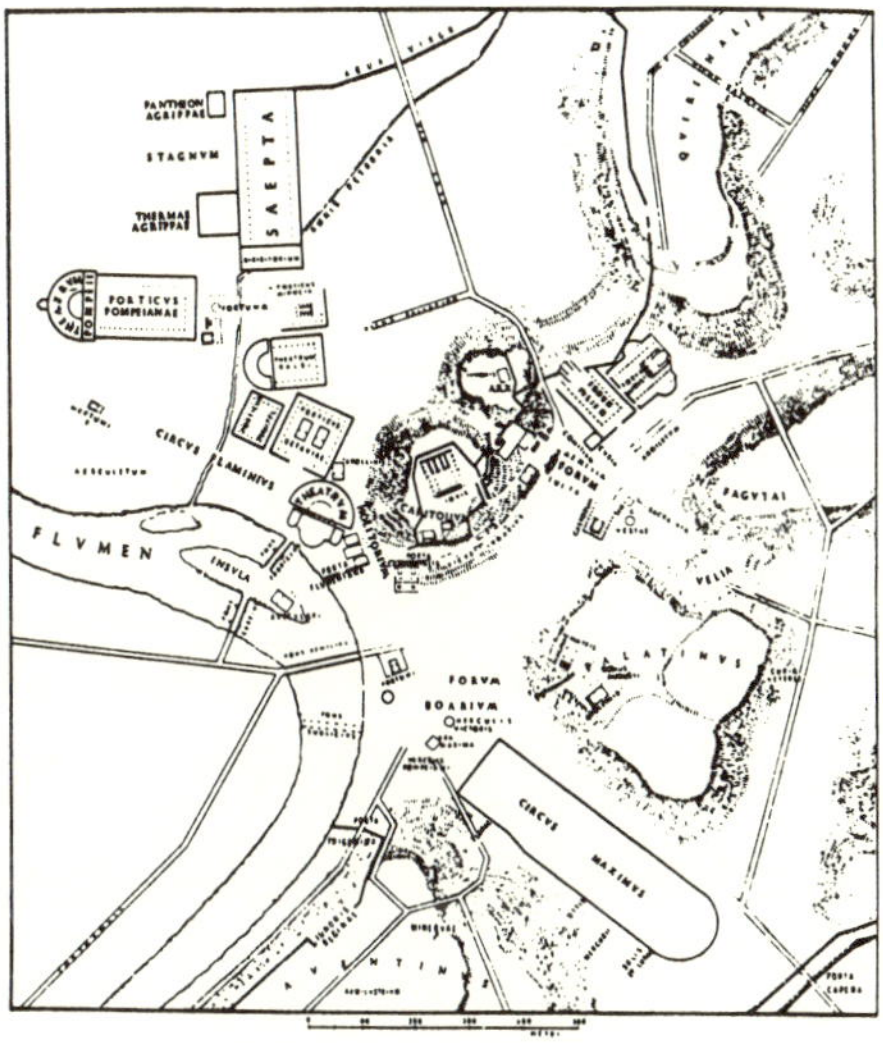

アウグストゥス時代のローマ

いく時に、逆に都市のセンターとして位置づけ、フォルム・ロマヌムというローマの中心広場をつくるのです。そこに政治宗教の重要なもの、あるいは市場をつくり、国家儀礼を行ない、さらには見世物を行なう、あらゆる意味での都市のセンターが計画的につくられるのです。そこにはかまどの神ウェスタの神殿があり、火が常に燃え続けていました。円形のプランをした神殿です。

それからカピトリヌスの丘の上にはユピテルの神殿があります。ジュピター神殿です。ここがローマで一番重要な神殿、聖域だった。つまりここはアクロポリスのイメージを受けついでいるのではないかと思うのです。

凱旋行進が行われる時には、当然ローマの歴史的に重要な場所がルートの中に取り込まれてくるので、ローマのトポスの意味が浮き上がってくる。

ウィア・トリウムファーリスという凱旋道路があります。テヴェレ川の西の方を通っていたと思います。そして川を越えてフォルム・ボアリウムという川のすぐ東側の低地へ行く。ここに港があり、それに沿って広場ができていたのです。ここを通り運動競技場のような形をした長細い場所へ行く。ここで儀礼を行なって、今度はパラティヌスの丘を右側から回り込んでフォルム・ロマヌム、中心の広場に入っていくのです。そのあたりはウィア・サクラ、聖なる道といいます。フォルム・ロマヌムに入ってカピトリヌスの丘に登ってユピテルの神殿にお参りをする。そういうルートが想定されています。

ですから城壁の外、凱旋門をくぐって都市の重要な場所をめぐって、ローマの心臓部の聖なるカピトリヌスの丘のユピテルの神殿に到着する。

ローマのこういう場所にはやがてモニュメントがつくられていく。モニュメントはもともとラテン語の「monere」、思い出させるという語からきているそうで、それが置かれる場所が非常に重要になるのです。それは中心の広場や主要街路に設置されることになります。

以前日仏会館で講演された、マルク・オージェ氏の話でもモニュメントという言葉がしばしば出ていましたし、日仏会館で行われた都市のシンポジウムに来日するはずで実は来られなかったフランソワーズ・ショエという女性の都市史の研究者がいるのですが、彼女のペーパーを見ましてもモニュメントの話がしきりに出てきまして、とりわけフランス人はモニュメントが好きだということがわかります。イタリア人もそれにおとらず好きで、やはり都市のこういう問題を考える上でモニュメントは避けて通れない問題だと思われます。

ローマの場合、劇場、テアトロがだんだん円形闘技場、アンフィテアトロに移行してきて、劇場の中でもかなり世俗的・享楽的な見世物が行われます。アンフィテアトロでは例のコロッセオのように猛獣と剣闘士があらっぽく格闘するという血なまぐさいスペクタクルが行われていました。パンとサーカスということで為政者が民衆に見世物を提供する。それは従来は都市文化が堕落したと見られることが多かったのですが、逆に社会構造の非常に独特なシステムであったという積極的な見直しもされています。都市の一つの体制をつくっていく非常に重要な要素であったわけです。

アンフィテアトロやいろんなスペクタクルを行なう場所がローマにいっぱいつくられましたが、こうして非日常的な空間を体験させること、あるいは日常からの解放、そういうものが都市の中に意図的につくられてくる。これはラテン系の都市を見ていく上では非常に重要な論点ではないかと思います。

ところがいわゆる聖域からは切れていくわけです。ギリシア人が劇場に思いをこめていた自然、聖域といったものから離れていきまして、人工的な構造物になっていって、そこでは本当に世俗的なスペクタクルが行なわれるということになります。

それから自然との関係をローマの中で見ておく必要があります。ローマはご承知のように、ローマの平和の時代に非常に安定したので、田園、海ぞいにヴィッラが沢山でき、危険もあまりなくなり、自然を豊かに使っていった時代です。そういうことが後の都市と農村の関係の一つのベースをつくると思います。

中世都市の聖と俗

次に中世にいきます。まず、シエナという中部イタリアの都市を見ましょう。ローマ人は土木技術、建設技術を高度に発達させて、かなり人工的な都市空間をおもいのままにつくれたのです。それに対して中世はまた丘の上の土地を選んで、逆に有機的な迷路的な都市をつくりだします。地形を実によく使っています。ですから、頭の中で考えた都市の計画のパターンといったものよりも、むしろ場所の条件をいかして都市を身体感覚に合う形でつくっている。それは使いやすさのみか、象徴性を演出する上でもそういう工夫がなされたのです。

丘の上の町ができてくる理由としては、防御のため、疫病から守るため、そしてまた牧畜やオリーブ、ブドウに依存する経済的背景、さらに丘の上の方がむしろ都市をつくりやすいという地理的合理性などを指摘できます。

イタリアの都市では、塔の思想が重要です。ローマでもドームなどがありましたし、西洋世界では古代から塔の思想があるわけです。とりわけヨーロッパの都市でよく知られた塔というとやはり中世なのです。

塔は天と地を結ぶ。天へ向かってのびる。神性が塔の上にやどる。そういういろんな意味があるのでしょう。日本の都市の中には垂直的に上にのびる本当の意味でのヨーロッパ的な塔はなかなか成立しなかったのではないかと思います。

面白いことにギリシアには塔はなかったのです。ギリシアはむしろ自然と一体化し、そこから突起する異和物としての塔みたいなものはつくらない。岩盤の上に神殿がガチッとプロポーションよく建っているというのがギリシアの都市だったのです。

イタリアでは山の上、丘の上に立地する集落や都市が多いのですが、では彼らにとって山や水がどういう意味を持ったか。特にここでは山について考えてみますと、例えばフランスのモン・サン・ミッシェルという海に出た聖なる島のような山がありますが、そのルーツをたどると、南イタリアのモンテ・サンタンジェロというミカエル信仰の聖なる山の町にたどり着きます。その巡礼にとっての重要な聖地は、自然の洞穴を利用して創り出された「聖なるグロッタ（洞窟）」を中心にできており、大地の力というものを感じさせます。

では、日常的な都市の中にそういう聖なる山があるのか。例えば遡ってギリシアではラファエロが描いているパルナッソスの絵のように、山の上に神々が集っているといったイメージがあるのですが、実際の都市の中ということになると、中世の都市で一番高いポイントにはたいていロッカといわれる城塞がおかれていて、軍事的に重要なのですが、教会や修道院をおいているわけではない。日本の都市と比べますと、山が霊的、あるいは聖なる意味の上で特別な意味をはたしているということは少ないのではないかと思います。

それは同じように水に関してもいえると思います。先程述べましたフランス人の都市学者ショエの話でも、ヨーロッパ人は都市の内部にある水は基本的には機能や用途の点から考えている。つまり水は実用的に使う場、あるいはコントロールする対象であって、日本のように民俗学的な特別な意味を持っているということはあまりない。

それが象徴空間に転換することはしばしばあります。祝祭の舞台になり、水上パレードとかいろいろなスペクタクルが水上で行われます。フィレンツェのアルノ川やヴェネツィアのラグーナの上でもしょっちゅう行われます。それは象徴空間なのですが、ある意味で実用的に使う舞台なわけです。教会あるいは神殿が水辺に立地することは、例えば港の神を祭った神殿が水際にできるということはありますが、それ以上にはないようにみえるのです。このあたりは私はまったく素人なものですから、いろいろ教えていただきたいことばかりです。

しかしヴェネツィアの面白い鳥瞰図（一五〇〇年）がありまして、ヤコポ・デ・バルバリによって作成されたものですが、この中を見ますと、ラグーナの水の中から二つの神が立ち上がっているのです。商業や交易の神のメルクリウス、そして海の神のネプトゥノス、ネプチューンです。この二つがヴェネツィアを守っていることが象徴的に地図の上で表現されている。もちろん水とともに生き、交易に依存して生きてきたヴェネツィアが水を神聖なものとして意識していたことは確かにあると思います。

中世になると都市の内と外の関係が若干従来と変わります。墓地の位置、死者の世界が中に入ってくるのです。つまり聖・俗が接近するということがある。墓が教会の床の下や壁の際や、あるいは教会の周りに入ってくる。つまり死後も神と共に居て、復活を信じるといったキリスト教の考え方にもとづいて、墓地は教会の周辺につくるようになったのです。

こうして生者の都市と死者の都市が重なってくる。ローマ以前には死者は嫌って外へ出されていましたが、これが同じ場に同居するようになってきます。

教会と広場の関係は、ある意味で聖と俗が接近しているわけで、ローマのように広場の周り全部を特別な空間にするのではない。中世ヨーロッパの都市の広場は周りに基本的に住宅が並んでいるのです。つまり住宅の住まいの空間の中にポッカリ広場があって、その中にカテドラル、教区の教会などがある。ですから、聖・俗が接近してくる。

そのことをシエナで見てみましょう。真中に扇型の広場があり、これが市庁舎のある広場です。その西の方に大聖堂のある広場があります。そして扇型の広場に面した市庁舎の南に市場の広場があります。

このように同じ公共的、象徴的な場所でも一カ所に全部集めてしまうのではなくて、世俗の権力と宗教上の権力、そして日常の舞台である市場を一定のにらみをきかせながら別の位置においていく。こういう力学がダイナ

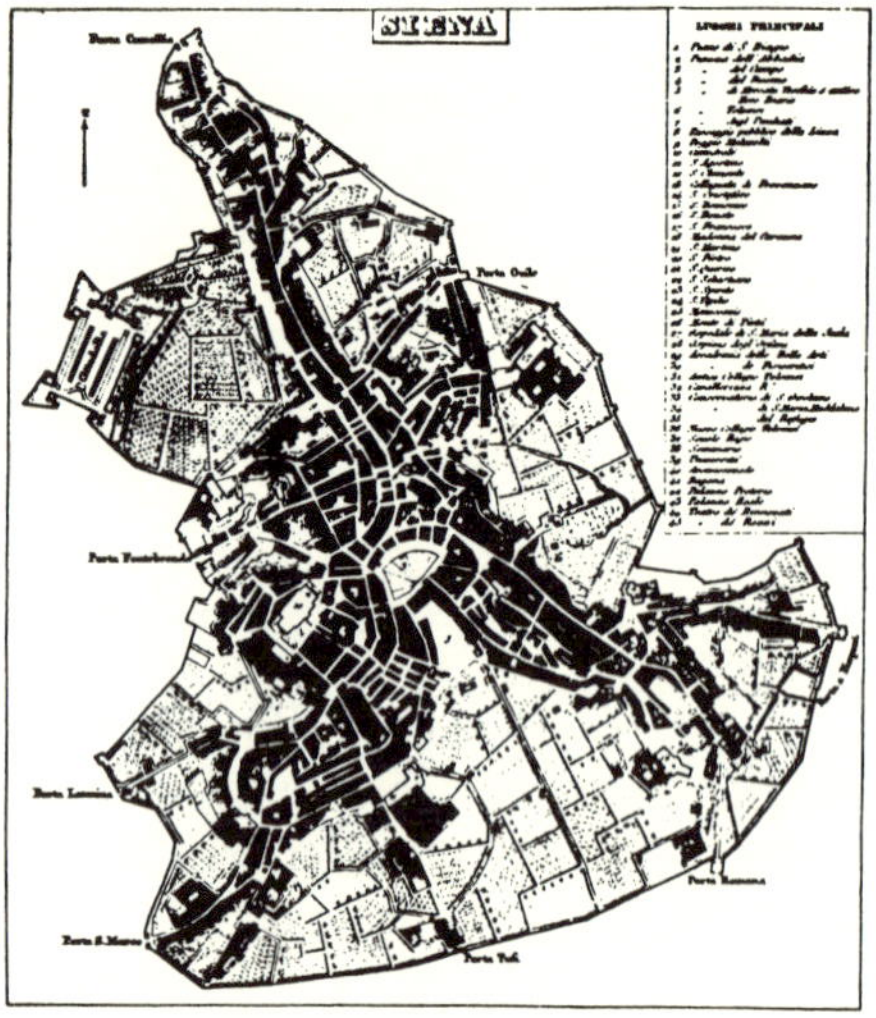

シエナの都市図（1832）

ミックに内在しているのです。これはイタリアの重要な都市ならどこでも見られる大きな特徴だと思います。

こうして中世に広場の現在にいたるまでのイメージがつくりあげられた。モニュメントがそびえる過去の記憶のこめられた場所であり、物と人と情報の出会いの場である。広場では最初は宗教的で厳粛な行列が行われていたのが、だんだん見世物化していく。パフォーマンスの空間になる。つまり非日常的な刺激も広場で人々が感ずる、体験する。異空間へ転換していく。そういう行為がしばしば行われて、さらに広場がもっている意味が多様化していくのです。

シエナにおける地区区分として、テルツィとコントラーダというものがあります。シエナは地区ごとの独立性が非常に強く、パリオというお祭、地区対抗の草競馬なのですが、それで知られている所で、中世のスピリットが現在にまでよく残っている都市です。

つまり中世都市は原理的には象徴的に中心の広場――カテドラルと市庁舎があるのですが――と地区の自立性の強さ――ライバル意識が非常に高くて都市に活気がみなぎるわけですが――この二つの要素が一緒になって都市をつくりあげている。

それはヴェネツィアでも全く同じです。ヴェネツィアの中世は多核的都市構造で、七十ほどの教区に分かれており、それぞれが自立した生活圏を持っていますが、同時にまた、都市全体は象徴的な中心を持ち、ネットワークで結ばれている。この二つの要素をいきいきとつくり上げていたのです。

イタリアの中世における都市と農村の関係をよく示す絵があります。先程申しましたように、都市と農村はイタリアでは密接に結びついています。ですから都市が光で農村は闇というような単純な図式は成り立ちません。「都市の空気は自由にする」というのは、イタリアでは誇張に過ぎます。農村はそんなに闇ではない。また逆に都市の中にも封建的な要素が入り込んでいるのです。都市への幻想もそんなに大きくない。相互乗り入れである。そういう認識が今では一般的になっているようです。

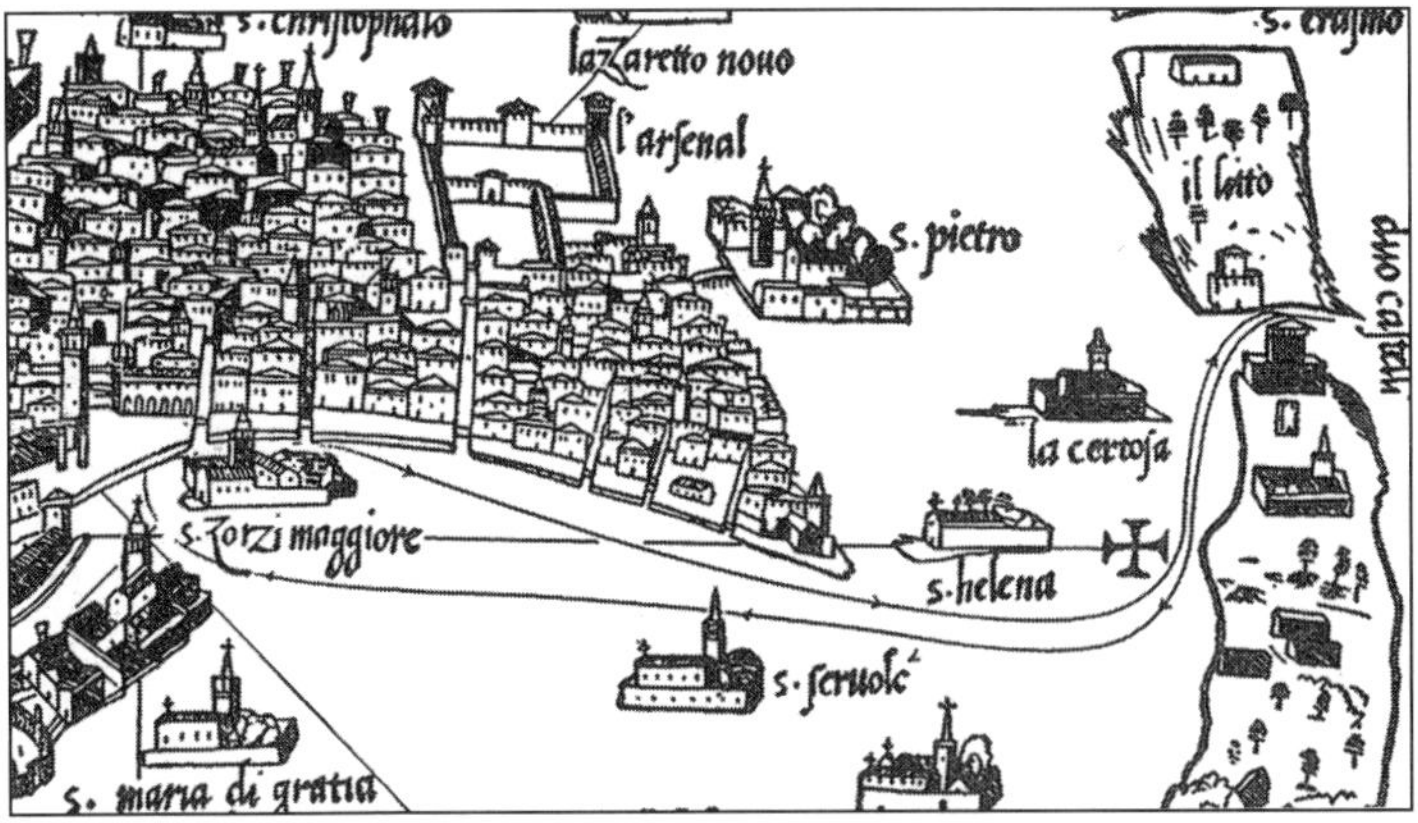

「海との結婚」での水上パレードのルート

中世の都市と田園の関係を示すのが、アンブロージオ・ロレンツェッティによる『善政の寓意』と呼ばれるシエナの風景画で、十四世紀前半にシエナ市庁舎の壁画として描れました。市壁の左側が都市、右側がコンタード、つまり農村です。両方とも良い政府の下では繁栄し、都市文化が生まれ、豊かな暮らしが生まれるという寓意的な絵画です。こうして都市と農村が結びついている。

例えばヴェネツィアの場合、都市の内と外をどう意識していたか。大変面白いのです。有名な「海との結婚」という国家儀礼のお祭の時に、総督、つまり大統領にあたる為政者が沢山の船を従えて水上パレードをする際のルートが興味を引きます。サン・マルコの中心から船でラグーナを水上パレードする。リド島の北端で、海峡から東側に出ると、そこは荒々しい海であるアドリア海です。毎年、春のキリストの昇天祭の日に総督がここまでやってきて金の指輪を海になげこんで、永遠の平和と安全を祈願する。海と再び結ばれる、都市の再生、そういう儀式が行われる。

この時、荒々しい外の海と我等の海であるラグーナ、都市の結界にあたる部分が儀式を行う場所として選ばれています。

ルネサンスの時代に、後にフランス王となるアンリ三世がヴェネツィアに来た時に出迎えのパレードを盛大に行ったことが知られています。その時も先程のリドの島と同じ所まで総督たちがパレードして出迎え、当時の代表的な芸術家ティントレットが絵を描き、パラーディオが設計した仮設の凱旋門とロッジアができまして祝祭の演出をもりあげたのです。

こうして都市の境界に意味のある装置をつくりだした。普通の大陸の都市であればそこが城壁になっていたわけです。こうした内と外の意識がヴェネツィアでも見られます。

ルネサンス都市のコスモロジー

次にルネサンスの都市について説明します。先程、中世の都市は多核的で分散的構造を持ったと言いましたが、ルネサンスの都市は非常に意識的に全体の統一化をはかっていった。つまり求心的構造へ向かっていった。空間全体が秩序化される。理性で考え、人間を中心にすえ、建築・都市・宇宙というういろんな段階の次元を結んでいく、よくいわれる入れ子構造的な発想で空間を再び秩序づけていく。人間が中心にすわる。明晰な空間の認識です。

その技術的な裏づけとしては遠近法、パースペクティブの考え方が確立し、視点を人間の側におき、中心を設けて空間を把握、描写する。さらには現実の空間を造っていく論理にもなっていったのです。

ヴェネツィアの都市空間もそういう観点で再構成されていきます。その重要な中心がサン・マルコ広場の周辺だったのです。サン・マルコ広場が海にひらかれる所に、小広場があって、その沖に水面が広がっている。このあたりが共和国にとっての古くからの象徴的な中心なのです。

ラグーナから見た正面玄関の小広場は印象的ですが、こういうふうに遠近法的な構図で小広場が十六世紀の三〇年代から再構成の事業が行われます。さらにその沖合に非常に面白いプロジェクトが考えられたのです。アルヴィーゼ・コルナーロというパドヴァの人文主義者が、三つの要素を付け加えるというプロジェクトを考えたのです。

この水面の南西の方に浮かぶ古代風の劇場が構想されています。もう一つ人工的な島があり、その上には森があり、木がはえていて、丘の上にロッジア、つまりあずま屋みたいなものがある。これは理想的な庭の比喩であります。劇場は古代の記憶を喚起するものであり、都市＝劇場であるというルネサンス的なイメージを呈示している。また、小広場の所には大陸の川から水を引いて噴水をつくる。こうして新たにラグーナの水面を演劇的空間にし、自然や宇宙と交流する。当時の彼なりのユートピア的な構想を打ち出している。

ラグーナから見た正面玄関の小広場

非日常的なもの、宇宙的なものと交わるというときに、ルネサンスの場合にはこのような意味でのマクロコスモスを考える必要があります。人文主義の素養をもった知的エリート階級の中から構想されるアイディアとして出てくるのですが、それが実際都市を動かしていくわけです。コルナーロのこの構想はプロジェクトだけに終わりますが、ルネサンスのヴェネツィアではそういう形で理想都市を部分的に実現していくことが目論まれたのです。

阿部謹也氏の言われるゲルマン都市における中世のマクロコスモスとはまったく違うのですが、やはりマクロコスモス・ミクロコスモスという場合にはこういう論点も考えないとヨーロッパの都市は理解できないのではないかと思います。

この時代、十六世紀にはヴェネツィアの都市をはじめ祝祭が活発に行われ

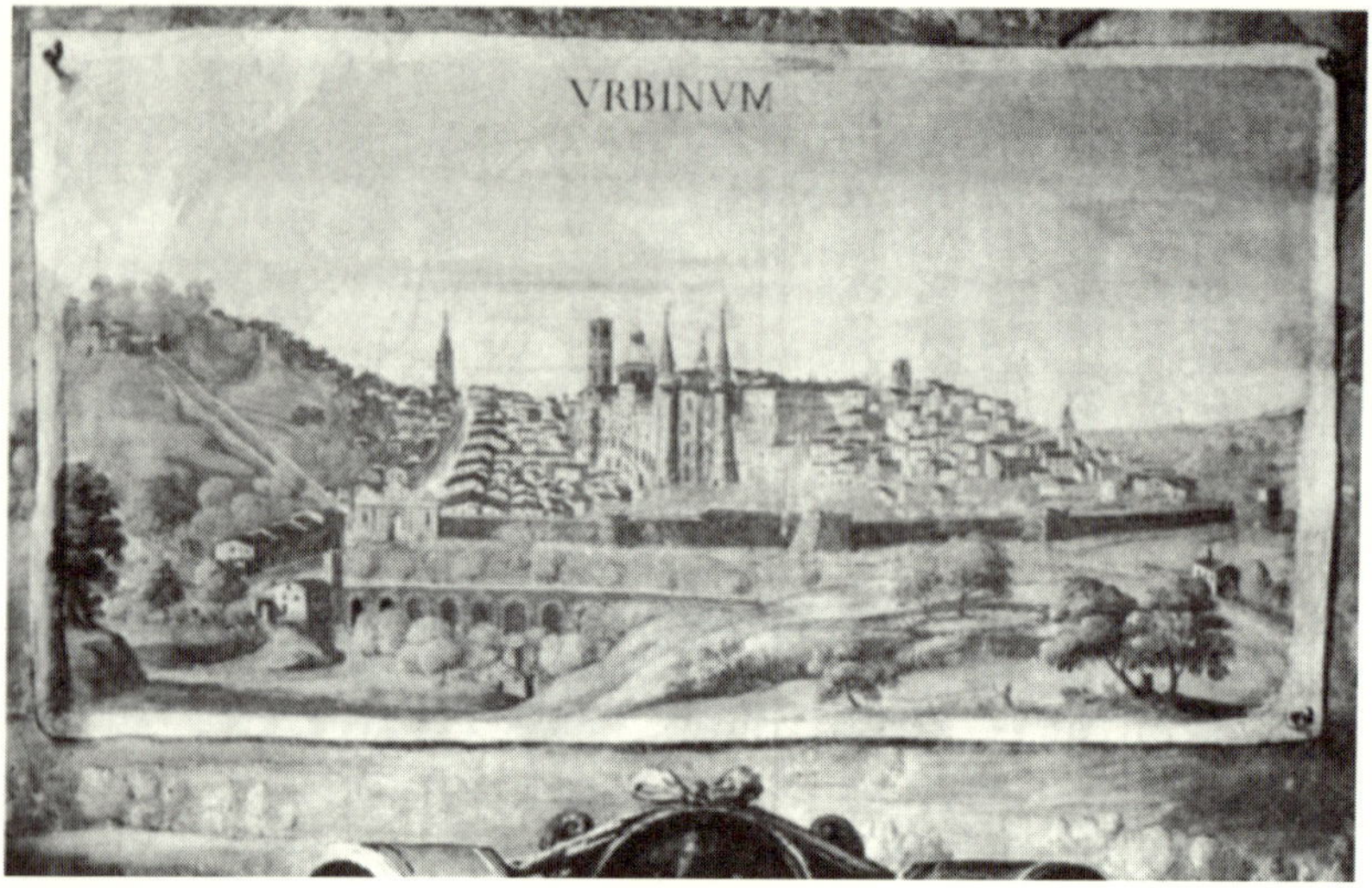

ウルビーノの景観図（17世紀）

る。特に、サン・マルコ広場という権力のお膝元で見世物が行われる。コメディア・デラルテも十六世紀にヴェネツィアで活動をくり広げた。こうして異空間に転換していくということをしばしばサン・マルコの象徴空間で行なったのです。

十六世紀のはじめには演劇を危険視して禁止したこともあったのですが、やがて共和国の権力の側がそういうものを洗練された形で意欲的に取り込んでいく。民衆の力もあってだんだんカーニバルなどが活発になる。カーニバルの仮面をつかって日常的な秩序を破っていく。自由な混沌とした空間をこういう場所につくっていった。それを排斥しないわけです。もちろん仮面を禁止する時期もあったのですが、だんだん認めていく。

そういう異なるもの、不思議なもの、奇異なるものを、他の国と比べるとイタリアのルネサンスは排斥せずに中心に取り込んで都市を活性化していったのではないか。

ヨーロッパのルネサンスにおける自然への広がりを知るには、ウルビーノの都市鳥瞰図を見るのがよいと思います。ルネサンスの代表都市です。パラッツォ・ドゥカーレという君主の宮殿が真中に、ルネサンスの時代に整備されてできてくる。それを画面の中央におくような絵の描かれ方がされています。つまり中心をすえて世界、全空間を把握する。

この中に為政者のフェデリコ・ダ・モンテフェルトロの書斎があります。人文主義者の小さな書斎がマクロコスモスへの大きな窓口になっている。それはまた実際に自然に開かれて、周りの農村や自然をここから見晴らせる。自分のテリトリー、つまり領土を一望の下に把握するためのベランダが外に向かって開かれている。都市と農村・自然がこうしてルネサンスの時代にもう一度別の形で結びあう。

江戸・東京の異界としての周縁

こう見てきた時に、江戸・東京の都市における象徴空間や他界的なものはかなりイタリア都市とは違うわけです。まず都市の立地が違います。よく言われますように下町と山の手が東京にはあります。つまり水と山を取り込んでいる。ヨーロッパの都市ではこういうものはできるだけ外に追い出してしまうのです。水の方はパリにしてもローマにしても取り込んでいきますが、江戸の場合はそれをもっと豊かに使う。トポグラフィーが江戸を見ていく場合に非常に重要です。

それから囲いを持っていない。都市と自然が随所で交じりあっているのです。中心と周辺の関係がいきいきと成立してくる。自然と接する周縁部分に意味ある場所が沢山成立してくるのが江戸・東京の特徴です。

寺社地を地図上にプロットしてみますと、円環状に幾つかの断層がある。都市の外側へ外側へとつくられていく様子がよく分かります。つまり山の際、山の辺にできていく。

とくに重要な神社が山の裾に、あるいは山の丘の上に、斜面にできている。こういう自然と接する場所にもっぱら名所が生まれてくるのです。あるいは宗教空間がコアになっている場合が多いのですが、それとも結びつきながら盛り場がいっぱいできてきます。

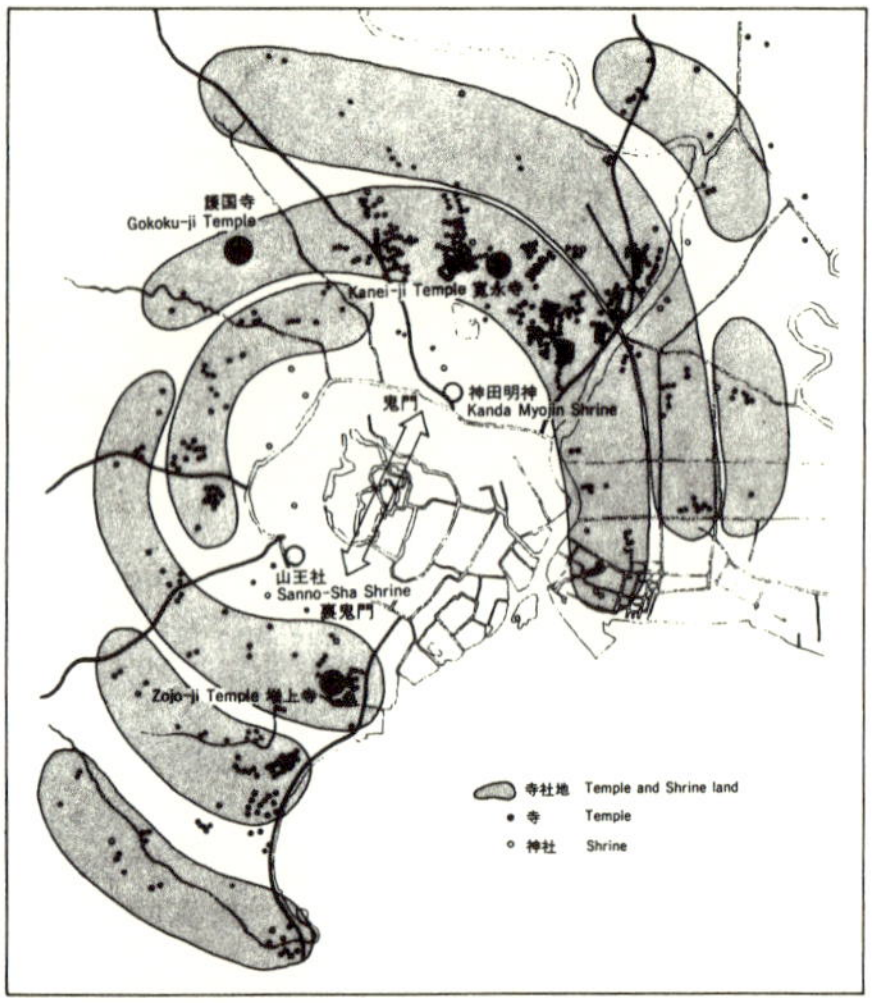

寺社地の配置。江戸城を取り囲んだ呪術的構造をなしている

そういった遊びの空間、遊興空間を地図上にプロットすると、主に深川、両国、浅草といったような水の辺に集中してくる。都市の中心は日本橋や京橋や神田なのですが、遊興の空間はこれの外につくられていくという大きな特徴があります。

名所に話を戻しますと、こういった水や山と結びついて成立している名所をぐるぐると一巡する架空の回遊をしたような遊びができるのです。双六の一つ一つのこまを名所の場面に当てはめていったような遊びでして、「名所双六」といいます。これはまさに、江戸・東京の他界を巡っているという感じさえある。ほとんどが海や山や川や池や滝や宗教空間あるいは盛り場をめぐっていっています。

社会学の吉見俊哉氏が盛り場の構造を分析し、江戸・東京を見ていく上で、「盛り場は異界への窓であった」という言い方をしています。その背後には必ずといっていいくらい闇の世界があり、宗教空間があり、水や山がある。そういうことで異界への窓と言っています。盛り場はそもそも非常に都市的なもので、都市にしかないし、ヨーロッパにはない概念なのです。これがなぜ周辺にできてくるかというと、もちろん政治的・社会的制度、そして自然観、宇宙観から説明できるわけですが、そういうこと全体が文化のあり方の違いとなって現れていると思います。

ここで重要な一つの言い方として、建築家の槇文彦氏の指摘する奥の構造があると思います。日本の都市空間の中ではあらゆる次元に奥というものが見出せます。家の中にもありますし、敷地の中にもあります。街区の中にも路地が引き込まれ、路地の奥に神木があり、稲荷が祀られる。都市全体の中で鎮守の森ができるのもコミュニティの一番奥まった高台の丘の裾です。

あるいはイエの中で見ますと、上田篤氏が面白いことを言っています。京都の町を見ますと、道路があり、それに面して店があり、奥に居間がある。その辺はケの部分であるとすると、その奥に座敷があります。それがハレの場です。その奥に数寄空間がある。数寄屋風の茶屋、庭、それは一種の異界といってもいいような場所であり、いろんな仕切られた所を経てそこにたどりつく。茶室のにじり口はまさに異なる空間へ入るために日常の生活から隔てる装置なわけです。日本では芝居小屋に入るにもねずみ木戸という小さい戸をくぐって入る。内に入る、結界を越える時に心理的な緊張を強いると言われます。

もう一つ重要なのは、昔から江戸・東京は数多くのムラからなっている巨大な集合体だということです。つまり無数のミクロコスモスからなっている。そのことを説明して終わりたいと思います。

東京の神社をプロットしますと、まず天下祭をやっていた神田明神と山王権現がちょうど鬼門と、裏鬼門の方向につくられていて、しかも江戸の市街地の発展に応じて二回ほど位置を外側へ移しているのです。常にコミュニティの外側の高台の森をバックにつくられる。こういう空間モデルを繰り返している。

その氏子の分布は中心の低地の市街地に広がっていて、日本橋川で二分されている。神輿のルートを見ていきますと、コミュニティのモデルが非常にわかるのです。

その周辺部分にもどんどんと神社がつくられていきます。神社はけっこう位置を動かしているのです。わざわざ一つのコミュニティをつくる時に神社をもってくるということもあります。例えば根津の神社もそうです。根津権現は山の裾につくられていて、低地の方にコミュニティが広がっている。祭りの時には神輿がここを回っていき、また元の高台へ戻る。

それは原初的形態をたどっていくと村の構造とよく似ているのではないか。浅草の三社の祭りでも同じ構造を見ることができます。山の上から神輿が川を下り、神田川の浅草橋でまた陸に上り、浅草寺へ戻っていたのです。東京は確かに村的なコミュニティが構造をもったところが沢山集まっているということができます。都市の中に数多くの異界・他界が紛れ込んでいるのです。こういうことはイタリアではありえない。

結論的に大雑把に違いを見てみますと、ドイツの都市は居住地の外に森や山があり、マクロコスモスとして捉えられる恐ろしい大自然、異界がある。イタリアの都市の場合には都市の内部に異次元の空間を意欲的につくりだして、むしろそれをてこにして都市社会を統合していく。もちろんイタリアにもドイツ的なものがあり、ドイツにもイタリア的な広場の思想があるのですが。

江戸・東京の場合には異界が都市の周縁にもいっぱいあるのですが、同時に都市の中に入っています。つまり神田にもあるし、山王権現の周りにもある。ですから東京はムラの集まりだといわれてもそうなのかなという感じです。盛り場が橋のたもとや門前につくられる。これも他界への窓である。そこには必ず自然、水や山、あるいは聖なるものが結びついていて、都市の中にそういうものが沢山ある。住宅地の中にも様々なスケールで庭園、庭、盆栽がつくられている。

こういうようなことを考えますと、都市の中からそういうものを排斥しないというのが日本の都市の大きな特徴ではないかと思います。

皆さんがお使いになる他界や異界とまったく違う見方で言っているので、大変混乱をきたしてしまっているのではないかと思いますが、私どもの領域にできるだけ近づけて話をするとそういうことが言えると思います。

地形と都市の立地

都市の風景

地中海に南北に長く突き出すイタリアでは、どの地方を訪ねても、個性豊かな都市の風景を眼にできる。日本と同様、周囲を海に囲われ、しかも丘陵山岳地帯と平野部が複雑に交錯する変化に富んだ地形をもつことが、この国の大きな特徴となっている。そのうえ、古くからの重要な文明を育んだ地中海の要に位置するイタリア半島には、いろいろな民族が入り込み、多種多様な文化がここに栄えた。北から南までその歴史の事情はさまざまで、民族も言語も実に複雑に入り混じり、それだけ人々の居住地にも多様なあり方が見られる。

地形と都市の立地について、類型に分けて見ていこう。まず、内陸部の丘陵の高台に高密に築かれた都市が数多くある。その建設にはいくつかの理由があった。外敵からの防御に都合がよいうえに、乾燥した高台は快適で、疫病から守るにも有利だった。建築資材の石も採れる。農業もオリーブ、葡萄栽培中心の農業にも羊中心の牧畜にも斜面は都合がよく、城壁で囲われた高台の町は、商人や職人に加え農民が住むのにも理にかなっていた。山や丘自体が水源となり、少し下へ降りれば泉も湧く。鬱蒼とした日本の山と異なり丘上も開発しやすく、また斜面だと家が建て込んでいても、日当りや通風の条件がよく、上階からは眺望も得られる。

最も一般的なのは、丘の頂部を被うように市街地が広がるタイプで、周辺都市と結ぶ尾根筋を通る街道の結節点に成立している。事例は無数にあり、トスカーナの塔の町、サン・ジミニャーノも典型の一つである。中央に市庁舎とドゥオモのある中心広場をもち、街道が抜けていく。近くのシエナでは、三方向から尾根筋が集まる中央の低地に、美しい市庁舎がそびえる擂鉢《すりばち》状のカンポ広場がある。エトルリアの城門で知られるウンブリアのペルージアでは、高台中央の大聖堂と市庁舎のある広場から、尾根筋に広い主要道路が真っ直ぐ伸びる。断崖絶壁の高台に聳えるトスカーナのピティリアーノの都市風景は迫力に満ちている。ベルガモ、オルヴィエート、スポレート、エリチェ、ラグーザなどもこのタイプに属する。

一方、丘の片流れの斜面に発達した都市も多い。ウンブリアのグッビオは、その典型で、丘の中腹の等高線に沿って通る主要道の中央に、土木技術で人工基礎を築き、その上に眺望の開ける開放的な広場と市庁舎を設けている。斜面の最大傾斜方向に、階段も多用した狭い道が何本も上っていく。大きな都市では、等高線方向の道路が複数巡ることになる。アッシジ、南イタリアのコセンツァ、タオルミーナなどもこのタイプで、少し変わったところでは、渓谷の急斜面に穴居住居群を発達させたマテーラもこれに分類できよう。

水辺の都市

次に大きな分類グループとして、水辺の都市がある。イタリアに特徴的なのは、海沿いの岬や島の都市、そして背後に丘が迫る海に開いた港町である。海沿いの都市は、外敵の攻撃から守るため堅固な城塞のような構えを必要とした。戦略上、最も重要な位置に、中世からルネサンスにかけて城の建設・強化を何度も繰り返した。その内部の限られた土地に、高密な居住地が築き上げられているのが特徴である。

島の町としては、南イタリアのギリシア起源の都市、シラクーザとタラントが重要である。古代の聖域の中心にあった神殿の場所に、中世以後、大聖堂が置かれている。プーリアのガッリーポリは、中世に高密な島の要塞都市として形成され、袋小路の多い迷宮空間をもつ。ヴェネツィアは、ラグーナ（浅い内海）に数多くの小さな島が寄木細工状に集り、運河が編み目状に巡る独特の水の都市である。ラグーナは天然の要塞の役割をもつため、水に大きく開く軽快な建築の空間構成が可能だった。

山や丘が背後にそびえる斜面状の港町が多いのも地中海世界、特にイタリアの特徴である。トリエステ、ジェノヴァなどもこれにあたる。興味深いのは、リアス式海岸のようなアマルフィ海岸に沿って分布する都市群であり、川の流れる渓谷のV字型をなす両側の斜面に、階段状の道が複雑に入り組む市街地を形成した。

イタリア中北部の平野には、河川に沿って古代ローマ起源の都市が多く発達した。アルノ川沿いのフィレンツェ、ミンチョ川沿いのマントヴァ、アディジェ川沿いのヴェローナ、ポー川沿いのトリノなどが典型である。ローマは平野を流れるテヴェレ川と複数の丘をもつ複雑な地形の都市である。低地に発達したボローニャ、ミラノ、パドヴァ、トレヴィーゾは、内部に運河が巡る都市構造をもった。

一方、コモ湖のコモ、ガルダ湖のラジーゼ、オルタ湖のオルタなどは、湖のほとりに舟運も活かして美しい都市を形成した。世界の中でもイタリアほどバラエティに富んだ都市風景をもつ国はなく、世界遺産の数も世界で最も多い。これも豊かな地形を活かした都市形成の歴史の賜物といえよう。

都市空間の中の聖と俗

古い文明をもつ地中海世界の都市を対象に、聖と俗の観点から論ずるのは、その空間構造を描き出す上で興味深い。古代の人々は、高い丘の上や山裾に聖なる場所の意味を感じた。ギリシア世界を訪ねると、アテネでは、高台のアクロポリスに神域があり、輝くパルテノン神殿を始め、美しい神殿が幾つも建設されたのに対し、低地にアゴラがつくられ、政治や経済といった市民生活を支える俗なる中心を形成した。デルフィは、険しい山を背景とする斜面に、アポロンの信託を受けられる有名な聖地を生み出し、ギリシア世界の各地から巡礼者を集めた。

七つの丘からなるローマの街では、やはり地形の高低差が重要な役割をもち、カピトリヌスの丘がアクロポリスの神域の意味を受け継ぎ、ユピテル神殿のある聖地となったが、そのすぐ下の湿地を乾かして整備し、俗なる中心広場、フォルム（イタリア語ではフォロ）をつくり、聖と俗の中心が隣接する関係を築き上げた。

劇場は、本来は神に捧げられる演劇が行われる聖なる場所であり、その場所選びは重要だった。シチリアのタオルミーナのギリシア劇場のロケーションは、特に印象的だ。町の少し外側の高台を意識的に選び、海をバックに、しかもエトナ山も背後に来るようにつくられている。ギリシア人にとって、演劇は自然や宇宙との繋がりのもとで演じられるものだった。

地中海世界には、海と結びついた聖域を受け継ぎ発展した都市が幾つも見られる。シチリアのエリチェはその典型で、前十世紀、シカニ族によって豊穣の女神の神殿を中心に小さな町がつくられた。その神殿は、高台のエッジにあり、昼も夜も燃え続ける火は、海上を行く船からよく見えたに違いない。後にエミリ族が継承し、続くカルタゴ征服時にはアスタルテ女神、さらにギリシアのアフロディーテ、ローマのウェヌス（英語はヴィーナス）の神殿という具合に、女神の神殿として受け継がれた。

オリエントからもたらされたという聖なる売春が船乗りを惹き付けたこともあって、船乗りの間で、聖俗が一体となった巡礼地として人気を得た。ジェロドゥレ通り（巫女通り）という地名にその名残がある。

中世海洋都市、ヴェネツィアの聖と俗も興味深い。サン・マルコ広場では、教会と総督宮殿が併置され、ビザンティン世界と似た形で聖俗権力が一体化し、象徴性を高めている。広場は世俗権力を誇示する処刑場でもあり、見世物のごとくに民衆が熱狂した。

聖なる場所の継承の面白さを見るには、サルデーニャを訪ねるのがよい。ローマ文明も深く入らず、ルネサンスの影響も少なく、近代化も緩やかなこの神秘の島は、聖地を受け継ぐ文化構造が根強く見られる。イラクやイランに多いジッグラトの巨大な遺構がモンテ・ダコッディに存在するが、その正面に設けられた斜路のアプローチは、先行する先史時代の巨石文化の遺構であるメンフィルとドルメンを強く意識し、その間を通る形で建設されたことがわかる。聖なる意味が受け継がれたのだ。

紀元前一五〇〇年から前三世紀頃までヌラゲ文明がサルデーニャに存在し、ヌラゲと呼ばれる巨大な石の塔を無数に建設した。後にローマ人によってその多くが破壊されたとされるが、実際には、しばしば聖地として大切に受け継がれた。ジェンナ・マリアのヌラゲ複合体もその一つで、ローマ人が生け贄を捧げた跡が確認されている。

中部サルデーニャのカブラス近郊の教会、サン・サルヴァトーレ教会には、聖なる場所が層状に重なっている。

先ず、地下深くにヌラゲ時代の聖なる井戸があり、魔術的な治療も含め、宗教儀礼がなされていた。それをローマ人が受け継ぎ、礼拝空間として利用したことが、壁に残るローマの神々の像（ウェヌス、マルス、ヘラクレス）からわかる。その後、ビザンティンの修道士達が礼拝空間に活用し、さらにその上に地上の教会を建設して、カブラスの田園教会となった。今も、夏場の聖人の祭日を中心に、人々が祈りに集まると同時に、ヴァカンス村のようにも活用している。

イタリアでは夏場、水上で行われる厳かな宗教行列をよく目にする。プーリア地方の港町、モノーポリはマリア信仰の強さで知られる。中世の早い時期、筏に乗った聖母子像の絵が漂着し、その木材を使って大聖堂の屋根が完成したと言い伝えられる。海洋都市の歴史と深層で結びつくこの記憶を伝承するかのように、モノーポリでは毎年（本来は十二月だが今は八月に大々的に行う）、聖母マリアが筏に乗って町に到着する祭礼が厳粛に行われる。キリスト教が広まって、西欧では、実際の海や川の水に霊的な力を感ずる発想は消えていったが、異教の伝統を深層に受け継ぐイタリアには、各地にこうした水上の行列、祭礼が見られるのである。ヴェネツィアで五月に今も行われる「海との結婚」の儀礼も、その代表的なものと言える。

中世海洋都市の比較論

四つの海洋都市

地中海に君臨した中世の海洋都市国家として、アマルフィ、ピサ、ジェノヴァ、そしてヴェネツィアがある。どの町も、イタリアの他の多くの都市に比べ、中世の早い段階から都市づくりを推し進めた。東方貿易を通じたイスラーム世界との交流の中から、経済的な繁栄を実現し、華やかな文化を開花させたのである。いずれの都市構造も、古い地中海的な体質をよく示し、複雑に入り組んだ迷宮的な性格をもっている。地中海世界、そしてイタリアの中世都市のあり方を理解するのに、この四つの港町を比較しながら観察することは、大きな意味をもつと考えられる。

比較の視点を最初に提示しておきたい。まず、地形・自然環境と結びついた立地のあり方が、各都市の発展のあり方をいかに方向づけ、空間構造の特徴を生み出したかに注目する。とくに中世においては、場所ごとの条件が都市形成に巧みに生かされ、個性豊かな都市風景がつくられる傾向にあった。アマルフィとジェノヴァは、海に開く斜面に発達した、いかにも地中海世界らしい港町といえる。だが、アマルフィの場合は、町の中央を川が流れ、その東西両側に急な斜面が広がって、谷状の独特の地形を示している。一方、ピサとヴェネツィアは、いずれも湿地帯の平坦地につくられたが、ピサがアルノ川沿いに発達した河川港をもつ都市であるのに対し、ヴェネツィアはラグーナの上に浮かぶ、周辺を水に囲われた島状の港町としての特徴を示す。

都市の起源がそれぞれの空間構造にいかに影響しているかを見るのも、重要な観点となる。四都市のうちで、ジェノヴァとピサが古代に起源をもつ。だが、起伏の大きいジェノヴァが高台の古代の核から出発し、中世に北の低地に中心を移しながら拡大したのに対し、ピサは古代都市の上に中世以後の発展が重なる形をとった。一方、中世初期に、白紙の状態から都市を築いたのがアマルフィとヴェネツィアである。その立地が渓谷斜面とラグーナの島、と一見正反対に見える二つの都市だが、中世初頭の異民族の侵入の危機から逃れ、安全な場所に都市を建設したという意味では、非常に似た性格を示し、発展のあり方にも実は共通性が見られる。

政治的な支配構造、社会体制の差が生み出した空間構造の違いを明らかにすることもここでの大きな目的である。アマルフィは最も早く共和制を実現し、自治を謳歌しながら経済的な繁栄を迎えたが、他の海洋都市との競争に敗れ、外国の支配下に入るのも早かった。逆に、最も長く共和制を維持し、政治的にも文化的にも独立を保ち、都市社会の安定を見せながら、独自の華麗な文化を開花させたのがヴェネツィアであり、その様子は、都市構造にも建築形態にも現れている。それに対し、ジェノヴァは門閥間の対立抗争が続き、都市空間の形成にもその影を落とした。ピサは、中世終盤からメディチ家の支配の下に置かれ、ルネサンス時代にかけて都市の改造を経験することになった。

一方、港町にはその性格上、多様多種な機能や営みが存在しており、それらの空間的な配置や都市形態との関係を掘り下げて考察することが、研究上の重要な方法となるはずである。アマルフィの都市史を研究する歴史家、ジュゼッペ・ガルガーノは、自身の都市を対象としながら、港エリア、商業エリア、公共エリア（宗教・政治・文化の中心）、住宅エリアというように、機能や活動別に見たエリア区分の方法を提示する。(1) 都市を単にフィジカルな形態や構造から見るだけでなく、むしろそこでの人々の営みと結びついた機能に注目するこのガルガーノのアプローチは、社会史的な観点から見ても魅力的である。
ここでは、以上のような視点に立って、四都市の比較を行い、地中海世界の中世港町のあり方の特質について明らかにしていきたい。

アマルフィ——谷の斜面に発達した南イタリアの海洋都市

高台から始まった中世初期の都市形成

アマルフィは他の三都市よりも早く、地中海を舞台にオリエント、北アフリカのイスラーム世界との交易に活躍し、十、十一世紀には共和制の下で繁栄を極めた。アマルフィの都市空間は、背後に険しい崖が迫る渓谷の限られた土地に高密に築き上げられた。東西両側の山の中腹へ向かう斜面に、奥へ奥へと重なるように住宅地が展開する風景は迫力がある。

五—六世紀、異民族の侵入の危機にさらされた平野部の都市の人々が、防御しやすい周囲を山で囲われた渓谷状のアマルフィに逃げ込み、安全な高台から都市の形成を開始した。谷の中央には、もともとカンネート川が流れており、中世初期には、その川沿いの低地には人々は住めなかった。むしろ、居住地は東、そして西の斜面の高い位置からつくられた。実際、古い創建をもつ教会も高台につくられていることが注目される。まずは東の高台にカストゥルムと呼ばれるアマルフィで最も古い居住核ができ、やがてその西端にあたる位置に、古いカテドラルにあたる十字架のバジリカ（九世紀）、続いて新しいカテドラルとしてのサンタンドレア教会（十世紀）がつくられ、アマルフィの宗教の中心が形成された。それが、のちのドゥオモ広場、さらには低地全体への発展とつながることになった。

川の西側においても、まずは斜面のかなり高い位置に、サン・ニコロをはじめいくつかの教会がつくられ、周囲にコミュニティを形成した。中心から外へ面的に一体として開発されたのではなく、高台のいくつかの核を中心としながら形成されたという意味では、複核都市ヴェネツィアとの共通性が見出されるのである。

十三世紀後半にカンネート川がカバーされ、その上に道路ができると、この軸に沿って、広場から北に線状に伸びる、アラブ世界のイスラーム都市のスークとも似た商業空間が発展した。谷の底の部分が開発され、斜面全体に市街地が広がって、現在のような都市の全体像ができ上がった。

港エリアと海の門

海洋都市アマルフィは、前述のガルガーノの方法に倣い、機能別のエリアとして見るとその構造がわかりやすい。(2) まず、城壁の外側の海沿いに展開する港のエリアがあり、かつては交易と結びついたさまざまな施設が存在した。

世界のどの地域でも、古代から中世初期の港は、時代とともに大きく姿を変えてきたため、もとの形態をとどめていない。アマルフィにおいても、アラブの旅行家アル・イドリシの記述などから、ここに優れた船の停泊地が存在していたことは知られるが、港の構造の具体的な姿はわからない。アマルフィでは、十三世紀の初め、港を暴風雨から守るため、防波堤が建設され、アマルフィの町の沖合いに張り出していた。だが、一三四三年の暴風雨によって、城壁の外に広がっていたさまざまな施設群とともに破壊され、水中に没したとされる。

しかし、一九七〇年―八三年に行われた水中考古学の調査で、基礎が実際に発見された。東端に位置するアーチは、港の灯台の機能をもつ垂直の構造体の一部をなしていたと思われる。(3) のちに述べるジェノヴァ、ピサとともに、考古学の成果がこうした港町の研究に近年、大いに生かされている。

地中海に君臨する海洋都市に欠かせない施設は、アルセナーレ（造船所）であった。アマルフィの造船の歴史

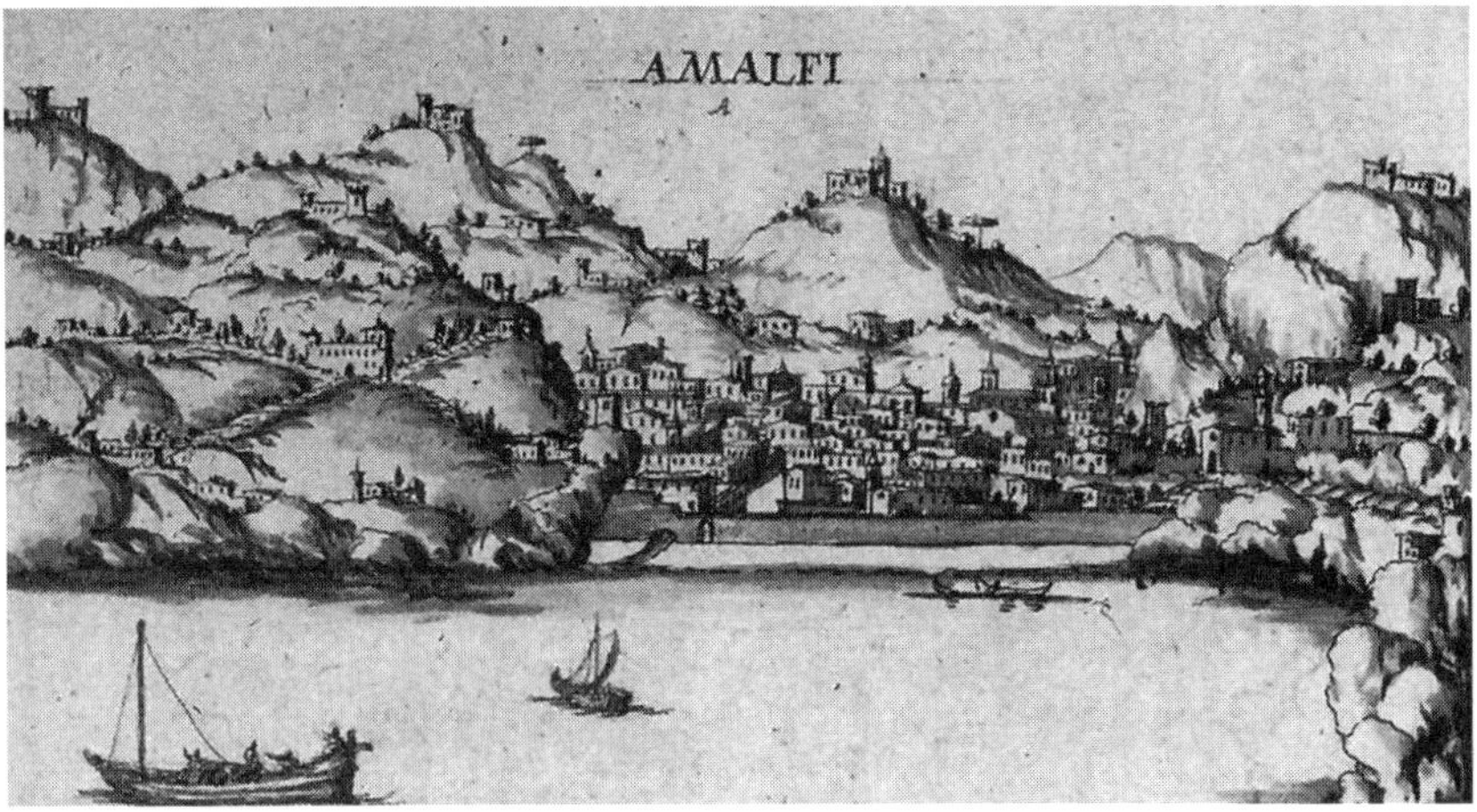

海から見たアマルフィの景観図（17世紀、アマルフィ文化歴史センター提供）

は古く、それを雄弁に物語るものとして、十一世紀につくられたアルセナーレの巨大な遺構が、海に向かって存在する。石の二十本の支柱から尖頭アーチが立ち上がり、大空間にはたくさんの交差ヴォールトが架かっている。現在残っているものも四十メートルの長さに及ぶが、本来はその倍の長さをもっていたという。一三四三年の暴風雨で、その半分が破壊されたのである。四都市の比較によって、アルセナーレの位置は重要である。あとの三都市は、都市の発展を考え、市街地の外縁部にそれを置いたのに対し、より古い時期にできたアマルフィのアルセナーレは、町の中心に位置し、そのことがのちの都市発展にとって妨げとなったと思われる。

アマルフィのアルセナーレ周辺の海に開いた場所には、海洋都市らしい港の施設がいくつも存在した。なかでも注目されるのが、「フォンダコ」と呼ばれる商館である。商品を管理するとともに、外国人の商人が宿泊した。この言葉は、アラビア語のフンドゥクに由来している。アラブ・イスラーム都市はまさに交易に生きる商業都市であった。各地から集まる商人にとってのビジネスセンターであり、宿泊所としてのフンドゥク、あるいはハーンが重要な役割を担った。こうしたフォンダコが、ヴェネツィアやジェノヴァをはじめ、イタリアの各地の港町につくられていた。交易ネットワークで結ばれた地中海世界に共通する建築要素といえる。[4] アマルフィのアルセナーレ周辺には、倉庫もたくさん存在した。港に欠かせないものとして、税関もあった。

この海洋都市に設けられた中世の市門の貴重な遺構として、ポルタ・デッラ・マリーナ（海の門）が今日に受け継がれている（十二世紀建設）。船で到着した中世の旅人たちは、港に着いて、この門を通って、賑わいに満ちたドゥオモ前の広場に入り込んだ。この城門は、城壁の外に広がる港のエリアと内部の商業と宗教の中心エリアを結ぶ役割をもっていたのである。高密な都市アマルフィらしく、この城門の建物は中世から、一階にいくつもの店舗や倉庫をもち、二階には教会や住宅を組み込んで、早くからかなりの複合化の様相を見せていた。

公共エリアと商業エリア

次に海の門を潜り、公共エリアを見る。ドゥオモ広場に流れ込むと、奥のやや高い位置に聳え建つ大聖堂の壮麗さにまずは圧倒される。初期には高台からの分散的な形成を示したアマルフィも、中世の後期には、このドゥオモ広場を強い中心として、海に開く渓谷の斜面全体に連続的に広がる求心的構造をもつ都市に発展した。このドゥオモ広場は、市民にとっての都市生活の中心となったばかりか、外国人の姿も多く見られた。イスラーム文化からの影響を強く見せる大聖堂やその鐘楼のエキゾチックな姿が、国際都市アマルフィの性格をよく物語っている。

中北イタリアの都市では、市庁舎などの世俗権力のモニュメントが聳える中心広場の存在が重要だが、アマルフィの広場はそれとは異なる。アマルフィ中心部の条件のよい高台には、前述の新旧二つのカテドラルに加え、その北の「天国の中庭」（もともと有力者の墓地）、大司教の館、教会所有の大きな果樹園と、宗教関係の空間が広がっており、教会権力が大きな力をもつ南イタリア都市の特徴を示している。一方、世俗権力の館は時代ごとに移動し、それほど大きな象徴性をもつことはなかった。共和制時代（十一―十二世紀）の総督の館は大聖堂の南東の背後に、アンジュー家支配（十二―十三世紀）の館はドゥオモ広場に面する一角に、次のアラゴン家支配（十四―十六世紀）の館は、西側のフェラーリ広場に面して置かれた。

中世のアマルフィには、港と結びつきながら城壁の内側に商業エリアが広がっていた。輸出入の商品も活発に取引されたはずである。商業・生産活動が集中する広場のひとつが、フェラーリ広場であり、文献史料にはPlatea Fabrorum（またはFerrariorum）として登場する。その名のとおり鉄職人の活動などが見られた。アルセナーレの背後に位置し、その生産活動とも関係していたと思われる。しかも、この広場だけが、いまなお中世の平面形態をそのまま受け継いでいる。

目抜き通りの商業軸と背後の斜面住宅地

十三世紀末に川に蓋をして生まれた目抜き通りを見よう。イスラーム都市のスークのように、道路沿いの一階に小さな店がぎっしり並び、活気がある。アマルフィは十七、十八世紀に渓谷での水車を活用した製紙業の発達で再び経済的繁栄を迎えたため、この目抜き通りの建物も上へ増築され、迫力ある景観を生んでいる。どの建物も下の階ほど古く、一階の店舗には中世のヴォールト天井を残すものも少なくない。上にどんどん新しい様式で増築していった軌跡がよく読める。イスラーム都市のスークと違って、上は住宅にあてられるが、安全性と家族のプライバシーを考え、入口は表通りにはなく、そこから枝分かれする階段状の脇道からとっているのが注目される。このように、公的な商業空間と私的な住空間を分ける傾向は、都市的住まい方のセンスが高度に発達したイスラーム世界の都市に相通ずるものである。

華やかな中心地区の裏側には、人々の日常生活の場である住宅地が斜面を利用して広がっている。どの方向に足を向けても、地中海世界独自の複雑に入り組んだ迷宮状の空間に入り込む。それはアラブ世界の都市とも共通している。

曲がりくねっているうえに、急な階段が多い。しかも随所でトンネルが頭上を覆い、光と闇が交錯する。閉鎖的な外観の家が連なる迷路状の道が続くが、しばらく上り詰めていくと、視界が開け、海洋都市の美しいパノラマが目の前に広がる。

斜面に発達したアマルフィでは、早い段階では、防御を考え高台から居住地が形成された。しかもそこは採光・通風の面でも条件がよく、住みやすい場所でもあった。時代が下ると、高台の家からは眺望を楽しめるという価値も加わり、バルコニーや屋上テラスがより有効に使われるようになった。街路に面して堅く閉じる反面、塀の内側に斜面をテラス状に造成した庭や果樹園をとって、外から覗かれない家族の安らぎの場を生んでいる住宅も多い。

ジェノヴァ――弧を描く湾に桟橋群を突き出す海洋都市

原点としてのカステッロの丘とポルト・アンティーコ

ジェノヴァはアマルフィとともに、海に直接面した地中海の典型的な港町として発展した。その姿は、デ・グラッシによって描かれた一四八一年の鳥瞰図に詳細に見て取れる。中世に交易で栄え、堂々たる都市づくりを展開した港町ジェノヴァの景観が手に取るようにわかる。背後に丘が迫り、坂の多い町ではあるが、アマルフィに比べればより広い後背地があり、大都市への発展が可能だった。それにしても中世には、限られた場所にぎっしりと、いかにも地中海的な複雑に入り組んだ高密な市街地を形成した(5)。

ジェノヴァの歴史は古い。紀元前六世紀前後、海から来た人々によって、カステッロ地区の小高い丘の上に最初の居住地がつくられた。この丘の西側には、海に突き出て、モーロ・ヴェッキオと呼ばれる岬が延びている。

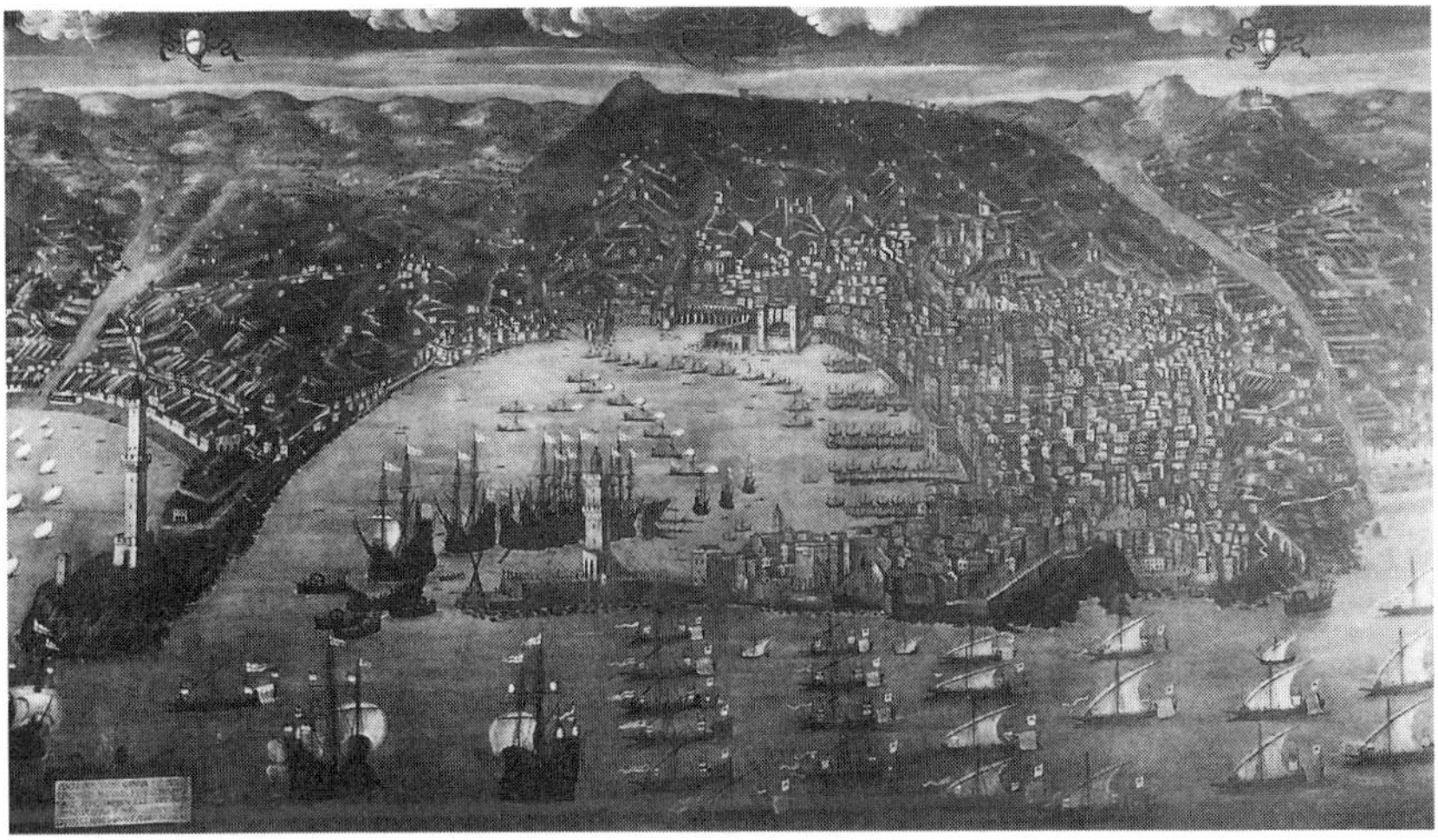

ジェノヴァの鳥瞰図（1481年）

その北の内側の入り江に、早くから船着き場ができ、ローマ時代、そして中世初期まで、重要な港として機能した。現在の地図を見ても、このあたりにポルト・アンティーコ（古い港）と記されている。

ローマ時代に繁栄した都市は、カステッロの丘からその北の平地にかけて、規則的な道路網を配しつつ、コンパクトに形成された。その西側では、港から北にかけてリーパと呼ばれる海岸線が延びる形をとった。

中世港町の形成

一度、都市は衰退するが、一〇〇〇年のころから、商業が再び活性化し、船の交通が重要となって、最初の木造の桟橋が登場した。富裕な商人家族が交易を独占し、さまざまな商品が輸入された。イスラーム世界から香料、絹などの高級品がもたらされた。

中世の都市は、古代ローマ都市の北に大きく広がっていった。カテドラルであるサン・ロレンツォ教会は、ローマ都市のすぐ北の外につくられ、中世都市発展の核となった。十三世紀前半に建設された現在のゴシック様式の建築は、外観にも内部にも、白と黒の縞状のデザインを見せ、イスラーム文化からの影響を感じさせる。だが、このカテドラルの位置は、東近くに登場する総督宮殿と同様、賑わいに満ちた港やその背後に形成される経済金融の中心のコンパクトな広場、ピアッツァ・バンキとも離れ、港町のイメージ形成には貢献していない。

港の機能は、十一世紀から十二世紀にかけて、西側の弧を描く海辺に沿って北へ、北へと延びた。船が横付けできるように、海に突き出る桟橋が徐々に建設された。湾に面し、桟橋を何本も平行に突き出すという、ある意味では近代の港にも相通じる進んだ形式を、ジェノヴァは中世の早い段階から実現していたのである。だが、十四世紀までの桟橋は木造であり、大きな積載量の船が接岸できる石造の大規模な桟橋が登場するのは、その後の時代のことである。

本来の海岸線と桟橋の付け根との間に、ある幅で土地が造成され、穀物倉庫や造幣局、魚市場など、さまざまな施設が建設された。その埋立て・造成地に登場した建物の中で、いまなお港の風景を飾る要素として存在しているのは、パラッツォ・サン・ジョルジョである。その古い中世部分はもともと「海のパラッツォ」と呼ばれ、一二六〇年に、共和国の自治の象徴、市庁舎として建設されたものである。一三四〇年は税関となり、十五世紀にはジェノヴァの経済を司るサン・ジョルジョ銀行の施設になった。そのもとで一五七〇年に、南側（海側）に大きく増築され、フレスコ画で見事に飾られたファサードを海に向けることになった。この海のモニュメントが、ジェノヴァの、円弧を描いて広がる古い港ゾーンのまさに要の位置に存在し続けている。

だが、すでに見たとおり大聖堂、総督宮殿という聖と俗の権力中心は海から離れ、港周辺には結果的に経済活動と結びついた諸機能がもっぱら配列されたところに、ジェノヴァの特徴がある。東方の海を支配する共和国の意思を誇示し、ラグーナの水面に開く形で、政治と宗教の中心であるサン・マルコの正面玄関を華やかに飾ったヴェネツィアとの大きな違いが感じられる。

ポルティコが伸びる港エリア

港の風景を大きく特徴づけたのは、十二世紀前半に実現した大規模な公共事業だった。まさにジェノヴァが海洋都市として勢力を伸ばした時期である。もともとの城壁線にあたる海沿いの崖のすぐ下に、上部を住宅とし、地上階を公共の道路として開放するポルティコ（柱廊）が組み込まれた建物が、全長八〇〇メートル以上にわたって延々とつくられた。このヴィア・ディ・ソットリーパと呼ばれるポルティコ状の街路の内側（陸側）には、小さな店舗群がつくられ、全体として線上に長く伸びる活気に満ちた市場の空間を形づくった。太い角柱の上にゴシックのアーチ群が連なるポルティコの姿は壮観である。

古い景観画を見ると、いくつかの住宅は塔状に聳える建築だったことがわかる。これらの塔状住宅は、位置からしても、ちょうど城壁の代わりを果たす役割をもった。のちに、そのほとんどは上部を切り落とされ、高さを揃えられた。

ポルティコをもつ塔状住宅群

ソットリーパの直接海に面する一帯は、中世の後半にもずっと、交易、取引の中心であった。船から荷を上げ、また荷を積む人々、買入れの契約をする者、鉄や大理石、銅を加工する人々であふれていた。海に平行なポルティコの通りは、世界各地から集まるさまざまな物品を商う店が並ぶ往来の激しい場所で、ジェノヴァ人も外国人もそこを私物化せずに、公共空間として維持してきた。背後には、フォンダコがいくつも分布していた。

延々と伸びるポルティコをもつ建築群とともにジェノヴァの港を特徴づけるのは、弧を描く湾に突き出る桟橋群だった。だが、時代の要請に応じ、荷揚げ用の大きな空間として埋立てでカリカメント広場がつくられたため、埠頭などの歴史的な施設は姿を消していた。幸い近年、港湾ゾーンでの発掘が進み、古い港が姿を現した。まず、カリカメント広場での一九七六年の発掘で、古代の位置を受け継いだ古い港に設けられた中世と十六世紀の桟橋の形態が初めて記録された。また、一九九二年の博覧会のための工事の際により広い範囲で発掘が行われ、いくつもの桟橋や中世のリーパの姿が明らかになったのである(6)。

中世の港の施設をさらに見ていこう。ジェノヴァの造船所は、旧市街の北西の端、ヴァッカ門のすぐ外側にあった。中世の十三—十五世紀における港の発展、拡張とともに、この都市外縁部に軍艦であるガレー船と商船のためのドックが建設されたのである。十六世紀以後の鳥瞰図、地図のどれを見ても、その存在の大きさが強調されて描かれている。近代の改造変化が激しく、地上にはかつての遺構はないが、発掘によって部分的にその姿が出てきたという。

その少し先に、聖地エルサレムに向かう巡礼者の宿泊施設として十二世紀に建設された、サン・ジョヴァンニ・ディ・プレのラ・コンメンダと呼ばれる建物がある。ヴェネツィアでも、巡礼者のための宿泊施設が中世には数多く存在した。

港の入口にいまも聳える灯台もまた、十二世紀に初めて建設された。接近する船にとっては港の位置を示す目印であり、都市の側からは敵の接近を監視する見張りの塔の役割をもった。古代以来の古い港、ポルト・アンティーコから西へ突き出すモーロ・ヴェッキオという名の岬の先にも、中世に灯台がつくられた。前述のデ・グラッシの鳥瞰図に描かれた、この二つの灯台の内側に広がる港の水面に目をやると、入口に近い手前のほうに大きな帆船が、モーロ・ヴェッキオの埠頭まで係船綱を伸ばして沖合いに停泊しているのがよくわかる。一方、港の奥の多くの桟橋には、小舟がたくさん接岸しているのが見える。

モーロ・ヴェッキオを訪ねると、港の水面に向かってシベリア門が聳えている。一五五〇年ごろ、ガレアッツォ・アレッシの設計によりつくられたもので、大砲が登場した十六世紀における築城論の考え方をよく示す、厳つい形態を見せている。ルネサンス時代には、こうして港の形態も変わった。

内側の都市空間

次に内側のエリアに目を向けたい。その迷宮的な旧市街を歩くと、街路のスケール、曲がり方、両側の建物の表情に、不思議とヴェネツィアに共通する性格が見出せる。同じ時代に似たような港町として形成されたからであろう。違いといえば、坂の存在に加え、堅い地層の上にできたジェノヴァの建物は、塔のように垂直に延びたということである。十二―十三世紀ごろに塔状の住宅が発達した点は、ピサの場合とよく似ている。とくにジェノヴァでは、住民はしばしば親族で集まり、あるいは「アルベルゴ」と呼ばれる緑組で結ばれて[7]、塔状住宅の上部の部屋を占めた。互いに防御を固め、門閥の力を誇示し合ったのである。イスラーム都市と同様、商業エリアと住宅エリアを分ける傾向を見せたアマルフィとは異なり、ジェノヴァでは、店舗が旧市街に広く分布し、職住がより近接する構造を見せている。

門閥相互の争いが目立つジェノヴァでは、ヴェネツィアのサン・マルコ広場のような共和国全体の象徴としての中心的な広場も、カンポのような地区住民のための多目的な広場もつくられなかった。広場はむしろ、高密な市街地の中にアルベルゴごとにプライベートな教会を中心とする小さな空地として創り出され、それらが相互の関係なく分散する形をとった。その代表例である、ドーリア家のためにつくられたサン・マッテオ広場は、イタリアの中世広場の中でも美しい造形を誇る傑作のひとつといえる。

ジェノヴァの広場でもうひとつ特筆すべきものは、港の中心部のすぐ背後にある経済金融の中心、バンキ広場である。ここは十世紀の市壁のすぐ北の外の、二本の重要な道が合流する地点にあたっていた。交易のための初期の銀行がここに集まり、まわりを有力貴族たちの美しい邸宅が囲んだ。狭いが、いまなお活気に溢れる広場である。

十六世紀になると、ジェノヴァの貴族・上流階級の人々は、港のまわりに密度高く作られていた中世の稠密な市街地の外側の高台に、新天地を求めた。透視画法的な空間効果をもったストラーダ・ヌオーヴァ（現在のガリバルディ通り）と呼ばれるまっすぐな街路を通し、それに沿ってルネサンスの新しい住宅地を華やかに開発した。この都市の象徴的な空間はこうして港からは徐々に離れていったのである。

ピサ――アルノ川沿いに発達した海洋都市

古代の港

イタリアの中世に栄えた四大海洋都市のうち、ピサだけが川の港によって発達した。東西をゆったり流れるアルノ川を中心に、その北と南の両側にこの町は広がった。十九世紀まで、いつの時代にも、アルノ川には多くの船が行き交い、荷揚げ場がいくつもとられ、活気ある水辺の風景が見られた。

ピサの大聖堂のアプス右側の外の壁面に、ローマ時代のピサの港を描いた興味深い石のレリーフが見出せる。水面に開いた市門が中央に描かれ、その両側に立派な帆船が浮かぶ。ピサが港町であったことがよくわかるし、中世の大聖堂の重要な部分に、こうした古代の港の図像を飾るということ自体が目を引く。

川の運ぶ土砂で陸化が進み、海岸線は六―七キロメートルも移動したが、古代には、ピサは海から四―五キロメートルほどの地点にすぎず、アルノ川を上ればすぐこの都市に到着できた。低湿地のこの地域では、川の流れは歴史的に大きく変化してきたため、古代の港の位置を正確に知るのは難しいが、いまの北側の城壁の外側あたりにアウセル川のひとつの川筋があり、それに面して港の機能がとられたと考えられてきた。

幸い、ドゥオモ広場のすぐ西側にあるサン・ロッソーレ駅の周辺で、最近、ローマ時代の船が数隻発掘され、この川筋に多くの船が行き来していたことが確かめられた(8)。中世になっても、大聖堂をはじめ、モニュメントの建設に必要な大量の石材がこの川を利用して船で運ばれたことが想像される。

ピサも古代ローマに起源をもつ。中世の発展が新たな市街の拡張として行われたジェノヴァとは異なり、ピサでは、古代の上に中世以降が重なって、興味深い重層都市を形づくっている。古代には、前述の北側を流れるアウセル川の川筋、そして南側のアルノ川とに挟まれた部分にピサの町は広がっていた。そして、そのちょうど中間の位置に、中世以後、市庁舎ついでメディチ家支配の館が置かれ、現在に至るまで都市の中心であり続ける広場があり、そこに古代ローマの中心の広場、フォロがあったと考えられているが、発掘でそれを裏付けるような有効な発見はまだない。

中世港町の形成

いずれにしても、中世には、舟運機能をもつ川としての重要性は南のアルノ川に移り、港の機能はもっぱらこちらに発展していくことになった。ティレニア海から入ってくるたくさんの帆船がピサの川港に集った。ルンガルノ(「アルノ川沿い」の意味)と呼ばれる川の両岸のあちこちに、「スカーロ」という階段状の荷揚げ場、あるいは船着き場が設けられた。一六四〇年の鳥瞰図では、階段は、ちょうど日本の雁木と呼ばれる船着き場と似た、水に向かって真っすぐ降りていく形式をとっている。だが、中世のルンガルノの水辺風景を描いた絵(一五八〇年)や、十九世紀の版画、写真などでも、川に平行に降りていく階段が見られる。どちらの形式も用いられたのであろう。

ピサの川に沿って発達した港町の構造をよく物語るのが、櫛の歯のように川に垂直に何本も通る、ヴィーコロと呼ばれる狭い道の存在である。しかも、川に出る所ではたいてい、道の上に建物が被り、トンネルになるのが興味深い。こうすれば、川に面して華やかな壁面の連続性が保てるし、表と裏の異なる世界を分ける結界の役割を果たせる。

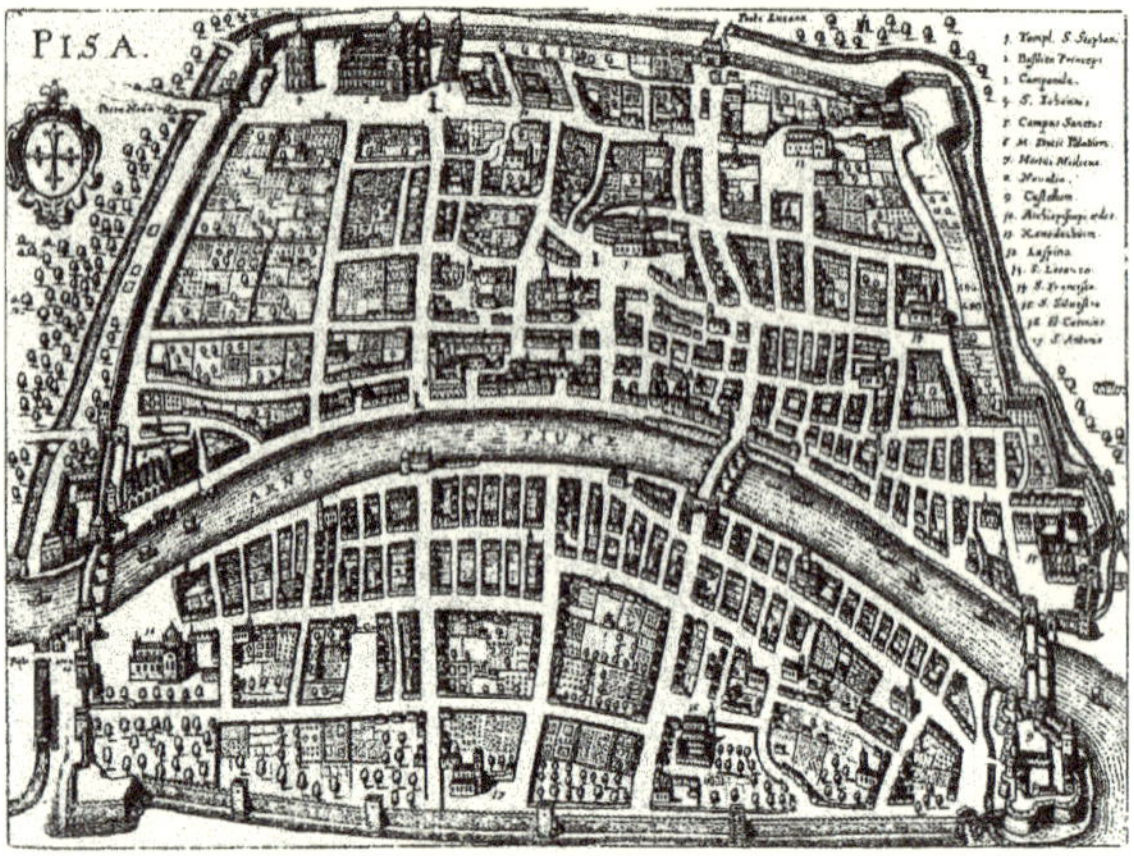

ピサの地図（1640年）

ここで注目したいのは、ヴェネツィアの都市構造との類似性である。その中心にあり東西世界を結ぶ中央市場の役割を果たしたリアルト地区では、大運河沿いの岸辺から、狭い道（カッレ）が垂直に何本も奥へ伸びており、船から荷揚げされた商品を町の中へ搬入する動線として、うまくできていた。そして、その両側には職人の工房などがとられた。ピサでも、こうした路地群のまわりに商業機能が集り、倉庫やフォンダコも存在した[9]。そして、ヴェネツィアのリアルト周辺と同様、ピサでもルンガルノの岸辺には、公共の荷揚げ場がいくつもつくられ、商品ごとに荷揚場が決まっていた。

中世でも、早い時期には、アルノ川の側に沿っても城壁が巡り、建物はすべて内側の通りに顔を向けていた。古くから発達した川の北のベッレ・トッリ通り、あるいは川の南のサン・マルティーノ通りを歩くと、そのことがよくわかる。「カーサ・ア・トッレ」（塔状住宅）と呼ばれる高層住宅の初期のものが内側の通りに沿って連続して建ち並ぶ姿は圧巻である。

だが、ピサの拡大発展に伴い、アルノ川に開く都市の構造が生まれ、ルンガルノの岸辺の空間が、経済活動の主要な舞台となっていった。船で大量の物資が運び込まれ、荷揚げされ、店舗や工房、倉庫が並び、屋台が出て、賑わいに満ちた港町の都市空間がつくられた。川の比較的近くに多くの教会がつくられたのも見逃せない。その前の広場に市が立ち、人々を引きつける社会・経済的な役割を担ったのである。

海洋都市として中世の早い時期から繁栄を見せたこの町では、地盤が緩いのにもかかわらず、ジェノヴァと同様、搭状住宅の建設によって垂直方向に発展し、高層化した高密な町並みを実現した。土地が限られていたこともあるが、中世のこの時期、家族、門閥の間の競争が激しく、その社会的な背景がまさにこうした高さの争いを生んだともいえる。こうした搭状住宅が中世に無数につくられたことも、ピサの大きな特徴である。(10)

海洋都市にとって欠かせないのは、アルセナーレ（造船所）である。ピサが地中海で活躍した共和制の時代のアルセナーレは、町の西端のアルノ川に沿ってつくられた。町の中では、川の最も下流側にあたり、海へ出るのに具合がよく、また海の側からの攻撃をも防ぎやすかった。アルノ川からはアーチ状の入口を潜り、内部に船が出入りできた。その水面には船を建造修理する船屋が数多く並んでいた。十五世紀初めにフィレンツェのメディチ家がピサを征服すると、アルセナーレの川沿いの地点に、堅固な城塞の建物をつくった。町への入口であるアルノ川の下流部を守ることを意図していたのである。

メディチ家支配下での都市改造

メディチ家の支配化のルネサンス時代、ルンガルノの意味合いにも大きな変化が見られた。岸辺に満ち溢れていた商業、市場の活動は、むしろ表からは目立たない内部に場所を移し、川沿いには美しいパラッツォが並ぶようになった。(11)

メディチ家はそのころ、新たな時代の要請に応える本格的な港湾都市、リヴォルノを海に面した場所に、一種の理想都市として建造した。その一方で、港町ピサの役割は中世に比べるとだいぶ弱められた。(12)偉大な海洋都市ピサの交易、経済活動を担ったアルノ川沿いの活気溢れる港の空間は、むしろ美しい景観を誇る華やかな都市の顔として重要になったのである。ちょうどヴェネツィアで、十六世紀以後、大運河が東方の荷を満載した船が行き交う交易・経済空間から、華やかな演劇的な舞台に転じていったのと似ている。

その精神を最も示すのが、アルノ河畔に登場したベルリーナ広場である。中世から青物市場が立つ庶民的な店が並んでいた場所に、美しい柱廊の巡るいかにもルネサンスらしい秩序を与えたものである。

ヴェネツィア――ラグーナに建設された海洋都市

水上都市の基本構造

ヴェネツィアは、ラグーナ（浅い内海）という特異な地形の上に中世に誕生した港町である。異民族の侵入の危機に直面した人々が、防御の上でも都合のよい新天地としてこの地を選び、九世紀の初頭から水上の都市建設を本格的に開始した。水に囲われた複雑なラグーナの地形が敵の侵入を防げるため、城壁などの防御施設が不要な天然の要塞だったのである。しかも、共和国の巧みな政治機構によって、内紛の少ない治安のよい都市社会を生んだため、これまで見てきた三都市とは異なる明るく開放的な都市風景を早くから獲得した。

ヴェネツィアはもともと、小さな島々がわずかに水面上に顔をのぞかせるという状態だった。それぞれの島の上に大陸から移住してきた人々が、有力家を中心に教会を建設し、小さな集落をつくった。結局七十ほどの教区が寄木細工のように集まる独特の都市構造ができ上がった。したがって、ひとつの中心をもって明快に形成される都市ではなく、数多くの水路が巡り、一つひとつの島が地区としての独立性をもつという形で、都市がつくられていった。こうして、迷宮状に織り成される水網都市、ヴェネツィアが誕生したのである。[13]

だが同時に、都市全体を組織する計画的意思が働いたことも見逃せない。まず、逆S字形に町を貫く大運河（カナル・グランデ）が形成された。この水路も、もともとは大陸から流れ込み、ラグーナを巡る川筋のひとつにあたるものだが、人工的に運河として整備され、水の都の象徴的な空間軸になった。そして、都市を統合するための中心が水辺に開く形で早くから形成されたのも、ヴェネツィアならではの特徴である。まずラグーナの海に

ヴェネツィアの鳥瞰図（1572年）

開くサン・マルコ地区に、総督宮殿（パラッツォ・ドゥカーレ）とサン・マルコ寺院がつくられ、政治・宗教・文化の中心となった。また、大運河の真ん中にあたる場所に、経済の中心リアルト地区ができ、オリエントと西欧を結ぶ世界の中央市場の役割をもった。

一方、アルセナーレが、東側のやや内部に入った一角に、ヴェネツィアの第三の中心として形成された。十二世紀初頭に最初の核ができ、共和国の力の増大に伴い、十四世紀前半に大きく拡張された。アルセナーレは軍事中心であるとともに、周辺地区にも関連の生産部門を発展させて、世界で最初の本格的な工業地帯を形成した[14]。

港湾都市としての機能配置

ヴェネツィアを港湾都市という視点から視察し、その機能がどのように都市全体の中で配置されていたかを見てみよう[15]。中継貿易都市ヴェネツィアには、かつて海からアプローチした。船でこの地にやってくる人々にとって、ヴェネツィアはまさに海の中の浮き島として目の前に出現したのである。サン・マルコ地区から東に伸びるスキアヴォーニの岸辺の沖合いに数多くの大型船が停泊していた様子が、絵に描かれている。

海からの象徴性をもつ正面玄関は、サン・マルコの小広場にとられた。十二世紀にサン・マルコ広場の拡大・整備が行われたのに伴い、小広場の水際に、オリエントから運ばれた二本の円柱が立てられ、玄関構えが実現した。階段状の立派な船着き場もつくられていた。

サン・マルコの沖を少し西へ進むと、大運河の入口に、海の税関が置かれていた。十七世紀に建て替えられる前の中世の建物の姿は、デ・バルバリの鳥瞰図に見て取れる。この税関の周辺には、積荷のコントロールを考え、大運河に沿って公共の岸辺がとられていた。地中海に君臨し、東西世界の中央市場の役割をもつようになったヴェネツィアは、その政治力によって、オリエントからの物資を自分の都市にひとまず集め、ここを経由してからイタリアへ、ヨーロッパへと流れるような中継ネットワークをつくり上げた。ワイン、オイル、小麦、そしてとくに高価な香料などが、扱われる主な商品だった。この町に運ばれ、荷揚げされ、一時保管される物資には関税がかけられ、それが共和国の重要な財源となった[16]。

ヴェネツィアでは、荷を満載した船が行き交う大運河全体が、港湾施設としての性格をもったといえる。十二―十三世紀には、リアルト橋を中心とする大運河の岸辺に、東方貿易で活躍する商人貴族の商館が次々に建設された。いずれも運河の側に正面を向け、水に開放的な構成をとる。一階は船着き場であり、倉庫の役割をもつ。私的な建物が荷を揚げる河岸の機能を取り込んでいるところに特徴がある。二階は商品展示場、オフィス、接客の空間であり、また個人の生活空間として使われた。建築の様式には、経済の交流を反映して、ビザンティンおよびイスラームの建築からの影響が強く見られた。

ヴェネツィアでは、交易都市に欠かせないフォンダコ（商館）もまた、大運河沿いに登場した。リアルト橋のたもとのドイツ人商館、その隣のペルシア人商館、少し西に離れたトルコ人商館など、外国人のコミュニティごとに商館を構えたのがこの都市の特徴である。

象徴的な水辺の美しいサン・マルコ広場も他都市にないヴェネツィアが誇る空間だが、まるでアラブ都市のスークのように商業機能が集中するリアルト市場の存在もまた、ヨーロッパではこの都市ならではのものだった。現在に通じるような市場は、一〇九四年の創設とされる。大運河の中央部にあたり、しかも川幅が最も狭まるこのリアルトの地点に、十二世紀に最初の橋が架けられた。小舟を横に並べた上に架けられた質素な浮き橋だった。それがのちに、木の跳ね上げ橋に架け替えられた。橋を越えると、教会の前に柱廊の巡るこぢんまりした広場がある。この広場こそ、かつて東西を結ぶ世界の中央市場の役割を果たした場所で、その柱廊の中には、銀行や両替商、保険会社が連なっていた。

このまわりにアラブ都市のスークのように数多くの店がぎっしりと並び、高密な商業空間を形成した。中心軸に沿って、アーケードの中に貴金属をはじめとする高級品を商う店が並び、それに続いて食料品などの店が集まっていた。その上部には、さまざまな税金を統括する一種の大蔵省のような役所があり、政治や都市づくりを司るサン・マルコの役所に対し、こちらは経済活動を担った。北側の大運河に沿った荷揚げのしやすい広い空地には、ちょうど今日と同様に、場所をとる生鮮食料品の市場が置かれていた。

外国人コミュニティ、巡礼者、娼婦

国際交易都市ヴェネツィアには、古くから大勢の外国人が訪ね、また居住した。とくに、サン・マルコ広場やリアルト市場には、いつもたくさんの外国人が集まった。町のあちこちに置かれたムーア人の彫刻を見ても、かつてアラブの商人たちが大勢いたことが想像できる。すでに述べた商館に滞在したドイツ人、ペルシア人、トルコ人以外にも、ギリシア人、スラボニア人、アルメニア人、ユダヤ人らがこの町に大勢住んだ。ユダヤ人の居住区をさすゲットーという言葉も、十六世紀にヴェネツィアで生まれた。外国人は、それぞれ自分たちの教会やスクオラ（同信組合）をもち、コミュニティを形成した。ヴェネツィアが外国人に対し寛容で、彼らは都市社会における商業、生産部門などで重要な役割を果たした。ドイツ人の靴屋、ルッカ人の絹織物商などはとくに有名である。十六世紀には、人口の一〇％を外国人が占めたのである[17]。

ヴェネツィアは、古くから聖地エルサレムへ向かう巡礼者が立ち寄り、しばらくとどまる中継地点にあたっていた。そのため、交易や商業以外の目的でも、この都市には多くの外国からの旅人が集まった。中世のヴェネツィアに慈善施設としてつくられた「オスピツィオ」（養護院）も、十三世紀までは、巡礼者を泊める機能をもつものが多かった。サン・マルコ広場の南面にも、十一世紀に創設されたオスピツィオ・オルセオロがあり、巡礼者を泊めていた。一二七二年にスキアヴォーニの岸辺に登場した「神の家」という名のオスピツォもやはり、もとは巡礼者を泊める目的でつくられたものである。

港町には娼婦はつきものだが、ヴェネツィアはとくに娼婦の多い町としても知られた。リアルト市場の背後には、旅人が宿泊できるオステリア、あるいはタベルナと呼ばれる場所が数多くあった。一階が居酒屋であり、上階にベッドのある部屋が設けられ、ホテルの役割をした。こうした場所には実は娼婦が集り、売春宿となっていた。野放図な状態の売春の取締りに力を入れた共和国は、一三六〇年に、リアルト市場の少し西裏のサン・マッテオ地区にある民間の二軒の住宅を利用して、公営の売春宿を設けた。娼婦を一カ所に集めて、公的な管理の下に置く政策をとったのである[18]。だがそれも、やがて形骸化し、娼婦たちの出没するいかがわしい場所が広がった。

ルネサンス期における海洋都市の変化

中世には、交易の幹線水路だった大運河も、十六世紀には、その性格を変化させた。オスマン帝国の脅威、新航路の発見などによって東方貿易の重要性が低下したこと、土砂が堆積して運河の水深が浅くなったこと、船が大型化して大きな帆船が入らなくなったことなどが、その背景にある。それに替わって、ルネサンスを迎えたこの時代には、大運河は華やかな水上の象徴空間としての性格を強め、そこに面する貴族の館も、物資を荷揚げする商館から人を招き社交の舞台となる豪華な邸宅へと役割を転じた。リアルト橋が、木の跳ね上げ橋から石のモニュメンタルなアーチ橋に架け替えられたのも、同じような時代背景による。

このころ、ヴェネツィアの娼婦の中には、いわゆる「コルティジャーナ」と呼ばれる高級娼婦になって、豪華な貴族の館の階段を上がる者も多く登場した。ヨーロッパ中に知れわたった彼女らの発する華麗なイメージがまた、多くの人々をヴェネツィアに旅させることになったのである。

以上見てきたように、四つの海洋都市は、いかにも中世に骨格を形成した町らしく、その地形や自然条件にあった特徴ある都市の形態や風景を生み出した。海に開いた港町のアマルフィとジェノヴァ、川の港町ピサ、ラグーナの港町ヴェネツィアと、それぞれの立地ごとに多様な都市のあり方を示しながらも、同時にまた、港町としての共通の特徴ももっている。

そもそも海洋都市は、港を中心に多様な機能、施設をもち、複合的な都市構造を発達させた。とりわけ中世イタリアの海辺の都市だけに、複雑に入り組んだ地中海独特の街路の形態をもち、高密な空間がつくられた点も共通している。その富の蓄積も相俟って、どの海洋都市も象徴的な建築を数多く生んだ。

港のまわりには、防波堤、灯台、船着き場、荷揚げ場、税関、造船所、倉庫、フォンダコなどの多様な港湾施設がつくられ、活気ある商業施設や市場の立つ広場が港の近くに形成された。ジェノヴァやヴェネツィアには、聖地への巡礼者のための宿泊施設もつくられた。外国人の存在もまた特徴であった。とくにヴェネツィアには多くの外国人コミュニティが形成された。イスラーム世界との交流は、経済のみか文化の面にも現れ、四つの都市を通じて、建築様式にもそれが同じように顕著に見て取れる。

都市の起源は、その空間構造に大きな影響を与えた。渓谷の斜面とラグーナの水上という、まったく異なる条件の土地に生まれたアマルフィとヴェネツィアは、中世初期に、異民族の侵入から逃れるために天然の要塞のような場所を選んで立地したという点でよく似ている。どちらも、まずは分散的な中心核をいくつも築き、徐々に連続する市街地を形成したことでも共通しているのである。

政治形態の違いも、都市のあり方に大いに反映された。四つの都市の中でもとくにライバルとして互いに争った二大海洋都市のヴェネツィアとジェノヴァは、異なる生き方を見せた。都市内の内紛も少なく、共和国としての統一、まとまりを誇り、常に社会の安定を見せたヴェネツィアでは、開放的な建築様式とサン・マルコ広場のような象徴性をもった公共的な広場を形成した。それに対し、門閥間の対立抗争が続いたジェノヴァでは、塔状の厳つい建物が都市景観を特徴づけ、公共性の強い象徴的な広場の形成も見られなかった。その反面、ジェノヴァは、地中海世界に古代から用いられたポルティコを配した建築群を湾に面して延々と建設し、実用性、機能性ばかりか、象徴性をも表現する見事な都市造形を実現したのである。

こうした中世の港町は、ルネサンスを迎えるころ、支配の構造の変化、社会経済基盤の変化をも背景として、都市景観にも大きな変化を見せた。とくに、積荷を満載した船が行き交い、港の賑わいに溢れたピサのアルノ川沿いの空間、ヴェネツィアの大運河沿いの空間は、美しい館や橋で飾られ、スペクタクルの演じられる華やかな舞台となったのである。ピサではそれを担ったのは、新たな支配者メディチ家であった。

一方、ジェノヴァでは、貴族たちは、港への関心を失い、内陸の高台に、ルネサンス的な計画手法で新たな地区を開発した。アマルフィは、中世も終盤になると、海洋都市としての力を完全に失い、単なるローカルな町になり下がった。しかし十八世紀には水車を使った紙の産業の勃興とともに経済的な繁栄期を迎えたのが注目される。

輝く歴史を誇るこれら四つのイタリア都市は、それぞれ固有のその後の歴史を歩んだが、いまも互いにライバル意識をもち、毎年、回り持ちでレガッタ競技のイベントを最大に催す。その競争に呼応するかのように、個々の都市の港町としての形成史を研究する動きが年々大きくなっている。魅力溢れるこれらの海洋都市、あるいはさらに広い範囲での港町を対象とした比較都市史の領域は、今後の建築史の研究にとって、大きな可能性を秘めているものと思われる。

註
（1） Giuseppe Gargano, *La città davanti al mare—Aree urbane e storie sommerse di Amalfi nel medioevo*, Centro di cultura e storia amalfitana, 1992.
（2） 法政大学陣内研究室では、G・ガルガーノ氏、およびCentro di cultura e storia amalfitanaの協力、助言を得ながら、一九九八年の春からアマルフィの現地調査を継続的に行っている。陣内秀信＋法政大学陣内研究室「アマルフィ——南イタリアの中世都市国家」（『造景』一九九九年六月号、七五—一〇六頁）、陣内秀信・服部真理・日出間隆「海洋都市アマルフィの空間構造——フィールド調査にもとづく考察」（『地中海学研究』二三、二〇〇〇年、一一一—一四〇頁）、および陣内秀信編『南イタリア都市の居住空間』（中央公論美術出版、二〇〇五年）の第一部アマルフィ参照。
（3） Giuseppe Gargano, "Un esempio di ricerca storica ed archeologica: L'analisi dell'area marittima di Amalfi", *Rassegna del Centro di cultura e storia amalfitana*, 14, 1997, pp.137-180.
（4） Ennio Concina, *Fondaci*, Marsilio Editiori, 1997.
（5） Luciano G. Bianchi, Ennio Poleggi, *Una città portuale del medioevo—Genova nei secoli X-XVI*, Sagep Editrice, 1980に港町ジェノヴァの形成史が詳述されている。
（6） Piera Melli ed., *La città ritrovata—Archeologia urbana a Genova 1984-1994*, Tormena Editore, 1996, pp.59-73.
（7） ジェノヴァの都市社会における「家」の特殊なあり方に関しては、亀長洋子『中世ジェノヴァ商人の「家」』刀水書房、二〇〇一年、参照。
（8） Umberto Mugnaini, *Approdi, scali e navigazione del Fiume Arno nei secoli*, Felici Editore, 1999, pp.13-15.
（9） *Ibid*., pp.43-44.
（10） Francesco Redi, *Pisa com'era: archeologia, urbanistica e strutture materiali*（*secoli V-XIV*）, Liguore Editore, 1991, pp.177-253.
（11） Pier L. Rupi, Andrea Martinell, *Pisa storia urbana*, Pacini Editore, 1997, pp.27-28.
（12） *Livorno e Pisa: due città e un territorio nella politica dei Medici*, Nistri-Lischi e Pacini editori, 1980.
（13） 陣内秀信『ヴェネツィア——都市のコンテクストを読む』鹿島出版会、一九八六年、一九—八〇頁参照。
（14） Ennio Concina, *L'arsenale della Repubblica di Venezia*, Electa, 1984, pp.25-50.
（15） 陣内秀信『ヴェネツィア——水上の迷宮都市』講談社、一九九二年、七九—一一〇頁、および、同「海の都市国家——

ヴェネツィア」『歴史の中の港・港町Ⅰ　その成立と形態をめぐって』（研究会報告）中近東文化センター、一九九四年、一七一―二三〇頁参照。

（16）Donatella Calabi, *Rialto: le fabbliche e il ponte*, Einaudi, 1987, p.18.

（17）Guido Perocco, Antonio Salvatori, *Civiltà di Venezia*, II, La Stamparia di Venezia Editrice, 1976, pp.771-805.

（18）Robert Cessi, *Rialto: l'isola-il mercato*, Nicola Zanichelli Editore, 1934, pp.276-287.

都市風景の南と北――シチリアとヴェネト

自然条件と都市の立地

地中海に長く南北に突き出るイタリアだけに、この国の南から北まで、都市の風景には多様な変化が見られる。気候や地形といった自然条件の違いが住居地の構造に大きく影響したばかりか、そこに繰り広げられる歴史や異文化との交流の在り方によって、都市の形態や建築の様式にも、様々な特徴が生まれた。生活様式や人間関係にも、こうした要素が反映され、都市風景を方向づけてきた。

ここでは、イタリアの南北の都市風景を比較して論ずるが、筆者自身が長年、こだわりをもって調査に取り組んできた地方として、南からは〈シチリア〉、北からは〈ヴェネト〉を主に取り上げ、それぞれの特徴を描き出してみたい。

地中海世界、特にイタリアの都市の特徴の一つとして、丘陵の上に立地することを好むことが挙げられる。敵の侵入から守る防御上の要請に加え、疫病から守るためにも、高台の土地は都合がよかった。

シチリアにも、こうした丘の上の都市が数多く見られる。魅力的な丘陵都市を多くもつ中部イタリアのトスカーナ、ウンブリア地方では、周辺に比較的緑のある都市風景が見られるが、それに比べると、乾燥した気候のシチリアでは、石炭岩の岩肌がより露出し、石造りの都市の迫力を感じさせる。特に、この島の南東部には、ラグーザ、モディカといった中世に発達し、十八世紀初頭の大地震後にバロックの都市改造を受けた魅力ある丘上都市があり、その俯瞰した景観は壮観である。

海に面する町、チェファルーの風景も印象的である。フェニキア時代が起源とも言われ、中世に発達したこの都市は、低地の緩やかな斜面にあるが、そのすぐ背後には、迫力ある高い岩山が聳え、街路の至る所から目に飛び込む。その高台の岩場にディアナ神殿が祀られ、アクロポリスの役割をもった。ビザンティン、ノルマンの支配下でこの山が要塞化した。高台から見下ろす海をバックとした町とドゥオモの景観は、強烈な印象を与える。

一方、九―十世紀頃、この島を支配したイスラーム勢力のもとで、高度な灌漑・農業の技術がもたらされた。それはノルマン王朝の時代にも引き継がれ、特にパレルモ周辺は、コンカ・ドーロ（金の平野）と呼ばれる緑溢れる肥沃な土地となった。パレルモの十六、十七世紀の地図を見ると、都市の周辺に豊かな田園が広がっている様子がよくわかる。隣町モンレアーレの高台に聳えるドゥオモの上に立つと、北西のパレルモにかけて一面、いまだ緑の多い風景が続いているのに感銘を受ける。シチリア全体としても、荒れ地の続くサルデーニャとは異なり、耕作されている土地の面積が案外広く、パレルモからアグリジエントあたりにはブドウ畑、シラクーザ

モディカ　石造りの高密な丘上都市

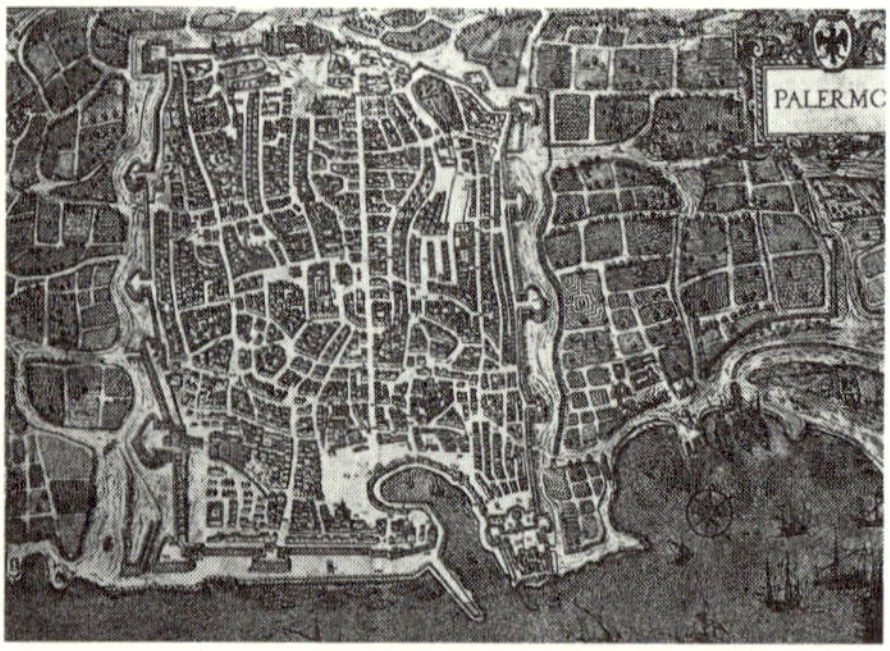

パレルモの地図（1581年頃）

周辺の東部では果樹園が目立つ。

ヴェネト地方は、シチリアに比べ雨量もあり、緑の多い風景を見せる。この地方はアルプスの裾に広がる山間、丘陵の都市から、平野の都市、さらにはラグーナの地形に発達したヴェネツィアまで、実に多様な都市風景を見せている。(1) 同じ丘陵都市でも、表情がまったく異なる。例えば、緑溢れる起伏の美しい連なりを見せる小都市アーゾロは、百の異なる景観を誇る町として、人々を魅了する。

グラッパで有名なバッサーノも、山に近い渓谷の美しさをもつ都市として名高い。そのブレンタ川に架かるパラーディオの設計になる木造の屋根付きの橋が、豊かな広がりをもつ水辺の風景を引き締めている。

平野部に下りると、さらに川や水路のある風景が多くなる。ヴェネツィアも含め、多様な水辺の風景を見せるのが、ヴェネト都市の大きな特徴といえよう。そして、ローマ時代に起源をもつ歴史のある町が、平坦地に幾つも点在する。ヴェローナはアディジェ川が大きく湾曲する場所に位置し、ゆったりとした水の流れと東に広がる丘陵の緑がマッチした美しい都市景観を見せる。古い景観画を見ると、この川には、水流を活かした水車小屋が数多く存在したことがわかる。(2) 市街地の中心部には、基盤目状に計画された古代の町割りが今も明確に受け継がれている。

ヴィチェンツァもパドヴァも、周辺に川・水路が流れ、河川交通でヴェネツィアと結ばれていた。今もなお、水の町の表情をよく受け継いでいるのが、トレヴィーゾである。平野に形成されたこの小規模な町は、城壁の土手とその外の濠をよく残し、ヴェネツィア共和国支配のもとでつくられた城門を幾つも保存している。町の中には、いく筋もの水路が流れ、落ち着きのある美しい都市風景を生んでいる。歴史の記憶として水車を保存し

アーゾロ　緑豊かな丘の町

ている場所も多い。

歴史の重なり

ヨーロッパの中でも、イタリアの都市ほど古代から現代まで途切れることなく形成の歴史を重ね、多様な営みを持続させてきた所はない。イタリア都市の最大の魅力は、その歴史の重なりにある。

その点、文明の交差点といわれるシチリアは、とりわけ豊かな古層を誇る。この島の町には、フェニキア、ギリシアの古層をもつ都市も少なくない。島の北西部の港町トラパニのすぐ内陸側の断崖絶壁の上に聳えるエリチェは、紀元前八―七世紀にフェニキア人によってつくられた堅固な城壁をよく残している。海からやってきた彼らは、海岸線を避け、防御上都合のよいこの高台に都市を築いた。そして、町の南東に張り出す高台突端に、先住人であるシカーニ人がその女神を祀る祭壇をつくっていた場所を受け継ぎ、神殿を建て、聖域をつくり出した。そこでは船乗りを対象に、オリエント風の聖なる儀式を取り込んだ神殿売春もなされていたという(3)。

シチリア島の南東部にあるシラクーザは、ギリシア都市を基層にもつ。オルティージアと呼ばれ市民が愛着をもつ島状の旧市街は、ギリシア殖民都市の最初の核にあたり、その中央部の島で最も高い場所につくられた神域が、現在のドゥオモ広場に受け継がれている。その中心、アテナ神殿が中世にドゥオモに転じ、十八世紀にはそのファサードをバロック様式の華麗な姿に変えたが、内部には古代のドーリス式の柱列がそのまま残っている。その北の市庁舎の位置には、イオニア式の神殿の跡が見つかっている。

北側の島の入口近くには、巨大なアポロン神殿の遺構が聳え、見る者を驚かせる。その少し西には、ギリシア都市の城門と城壁の跡が残されている。ドゥオモ広場へ向かうカヴール通りを進むと、平行に何本もの脇道が海へ向かって延びるが、この計画性はギリシア都市に由来するとされる。やがて、ギリシア時代のシラクーザは本土側にも大きく発展し、ネアポリス、アクラディーナ、ティケといたった地区が生まれた。ネアポリス地区の一角に、劇場、神に生け贄を捧げるヒエロン二世の祭壇などがつくられた。このあたりが、ローマ時代に加えられた円形闘技場とともに、今のシラクーザの観光スポットとしての考古学ゾーンを形成している。都市全体の中での周縁部にあたるこの一帯には、古代から中世初期まで墓地が集まるネクロポリス（死者の世界）が形成されたことも注目される。いずれも、現在のシラクーザの都市イメージを形づくる重要な要素となっている。(4)

ヴェネトに目を向けよう。シチリアのフェニキア、ギリシア遺跡に比べれば、その古さや迫力の点でやや見劣りするものの、ヴェネト都市でも、古代ローマ時代の建築物が町の風景を彩る場所に出会える。最も印象的なのは、ヴェローナのアレーナと呼ばれる円形闘技場で、中世の城壁のすぐ内側にその巨大な姿を見せている。夏の野外オペラで世界中の音楽ファンを魅了することでも知られる。アディジェ川の対岸の丘陵斜面には、その地形を巧みに活かしてつくられた古代ローマの劇場がある。中心部の基盤目型の市街地の中にも、地上面、そして地下レベルに多くの古代建造物の遺構が見出せ、まさにヴェローナは古代と対話できるイメージ豊かな都市となっている。

中世には、それぞれの地方で異文化の影響を取り入れながら、独特の建築様式を発展させた。まず、シチリアではノルマン王朝の下、イスラームとビザンティンの技術・様式を融合しながら、アラブ・ノルマン様式の独特の建築文化を発展させた。首都のパレルモでは、王宮とその礼拝堂、サン・ジョヴァンニ・デリ・エレミティ教会、カテドラル、マルトラーナ教会とサン・カタルド教会といった建築がトロピカルな樹木とともに、アラブ、オリエントの香りのするエキゾチックな雰囲気をこの町に醸し出している。

隣町のモンレアーレ、少し東に位置するチェファルーの町は、いずれもノルマン様式の堂々たるドゥオモが聳え、独特の都市景観を生んでいる。内部のイスラームとビザンティンが融合した見事な装飾、アーチ、モザイク画が目を奪うが、教会の外観もまた独特の表情をもつ。アプスの外観には、アーチを少しずつずらし編み目状に重ねたイスラームの装飾が用いられ、一方、ファサードには、両端に鐘楼を聳えさせるシンメトリーの構成がとられている。イタリアの教会では、ピサの大聖堂に象徴されるように、鐘楼はふつう本体から離したり、一体化しない形式をとるのに対し、シチリアのノルマン様式の教会だけは特別で、フランスの影響でファサード両端に鐘楼を配するのである。

スペインの影響もシチリアの中世後期の建築に色濃く現れている。カタローニャ・ゴシックの繊細な円柱、アーチをもつ可愛い窓のある邸宅（パラッツォ）が、シチリア都市に数多く見られる。

一方、ヴェネトの中世都市には、ヴェネツィア・ゴシックの影響が随所に見られる。ビザンティン、イスラームの文化を十二―十三世紀にたっぷり取り込んで独自の様式を育んだヴェネツィアは、続く十四、十五世紀に北からゴシック様式を取り入れたが、水の都にふさわしい華麗でより工芸的な独特のヴェネツィア・ゴシックの建築文化をつくり出した。しかも、水と陸を結ぶ必要から生まれた三列構成の邸宅の空間形式のファサードに、ゴシック様式が用いられ、独自の三分割構成ができあがった。それがパドヴァにもヴィチェンツァにも、そしてトレヴィーゾにも広がっているのである。

シチリアの歴史の重なりを語るのに忘れられないのが、バロック文化である。十七世紀にローマで誕生したこの様式がシチリアに本格的に広がるのは、十八世紀初頭の大地震からの復興の時期であった。カターニア、シラクーザといった大都市ばかりか、先に述べたラグーザ、モディカを始めとする小さな町でも都市改造が行われ、バロック建築が数多く建設された。むしろ、斜面に立地するこれらの中小都市では、どこでもその地形を活かし、高台に聳える教会へ大階段でアプローチする迫力ある空間を実現し、ローマにもない独特のバロック的演出を展開したのである。ノートのように、地震で壊滅した山間の古い都市を捨て、南下りの緩やかな斜面地を新天地に選び、そこにバロックの空間造形でニュータウンを計画的に建設した所もある。(5)

ヴェネトの田園風景の中にも、ニュータウンとして建設された魅力的な町が存在する。この地方の平野部には、ローマ時代の田園の計画的な区画割り、チェントゥリアツィオーネ（centuriazione）のシステムが受け継がれてきた。その上に、中世に整然とした美しい形態をとる二つの小さなニュータウンが登場したのである。その一つ、カステルフランコは正方形プラン、もう一方のチッタデッラは円型プランをとり、いずれも堅固な城壁とそのまわりの濠で守られている。四箇所に城門を配し、内部では基盤目形の整然とした街路パターンを見せている。中央に象徴的な広場がある。いかにも平野に都市を発達させたヴェネトらしい中世のニュータウンといえよう。後のルネサンスには、ヴェネツィア共和国の手で、ウーディネの北の平野部に多角形の幾何学形態をもつ理想都市、パルマノーヴァが建設されたことも忘れられない。

権力構造と都市形態

支配の構造もまた、都市風景の在り方に大きく影響した。それが、イタリアの都市風景における南と北の違いを生む要因にもなっている。

中世以後、イタリアの南部は常に外国勢力の支配下に入り、共和制や自治都市というものはほとんど発達しなかった。例外的にアマルフィが海洋都市として九―十二世紀に共和制を実現したが、後にはアンジュー家、アラゴン家の支配下に入り、その輝きを失った。それと表裏一体の関係で、南イタリアでは教会の力が強く、宗教団体が所有する不動産も都市内の広い面積を占めてきた。ナポリやレッチェを見ても、古い都市の中心部に修道院の大規模な建築複合体が幾つも存在している。一方、中北部のイタリア都市では、修道院は旧市街の中でもやや外寄りの位置にある。

シチリアでは、他の南イタリアの地域と同様、都市の中心広場に堂々と聳えるのは、市庁舎ではなくむしろドゥオモ（カテドラル）である。宗教権力の中心が町の最大の象徴となった。シラクーザ、カターニアをはじめ、ドゥオモ広場が市民の集まる晴れがましい広場となっている場合が多い。そもそもシチリア都市には、中北部イタリア都市のような、中心広場が示す求心性というのはあまり見られない。

一方、ヴェネトでは、他の中北イタリアの地域と同様、大規模な都市は一般に、世俗権力の中心である市庁舎の広場と宗教権力の中心であるドゥオモの広場の二つが別個に設けられている。古代に起源をもつ都市では、その中心広場であるフォロの跡に中世の市庁舎広場を形成し、市民生活の真の中心としての場所性を営々と受け継いでいることが多い。市民の台所を支える露店市場もしばしば、市庁舎広場の近くに設けられている。それに対し、ドゥオモの広場は、パドヴァ、ヴィチェンツァ、ヴェローナ、トレヴィーゾなど、いずれの都市でも、むしろ少し周辺部に追いやられているのが興味深い。古代から持続した都市にとっては、キリスト教の教会は後から入り込んだ要素だったのである。市庁舎広場や市場広場にいつも市民が溢れるのに対し、日曜や祭礼のときを除いた普通の日には、人々の賑わいもドゥオモ広場にはあまりない。

ヴェネト都市の中心にはしばしば、シニョーリ広場とエルベ（野菜）広場という組み合わせが見られる。シニョーリ広場は政治と文化の中心で、華やかな象徴性をもつエレガントな空間である。一方、エルベ広場は生鮮食料品の露店市が毎日立ち、庶民的な賑わいに満ちた場所である。これらの広場が組み合わされ、中心の広場ゾーンを形づくっているのである。

その形態は都市によって様々である。ヴェローナでは、古代のフォロのあった場所が中世に面白い形態の歪みを受けながら、露店市が立つエルベ広場として受け継がれてきた。この都市で最も人気のある広場で、市場とその周辺はいつも賑わいに満ちている。そこには市庁舎も聳えている。だが政治・文化の中心広場はむしろ、その脇を入った裏手のシニョーリ広場にある。小規模ながら長方形の整った形をし、一部をルネサンスの柱廊で囲われたエレガントな空間造形を見せる。市庁舎、裁判所など幾つかの公共建築で囲われ、政治的・文化的なサロンとして機能してきたことがよくわかる。

ヴィチェンツァでは、中世の建物を建築家パラーディオがルネサンス様式で見事に蘇らせたバジリカを挟んで、シニョーリ広場とエルベ広場の二つが存在している。ヴェローナとは逆に、ここではシニョーリ広場の方が堂々

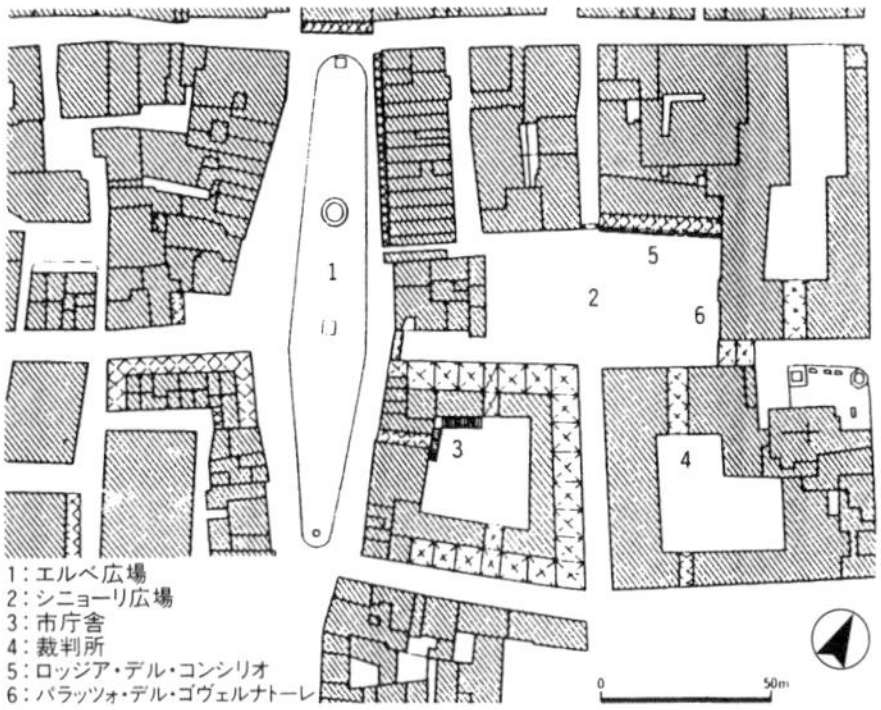

ヴェローナの都心空間

ととられた主たる広場で、パラーディオのバジリカを舞台背景として、エレガントな気品に溢れた雰囲気を誇っている。一方、エルベ広場は、地形的に少し下がった裏手の位置にあって、市民の台所を支える実用的な役割に徹している。

このようにヴェネト都市において、シニョーリ広場は、ルネサンス的な建築と都市の造形によって形づくられた政治と文化の中心を担う広場であり、それに対しエルベ広場は、中世の庶民的な雰囲気をもった市場の立つ広場として今なお機能しているのである。(6)

歴史的な都市にとって、支配者の館であり軍事的な拠点であるカステッロ（城）の存在も重要であった。一般に、中世に自治都市の伝統を築いた中北イタリアには市庁舎が聳え、城の存在は目立たない。だが、その中で特定の有力家が権力を握り、ルネサンスの都市づくりを展開した幾つかの町では、カステッロ、あるいはパラッツォ・ドゥカーレ（君主の宮殿）が聳える都市風景に出会える。フェッラーラのエステ家やミラノのスフォルツァ家のカステッロ、あるいはマントヴァのゴンザガ家、ウルビーノのモンテフェルトロ家のパラッツォ・ドゥカーレなどである。

一方、常に外国勢力の支配下に置かれた南イタリアには、ノルマン王朝、神聖ローマ帝国、アラゴン家の手でカステッロが数多くつくられた歴史がある。特にフェデリコ二世、カルロス五世が建造した堅固なカステッロが各地に見られる。

シチリアを見よう。エリチェでは、高台に張り出した古代の要塞＝聖城を引き継いで、ノルマン王朝によって築かれたカステッロが、その威容を誇っている。入口の上には、その後この城を活用したハプスブルグ家の紋章

（十四世紀）がある。シャッカでは、ノルマンとアラゴンの支配の時代に、カステッロがそれぞれつくられ、後者は今も城壁に沿って厳しい姿で聳えている。シラクーザでは、島の旧市街、オルティージアの海に突き出た所に、ビザンティン時代の要塞（一〇三八年建設）の上に、フェデリコ二世によって堅固なカステッロが築かれた（一二三九年）。いかにも南イタリアらしい海に出たこの城は、アラブの城塞をモデルにしたもので、四角形の平面の四隅に円形の塔を配する。

一方、ヴェネトでは、ヴェネツィア共和国の支配下で各都市の城壁が強化され、聖マルコの象徴である翼をもった獅子の彫刻をもつ城門があちこちに建設された。城としては、ヴェローナのアディジェ川沿いの戦略上重要な位置に建設されたカステル・ヴェッキオが知られる。

街路の構造

南イタリアの都市は、形成の時期が古く、より地中海的な体質を強くもつだけに、街路も一般に、複雑に入り組んだ迷宮状の構造を見せる。他方それとは反対に、ナポリやシラクーザの一部のように、旧市街にギリシア植民都市に遡る計画的なパターンを今に受け継いでいることもある。

南イタリアの街路の特徴の一つは、袋小路にある。シチリアでも、特にアラブの影響の強かった都市に袋小路が数多く見られる。アラブ人が最初に上陸した都市シャッカでは、斜面にできた迷宮的な旧市街は、実はこうしたコルティーレと呼ばれる袋小路の住居群によって組み立てられている。至る所に変則的な形をした袋小路が入り込んで、その中に近隣のコミュニティが成立している。こうした袋小路には、共有の洗い場が設けられたり、マリア像が祀られていることも多い。(7)

シャッカでは、アラブ支配下で形成され、一つの伝統となった袋小路をもつ住宅地のつくり方が後にも受け継がれ、十四、十五世紀のアラゴン支配下で高台の平坦地に新たに都市が拡張された際にも、大々的に応用された。

袋小路を囲む住居群がより規則的に並ぶ特徴ある地区がこうして形成されたのである。そこでは本来、袋小路の入口には仕切りのゲートが設けられ、内部の空間と社会組織のまとまりを強調した。シラクーザにもこうした袋小路は多いが、呼び方が変わり、コルティーレではなくロンコ（ronco）という言い方になる。

北に目を移そう。イタリアでは古代に計画的につくられた都市部を受け継ぐ所では、街路は基盤目型に整然としている傾向がある。ヴェローナの中心部のさまはそれにあたる。それに対し、中世の拡張部や古代部分を大きく変容させて形成された市街地は、道路が微地形に合わせ緩やかに曲がったり、不規則な形を示す。ヴェネトの中世都市の多くは、中部のボローニャなどと同様、そこに柱廊（ポルティコ）を形成し、心地よいリズムのある変化に富んだ町並みを生み出した。陽射しや雨から歩行者の通行を守り、同時に都市に美観を生むという公共的な利益のために、条例でその設置が建物の所有者に義務づけられていたのである。それは、中世の自治都市としての、公的権力が確立してはじめて可能になるものだった。

住宅の構成

イタリアの歴史的な住宅には、階層に応じた幾つかのタイプが見られる。しかし、社会構造の違う南と北とでは、その事情も異なる。

南イタリアは階級差が大きい。一部の貴族・支配層がいて、その下にある程度の中間層、そして多くの貧しい庶民という構成であった。シチリアのシャッカでそのことを見よう。表通りには、貴族階級によってつくられたモニュメンタルなパラッツォが幾つも建つ。アーチ窓、堂々たる玄関、バルコニーなどでファサードを飾り、内部に大きな中庭をもつ。地中海世界らしく、伝統的には外階段で堂々と二階のメインフロアーに登ったが、十九世紀の新古典主義のパラッツォでは階段を内部にもってきて、ローカル色を薄めている。上流階級の邸宅では、生活は二階で行われる。

一方、この町の庶民階級の家は、極めて小さく質素である。中に入るとすぐ居間があり、接客も食事もそこでなされる。その奥に一つか二つの小さい寝室がとられる。家の狭さは、近隣の家族との共有空間である袋小路が補ってきた。(8) 日本の長屋と路地の組み合わせとよく似ているといえる。

この町の住民の大半は、実は農民であった。かつて、住民の多くは、昼は町の外に広がる農地・田園で働き、日没とともに町に戻った。こうした英語ではアグロ・タウンと呼ばれる存在は、ボローニャ以北ではあまり見られないイタリアの南の地域の特徴である。ラティフンディウム（大土地所有）が持続し、日雇農民が多かった南イタリアに特に広く見られるのである。このような零細な農民にとって、住まいは広い必要はなかった。

しかし、こうした袋小路をもつ住宅地がパレルモのような大都市にも見られることは注目される。社会・経済基盤の違いを越えて、地域に共通する空間構造と考えられる。(9)

シャッカの人々の生活は、今も戸外空間と密接に結びついている。一階に住む人々も多い。路上が、そして袋小路が居間の延長のように使われる。家の中のテレビを見るのに路上にイスを出して外から眺める、といった面白い光景にさえ出会える。

シチリアでも、エリチェには、中庭をもつ特徴ある住宅が数多く見られる。ここでは貴族ではなく、一般の住民がこうした家に住んできた。外階段も発達している。古代にルーツをもつのか、アラブの中庭やスペインのパティオからの影響なのか、興味深いテーマである。

中北部の他の地方と同様、ヴェネト都市の住宅としては、貴族のパラッツォ、その小規模のパラツェット、そして一般市民が住むスキエラ型住宅と呼ばれるタイプがつくられてきた。袋小路やそれに面する小さい住宅というものは存在しない。ヴェネト都市は、十五世紀からヴェネツィア共和国の支配下に入ったため、その建築的な影響も強く見られる。貴族の中世末のパラッツォの様式には、連続アーチの美しいヴェネツィア・ゴシックの様

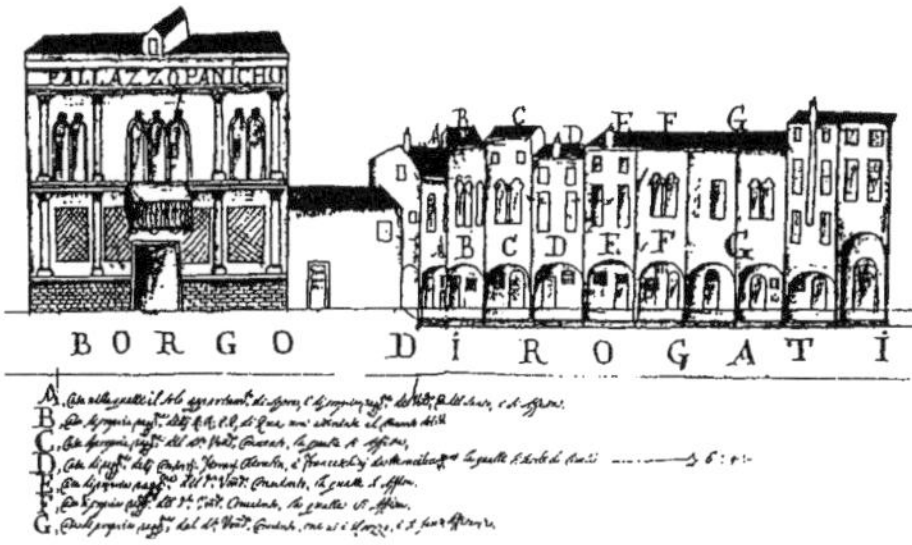

パドヴァ　ロガーティ通りのパラッツォと
スキエラ型住宅（右側のA〜G）、1735年

式が用いられ、内部空間としても中央広間を軸に、その左右に居室群を並べるヴェネツィア風の三列構成が普及した。ヴェネツィアとの違いといえば、道路に面してポルティコが付くということであった。

スキエラ型の住宅は、間口が狭く奥へ長く延びる敷地につくられた。街路側には職人の工房や店がとられ、その奥や上が住まいだった。歴史の中で、徐々に数家族のための集合住宅となっていった(10)。こうした小規模な住宅が、一階にポルティコをもって街路沿いに連なる町並みは、ヴェネト都市の魅力の一つである。パドヴァ、トレヴィーゾ、アーゾロなどは特にその美しさを誇る。

イタリアでは、以上見てきたように南と北では、都市の風景に大きな違いがある。その違いが都市ごとの文化的なアイデンティティとして、ますます尊重されるようになっている。こうした歴史的に形成された都市の中心部はチェントロ・ストリコと定義され、その保存再生への動きが一九七〇年代から活発化した。歴史的な建物を現代のニーズに合わせ、快適に住むための修復・再構成の技術やセンスも大いに発達した。こうした古い都市空間が蘇る動きは、中北部のイタリアから始まり、ナポリなどの南にも展開し、シチリア都市にも徐々に及びつつある。地方ごとの都市風景を大切にするイタリア人の考え方からは、我々も大いに学びたいものである。

註
（1）F・マンクーゾ「ヴェネト州の都市構造」『ヴェネト：イタリア人のライフスタイル』プロセス・アーキテクチュア109、一九八三年、一一―一七頁。
（2）拙編『イタリアの水辺風景』プロセス・アーキテクチュア、一九九三年、六八―七三頁。
（3）紅山雪夫『シチリア・南イタリアとマルタ』トラベルジャーナル、二〇〇一年、七五―七七頁。

(4) G. Vallet, L. V. Mascoli, *Siracusa antica-immagini e immagine*, Palermo, 1993.
(5) V. Consolo, G. Leone, *Il barocco in Sicilia-La rinascita del Val di Noto*, Milano, 1991及び拙著『歩いてみつけたイタリア都市のバロック感覚』小学館、二〇〇〇年、一〇〇―一一九頁。
(6) 拙著（共著）『広場』（S.D.S.7）、新日本法規、一九九四年、八六―九一頁。
(7) E. Guidoni, *Vicoli e cortili-tradizione islamica e urbanistica popolare in Sicilia*, Palermo, 1984.
(8) 拙編「特集・シチリア都市の文化学」『季刊iichiko』No.41、一九九六年。
(9) 拙稿「都市空間における公と私―地中海世界の独自性」『ヨーロッパの基層文化』（川田順造編）岩波書店、一九九五年、一五三―一七五頁。
(10) C・ヴィセンティン「住人のタイプと住居型」『ヴェネト：イタリア人のライフスタイル』プロセス・アーキテクチュア109、一九八三年、五八―六一頁。

イタリアの都市空間

祝祭空間としての広場

広場がもつ祝祭的性格

イタリアをはじめとする南欧の都市の特徴として、広場が発達しているということがしばしば指摘される[1]。この地中海沿岸の地域では、今日でも市民生活のなかで広場をはじめとする戸外空間の果す役割が、北欧の都市以上に大きい。その背景には、雨が少なく乾燥した開放的な気候風土があるのはいうまでもない。この恵まれた自然条件のなかで、南欧都市では古い時代から広場の文化が独特の形で発達した。

しかもそれは単に広場の数が多いとか、規模が大きいといった問題としてあるのではない。地中海世界では広場が生活の様々な面で、多様にまた活発に使いこなされているといえる。広場という空間が人々の身体的感覚と密接に結びついて存在しているのである。また広場は、個々の具体的な機能を越えて、華やかな祝祭的あるいは演劇的な性格をももっているように見える。

それはまず、日々の生活においても指摘できる。都市の中心に位置する広場や街路は、ふだんの人々の生活のなかでも象徴的な存在であるが、特にイタリアやスペインの町で夕方から晩にかけて見られる市民総出の散歩の時ともなると、それがまさに演劇のステージに転じたかのような華やいだ気分に満ち溢れる。日本人なら散歩といえば、むしろ一人静かに川辺や公園を散策することを思いがちだが、二〇〇〇年以上の都市文化を築いてきたラテン系の彼等にとって、散歩は、立派な建物に囲われた町の中でもっとも晴がましい場所に出掛け、人々と出会いながら情報を交換し、文化的刺激を得るという、祝祭性に満ちたいかにも都市的な行為を意味する(2)。

さらにまた、こうした日常的な広場の使い方に加え、年に何回か行なわれる祭の時には、広場はいっそう華やかな演劇的空間へと転ずる。その効果を最大限に発揮するために、広場の造形に舞台美術的な観点から様々な工夫が行なわれてきた。広場を祝祭や見世物のための空間として使う発想は、古代からすでに見られたものである。

広場は常識的に見れば都市の外部空間であるが、同時にまた、内側に囲い込まれた社交場としての大広間であり、また祝祭や見世物のための都市施設としての性格をも備えている。このような〈外〉のようでいて〈内〉でもある、といった広場の性格は、古来中庭が発達した地中海世界ならではの一つの特徴のように思える。

以上のような問題意識に立ち、南欧の中でも特にイタリア都市の広場を中心に、その祝祭的性格がいかにして成立したのかを歴史的な視点から考察してみたい。

古代から中世へ

広場の本来の在り方を考える上で示唆に富む例として、まずスペインの田舎町を見てみよう。この国には、町の中心的な広場で祭の日に、今でも闘牛を催すところがいくつかある。特に有名なのは、マドリッドの南東四十六キロにあるチンチョンという小さな町である。この町の中心にあるマヨール広場は、前面にギャラリーを持つ二、三階建の建物でぐるりと囲われた一種独特の容貌を見せている。こうして回廊の巡らされた広場は、都市に開かれた外部空間であり、また同時に、内部に取り込まれた大きな中庭空間のようにも見える。

ここは町の日常生活の場であるばかりか、祭の広場として使われ、仮設の闘牛場にも仕立てられる。回りを取巻く二階、三階のギャラリーからも観戦できるし、建物の前に仮設の装置として観覧席が設けられ、そこからも闘牛を楽しめる。(3)スペインの広場の代表であるマドリッドのマヨール広場でも実は、回廊で囲われたその空間で同じ様に闘牛の催しが行なわれていたのである。(4)

これらの空間の使い方を見ると、闘牛のような見世物は、もともと競技場という施設の中ではなく、都市のオープン・スペースである広場で行なわれていたことがよくわかる。そしてこうした〈広場〉は、様々な見世物やイベントの行なわれる囲われた都市のサロンとしての〈中庭〉であり、また仮設の装置を施せば特定の目的を持った〈都市施設〉にも早替わりする、多義的な空間だった。また都市の〈外部空間〉でもあり、同時に〈内部空間〉でもあるという、互換性のある場所でもあった。

歴史をさかのぼれば、古代のローマでも、もともとはフォロ・ロマーノのような広場が複合的な機能をもち、市も集会も見世物もすべてそこで行なわれていた。(5)ウィトルウィウスの記述によっても、フォロで剣闘士の競技が催されていたことが知られる。(6)それが都市の発展とともに、空間の機能分化が進み、集会や裁判はバジリカで、商取引や買物はトラヤヌスのマーケットのような専用の市場で、そして演劇や見世物はテアトロ（劇場）やアンフィテアトロ（円形闘技場）でという具合に、特別の機能をもったそれぞれ専用の公共施設の中で行なわれるようになったのである。

こうして、本来は様々な都市機能が溢れ下町的な性格をもっていたフォロ（広場）が都市の権威を示す象徴的な場所として飾り立てられる一方、活気の漲る祝祭的、盛り場的な空間は、むしろ囲い込まれた都市施設の中に大掛かりに形成されるようになった。

確かに、ポンペイ、エルコラーノ、オスティアなどの遺跡都市を歩くと、中心のフォロ以外には、中世以降に発達したような、都市に開かれているいわゆる広場は見当たらない。またメイン・ストリートの列柱道路を除けば、街路の劇場的性格にも乏しいように思える。これらの古代都市では、広場的要素はもっぱら、テルメ（公衆浴場）の中庭やパレストラの回廊で囲われた中庭、そして前述のような様々な公共施設、遊興施設の内側などに取り込まれているように見える。フォロでさえ、列柱で囲われた大きな中庭といった感があり、しばしばそこへの入口には、ゲートが設けられていた。古代ローマ都市においては、広場は、個々の機能に加え社交的性格や劇場性をもった都市施設の中に、むしろのびのびと発展していったのではなかろうか。

この点から見ると、ローマの都市構造は、いわゆる西欧都市のような広場をもたず、広場的性格を備えた空間をほとんどすべて公共施設の中庭にとるイスラーム都市の構造ともあい通ずる面をもっているといえるかもしれない。地中海都市の〈広場〉が大きな〈中庭〉としての性格をもつということが、ここでも確認できよう。

さて、こうした広場性を取りこんだ公共施設の中でも世俗的、享楽的な文化を反映して、演劇や見世物のための施設が発達したのが、ローマ都市の大きな特徴である。ギリシア文化を受けついで「テアトロ」（劇場）が活発に建設され、喜劇や軽業曲芸が演じられたばかりか、「チルコ」と呼ばれる円形競技場では二頭立て二輪馬車などの競争が、そしてコロッセオなどの「アンフィテアトロ」（円形闘技場）では猛獣と剣闘士の格闘などの見世物が行なわれた。「スタディオ」と呼ばれる競技場では、運動競技を見世物化した興行が人気を集めた。またコロッセオやドミティアヌス帝のスタディオ（今日のナヴォナ広場）において、内部に水をはって船を浮かべ模擬海戦が行なわれたことも知られている。(7)

ローマの皇帝や指導者達にとっては、「パンとサーカス」の言葉で象徴されるように、大衆を満足させるため常に見世物を提供することが重要な任務だった。こうしてローマの都市では、これらの施設を中心に祝祭的な気分が満ち溢れたが、それはやがてデカダンスに陥る宿命をもっていた。

キリスト教の支配する中世に入ると、ローマが生み出した見世物や下品な喜劇はモラルに反するとして糾弾された。しかし、中世に演劇が行なわれなかったわけではない。聖史劇がその代表であり、舞台は教会の内部だった。やがて、それが教会前の広場へと流れ出し、木の仮設舞台で演じられるようになった。重要な出しものの一つ、「天国と地獄」の幻想的な演出が追求される中から、滑稽な「地獄の入口」の舞台装置が考案され、一時途絶えていた古代の喜劇の考え方も復活した。十二世紀には演劇人の組合もつくられ、その活動も大いに活発になった。大掛かりな宗教的演劇は、見て楽しいスペクタクルの性格をおび、大衆の心を引きつけた(8)。

こうして再び、都市の広場が演劇や見世物が行なわれる空間として活気づいた。中世には、古代ローマのように劇場や見世物の施設をつくるような社会的、文化的背景がなかったから、このような活動のすべてが広場で繰り広げられた。それはまさに芝居や見世物の発生の原点を示していたといえよう。

そもそも中世の広場は、政治的中心や市場としての機能ばかりか、様々な文化的、宗教的催し物、祝祭、そして見世物を行う舞台としての機能も加わって、実に多彩で複合的な役割をもっていた。今日我々がイタリアなどに見る多義的性格をもった広場の姿は、こうして中世に確立されたと考えられる。高度な都市文明をつくり上げたローマ時代に、囲われた施設や中庭の中にひとたび取り込まれた様々な都市活動が、再び中世に、広場や街路に解き放たれたともいえよう。

シエナのカンポ広場、スポレートのドゥオモ広場、そしてグッビオのシニョリーア広場など、イタリアの中世都市の広場の中には、劇的な空間構成を示す広場が少なくない(9)。

ルネサンス・バロックの演劇と祝祭

広場の基本的な形態や意味が中世に形づくられたとしても、そこにさらに祝祭的な華やいだ雰囲気をつけ加える上で貢献したのは、何といってもルネサンス・バロックの時代である。ルネサンス期には、人文主義的文化の台頭を背景に古代の演劇が復活し、各都市の宮廷において、祝祭を演出するためにパラッツォの広間や城の中庭などで、舞台背景や機械仕掛を用いた演劇やスペクタクルが華やかに催された[10]。そして十六世紀後半になると、ヴィチェンツァのテアトロ・オリンピコなど幾つかの常設の劇場が登場した[11]。しかしこうした宮廷や劇場内部での演劇は、あくまで貴族的なエリート文化の中から誕生した特権的社会の限られた活動であったことはいうまでもない。

だが一方、この時期には、都市の広場でも様々な祝祭が行なわれ、見世物が華やかに繰り広げられたことが注目される。中世にすでに芽生えを見せていた広場でのこうした活動が、十五世紀末頃から一挙に開花したのである[12]。記憶としてとどめられていた古代都市の広場、あるいは施設における公共に開かれた民衆的な性格をもつ見世物、祝祭の在り方がルネサンスの時代の新しい社会的文脈の中で再び甦ったと見ることができよう。

ルネサンスの君主達は、人文主義の思想を背景に、古代を手本にしながら都市の改造に乗り出し、透視画法や舞台装置的な考え方を取り込んで象徴的な広場の造形を実現したが、同時にまた、こうした〈広場〉で壮麗な祝祭、見世物を催し、まさに野外の〈劇場〉をつくり出したのである。ちょうど古代ローマの場合と同じ様に、貴族や上層市民達は、私財を投じ都市国家と一体となって民衆の熱狂する祝祭を提供する役割を演じた。

古代の発達した都市では、特化された立派な施設のなかでもっぱら行なわれていたこうした大衆的な催しが、再び〈広場〉という開かれた空間に解き放たれたというのも興味深い。

その点からみると、ローマのナヴォナ広場は最も面白い例の一つである。ここは古代のドミティアヌス帝のスタディオ（競技場）の在った場所であり、中世以後は市場の立つ広場として市民に親しまれてきたが、やがて、様々な催し物、祝祭の舞台としても使われるようになった。一四七三年のカーニバルにおいて、シクストゥス五世の甥にあたるリアリオ枢機卿がこの広場で馬上競技を行なわせたことがまず知られている。またルネサンスの時期を通じて、古代の記憶を甦らせるかのように、この広場に水を浸して模擬海戦が繰返し行なわれた。[13]十六世紀から十八世紀にかけて、ナヴォナ広場で他にも様々な祝祭が大掛かりに催されたことは、多くの絵画や版画によって知ることができる。例えば、一五八九年の復活祭の祝祭の場面には、花火が広場の中央部の何カ所にも仕掛けられ、その外側を壮麗な宗教行列が進んでいる様子が描かれている。[14]

さらにバロック時代には、アッピア街道の近くにある古代の円形競技場を飾っていたオベリスクが運ばれ、広場の象徴としてここに立てられた。それは、ルネサンスの頃の人々が、実際にはオベリスクのないスタディオとして使われていたこの広場を、真中にオベリスクの立っているチルコと混同して理解していたことに由来する。確かに、十六世紀に古代ローマの復元的イメージを描いた地図を見ると、このドミティアヌス帝のスタディオにはオベリスクが立っている。バロック時代の大規模な都市の再構成の中で、この広場にも、失われていた象徴としてのオベリスクを再建しようということになったのである。[15]誤解が介在したことによって、この広場の象徴性ははからずも飛躍的に高まることになった。

いずれにしてもナヴォナ広場は、こうして古代の競技場をそのまま受継いだユニークな広場としてローマ市民の人気を引きつけることになる。競技場という都市施設の内側に取り込まれていた見世物のためのオープン・スペースが、都市の公共空間として完全に外に開かれ、広場に転じたのである。同じ場所が都市的コンテクストの変化によって〈内〉から〈外〉へと意味を転換したことは、こうした空間のもつ両義的性格を物語っていて興味深い。

パリオの祭で知られるシエナのカンポ広場も、都市の祝祭を語る上で忘れることができない。すり鉢状の野外劇場のような形をしたこの広場では、中世から素朴な草競馬は行なわれていたと考えられるが、コントラーダ（地区）対抗の正式の競技として今日のような盛大なパリオの祭が始まったのは比較的新しく、一六五六年のことである。[16]やはり古代の競技場での競馬を下敷きにし、ルネサンスの祝祭を催す文化的機運の中で、パリオの競馬のイベントも行なわれるようになったのだろう。この広場はルネサンス以後も改造を受けず、今日に至るまで中世の形態をほぼ保持しているが、一七一七年のパリオを描いた景観画を見ると、広場の回りを囲む建物の足下に仮設の装飾的な列柱が並べられ、ふだんとはまた違った回廊が巡る華やかな広場の雰囲気が生み出されているのがわかる。

水上の祝祭都市

祝祭都市の代表、ヴェネツィアでは十六世紀以後、いっそう華やかな見世物がひっきりなしに行なわれた。しかもここでは、祭の舞台として都市空間が実に効果的に使われた。その様子は、都市の儀式や祭の場面を描いた多くの絵画や版画の中に、詳細に見てとれる(17)。

水に囲われた都市だけに、カナル・グランデをはじめ水上での祭の演出も見事であった。だがそれ以上に重要な祭の舞台は、この都市に数多く存在する広場だった。サン・マルコ広場をはじめ、サン・ポーロやサンタ・ジェレミアのカンポなど、幾つかの広場において、さらにはパラッツォ・ドゥカーレの中庭において、雄牛を放って荒っぽく追い駆ける、闘牛によく似た見世物がしばしば催された。それはちょうど、前述したスペインの小都市にいまだ伝えられる広場での闘牛の光景ともよく似ている。これらは地中海都市の広場での祝祭、見世物の在り方をよく示すものといえるのではなかろうか。

ヴェネツィアの祝祭にとって、カナル・グランデと並ぶメイン・ステージはサン・マルコ広場であった。そもそもこの広場は、十二世紀という非常に早い時期からすでに、列柱で囲われた、長方形の回廊形式をとっていた。そして長手方向の東側の端に、サン・マルコ寺院を置いていた。このような広場の構成は、ローマのフォロを手本としながら、ルネサンスの時期に幾つかのイタリア都市に登場するが、中世の都市には、他にはまったく例を見ないものだった。おそらく東方に残存していた古代的な広場の在り方に接したヴェネツィア人が、そのモニュメンタルの形式にひかれ、この都市にいち早く導入したと考えられる。[18]

また、サン・マルコ広場の回廊の場合、ローマのフォロとは異なり、列柱にはアーチがのっている。このアーチのある回廊で囲われた中庭の在り方には、イスラーム世界の都市のモスクやキャラバンサライなどの公共的建造物、あるいはやはりイスラームの影響下で生まれたスペインの大規模なパティオの中庭空間との類似性を見てとることができよう。

しかもこのサン・マルコ広場のまわりにも、いかにもヴェネツィアらしい迷路状の都市構造が見られる。ヴェネツィアの都市空間の魅力は、路地が無数に入り組んだ複雑な迷路が町中にはりめぐらされている一方で、それとまったく対照的に、回廊で囲われ幾何学的に造型された輝かしい都市の中心としてのサン・マルコ広場をもつという、両義的性格にあるだろう。ちょうどそれは中東・北アフリカのイスラーム世界の都市にあって、迷路状の市街地の中にモスクの清澄な中庭空間が幾何学的にすっぽり切り取られて存在しているのとよく似ている。このような〈闇〉の空間としての迷路と、〈光〉に溢れた大きな中庭のような広場とがつくりだす強烈なコントラストは、ヴェネツィアやイスラームの都市ばかりか南イタリアやスペインにも広く見られるものであり、地中海都市のもつ一つの特徴といえるのではあるまいか。

そしてまた、このような回廊の巡る中庭は、そもそも空間装置として演劇的性格をもつものであった。そのことはルネサンスの宮廷で演劇が行なわれた際に、しばしば中庭の列柱が舞台背景として使われたことからも想像できる。[19]この回廊で囲われたサン・マルコ広場で、中世から華やかな祝祭が行なわれたことは、G・ベッリーニの絵画『聖マルコの奇跡を祝う行列』（一四九六年）によっても十分にうかがい知れる。

こうしてすでに演劇的、祝祭的性格を示していたサン・マルコ広場は、十六世紀になるとその性格をいっそう高めた。この世紀の前半にローマからやって来たサンソヴィーノによって、古典的な建築様式と透視画法にもとづく空間構成で容貌を一新したサン・マルコの広場（ピアッツァ）と小広場（ピアツェッタ）は、都市の中の〈大広間〉、あるいは〈劇場〉そのものであり、宗教的ページェントや国家的儀式、そして世俗的な祝祭にとって、まさに格好の舞台となった。

この小広場のサンソヴィーノによる改造に関しては、セルリオがヴェネツィア滞在中に描いたと思われる舞台装置的なサン・マルコ広場の透視図が大きな刺激を与えたと考えられる。セルリオは、ウィトルウィウスが言及した古代の演劇に関する解釈を行い、悲劇、喜劇、風刺劇のそれぞれについて透視画法にのっとる舞台背景を掲示したが、サン・マルコ広場のこの透視図も、これらとまったく同じ考え方によって、舞台背景として想定されているように見えるのである。[20] その意味で、十六世紀に装いを新たにした小広場は、まさに演劇空間としての性格を最初から強く帯びていたということができよう。実際、十六世紀以降、サン・マルコの小広場で行なわれる祝祭の場面を透視画法の構図にのっとって描いた景観画あるいは都市図の類いは多い。人々はこの〈広場〉の空間を、もはや完全に〈劇場〉のステージに見立てていたのである。

一五六四年の六月には、この小広場のすぐ先の水面に、「世界劇場」と呼ばれる浮かぶ移動劇場が登場し、音楽、踊り、演劇で祝祭の雰囲気を大いに盛り上げたことが知られている。[21]

特にカーニバルの期間中は、この広場で様々な見世物、芝居が繰り広げられ、占い師、中にはペテン師までが集って、盛り場のような活気に包まれた。コメディア・デラルテの芸人が人気を集め、また人形芝居の小屋や仮設のステージで歌う歌手の回りにも人々が群がった。小広場を舞台として、より本格的なスペクタクルも催された。中央にステージが組まれ、その上に仮設の凱旋門が置かれて、仕掛花火が打ち上げられたし、広場にそびえる鐘楼から軽業師が綱をつたわって空中を舞い降りるといった演出も見られた。

外国から賓客をもてなすために、あるいは新たな総督の選出を祝うなどの目的で、サン・マルコ広場では、広い空間を使って、大掛かりなスペクタクルがしばしば行われた。[22] ヴェネツィア共和国を代表するこの広場は、都市の象徴空間として常に晴がましい雰囲気に溢れていた。だが、国家をあげて時折催される祝祭の時には、ふだ

サン・マルコ小広場と世界劇場
(Cesare Vecelloの版画、1590年)

ん見慣れた姿とはまた違った、いっそう華やかで象徴的な空間をつくり出す必要があった。つまりここに集まる市民が非日常的な虚構の世界のドラマを共に熱狂のうちに体験することによって、解放感と一体感を味わうことができる。それがまた共和国への人々の帰属意識を高揚させることにもなったのである。

このような目的で、祭の期間中は、回廊の巡るこのモニュメンタルな広場の中にもう一つ、回廊で囲われた楕円形の広場やコロッセオのような闘技場を仮設のものでつくり出すという巧妙な舞台演出がしばしば見られた[23]。この時代には、〈広場〉はまさに〈劇場〉の舞台と共通のイメージで捉えられていた。劇場の舞台を飾るシェノグラフィア、すなわち舞台美術がルネサンス以降に発展したのとちょうど平行して、広場においても祝祭的で演劇的な空間を生みだすための仮設の装置を駆使したシェノグラフィアの考え方が大いに活用されたのである。しかも、コロッセオのような空間を再現し、凱旋門をしつらえる演出には、古代ローマの見世物の記憶が明らかに込められていたと思われる。

人間の手に戻った広場

イタリア都市にとって象徴的存在である広場は、単に日常的な人々の生活の中心であるばかりか、都市の祝祭的な活動の重要な舞台であった。今日なおイタリアの広場に華やいだ雰囲気が感じられる背景には、このような古代以来のファンタジーに満ちた演劇や祝祭の舞台としての輝かしい歴史があるに違いない。

広場はそもそも適度の大きさの、回りを囲われた人間の身体感覚に見合った空間だった。それは屋根のない大広間であり、また大きめの中庭のような空間でもあった。そこに都市づくりの強いイニシアチブのもとで造型的意思が働けば、列柱を並べ、回廊の形式が登場することもしばしばあった。こうして形づくられる広場は、人々の様々な活動が展開する多義的な性格をもった空間だったのである。

ところが十八世紀以後、広場は馬車、次いで自動車の交通を円滑にさばく空間に転じ、見通しのきく開放的な形態をとるようになった。(24) 人々が集まり多彩な活動が発生するという広場本来の演劇的な性格が失われ、広場は人間的尺度を超えた大規模なスケールにおける壮麗な都市美を生みだす場所になった。それと同時に、近代都市計画の理念のもとでは、それまで広場がもっていた複合的な機能は、ひとつずつ分離され、個々の専用の施設の中にそれぞれ取り込まれることになった。こうして、その意味や役割を減じた広場は、長い間無造作に扱われ、もっぱら駐車場として使われるといった運命をたどった。

一九八〇年代以降、人間的尺度で組み立てられた歴史的な都市空間の価値が再評価され、広場から車を締め出し、人間の手に解放する試みが各地で見られるようになった。(25) それと同時に、広場を演劇的、祝祭的空間として甦らせる動きも活発になっている。(26) それは近代主義の都市思想を乗り越えようとする動きとして捉えることができよう。今日のイタリアでは、都市の再生にとってこのように過去の歴史が大きなインスピレーションを与えているのである。(27)

註
（1）『プロセス・アーキテクチュア：南欧の広場』16、一九八〇年等。
（2）拙稿「イタリア都市の生活様式」『イタリア入門』三省堂、一九八五年。
（3）G. L. Collado, *Técnicas en ordenacion de conjuntos*, Madrid 1982, pp.349-393. この広場に関しては、藪野健氏からご教示をいただいた。
（4）*La Corrida*, Secretaria de estado de turismo, 1977.
（5）F. Coarelli, *Guida archeologica di Roma*, Roma 1974, pp.50-79.
（6）森田慶一訳註『ウィトルーウィウス建築書』東海大学出版会、一九七九年、第五書、第一章。

(7) A. Manodori, *Anfiteatri, circhi e stadi di Roma*, Roma 1982.
(8) "Teatro e Pubblico", *La Ricerca*, 78, Torino 1979, pp.55-62.
(9) P. Favole, *Piazza d'Italia*, Milano 1972.
(10) 長尾重武「劇場のルネッサンス」『カラム』96、一九八四年。
(11) G. Ricci, *Teatri d'Italia*, Milano 1971, pp.87-113.
(12) "Teatro e Pubblico", *op. cit.*, pp.63-67.
(13) ibid., 19.
(14) A. Ravaglioli, *Piazza Navona*, Roma 1973, p.36.
(15) *ibid.*, 19.
(16) L. Bortolotti, *Siena*, Bari 1983, p.104.
(17) B. Mazzarotto, *Le feste veneziane*, Firenze 1960.
(18) 拙稿「サン・マルコ広場形成史」『光の回廊——サン・マルコ』ウナック・トウキョウ、一九八一年。
(19) 福田晴虔『パッラーディオ』鹿島出版会、一九七九年、二八—三二頁。
(20) *Architettura e Utopia nella Venezia del Cinquecento*, Milano 1980, p.96.
(21) *idid.*, pp.147-152, pp.163-164.
(22) P. G. Molmenti, *La storia di Venezia nella vita private*, Torino 1880 復刻版 Trieste 1973, vol.3, pp.226-258.
(23) *Venezia e lo spazio scenic*, Venezia 1979.
(24) カミッロ・ジッテ、大石敏雄訳『広場の造形』美術出版社、一九六八年。
(25) その先駆的な例の一つとして、ローマのナヴォナ広場がある。M・ヴィットリーニ「イタリア国土の変貌と歴史的街区」『都市住宅』一九七六年六月号、二九頁参照。
(26) 例えばヴェネツィアでは、一九七〇年代中頃からカーニバルが復活し、サン・マルコ広場がそのメイン・ステージとして活用されている。また建築家、アルド・ロッシが十六世紀の世界劇場からインスピレーションを受け、同名の水上に浮かぶ劇場を設計して話題をまいた。『A+U』一九八二年十一月号参照。
(27) P. L. Cervellati, *La città post-industriale*, Bologna 1984、及び拙稿「ポスト・インダストリーの時代の都市づくり」『ENERGY』vol. 6 No. 4、一九八五年。

都市の劇場性

都市は劇場だった

一九八〇年頃のイタリアで、〈teatralità（演劇性あるいは劇場性）〉という言葉が意識的に用いられるようになった。ヴェネツィア・ビエンナーレでこのテーマが取り上げられ、その図録、*Venezia e lo spazio scenico*（Venezia, 1979）も話題となった。ヴェネツィアの都市の歴史の中で登場した演劇的な空間、舞台の事例を数多く取り上げ、再評価する内容だった。近代が忘れかけていた、都市が本来内包する劇場的な性格を、近代から取り残されたように見えるヴェネツィアが発信し始めたというのは、実に興味深い。この都市には、近代以後も車が入らず、常に人間が都市空間の主役であり続け、様々な活動が街路や広場でいつも行われてきた。近代が否定し、忘れてきたことをたくさん受け継ぐヴェネツィアが、一周遅れのトップランナーのように、近代を乗り越える際の発想の源となることがしばしばあったのである。

江戸や近代初期の東京にも、〈teatralità〉は色濃く存在した。まさに、「都市は劇場、街路は舞台」であった。その様相は、服部幸男『大いなる小屋——近世都市の祝祭空間』（平凡社、一九八六年）、吉見俊哉『都市のドラマツルギー——東京盛り場の社会史』（弘文堂、一九八七年）などに活写されている。

歴史を振り返ると、劇場の成立・発展より、都市空間での演劇・パフォーマンスの方が一般的に古い。古代ローマでも、広場（フォルム）で多様なスペクタクル、パフォーマンスが行われていたものが、やがて劇場、音楽堂、競技場、円形闘技場などに分化し、活発になっていった。中世には、専用劇場はなかったが、広場、街路に宗教劇、旅芸人のパフォーマンスが見られた。ルネサンスに入ると、十六世紀の後半に、常設の劇場がつくられるが、それまでは、広場、街路、教会内部、館や宮殿の広間・中庭・庭園で様々な演劇や見世物が行われ、ヴェネツィアでは、さらに水上が重要な舞台となった。

劇場都市ヴェネツィア

ラグーナ（浅い内海）に浮かぶ水上の迷宮都市、ヴェネツィアは、非日常的で不思議な雰囲気を漂わせ、人々の気持ちを高揚させるどこか演劇的な性格を普段からもっている。水に囲まれ、自然とともに呼吸するエコシティであり、時間や季節とともに刻々と表情を変える、感性豊かな都市である。狭い道が折れ曲がり、光と影が錯綜するヒューマン・スケールの都市で、どこも身体にフィットする感じがある。中世のある段階から馬の通行も閉め出し、もっぱら陸上は人間だけの空間となった。広場も路上も水上も、人々の活動が展開する舞台としての性格をもっている。

しかも、共和国時代のヴェネツィアでは、実際にも、広場や水上で祝祭、演劇、見世物、イベントがしばしば繰り広げられ、常設劇場も早くからつくられて、文字通りの劇場都市であった。十六世紀には、広場や路上で即興劇を演ずるコメディア・デラルテがヴェネツィアから起こり、祝祭を盛り上げた。仮設の舞台を組んで寸劇が演じられている情景が、十八世紀に至るまで、しばしば描かれた。広場が劇場に転ずるのである。十八世紀の爛熟期は、その劇場性が最も高揚した時期で、サン・マルコ広場の一画には、カーニバル期間中、数多くの見世物小屋が並び、屋外でも仮設のステージがつくられ、迷宮的な賑わいの場を生み出していたことが知られる。仮設の見世物小屋が並ぶサン・マルコの水辺の広場の光景は、江戸の両国広小路の芝居小屋や茶屋がひしめく盛り場のそれと、まさに二重写しになる。

共和国のお抱え画家、ガブリエッレ・ベッラは、十八世紀のヴェネツィアで催されたイベント、祝祭などの舞台を克明に絵として記録している。広場や総督宮殿の中庭では、雄牛を解き放って闘牛のようなパフォーマンスが行われた。大運河では、レガッタがしばしば催され、今もそれは続いている。劇場が十数カ所につくられ、どれもゴンドラでアクセスできるよう、水に面した入口をも持っていた。富裕な人々は芝居を舟で見に行くという点も、ヴェネツィアと江戸は似ていた。

ヴェネツィアは現在も、町の全体に劇場都市の精神をキープし、広場、水上、建築内部などに演劇性をたっぷりと持ち続け、訪ねる人々を魅了する。皮肉ながら、十一月を中心に冬場、冠水する際にも、非日常的な演劇性がこの町にさらに加わることになる。

南イタリア都市の再生戦略

古い歴史をもつ南イタリアには、中世の早い時期にすでにその構造が決まったため、複雑に入り組んだ迷宮的都市が多い。そこに十八世紀のバロック時代の建築や都市演出が入って、独特の華やかな劇場性を生み出した。だが近代には、馬車、鉄道、そして自動車の交通に便利な見通しがきいて、衛生思想にも合致する碁盤目型の新市街が颯爽と登場し、新たなライフスタイルと結ぶつく都市の表舞台となった。一方で、ごちゃごちゃした旧市街はスラム化し、危険で汚いというレッテルが長らく貼られてきた。

だが、時代は大きく動きつつある。北と比べ後進地域とされる南イタリアだが、二〇〇〇年代に入ってから、古い港の回りに形成された城壁内の旧市街に光が当たり始め、その再生への興味深い動きが活発に展開している。南欧行政としては、舗装の改修、公共照明、歩行者空間化、そして修復への助成等に力を入れ、成功してきた。南欧の後進地域に手を差し伸べる政策のEUの助成を得て、大掛かりな歴史都市の再生事業を実現している町も少なくない。

とはいえ、民間の起業家精神が最も大切で、洒落た店舗が続々とオープンする状況が都市の再生を促進している。行政もサポートし、家族経営のB&Bが古い建物を改修して開設されているのも、効果的である。いかにも南イタリアらしい、中世の迷宮性を秘めた身体寸法の変化に富む旧市街の、ヴォールト天井をもつ個性豊かな歴史的建築に現代の快適さを伴って滞在できるのが、大きな魅力である。すべてが演劇的な舞台である。近代都市に慣れた来訪者に異次元の豊かな体験をさせてくれる。

さらに、演劇、スペクタクルが都市再生の戦略として近年、注目されている。広場や街路、建物の中庭やテラス上で様々なパフォーマンスが演じられる。空間の演出の仕方が実に巧みで、歴史的空間がもつバロックの劇場性を現代に見事に引き出し、人々を魅了する。

中世の海洋都市として知られるアマルフィでは、ドゥオモ広場前のバロック時代に付加された壮麗な大階段を活用して、夜、野外コンサートが行われる。

長靴の踵、プーリア州のトラーニは、近年、港の周りの旧市街に人々が集まり、再生のモデルとして気を吐くが、スローシティ（イタリア語ではチッタ・ズロー città slow）宣言を行い、活気を増している。旧市街を舞台とする夏のワイン祭りでは、特徴ある幾つかの場所に設けられたワインを飲むスポットを巡りながら、地中海的な迷宮徘徊を楽しめる趣向になっている。

同じプーリア州の港町、ガッリーポリでは、「見えない都市」と銘打って、やはり旧市街の複雑な空間を活かし、演劇祭を毎年、夏に行っている。都市内部の小さくて不整形な広場、街路、中庭やアーチの架かるバルコニーが意外性のある舞台となり、効果を上げている。歴史の奥深さを感じさせる南イタリア独特の石造りの豊かな都市空間が、演劇的な面白さを引き立てるのである。こうしたイベントを契機に、車を閉め出し、人間が都市空間の主役となる醍醐味を市民も観光客も体感できる。

ここで想起されるのは、中村雄二郎氏のナポリ論である。近代ヨーロッパにつながる北型のデカルト的な知に対して、ナポリのヴィーコに代表される南型の知がある。北型は普遍主義、論理主義、客観主義を原理とするのに対し、南型はコスモロジー、シンボリズム、パフォーマンスを原理とする。そこにこそヨーロッパの民衆の文化的な活力を見出すことができる、と中村氏は論ずる。

そのナポリは、マフィア（カモッラ）が背後に政治的に絡むゴミ問題でまた極端に評判を落としたが、基本的には、南型の知をベースに、自然の恵み、歴史の蓄積という資産を活かし、都市の再生へ動いてきている。ナポリはそもそも、辣腕市長、アントニオ・バッソリーノの下、一九九四年にサミットを誘致し、成功させたことが契機となって、都市の再生を進めた。その動きに触発される形で、後進的と言われた南イタリア各地で都市や地域の再生への面白い動きが近年、見られるのである。

現代日本の都市

こうしたイタリアを始めとするヨーロッパ都市の動きとは逆に、冒頭でも述べた通り、日本の現在の都市では、劇場性が弱まっていると言わざるを得ない。近代都市空間以上に、前近代の都市には劇場性が備わっていたが、それを失ってきた。大都市では、あらゆる要素を内部に取り込む再開発が進み、公共空間としての路上からライブ感覚が喪失している。

しかし、例えば、大阪の天神祭に見る水上の劇場性には、驚かされる。連綿と継承され、現代の都市空間の中で、ますます盛り上がるように見える神社などの祭礼の在り方は、ヨーロッパにはない。伝統的な祭礼以外の現代の都市の日常的な機能、活動が行われる場が、活気と賑わいをもつようになる必要がある。

日本独特の言葉として、「まちづくり」が用いられて久しい。正確には表記も、「町づくり」そして「街づくり」から「まちづくり」へと、よりソフトな方向に変わってきた。もう一歩進めて、今、「まちづくり」から「まちづかい」へという動きも生まれている。管理・規制の厳しい路上や水辺、水上をもっと多様に使えるように、柔軟な発想に立つべき時期がきている。あるいは、ルールを設け、契約を結びつつ活用していくことが望まれる。本来、日本の近代以前の都市には、空間の活用を司る地域のソフトなルールが社会的に存在していた。それが近代化、西欧化の中で否定され、かといって、西欧が確立したような契約の概念も生まれず、公共空間、公有水面はあいかわらず、人々の活発な利用が可能な場になり得ていない。

我々、法政大学エコ地域デザイン研究所では、東京の外濠に、大正七年に東京水上倶楽部として誕生した歴史を誇るカナルカフェと連携して、夏の夜の水上コンサートを毎年行っている。水上のボートから人々は演奏を楽しむのである。かつても存在したことのない都市の劇場性が、その時ばかりは東京の都心の水辺に姿を現すのである。

都市と水と人間——よみがえるイタリアの水辺都市

水の都市の再生

水は時代の精神とその変化を鋭敏に映し出す鏡のような存在だと思う。

かつて、洋の東西を問わずどの文明圏でも、川に沿って、または海の近くに人々は住み、水の恩恵をふんだんに得ながら、その営みを築いてきた。洪水も肥沃な土地を形成するのに巧みに活かされた。素晴らしい都市の文明は水との共生から生まれた。

人々は、水に恐れと同時に敬虔な気持ちをもち、信仰も育まれた。自然と共生する文化を日本、アジアのみならず、西欧の古代ギリシア・ローマの人々も水と結ばれた信仰をもち、その異教的な深層を受け継ぐ地中海世界では今も感動的な水上の宗教行列が各地に見られる。

水は飲料水や農業・漁業に不可欠なばかりか、舟運による流通・商業活動の発展に決定的な役割を果たしてきた。さらには、行楽や遊興の場を生み、演劇や祝祭などの文化活動を繰り広げる舞台としても重要だったのである。こうした水の空間は、多義的性格が共通するとはいえ、世界の地域ごとに気候風土、宗教性や民族性によって、その姿に大きな違いを見せるから、比較研究は極めて興味深いテーマとなる。

その豊かな水の空間も、近代を迎えると、どの地域にあっても大きく様相を変えた。ヨーロッパでは、ルネサンスが近代の曙となり、人間の知性と結びついた合理的精神や大型の機械技術の発展を生み、水や自然を積極的に制御、活用する方向で都市や地域の開発を進めた。それでも、人と水辺空間の関係は近かった。近世に都市社会を大いに発展させた我が国では、治水と利水の両面がバランスよく考えられ、住民の間にも川を自分達で管理しながら、水に大いに親しみ、暮らしにそれを生かす意識があった。江戸や大坂、京都の水辺には、遊び心も満ちていた。

産業革命が起こり、近代になって、すぐに水辺が人々の手から離れた訳ではない。近代初期には、世界のどの町でも、水辺に美しい建築がつくられ、川に架かる橋は風景を見事に演出した。しかし、次第に水の空間が本来もっていた多義性は薄れ、となると、役に立たなくなり、むしろ臭くて汚い川や運河を厄介な空間と考える国や地域も出てきた。イタリアでも、ミラノ、ボローニャなどで運河がかなり埋められ、新たな時代が要請する道路に転換された。中国の蘇州でさえ、沢山の運河が失われた。

だが、日本ほど、近代化の過程で、大切なはずの水辺空間を喪失した国も他にない。戦後、とりわけ一九六〇年代の高度成長期には、産業開発を推進し経済開発を実現するために、全国各地で、それまで都市や地域の美しい風景にとっての主役だった水辺が失われた。車社会に応じるべく建設された高速道路の下となった水辺、高い堤防で人を寄せ付けない河川が増え、市民が近づけない工業、港湾ゾーンも広がった。

とはいえ、この日本においても、一九七〇年代からすでに水辺再生の動きが開始され、市民、住民、そして意識をもった行政の間にはセンシビリティが大いに高まり、水の空間の豊かさを取り戻すための試みが数多く蓄積されてきている。

二十一世紀は、まさに環境の時代だ。巨大技術、経済合理性で地球を痛めつける人間社会の生き方を反省し、自然との親密な関係を取り戻したい。都市や地域にかつて存在した水の生態系を再生したい。大規模な工業開発や港湾施設の建設で人々の手から完全に遠のいていた海辺や川沿いの空間を、市民に開かれた生活と文化の場として蘇らすことが求められている。

二〇〇八年六月十四日から九月十四日まで、スペインのサラゴサで、「水と持続可能な開発」をテーマとする万博が開催された。生命を支える水の大切さをベースに、水資源、水循環などの地球環境からの大きな視点に加え、水と結びついた人間の歴史、技術、文化、芸術の在り方も顧みられた。我々の法政大学エコ地域デザイン研究所（エコ研）は、「水の都市」をテーマに掲げるパビリオンに、世界の代表的な水の都市と並んで、東京の過去・現在の考察から、近未来の水の都市づくりを展望する映像作品を出展した。それをきっかけとして、この万博を視察し、やはり二十一世紀の大きなテーマとして、「水と人間」があるということを強く実感できた。

同時に、水の都市の再生で話題を呼んでいるスペインの町を幾つか訪ね、感銘を受けた。なかでも、ビルバオの生き方は注目される。簡単にその現代的な意味について触れておきたい。大西洋から少し川を遡った所に位置するビルバオは、中世から舟運で栄えた蓄積を基礎に、十九世紀後半から二十世紀半ば過ぎまで、鉄鋼、造船を中心とする重工業地帯として大発展を遂げ、川沿いの工業港湾空間と並び、計画的な新市街の見事な町並みをストックとして創り上げた。ところが、一九七〇年代には工業が急速に衰退し、経済は沈下、人口も減少し、都市は死にかかった。

このビルバオを蘇らせる目的で、川に沿った工業、港湾のゾーン全体を新たな都市活動の場に転換させる大きな都市再生プロジェクトが、一九九二年に開始されたのである。フランク・O・ゲーリーの話題作、グッゲンハイム美術館（一九九七年）はその引き金となった。だが、それはあくまで水辺の一つの核に過ぎない。新しい時代が求める文化、コンベンション、商業、観光、そして住宅の用途を複合化した発信機能を強く持てる広いゾーンが建設されつつあった。長らく水辺から遠避けられていた市民が水辺に馴染み、親しみをもって活用するようになるには、もう少し時間が必要と担当者は言うが、舞台は見事に揃いつつある。美しく楽しげな、そして文化を発信し、新たな経済基盤となるに違いない二十一世紀型の水辺の都市空間が確実に姿を見せている。ヨーロッパの中では後進的と見られていたスペインに、こうした先進的な動きが顕著に見られることが目を奪う。東西の知恵と経験をさらに交換しながら、日本の水辺空間をより魅力的に蘇らせ、しかも新しい創造的な経済活動を生む場として再生する道を切り開いていく必要がある。

水辺から見たイタリア都市

イタリアと言えば、長い歴史を誇る魅力的な都市の圧倒的な多さが、我々を惹き付ける。しかも、よく見れば、多彩な水辺空間をもつ都市が、この長靴型の国土の中にずらっと並んでいるのにも、気づかされる。ファッションの町、ミラノで市民に最も人気のあるスポットが、水辺にあるということは、案外知られていない。アメリカやオーストラリアのウォーターフロントばかりが話題になるが、ミラノの運河沿いの空間は、それとは一味違うイタリアらしい歴史の深みをもった水辺といえる。

低地に発達した北イタリアのロンバルディア地方には、かつて河川や運河のネットワークが形成され、都市間を結ぶ水運が活発に使われた。ミラノはその拠点の一つで、ナヴィリオと呼ばれる運河によってこの町に物資が運び込まれ、産業が発達した。

ヴェネツィアの背後に広がるヴェネト地方の都市でも、その内部に川や運河がいく筋も巡っているところが多かった。小さな落ち着いた町、トレヴィーゾは、今も昔と変わらぬ水辺の都市空間の魅力をたっぷり見せてくれる。今も何箇所かに水車が残され、「水の町」の記憶を伝えている。

イタリアにはこのように、歴史の蓄積の上に営々と存続してきたヒューマン・スケールの素敵な水辺空間が、至る所に見いだせる。しかも、各地方ごとの異なる自然条件や歴史、文化を反映して、実に多様な魅力ある水辺を都市の中に実現しているのである。

イタリア都市の水辺空間の在り方は、日本のそれとよく似ている。まず、国土が狭い割に地形、自然条件は変化に富み、様々なタイプの水辺が存在する。瀬戸内海や九州、北陸によくあるような、背後に丘や山が迫る入り江に発達した港町がイタリアには多いし、運河を編み目のように巡らせた、かつての江戸東京や大阪、新潟などはヴェネツィアやミラノとよく似ていた。川港の町も多く発達し、川が急流であるため、水害からいかに守るかという課題が両国に共通だった。

同時に、近代化を急速に押し進め、自然環境を犠牲にした点も、イタリアと日本は事情がよく似ている。海に囲われ、臨海部に近代の産業ゾーンを発達させてきたイタリアも日本も、現在、同じように港湾ゾーン、工場ゾーンを新しい時代のニーズに見合った都市空間に作り替えていく大きな課題を背負っているのだ。

従って、イタリアという一つの国での多様な水辺空間の魅力を探り、またその再生への様々な方法を検証していくことで、現在の日本ばかりか世界の都市が直面している「水辺の再生」の問題を総合的に論ずる道が切り開けるはずである。

元祖「水の都」ヴェネツィアの役割

世界中の水の都市の再生を考える時、何と言っても、正真正銘の「水の都」、ヴェネツィアを原点とすることには、今なお説得力がある。しかも、ヴェネツィアは私が学生時代に留学した場所であり、この愛着のある町にこだわるところから始めたい。

近代はどの国、どの地域でも、水から陸へと発想も生活システムも、大きく転換した。ある大きさを持った都市で、鉄道や車に依存しない市民生活は、まず考えられまい。その中にあって、ヴェネツィアだけは、車の入らない元々の構造をしっかり守り抜き、動力付きの船を巧みに利用することで、むしろ近代に水の都市の機能をずっとアップさせ、ラグーナに浮かぶ水上都市として、その社会、経済を見事に成立させてきたのだ。

ヴェネツィアの幹線水路、大運河。様々な船が行き交い、一年中、水上のイベントも繰り広げられる

まるで一周遅れのトップランナーのように、ヴェネツィアには、近代都市が失った、今まさに人々が求める大切な要素がたくさん見つかる。水と共に呼吸する感性豊かなエコシティ。広場も街路もすべての空間が人間に開放されたヒューマン・スケールの演劇都市。ウォーターフロント再生の課題を認識した世界の人々が、どれほどこの町に視察に来たことか。ヨーロッパ都市での旧市街を再生する切り札となった歩行者空間化を実現するのに、ヴェネツィアがどれほど大きな刺激を与えたことか。ホテルに転用された運河沿いの建物の前面に水上テラスを張り出し、またモーターボートのタクシーを見事に操るこの偉大な「水の都」は、水と人と町の近しい関係を取り戻そうと考える世界の人々に、大きな勇気を与え続けている。

地盤沈下が引き起こした冠水の問題、水上ならではの物価高に起因する夜間人口の減少など、問題は多いとはいえ、今なお「水の都市」再生の象徴的な存在として、ヴェネツィアは世界にメッセージを発し続けている。

ジェノヴァを蘇らせる港再生事業

ヴェネツィアと並び、中世の海洋都市として東方の海に君臨したジェノヴァも、現代のイタリアにおける「水の都市」再生の主役を演じている。背後に丘が控える入り江に、良港が築かれた。その古い港の周辺では、一九九二年にコロンブスのアメリカ大陸発見五〇〇周年を記念し、「クリストファー・コロンブス、船と海」をテーマに国際博覧会が開催されたのをきっかけに、大掛かりなウォーターフロントの再開発が進んで、現代的な建築群の登場で水辺の風景が変化しつつある。とはいえ、そのすぐ内側には、古い港町の姿が受け継がれ、孤を描いて海に開く港の全体に、中世以来の古い建築群がよく残っている。全長八〇〇メートルも続く一階の壮大なポルティコ（アーケード）の中では、今も様々な商売が繰り広げられ、雑然としたエネルギーに満ちた、いかにも港らしい雰囲気がある。

レンゾ・ピアノのマスタープランが大きな役割を果たし、その後、何度か国際コンペを行って、再生プロジェクトを次々に実現してきた。倉庫や他の港湾施設など、歴史的な建造物を大いに活かす一方、未来的なデザインのレンゾ・ピアノ設計の水族館をはじめ、現代の建築も積極的に入れて、港のイメージを刷新している。無数のプレジャーボートが係留される埠頭に登場した低層の明るい建物には、一階にレストランや店舗、上階には住宅が入り、生活感のある気持ちのよい水辺を実現している。

北の方には、漁船の船溜まりが維持され、漁師達が網を繕う姿が見られる。その水面の向こうの埠頭に長細く伸びる倉庫は、集合住宅にコンバージョンされた。その隣に新築された大きな建物は、ジェノヴァ大学の経済学部のキャンパス施設である。こうして、ベイエリアには文化的で創造的な要素を含め、様々な機能を混合させようという意図がよくわかる。九〇年代以後のヨーロッパ都市の港湾ゾーンにおける意欲的な再生事業の在り方を示す典型例の一つといえよう。

ミラノ随一の人気スポットは水辺

イタリアの水辺再生で、日本の我々に最も示唆的な例は、ミラノのナヴィリオだろう。ミラノは実は、もともと運河の巡る「水の都」だった。ドゥオモを建設するのに必要な石材も船で運ばれた。かのレオナルド・ダ・ヴィンチも、「水の都」ミラノの運河網を再編する構想や、運河の閘門に関するスケッチを残している。だが、この町でも、近代化の過程で東京や大阪と同様、大半の運河が埋立てられた。幸い残った三本の運河、ナヴィリオ・グランデ、ナヴィリオ・パヴェーゼ、そしてナヴィリオ・デッラ・マルテザーナ、さらに船溜まりの大きな水面、ダルセナが、一九八〇年代から脚光を浴び人気のスポットとなった。

ここでは、一階に小工場や倉庫が入り、上階が職人や港湾労働者の住まいだった運河沿いの古い建物が実にうまく生かされている。中庭を囲む中層の構成が、現代の感覚にも絶妙にマッチする。水に結びついた下町的な雰囲気と、ロフト感覚が魅力なのか、こうした伝統的な住宅が若者やアーティストの関心を集め、アトリエ、スタジオ、ギャラリー、そしてレストランやバーなど、洒落たスポットが次々に登場し、人気を集めたのだ。既存の建物を活かすから、大掛かりな再開発は入り込む余地がない。多様な機能、活動、イニシアチブが常に保証され、サステイナブルな発展が可能となる点が良い。

こうしたナヴィリオ地区の再生が実現した背景には、長い期間にわたる市民、行政、専門家の粘り強い活動があった。急にウォーターフロントブームが来て、またすぐ忘れるといった日本の状況とは異なる。二〇〇八年六月のある週末に、久しぶり訪ねてみたが、その人気ぶりは全く衰えていなかった。

アルプスの南のマッジョーレ湖とミラノを運河で再度結ぶ計画があり、また、かつてアドリア海に注ぐポー川を経由してヴェネツィアまで航行を可能にしていたナヴィリオ・パヴェーゼの再生工事が進行しているという。それもあって、ミラノの舟運復活の基地に位置づけられる、このダルセナ地区の再生計画のためのコンペが二〇〇三年に行われた。ミラノがよりダイナミックな水の都市として蘇る日が来るに違いない。

魅力的な水辺が人を惹き付けるミラノのナヴィリオ。運河沿いにレストランやバーが並び、深夜まで賑わう

急速に再生へ向う南イタリアの港町

イタリアの水辺空間の再生で、このところ目が離せないのが、南イタリアの港町である。そもそも、歴史的な都市の再生の動きが南イタリアにも及んだのはごく最近で、二〇〇〇年代に入る頃からのことである。特に、荒廃していた港町の旧市街が蘇りつつあるのに、驚かされる。南イタリアの都市は、プーリア州のバーリやトラーニに代表されるように、十九世紀の中頃には、グリッドプランによる計画的な新市街を見事に実現し、颯爽とした並木道、公園、劇場、洒落たカフェなどを建設して人々を惹き付け、その一方で、歴史の層が重なる迷宮的な旧市街を、時代遅れのものとして完全に捨て去った。荒廃しスラム化した旧市街は、よそ者にはとても怖くて歩ける状態ではなかった。

ところが歴史が一巡りし、今や、豊かになった人々は、逆に歴史の物語性があり、海に開かれた身体的に気持ちのよい港のまわりの個性ある旧市街に再び魅せられ始めたのだ。海辺に、そして広場や狭い街路に洒落たレストランやバーが数多くオープンし、深夜まで賑わっている。観光客も急速に増え、地中海クルーズの大型船が寄港し、治安があれほど悪かったバーリの旧市街を外国人が徘徊するまでになった。海という自然の恵みと、歴史の重なりの資産がおおいに生かされ、港町の入り組んだ旧市街が人気を集めているのだ。

トラーニの町では、従来、ロマネスクの大聖堂のみが遠方からの観光客を集めていたのが、この十年、古い港の周辺から旧市街の迷宮空間まで、大勢の人々がやってくるようになり、急速に港町が再生されている。イタリアで始まり世界を席巻しているスローフードの運動をさらに町づくりへ押し進めた、スローシティ（チッタ・ズロー）の運動に加わるトラーニでは、旧市街の都市空間の魅力を再発見することも狙って、夏の晩、何カ所にもスポットを設け、地元ワインを飲み歩くワイン祭りの楽しいイベントを実施している。

このようにイタリアでは、地域ごとの水辺の個性的な在り方を存分に活かし、実に多彩な再生への動きが展開されており、今後の動きも注目される。

イタリアのコミュニティ

住宅と町並みの比較

古代ローマの遺跡都市

住宅の在り方を、町並みとか都市のコンテクストのなかでいろいろ考えてみたいと思います。ヨーロッパの町に目を向けるなら、まずやはり、古代の遺跡都市から始めるのがよいでしょう。ポンペイと、その隣にあるエルコラーノ、そしてローマ近郊にあるオスティアという高度に都市化し集合住宅が発達した都市の三つを比較すると、古代の住宅がいかにできていたかがよくわかります。

まず、ポンペイを見ましょう。この町は、ヴェスヴィオ火山の南すそのゆるやかな斜面という条件のよい場所につくられました。そこにローマ人がやって来て、ヘレニズム時代から受け継がれた都市計画に基づき、都市を

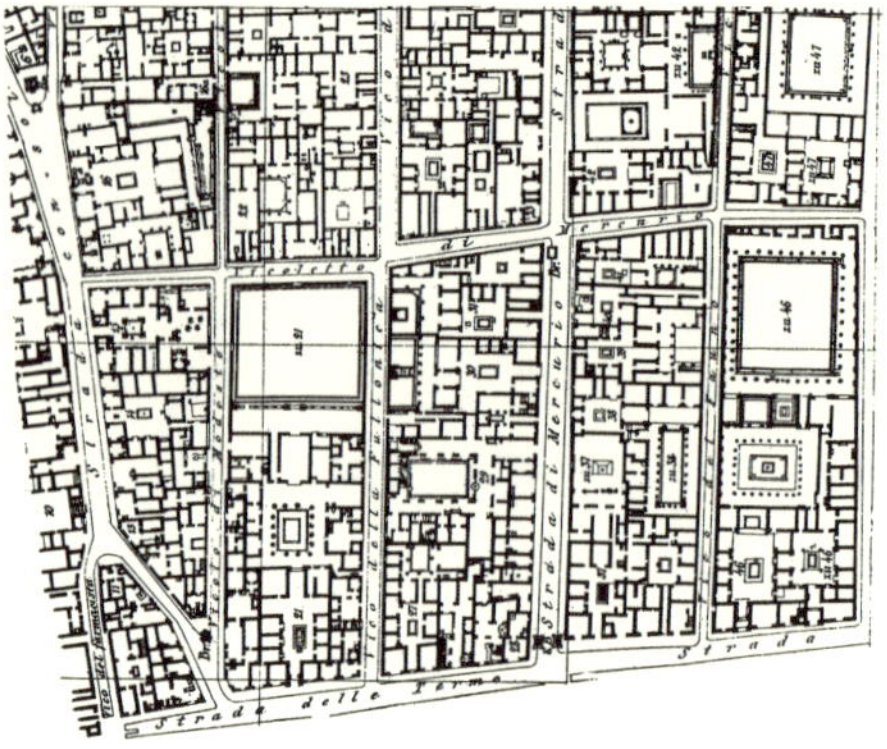

ポンペイの住宅連続平面図

拡大しました。短冊形の街区の中に、中庭をうまく取り込んだ住宅が、ぎっしりと並びました。もともとは、小さなロットがずっと並んでいましたが、表通りに面した有力家が徐々に隣を統合し、大きな邸宅となっていきました。その表通りに面した部屋は、道路側に入口を付け替え、だんだんタベルナという小さな店に転用され、一種の商店街が形成されました。本当に賑やかな商店街では、建物の正面をフレスコ画でしばしば飾りました。

　ポンペイの町には、実は広場は限られていて、一般の住宅地にはありません。その代り、交差点の街角が一種の広場の役割をもちました。共同の水道がつくられ、美しく彫刻で飾られて、ちょっとした象徴的なスポットとなりました。そういう所に人々が集まる。その角に、人の集まる飲み屋、タベルナが登場する。こうして辻の空間が広場になったのです。

　そして、家の内にとられた中庭、アトリウムが、昼間は人の入れるセミパブリックな空間として使われました。フレスコ画で美しく飾られたこの人工的な中庭空間であるアトリウムの奥に、緑をたっぷり取り込んだ回廊の巡る中庭、ペリストリウムがあります。こうしたポンペイの住宅をドムスと呼びます。公共的な街路と、性格の違う二つの庭をとる住宅の組み合わせによって、質の高い町並みが生まれています。

　隣のエルコラーノには、階級的には中産階級、あるいは職人などが多く住み、多様な住宅が並んでいます。二階も発達し、建築的な複合化がより進んでいて、面白い町並みを見せています。南下りの緩やかな斜面にあり、道路を下ると、海に通じる市門に至ります。町の南エッジには、海に開く大きな住宅が並び、別荘のような雰囲気を見せています。

少し内側の道路に面して、面白い住宅があります。間口が狭く、奥へ長い敷地に建つ二階建ての建物に店と少なくとも二戸の住戸が入っており、集合住宅となっています。坪庭を挟んで道路側と奥のそれぞれ二階に、二つの住戸がとられているのです。道路側では、歩道の上にバルコニーが張り出し、アーケードをつくっています。

ローマ近郊のテヴェレ川の河口にある遺跡都市、オスティアは、次の段階へと大きく発展した様子をよく示しています。初期には、ポンペイと同様、平屋のドムス型住宅が広く分布しましたが、都市の経済発展にともない再開発を繰り返し、高層化して、四、五階建てのインスラと呼ばれるアパートが数多くつくられたのです。となると、街区めいっぱいに大きな住宅が建つようになり、中庭は採光、通風のために少し残すものの、外側の街路に向けて、どんどん開口部を設けるようになり、町並みの表情も大きく変わりました。一階の道路側にはすべて店が並び、活気を生んでいました。店舗の上にロフトのような中二階ができ、ここで寝泊まりもできました。その上に数階分の住宅がのっていたのです。一階が飲み屋で上が住宅、あるいは一階が公衆浴場で上が住宅といった、現代風の複合的な建築も存在しました。こうして古代の都市は、プリミティブな平屋の中庭型住宅から、高層の複合的な集合住宅まで、一回り経験したといえます。都市型居住の可能性がいろいろ試されました。

現在のイタリアの町の中で、そういう古代の中庭をうまく受け継いでいるところがいくつかあります。その典型がコモです。古代ローマ人がリゾート地として使った、美しいコモ湖のほとりの町で、古代の碁盤目型の町割りを残しています。その街区の中に、中庭をうまく取り込みながら、集合住宅化して現在まで至っているという系譜が、この町の随所に観察できます。

こうした中庭は、うまく使うと大変効果的です。セミパブリックなスペースとして人々に開放し、そこにブティックなどの店を入れて、洒落た賑わいのある空間になる。あのミラノの人気スポット、モンテナポレオーネ通りでも、時代はやや新しいですが、歴史的な中庭型集合住宅をうまく活用しているのです。

アラブ・イスラーム圏の迷宮都市

地中海世界の古代の中庭をもっと受け継いでいるのが、アラブ・イスラーム圏なのです。イラクに、紀元前二〇〇〇年前のウルという有名な遺跡都市がありますが、複雑に巡る街区の中には、中庭型の住宅がぎっしり詰まっています。しかも、プライバシーを守るために、直角に曲がりながら入れ、外から覗かれない。実は、アラブ圏ばかりか、中国も沖縄も、古い文明をもつところは、そうやって家族の生活を守っています。といってもそれはヨーロッパが近代に生み出した個人個人のプライバシーではなく、家族のものです。

連綿と続いたこうした地中海的な住宅地の構成を、マラケシュでも調べました。その旧市街、メディナでは、空間の秩序はむしろ住宅の内部にあり、中庭の美しさに目を奪われます。タイルで床と腰壁が装飾され、中流以上の家では、柱廊を巡らします。幾何学的でシンメトリーを追求し、明快な秩序をもっています。中庭は、上方に開いているので、閉じているわりには、開放感があります。外へ出ると、迷宮のようですが、これもよく計算され、所々トンネルがかかってよそ者が入りにくくなっていたり、光と影の効果がうまく演出されています。アイストップの位置に公共の泉や装飾された門の扉がとられ、歩く人の心理、気持ちをよく考えてできています。

マラケシュの住宅群

ダマスクスも代表的なアラブの町です。格子状につくられた古代の都市計画をイスラーム時代にアラブ的に変容させてできた迷宮性をもった町です。大モスクのまわりに広がる商業ゾーンには、無数の店からなるスーク（バザール）と隊商宿であり取引センターであるハーン、あるいはキャラバンサライなどが並びますが、そのすぐ裏手には、複雑に道路が巡る住宅地が続きます。しかもほとんどの家が中庭型です。

袋小路も多く見られますが、その奥には、ダマスクスの場合、比較的小さな家が集まっています。これは町によって異なり、メインストリート沿いに立派な家がくるというのが、ダマスクスの特徴です。しかし、町並みをそんなに豪華に飾るわけではありません。やはり、むしろ内部を美しい空間にします。

典型的な中流の住宅を見てみましょう。直角に曲がりながら入り、中庭に出ます。北側に開くアーチで飾られたイーワーンという象徴的な空間があります。もともとはペルシア起源ですが、シリアに入ってきて住宅の中庭に多く使われました。これは夏の戸外のリビングルームで、そこに家具を置いたりもします。家族の団欒も客のもてなしも、ここで行われます。中庭の真ん中で、イーワーンの正面にあたる位置に噴水が置かれ、見た目にも、サウンドスケープ的にも、涼しげな印象を与えます。物理的にも気化熱を奪って涼しくします。冬のリビングル

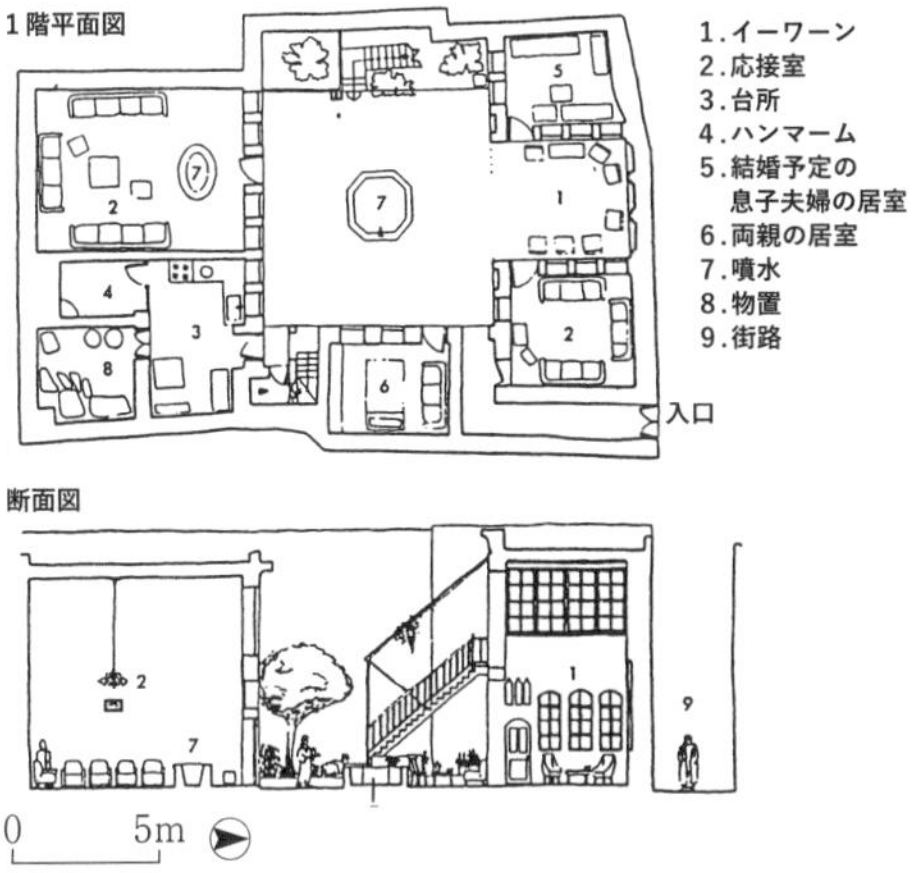

ダマスクスの典型的な中庭型住宅

噴水のイーワーンのある中庭

ームは反対側の位置に、南向きにとられます。中庭は大理石で敷きつめられ、半分インテリア化しています。居心地のよいミクロコスモスが、中庭を中心に生み出されているといえるのです。

東西の融合した都市・ヴェネツィア

同じような地中海の空気、あるいは遺伝子をたっぷり吸い込んでつくられてきたのが、ヴェネツィアです。実際、東方との交流も強かったヴェネツィアは、ヨーロッパ的な町並みをつくる原理と、アラブ世界とも通じる地中海、オリエントの原理とがないまぜになっている都市だと思います。町の中心、サン・マルコ広場の周辺のつくり方を見ても、それがよくわかります。海に向かって、幾何学的な秩序をもった正面玄関を見事につくる。その一方、広場の背後には、複雑な迷宮を潜ませています。

ヴェネツィアは、計画性がどういうレベルで働いていたかを見るのに面白い対象です。計画性は確実にありました。まずカナル・グランデは、半分計画的、人工的で、半分自然の流れそのものなのです。ゆるやかな水の流れをうまく読み込みながら人間が整備していった半人工、半自然の運河なのです。

そして、海に開く位置に、サン・マルコ広場をつくりました。これは明らかに計画的で、意図的です。一方、カナル・グランデのなかほどに、微高地を利用して、古くからの商業センター、リアルト市場をつくった。これも計画的なものです。こうして二つの中心を適切な位置につくって、海に開く発展可能性をもった町ができたのです。

あとは、寄せ木細工のように小さな島が並び、全体としてきわめて有機的な都市構造を示しています。どこも不規則な形をしていますが、その中にも、長い経験をいかした秩序、あるいは理にかなった原理が存在し、その意味では計画性もあったといえます。それを読み取りたいと思うのです。

ここでも中庭型の住宅が発達しました。コルテと呼ぶ中庭が、いろいろな段階を経て洗練されていきました。

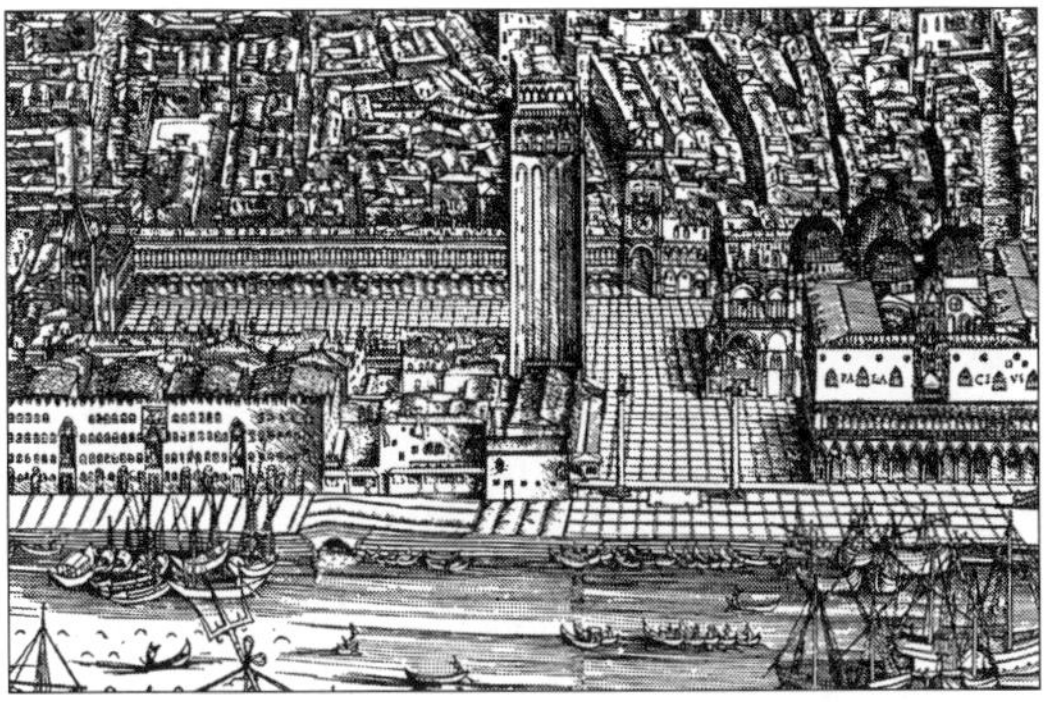

1500年の鳥瞰図に描かれたサン・マルコ広場周辺

運河の側にも陸の側にも、ヴェネツィア独特のファサードの構成をもち、公共空間を美しく飾り、内部には家族の豊かな戸外空間としてのコルテを内包しています。

この町では、変則的な敷地が多かったこともあって、住宅をつくるのにも、柔軟なプランニングのセンスが大いに発達しました。十五世紀のパラッツォ・ヴァン・アクセルはとくに面白い例で、運河が歪んだT形に交わる変則的な敷地に、二家族が上下に重なって住む邸宅を実現しています。コルテが二つとられ、それぞれ水と陸からの入口をもち、外階段で生活空間にアプローチします。二家族とも、互いに顔を合わせず、独立した動線をもち、それぞれワンフロアー全体を使い、ヴェネツィアの住宅の形式を確保しながら住むことができました。

このパラッツォも、外の運河に面して美しく飾った外観をもち、同時に、内部に居心地のよい落ち着いた中庭を確保して、すぐれた都市型の住宅の在り方を示しています。中庭には、水（貯水槽）と緑がとられ、地上に楽園を実現するというアラブの発想とも通ずるような感覚を見てとれます。ただ、アラブ・イスラーム世界と違って、生活のフロアーが二階にくるため、中庭で家族の日常生活が繰り広げられるということはありません。

ヴェネツィアでは、こういったコルテをもつ住宅タイプが確立し、町のどのような場所にも建設されるようになりました。建て込んだ中にも、ある種の快適性とプライバシーが保証され、そして外に対してパブリックな顔をもつすぐれた都市型の住宅がこの町に発達したのです。

アラブ世界の住宅には、公的空間を意識する発想は少なく、西欧的広場は発達しませんでした。むしろ、商業空間や公共空間から遠い所に離して、落ち着いた家族のための住空間をつくるというのが、基本的な考え方でした。ヴェネツィアは、ヨーロッパの代表的な都市として、華やかな広場に顔を向ける邸宅をもつ一方、中庭にアラブ的な豊かなミクロコスモスをもつ、という贅沢な町でした。

この町の代表的な広場の一つ、カンポ・サン・ポーロを見てみましょう。歴史的にもさまざまなパフォーマンス、祭礼、催物が行われ、現在もなお、映画祭のさいに野外映画館ができるなど、面白い使われ方を見せる広場です。ここにも教会がありますが、広場というのは漠然とつくられるということはありません。必ず重要な、公的な建物があり、その周りに広場が切り取られ、ほかはできるだけ切り詰めながら、道も狭くします。光も射さないような路地から、明るく眩い広場に踊り出るということになります。こうして光と闇のコントラストの強い都市が生まれました。

しかし、路地も快適に歩けるように工夫されています。突き当りのアイストップの位置に、マリア像が祀られているのも、その典型です。ほんのり明るく照らし出され、街角にちょっとした象徴性を生んでいるのです。カンポ・サン・ポーロから入り込んで、ちょっと前まで日本語学科があったヴェネツィア大学の建物へ至る迷路の途中にも、素敵なマリア像があります。

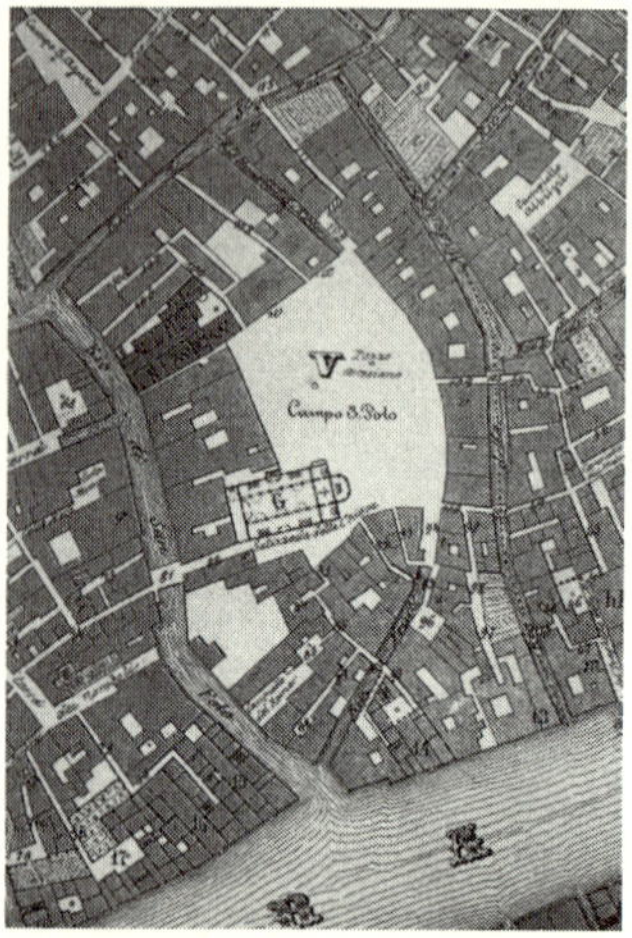

カンポ・サン・ポーロ周辺の19世紀の地図

近代の都市空間というのは、どんどん均一化し、見通しのきく空間をつくりました。それに対し、中世の空間というのは、歩く人、生活する人の心理、体のリズムを考えてつくられたし、社会組織を意識して分節化されていました。とくに、古い文化を根底にずっと受け継いできた地中海世界の都市空間というのは、どこまでも均一に続く空間を嫌います。分節し、結界をたくさん設ける。あるいは中間領域を多くつくる。セミパブリック、あるいはセミプライベートな空間が多いのが地中海世界の特徴なのです。車のない時代だったからこそ、それが可能だったわけで、ですから現在、また古い中心から車を締め出そうというのもうなずけます。町を歩いて回る楽しさ、価値を人々が再認識しつつあります。

いかにもヴェネツィアらしい十四世紀の商店街があります。運河を橋で越えると、可愛らしいアーチのゲートを潜って、「天国のカッレ（路地）」と呼ばれる商店街に入ります。一階はすべて商店で、二階に住宅がとられています。といっても日本の町家のように店で働く人が上に住んでいるわけではありません。二階は方言では「バルバカーニ」と呼ぶ木のキャンティレバーで張り出し、街路に独特の表情を生んでいます。ここは、そのまま継続して営業しているたぶん世界最古の商店街の一つと言ってよいでしょう。しかも、両側の店舗群の背後にはそれぞれ、搬入にも使える狭い道がとられています。都市の空間コンテクストを巧みにいかした優れた商店街です。

イタリアのさまざまな住宅タイプ

南イタリアのチステルニーノを次に見てみましょう。城門を潜って町に入ると、真っ白な家がぎっしりひしめき、まるで雪の造形の世界に来たような錯覚に陥ります。石灰岩を積んでできた数階建ての建物の表面はすべて、石灰で白く塗られているのです。一見、ヴァナキュラーで秩序がないように思えますが、実はなかなかうまくできています。

もともとは、城壁の巡るこの町は、二つの門のみで外の世界とつながっていましたが、近代になって、いくつか新たな門を設けました。袋小路が多いのが特徴で、南イタリアの多くの都市に共通しています。その内部にヴィチナートという近隣のコミュニティが成立し、セミパブリックな空間を共同で使いながら、賑やかな生活が営まれていました。日本のかつての下町の路地裏の世界とも共通する面が見られます。この袋小路の空間がなかなか格好よいのです。外階段がいくつも立ち上り、二階のバルコニーと結んでいます。壁面線も変化に富んで、ヴアナキュラー建築ならではの面白さを表現しているのです。このような小さな町は、もともと農業をベースとするいわゆるアグロタウンというもので、都市ではありません。昼間は住民の多くは、外へ耕作に出てしまうので、あまり大きな家はいりませんでした。地主のために働いていましたから、大きな農具はいらず、寝に帰るだけでした。基本的に穴蔵のような住宅で、もともとは多目的のワンルームから出発し、だんだん奥へ寝室を伸ばしました。

外階段から立ち上がる袋小路
チステルニーノ

それぞれの家は小さくとも、居住性を高めるため、外の袋小路をうまく活用してきたわけです。幾つもの住戸が袋小路にのみ開いて集合しています。袋小路がちょうど、共有の中庭のような役割を果たしています。

もう一つ、いかにも地中海的なプロチダ島の漁師の町をみましょう。ナポリの沖に浮かぶ島で、カラフルなスタッコ（しっくい）が塗られた民家が、急斜面にセットバックしながら高密に集合し、実に迫力ある景観を見せています。今は水際は護岸整備がされていますが、かつては砂浜が続いていたはずです。一階には艇庫があり、船を入れている。外階段で上がって、第二のレベルに達します。一階の住宅の屋上が、二階の家にとってのテラス状の前庭になっています。さらに外階段を上ると、また第三レベルの住宅の前庭に至ります。という具合に、外階段やテラスを活用して、いささか迷宮状の斜面空間をどんどん上っていくのです。すべての家が海に開き、眺望がよく、また女性達は亭主が船で帰ってくるのを見ることもできます。もちろん海の側からみた景観は、実にダイナミックな美しさをもっています。

このような斜面をうまく活用し、ダイナミックな建築や都市の空間をつくるのは、地中海世界の古代からの特色で、ヘレニズム時代のペルガモンなどの神域やローマ時代のパレストリーナなどの都市空間に典型的に見られます。

これまで見てきた南イタリアの庶民の住宅は、前面にのみ開く、事実上穴蔵のようなものでしたが、斜面にできた正真正銘の洞窟都市というのも、地中海世界に多く分布します。有名なのはトルコのカッパドキアですが、最近まで住んでいた迫力を今もひしひしと感じさせるのは、南イタリアのマテーラです。渓谷の東南下りの斜面に発達した高密な居住地は、サッシと呼ばれます。先史時代から天然の洞窟の中に人々が住んできた歴史があり、そこに八世紀頃からビザンティンの修道士たちがギリシア本土から逃れてここへやってきました。修道院をつくり布教し、農民たちを周りに集めて、町が徐々にできていく。そのあとがそっくり残っているのです。さきほどのプロチダの漁師町といっしょで、セットバックしながら、何層も重なって住居が連なっていきます。一層目の家の屋根の上は、二層目の家の人々にとって前庭であり、道路でもあります。どの家も採光や通風には恵まれ、眺望も楽しめるのです。

プロチダの漁師町

内部は、チステルニーノの家とあまり変わらず、多目的のホールがあって、入口の脇に水廻り、台所があり、奥に寝室がとられる。天然の洞窟を利用したタイプも、人工的に掘ったタイプも、地上に建設したタイプも、同じような内部構成を示すというのが興味を引かれます。

次のステップとして、だんだん袋小路をつくっていきます。斜面の地形を利用して、奥の方に洞窟住居をとり、その手前の地上に家を建て、中庭あるいは袋小路を囲う形をつくり出します。こうしてヴィチナートの共有空間が生まれ、十家族ほどが緊密な付き合いをしながら、住んでいました。近代の衛生思想のため、戦後、人々はサッシの洞窟住居から立ち退かされ、新市街に移り住みましたが、その後、文化財としての価値が強く認識されるようになり、世界遺産にも登録され、再生への活動が始まっています。

次に、中北部のイタリアへ目を向けましょう。昔から豊かな地域であり、近代化を早く成し遂げましたし、近代化への反省も早く行い、ポスト工業化社会の生き方を求めて方向転換を見事に実現してきました。その代表的な町であるボローニャを紹介したいと思います。

現在、イタリアで最も豊かな都市の一つとされる所で、地場の伝統技術の蓄積を生かした工業が活発ですし、豊かな農業地帯を控えています。グルメやファッションの町でもあります。世界一古い大学があり、若者の数も多い活気のある町です。そして歴史地区（チェントロ・ストリコ）が魅力をもっています。

ボローニャのポルティコのある町並み。
保存再生事業の開始直前（1970年代前半）

しかし、戦後、都市はどんどん拡大し、郊外にスプロールしました。公共的な住宅建設の投資は、すべて郊外開発、ニュータウン建設に向けられていました。逆に、古い歴史地区から人々が外へ転出し、都心が空洞化していきました。ところが、ボローニャはそのことを七〇年代の初めにいち早く反省し、郊外に公営住宅を建設していた資金を歴史地区の修復再生の事業に振り向けることを実現したのです。それが大成功し、人々が戻ってきました。こういう政策がイタリア各地で、そしてヨーロッパで手本となり、歴史的都市の保存と住宅の修復再生事業とが一体化する道が開けました。

ボローニャで住宅再生事業が行われたのは、中世の第一城壁と第二城壁の間のゾーンで、三階建て程度の庶民のタウンハウスが並んでいるところです。街区はおおむね規則的につくられ、ほぼ均等に敷地が割られました。街区の内側には空地がたっぷりとられ、それぞれの敷地の背後に菜園や庭がつくられました。

どの住宅も間口が狭く、奥に長い構造をとり、数家族が住んでいるものです。道路側にポルティコをもつのが特徴で、町並みにリズムを生んでいます。十七、十八世紀の史料にも、ポルティコをもち、間口が狭く奥に長い住宅の様子が見て取れます。背後には菜園があり、自然も取り込まれていました。もともとは一家族一軒だったのが、次第に集合住宅化していきました。上にも背後にも、増築が進みました。ポルティコがあるかどうかは、地域によりますが、このような住宅内部の構成は、中北部のイタリア都市にほぼ共通しています。

ボローニャ市は、こうした住宅群を徹底的に調査し、数ブロックにわたる広い範囲を一緒に再生する事業を展開したのです。ローコスト住宅で、修復再生のコストも低く抑えられてはいましたが、住み心地よく内部が改造され、地域暖房も導入されました。七〇年代にこうした公共事業がうまくいったので、その後は、民間ディベロッパーも同じように古い住宅群を再生し、より付加価値をつけて供給するようになっています。

北ヨーロッパ都市の町並み

さらにヨーロッパの北の方に行ってみましょう。まずは、ベルギーのブルッヘ（ブリュージュ）です。雨の多い北の国だけあって、勾配の大きな屋根が特徴で、その妻側を正面とし、鋸の歯のようにいくつも連なる独特の景観が印象的です。大きな屋根裏の空間がとれるので、そこを倉庫にし、上部に設けた滑車で荷を引き上げるのです。ベルギーばかりかオランダ、そしてドイツにも、このような町並みが見られます。

幾筋もの運河に沿って、こうした住宅を建設したのが、アムステルダムです。中世から核ができていましたが、十七世紀に都市計画により大規模に拡張され、運河と道路の対が幾重にも繰り返される見事な都市構造ができ上がりました。街区は整然とした形をとり、背割り線が通り、敷地も均等に割られました。運河沿いには、ニレの並木が植えられ、近代の先取りとして注目されます。

間口の狭い奥へ長い建物が妻を運河に向けて並ぶ構成をとります。従って鋸の歯のような独特の町並みが生まれるわけですが、古くは、アムステルダムの住宅もハーフティンバーの構造をとっていました。火災を経験した後、煉瓦造に置き換えられていきましたが、十六世紀までは、ハーフティンバーの家がずいぶんあったようです。やがてバロックの様式をとる華麗なものもでてくるようになります。隣の敷地と統合して倍の間口、あるいは三倍の間口をもつ大きな建物が登場してきます。初期には一家族用であった住宅も、集合住宅化しています。

集合住宅化した大規模な建物は、十九世紀のヨーロッパ都市の町並みの大きな特徴です。ミラノでも、ローマでも、フィレンツェでも、その時代にできた広い街路に面する集合住宅が現在、人気があります。並木もあるし、車も使いやすいし、天井も高く、装飾的で美しい。その外側に展開していった近代のアパートやニュータウン、新興住宅地は戦後人気を持っていましたが、今はむしろ、中心部の方が人気が高いのです。

十九世紀中頃のパリの集合住宅での住み方を描いた面白い絵があります。オースマンの大改造が行われた頃に登場する都市型のアパートです。このような建物がブルヴァール（大通り）にずらっと並びました。当時はまだエレベーターがないので、二階がメインフロアーです。従って、バルコニーがあって貴族が住んでいる。一階は門衛の家族。三階はブルジョア。四階は庶民。最上階は貧しい家族や志は高いが売れない画家。雨漏りがするので、傘をさしています。二十世紀に入るとエレベーターがつくので、今では、屋根裏が人気があるという現象も見

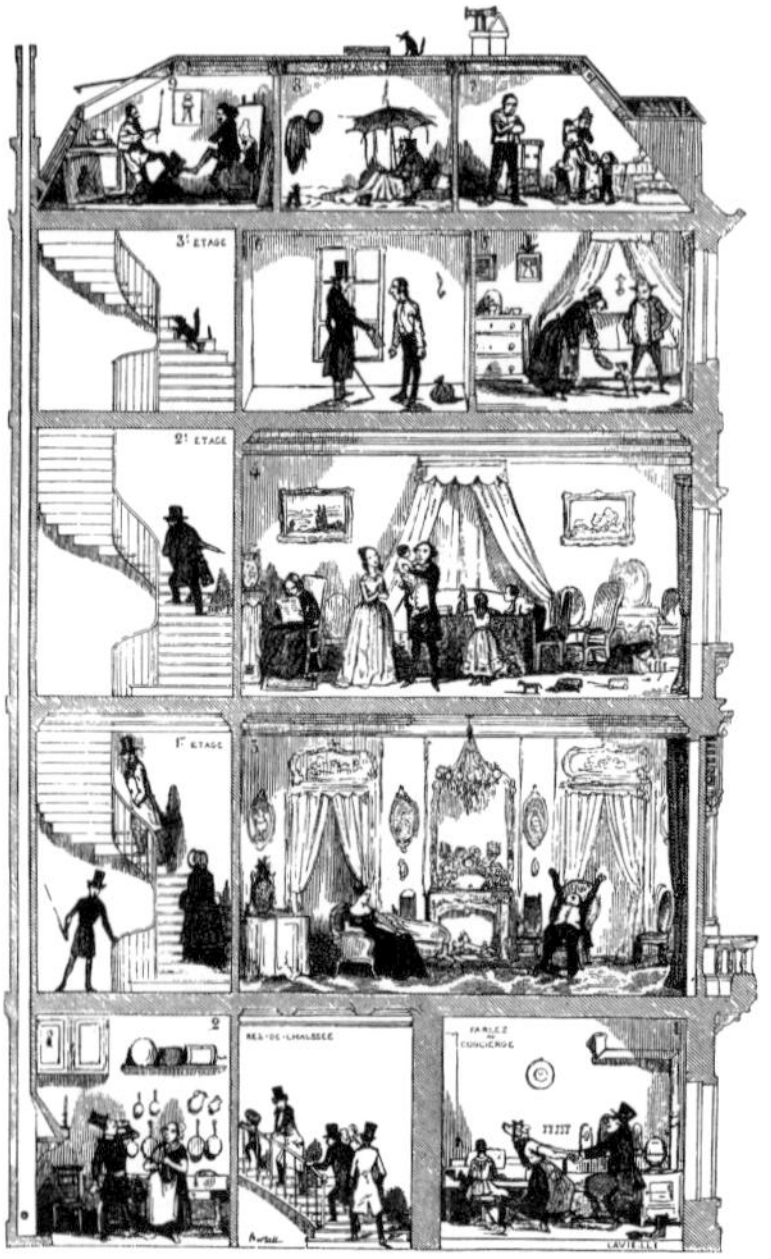

パリの住宅断面図（19世紀中頃）

られます。

このように一つの建物にさまざまな階層が住み、公共空間、街路を飾るという都市に住むスタイルを歴史的につくり上げました。オフィスの割合がふえているとはいえ、今もこうした建物の内部には大勢の市民が住み、パリらしさを生んでいます。

ウィーンにも、十九世紀にいい町並みができました。中世の不規則な市街の外側にとられていた広大な空地を計画的に埋めて、環状道路（リンク・シュトラーセ）が実現し、そのまわりに立派な集合住宅が次々に建設されました。住宅はどれも街区の表に面して顔を向け、内部に動線用と通風、採光のための中庭をとっています。街区型、あるいは囲み型の集合住宅といえます。こうしてエレガントな町並みが生まれました。このような住宅がヨーロッパ都市の都心居住を支えています。

それに対して、イギリスで生まれた田園都市の系譜があり、郊外に独立住宅を建設していきました。それがアメリカに渡り、豊かな郊外住宅地をたくさんつくりました。この系譜が世界のもう一つの住宅の主流をつくったわけで、とくに日本の場合、武家屋敷をよしとするメンタリティがありましたから、戸建ての住宅が大いに広まることになりました。逆にヨーロッパのような都心に住む形式が、残念ながら育ちませんでした。

中国都市の町並み

アジアの都市として、北京を見たいと思います。ここには、紫禁城を中心に城壁で囲われた都市がつくられました。十六世紀の明代に、南に城壁を拡大し、外城の地区を形成し、そこに漢民族が移されました。以来、そちらに賑やかな商業ゾーン、盛り場が発達することになりました。旧来の内城にも、南北のメインストリートに沿って商業軸ができますが、基本的には閑静な住宅地が多くつくられました。

北京には、有難いことに、一七五〇年頃に描かれた詳しい地図（京城全図）が残されており、住宅の中庭の数、間口の大きさ、階数もすべてわかります。これを活用して、現在の町並みを法政大学の陣内研究室と北京・清華大学の朱自煊教授の研究室が共同して徹底的に調べました。北京を復元的に考察したのです。思った以上に四合院住宅が残っていました。通過交通の少ない東西方向の落ち着いた道路に面して、四合院住宅が連なります。外に対しては閉鎖的で、門によって格式を表現しています。どこか日本の旗本屋敷などに似ている感じがします。風水上、南東側に寄った門を潜り、一度鍵型に折れ曲がって内部に入ります。内部は日本の屋敷と異なり、中庭側の構成をとります。大陸的であり、アラブ都市、あるいはポンペイのドムス型住宅とも相通ずる性格をもっています。

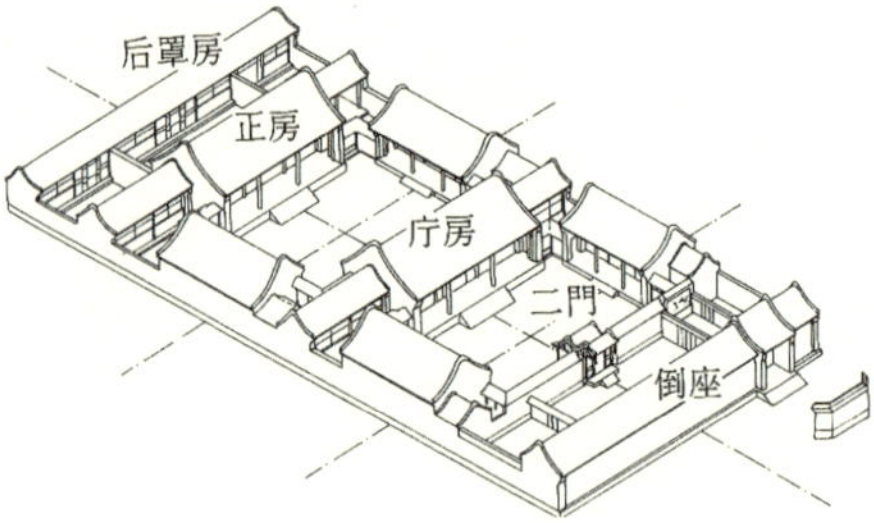

四つのユニットを連ねる四合院

敷地を奥へどんどん伸ばし、中庭をいくつもとる形式をもちます。中庭には緑も多く、家族のプライバシーが保証されていますから、かつて自由に外出できなかった女性達ものびのびと過ごすことができました。一九四九年の解放後、そして文革の時代に、もともとの所有者が追い出され、多くの家族が入り込みましたので、分割され、居住条件はかなり悪化しているのが実情です。

こうした専用の住宅に対し、外城地区には、日本の町家にも似た、店と住いが一体化した商人の家が多く見られます。日本の町家と比べると、平入りの建物の奥行きが小さく、幾つもの棟を連ねて、奥へ伸びる形をとります。長い木材が手に入りにくかったこともその理由だったでしょう。四合院住宅の中庭を囲うどの面の建物も奥行きは浅く、小さいユニットで構成していくというコンセプトにおいては共通しています。

店舗と住いが一体化し、職住が組み合わされているというのは、ある時期以後のヨーロッパには見られないことです。伝統的な商店建築では、屋根が外観上重要でしたが、近代に西洋化するにつれ、日本と同様、いわゆる看板建築化していきました。洋風を模したデザインがこうして取り入れられました。内部の構成にも、興味を引かれます。さすが四合院を伝統とするだけあって、近代の商店建築には、アトリウムのような中庭が積極的に用いられました。建築的にも大変豊かな空間です。

我々はかつての遊郭の建築も実測することができました。今は分割され、住宅となっていますが、往時の洗練された建築のつくりを十分感じとれます。やはり中庭を囲う形式をとり、周囲に二層の回廊が巡ります。そのまわりに小さな単位の住戸が数多く配され、遊郭の個室になっていたのです。共有の階段が中庭のコーナーに四つとられ、プランニングもなかなかうまくできています。

上海の里弄

中国都市の住宅建築で忘れられないのが、上海の里弄です。一種の団地のような存在で、数個所の門からその内部に入る形をとります。路地をシステマティックに巡らしながら、見事な全体の配置計画を示しています。それぞれの路地に面して、住戸が数個ずつ並びますが、前庭を囲う三合院、二合院などの伝統的な構成を簡略化しつつ取り入れ、壁を共有して集合住宅化しています。十九世紀後半からどんどんつくられましたが、一九二〇年代の素晴らしいデザインのものが旧フランス租界などに、今もたくさん残っています。現在、やはり複数の家族で分割され、住環境は悪化していますが、もともとの建築はたいへん質の高いものでした。急速な経済成長を迎えた今、こうした特徴ある里弄が少しずつ姿を消しているのが惜しまれます。

東京の都市型住宅

最後に、都市に住む系譜が近代の東京でどのように変遷したかを見ておきたいと思います。昭和の初期までは、考えられます。都市型の住宅を発展させていきましたが、その後、完全に停滞し、都市に住む文化が育たなくなってしまったと考えられます。

イタリア留学から戻ってすぐ、法政大学建築学科の中に、「東京のまち研究会」をつくって、学生達と東京の調査を始めました。最初に取り組んだのが、下谷・根岸という伝統をよく残す地区で、ここで町家、長屋、武家屋敷の流れを汲む独立住宅、そして農家から展開した近代住宅など、さまざまな住宅の系譜を調べることができました。生きた住宅の野外博物館のような地区でした。

もとの日光裏街道にあたる金杉通りに面して、明治から昭和初期の町家が並んでいます。伝統的な和風の町家タイプ、一階の店の上に従来の伝統的な庇に代わって、ベランダを付けるタイプ、さらには銅板やモルタルで被覆した垂直の壁面を立ち上げる、いわゆる看板建築のタイプなどが登場する様子がよく見てとれました。その裏手に路地が引かれ、裏長屋がぎっしり配されています。明治には平屋でしたが、大正期から二階建てになって部屋数を増やし、さらにガス、水道を各戸に入れたことで、従来は路地側にあった台所が裏手にまわり、玄関脇にしゃれた部屋をとることができるようになりました。その前面には格子がつき、前栽がとられ、路地の環境がずっとよくなりました。庶民の生活環境が大いに向上したといえます。

昭和初期の長屋

昭和初期の長屋はなかなかうまくできています。表に町家、裏に路地と長屋を配する敷地単位は、奥行き二十間で徳川幕府の手で計画されたものがそのまま今に受け継がれているのです。その背後に、聖域として神社や寺が潜んでいるのも、日本の町らしい特徴です。小野照崎神社には富士塚があり、山開きの日には人々がその頂上まで上る祭礼を行います。

旧街道の西北裏手には、根岸の里の屋敷地が広がっています。バブル経済で壊される以前には、立派な屋敷がずいぶん見られました。塀で囲われ、格式のある門があります。住宅のプランとしては、接客用の部分と家族の日常を分け、つなぎの位置に玄関、入口を置くのが特徴です。

この区域には伝統を踏まえながら西洋化を貪欲に取り入れた面白い住宅がたくさんあります。和館の隣に木造の堂々たる洋館を併設している屋敷、玄関脇に立派な洋館風の部屋を付けた家、急勾配の屋根をもつ住宅をシンメトリーに三棟並べた昭和初期のミニ開発の例、角入りで四十五度に振って玄関をとり、奥にパティオをもつモダンな民間のアパートメントハウスなど、どれも目を奪うものばかりです。

このような都市に住むスピリット、センスを感じさせる住宅は、どれも大正から昭和初期のもので、戦後のものはむしろこうした歴史的蓄積を壊す傾向にありました。近年の表通りに登場している高層マンションなどは、その最たるものです。都心居住を進めるにふさわしい中層の都市住宅の型をつくり出していくことが、今後ますます必要になっていると思います。世界の事例から、あるいは日本の近代史からも学びつつ、専門家の皆さんがいろいろなアイデアを出して下さることを期待しています。

ヴェネト都市の多様な住まい方

都市のライフスタイル調査

一九八〇年代以降、イタリアは社会・経済的にも、文化的にも豊かさを獲得し、都市や地域の環境の魅力を増してきた。その代表が、北イタリアのヴェネト地方である。かつてのヴェネツィア共和国の支配が及んだ範囲がほぼこれにあたる。このヴェネト地方の昔からの中心、「水の都」ヴェネツィアは確かに、華麗な歴史に包まれた、車も入らないユニークな都市として大きな魅力を持つが、イタリアの都市一般を語るには、いささか特殊過ぎる。観光都市としての性格が強いし、その再生に向けて都市の抱える問題も複雑だ。ここではむしろ、あまり知られていないごく普通のイタリアン・ライフスタイルに光を当てるべく、本土側のヴェネト地方の都市を巡ってみたい。

その中には、パドヴァ、ヴィチェンツァ、ヴェローナ、トレヴィーゾといった魅力ある都市が分布している。人口が八万から二十五万の中小規模のものばかりだ。どれもローマ時代に起源を持ち、中世以降に形成されたヴェネツィアに比べ、さらに歴史の積層された都市の面白さを持つ。どの都市も、城壁、城門、中心の広場や象徴的な建築など共通した要素を持ち、またヴェネツィア支配の記憶として聖マルコを象徴する獅子の像を広場や城門に残しているが、それぞれの異なる立地条件によって、変化に富んだ個性的な風景を示している。

このヴェネト地方の都市を対象に、私は一九九一年に、数多くの住宅を訪ね、人々のライフスタイルを詳しく取材したことがある。一九七〇年代におけるチェントロ・ストリコ（歴史地区）の再評価を経て、どの町でも、古い都市に住む良さがすでに大いに見直された頃だった。歴史的な建物を修復・再生し、いかにも現代のイタリアらしい新しいセンスで内部を住みやすく、魅力的な空間にすることが、ごく一般化したのである。

生活へのこだわりにかけては抜きん出たイタリア人のこと。それぞれの家族が自分らしい個性的な生活空間を表現している。家具、インテリアのイメージも、アンティークなものから現代の先端デザインまで、その幅が極めて大きい。同じ家の中でも、新旧の組み合わせを格好良く演出している。古い家具は代々受け継いできたものが多い。

彼らの発想で重要なのは、住み心地の良さとは、家の中で完結しないということだ。歴史的な建物は、日本的考え方からすれば、階段の昇り降りも大変で、維持管理にも手間がかかり、不便さがつきまとうと考えがちである。実は、時代に合わせて内部の設備を更新し、結構使いやすくできているし、それにもまして、古い町に住むと、その周りに何でも揃っていて、便利なのだという。自転車でどこへも簡単に行ける。しかも、洒落た店も、友達と会うカフェも、映画館やギャラリーも、近くにある。そもそも歩行者空間化された街路や広場のどこを歩いても、楽しく、気持ちが晴れ晴れする。実際、車を締め出した都心の象徴的な街路では、イタリア人が大好きな「パッセジャータ」と呼ばれる散歩が蘇ってきた。市民が総出で、同じルートを行ったり来たりしながら、パフォーマンスを楽しむのだ。社交の場であり、演劇的な都市を活性化させる空間なのである。ショーウインドウが美しく飾られ、市民の消費意欲も高まり、経済も活気づく。

同時に、豊かな時代になると、歴史を持った都市の内部ばかりか、田園の再評価が進んだ。イタリア都市の魅力は、実は背後に豊かな農村が広がっていることにある。従って、どの都市、どの地方にも、新鮮な食材を使った美味しい料理が発達し、よいワインも楽しめるというわけだ。意識的に田園に住む人たちも増えた。田舎家を改造して住む人、ヴィッラ（別荘）を活用し、エレガントに住む人もいる。

こうして、八〇年代以降のイタリアには、住み方のパターンがそれまで以上に大きく広がったように思う。歴史的な建物の活用が大いに進んだことがその背景にある。

多様な住宅タイプと住み方

その住み方の豊かなヴァリエーションを具体的に見ていこう。都市の歴史的構造との関係において、どこにどんな住宅建築が分布しているのかに、注目してみたい。

まず、チェントロ・ストリコを見ると、中心部、そして主要な街路に面しては、貴族の邸宅、いわゆるパラッツォが並ぶ。公共の街路に面して、ファサードを美しく飾り、ステイタス・シンボルとしている。ヴェネト都市では、ヴェネツィアのパラッツォの影響を受け、中央に大広間、左右に居室群を配する三列構成をとる。

ヴィチェンツァのチコーニャ家は、十六世紀にヴェネツィアの総督を出した名門。天正少年使節団をヴェネツィアの総督宮殿で歓待した時の総督だったということで、我々も大歓迎を受けた。いかにも貴族の邸宅らしく、堂々たる内部は、アンティークな家具、絵画で飾られ、タイムスリップする感じだった。昔のままに維持する努力も大変なものだ。絵画を修復するための専門的な画家が、背後の馬小屋だったところに住んでいるのにも、驚かされた。こうして文化が守られている。

もとの貴族の邸宅でも、部分的に他の家族に貸したり、分割・再編成されて、コンドミニアムになっている建物が実は多い。パドヴァのリナルディ家の住む建物も十五世紀につくられた小規模なパラッツォ（パラッツェット）で、十九世紀末に大幅に改造され、数家族が入居できる集合住宅になった。六層からなり、一階に洒落た花屋、中二階に一戸、二、三階にはそれぞれ二戸ずつ、四、五階は二戸のメゾネットという構成である。このリナルディ家は、一九八〇年代後半に修復・再生（レスタウロ）を行い、最上部のメゾネットに入居した。主人がインテリアデザイナー、娘が建築大学で学ぶという家族だけあって、内部はいかにも今のイタリアらしい洗練された雰囲気に包まれていた。新旧のコンストラストのうまさには、驚かされる。しかも、住み心地の良さがとことん追求されている。マンサルドと呼ばれる屋根裏部屋も、かつては収納部分、使用人の空間だったが、今ではとりわけエレベーターがある建物では人気がある。屋根の勾配がそのまま室内に現れるのは雰囲気があり、天井が低いのも現代的で落ち着く。高いところにあるので、窓からの眺望もより楽しめることが多い。螺旋階段を巧みに使いながら、こうした上階を実にうまく活かしている。

ヴェネトの家庭でも、家に友人、知人を招いての食事、ホームパーティーが活発に行われる。パラッツォに住むような上流階級の家族だと、ホームコンサートを催すこともある。パドヴァのパルパヨーラ家でも時折、ホームコンサートが行われる。ルネサンス音楽を研究するグループを招き、大広間での演奏を楽しむ。その後は、立食のパーティーとなり、招かれた人たちにとっての格好の交流の場になる。

歴史的には、城壁の内部（チェントロ・ストリコ）の大半の建物は、商人や職人のための小規模な住宅だった。間口が狭く、奥へ伸びる形式で、同じようなリズムで連続的に並ぶことから、「スキエラ型」（兵隊が並ぶような連続的形式）の住宅と呼ばれる。日本の町家ともやや似ている。こうした形式の住宅も、時代と共に、上方へ、そして奥に伸び、複数の家族が住む集合住宅に発展した。ヴェネト地方の都市では、中世の時代、条例で建物の前面道路側に柱廊（ポルティコ）を設けることが義務づけられたため、こうした質素なスキエラ型住宅が並ぶ町並みも、リズミカルに柱が並ぶ独特の景観を見せている。

パドヴァの若いカップル、ロジーニさんとテスタさんの住まいは、このような本来庶民の簡素なつくりだった家を、修復・再構成してできた洒落た住宅である。一階から屋根裏部屋まで建物全体を取得し、ゆったりと使っている。修復・再構成の設計は友人の建築家に頼み、テスタさん自身がインテリアのアイデアを考えたという。

細長いプランながら、中央の階段室の大きなトップライト、浴室の総ガラス張りの天井によって、すべての部屋の採光を確保していて、明るい。地下にはお気に入りのカンティーナ（ワイン庫）もあり、若いカップルらしい生活空間を豊かにつくっている。歴史的な建物を修復してエレガントに住むセンスには、どこかアメリカのヤッピー文化にも似たところがある。

ヴィチェンツァの歴史地区の中の、ちょっと変わった面白い住宅を見てみよう。ルネサンスの建築家パラーディオが設計した有名なパラッツォ・スキオの裏手の空間に、売れっ子の建築家アルバネージ氏の住まいと設計事務所がある。パラッツォ自体は、典型的な三列構成のもので、敷地の奥にまずは、幾何学式庭園、さらに自然な形態をしたイギリス式庭園が広がる。そして運河に接する。アルバネージ氏は、この全体の構成が気に入り、パラッツォのすぐ背後にある馬小屋を事務所に、その対面にある一九四〇年代にできた温室を自邸に改造し、快適に暮らしている。気鋭のデザイナーの自邸にふさわしい、斬新で自由な雰囲気の住まいとなっている。大きなガラス面で、庭に気持ち良く開かれている。室内の明るいブルーの色調が美しい。ルネサンスのパラーディオの世界の一角に、こうしたポストモダン的な明るい空間が絶妙に配列されているのだ。そこが今のイタリアらしい。

ヴェネトの都市にも、古い住宅ばかりか、城壁の外に近代につくられた集合住宅、いわゆるコンドミニアムも多く見られる。そこにもイタリアらしさが表現されている。

パドヴァ近郊のチェスタロ家の住まいは、その典型だ。七〇年代に建設された十一世帯が入るコンドミニアムで、周辺には古くからの農家がまだ点在している。子育てと、ヴェネツィアに通うご主人の交通の便を考えて、自然環境に恵まれたこの地に、一九八〇年に転居したという。周りに同様のライフスタイルを持つ同世代の世帯が多く、付きあいやすいそうだ。建物の南西の角にとられた明るい住戸で、友人の建築家に依頼して改造してもらったベランダには、丹精込めた色とりどりの花が置かれ、夫妻の住まいへの思いが表現されている。

イタリアの現代の住宅では、ダイニングルームは必ず、接待もできる立派な居間と抱き合わせに設けられ、週末の客を招いての食事に使われる。台所とは廊下で隔てられ、ちょっと離れている。今の日本では考えにくい。ただし、普段の家族だけでの食事は、その台所に置かれた食卓で、ということが多い。

ヴェネト地方の郊外には、イタリアでは珍しく、庭を持つ一戸建ての住宅も広がっている。都心に住むのも魅力的だが、郊外の家にもまた別の良さがある。食文化を誇るイタリアだけあって、人々の食事へのこだわりは大したものだが、ヴェネト地方の郊外の緑の庭に包まれた戸建ての住宅の多くは、食事のできる場所を四カ所も持つのだ。ヴィチェンツァ郊外に住むアンブロジーニ家のお宅がその典型である。まず、普段の家族での食事は、すでに見た通り、台所に置かれたテーブルでする。富裕層から庶民まで、案外このパターンが多い。そして、週末の親戚や友人を招いての食事には、家の中心である居間兼応接間とつながった食堂が使われる。これが第二の食卓で、準備にも時間をかけ、大勢で賑やかに食事をする。そして、郊外住宅ならではの特典として、気候の良い時期には、庭に面した気持ちの良いテラスで食事ができる。これが第三の食卓である。さらに、半地下の空間に、タベルナと呼ばれる大きな食堂がとられている。木のインテリアで、暖炉があり、ちょっと山小屋風のアットホームな感じの部屋である。子供の誕生日などに何十人もの親しい人たちを招いて、ここでイタリア流の楽しいフェスタが催される。第四の食卓がここにある。こうして家族や親戚、そして友人たちとの親密な付き合いが、今もなおイタリア社会には生きているのである。そして何より、住まいの形にも人々の生き方にも、ゆとりと多様性が見られるのが羨ましい。

田園に住む魅力

田園の中にある元の農家を修復・再生して現代的な住まいとしたものも増えている。トレヴィーゾの北にある魅力的な小都市、アーゾロの郊外の小高い場所にも、「三姉妹の家」と呼ばれるそんな田舎家がある。ヴェネツィア建築大学教授、マンクーゾ氏の奥さんが二人の姉妹と共に相続した家を、三つに分割して、それぞれの家族で使っている。修復・再生のデザインは、マンクーゾ教授自身で行った。ヴェネツィアに住む彼らは、セカンドハウスとして時折ここでのんびり過ごすが、トレヴィーゾに住む姉の家族は、週末いつもここにやってくる。妹の家族はここを住まいとしている。思い思いのライフスタイルに合わせて使われているのが、興味深い。農家も、こうして再構成され、その良さを存分に生かしながら、現代的なセンスで住みこなされている。

パドヴァの郊外に、水車小屋を改造してつくられた週末の家がある。パドヴァ大学教授、コーヴィ氏はかねてより、田園に田舎家を持ち、庭づくりをしたいという夢を持っていた。機能を停止していた格好の水車小屋を見つけ、内部を改造し、週末、友人たちを招いて、ゆっくり楽しむことのできるセカンドハウスとした。二階には寝室がゆったりとられている。そして、広々とした庭。植物の名前から覚え、造園のイロハを習いながら、庭づくりに励んでいるのだ。まさにイタリア人らしい、自分を大切にするライフスタイルがここに見られる。

田園を愛することではひけをとらないのが、ブジナーロ氏だ。パドヴァから車で南に三十分ほどの田園地帯にある、ルネサンスの素敵な別荘（ヴィッラ）に家族で住んでいる。

ヴェネト地方の豊かな田園の中に家族で住むのが、子供の頃からの夢だった、と語るブジナーロ氏は、このヴィッラの住まいがすっかり気に入っている。有名家具メーカーの国際マネージャーとして世界中を飛び回る彼だが、ヴェネツィア空港にもヴェローナ空港にも車で簡単に行けるから、田園に住んで仕事をするのに、何ら支障はないという。親しい友人の建築家、カルロ・スカルパが門や庭、プールなどの外部空間を設計した。室内には、ル・コルビュジエからマリオ・ベッリーニまで、モダンな家具が並ぶ。豊かな田園で自然を楽しみつつ、創造的に仕事をする。ブジナーロ氏の生活哲学は、実に魅力的だ。

イタリアはさすがに生活大国。このように住まいに関する多様な考え方が見られるのだ。

南イタリア都市の袋小路を囲むコミュニティ

集って住む知恵

旅の楽しみの一つは、地方ごとの風景を特徴づける民家や町並みに目を向けることにある。旅情を醸し出すにも、歴史と共に育まれた建物の佇まいは欠かせない。

人々の暮らしと深く結びつく住まいは、世界のそれぞれの地域で、特徴ある姿を見せてきた。気候・風土の違いが、建築材料や空間の形式の違いとなって現れたし、屋根の形や壁の色にも多様なバリエーションを生み出した。家族の形態や近隣の人たちとの付き合い方も、住宅のあり方に大きな影響を与えてきた。また、住まいの形式の違いが、逆に人々のライフスタイルの特徴を生み、メンタリティの違いとなって現れたのだ。

地中海の周辺には、この広い世界の中にあっても、人々が都市に集まって住む経験を最も豊かに積み上げてきた地域が広がっている。家族の生活を大切にしつつも、近所付き合いを重んじ、濃密なコミュニティを築き上げてきた。防御のことも考えて、城壁で囲われた限られた土地に、ある居心地の良さを獲得しながらも、密度高くコンパクトに住む知恵を生み出してきた。現代の都市居住を考え直すにも、ヒントを与えてくれる興味深い住まいのあり方を、地中海世界の各地に見出せるのだ。

イタリアだけを取ってみても、北と南では、住まいや町並みのつくり方がずいぶん違う。南イタリアを訪ねると、迷路状に複雑に形成された面白い町が多いのが印象に残る。アラブ・イスラーム世界とも共通する、中東、地中海周辺の古い文明にルーツを持った居住の形式を受け継いでいるのだ。都市構造の複雑さは、文明の古さのバロメーターでもある。近代の明快な論理でできた町とは異なる独特の価値がそこにはある。

南イタリアのプーリア地方、バジリカータ地方、シチリア島、サルデーニャ島などでも、アラブ都市顔負けの迷路状の都市が共通して見られる。特に、シチリアには、シャッカ、マザラ、パレルモなど、アラブ人の直接支配を受け、イスラーム文化の影響をとどめている都市も多い。

だが、南イタリアの庶民の住宅地では、同じ地中海世界のアラブ圏にはつきものの「中庭」というものは用いられない。その代わりに、「袋小路」を引き込み、その周りに小さな住宅群がぎっしりと並ぶ構成を取る。そこは、よそ者は入りにくい近隣の住宅のためのセミ・パブリックな空間だ。コルティーレ（cortile）、あるいはヴィーコロ（vicolo）などと呼ばれる。

世界には、袋小路が好きな国というのがいくつかある。日本もその最たるもので、横丁的な袋小路が、日本では人気がある。その身体的なスケールは親密感を生み、居心地の良いものとなる。下町の長屋が連なる路地裏の世界も、いかにも日本の庶民の暮らしの場として欠かせないものだった。南イタリアの袋小路にも、住民同士が相互に助け合う、似たような近隣の親密な人間関係が見られたのだ。

そもそもイタリアの中部、南部の古い町では、庶民の小さな住居は、裏に庭を持っていない。道路の側にのみ開口部をとり、穴蔵のような形式を取っている。狭くとも家族専用の中庭を取るアラブの住宅に比べ、手狭で、居住性の低いものとならざるを得ない。従って、道路への依存度が高く、人々は路上に椅子を出して戸外でくつろぐ。アラブのムスリム社会に見られるような、女性を外部の視線から守ることや家族のプライバシーへのこだわりは、ここにはない。

こういった単純で小さな住居の形態にとって、袋小路の周りに集合する形式は、実に都合が良い。そこに落ち着いた共有の戸外の広間のような空間が生まれるのだ。人々の生活は家の中だけに収まらず、袋小路の路上に溢れ出すことになる。

袋小路との出会い

チステルニーノという小さな町も、そんな袋小路を見るのに格好の所だ。長靴形のイタリア半島の踵の部分に当たるプーリア地方の典型的な丘の上の白い町である。

城壁で囲われた高密な町の中に入ると、まるで雪で築き上げられたような大きな迷宮の世界に彷徨い込んだ感じだ。道は狭くて曲がりくねっている。両側の建物の壁は歪み、すべて石灰で白く塗られている。住居の外階段が二階、三階、そして場合によっては四階にまで伸び、変化に富んだダイナミックな町並みを形づくっている。こうした路上に張りだした外階段は、公と私の空間を壁一枚で明確に分けるという近代的な発想がなかった中世には、簡単に建設できたのだ。格好の良いアーチを持ったバルコニーが空中に姿を見せ、路上に部屋が被さってトンネルとなっている所もある。変化に富んだ空間が次々に展開するこの白い町は、その中に身を置くだけで、心が躍る。

白い迷宮都市・チステルニーノのアクロバット的な外階段

しかも、この町には袋小路が非常に多い。その内部に小さな住居が連なり、いくつもの家族が親密な集合的な生活環境を形成している。袋小路には、よそ者は心理的に入りにくい。人々の往来を気にせず、外階段を家の外側に自在に張り出すことができたから、袋小路には変化に富んだ建築の造型が生まれた。

チステルニーノのあるこのプーリア地方は、世界にあっても、最も「石の建築」文化の発達した所と言えよう。何せここでは、どんな庶民の住宅でも、壁は石で厚くつくられ、室内にも堂々たる石のヴォールト天井がゆったりと架かる。そんな本格的な石づくりの堂々たる建築の内部、そしてそれが連なる路地空間は、我々を圧倒する。

元はどの住居もワンルームだったと思われる。それが後に、生活水準の向上と共に奥に独立した寝室を取るようになった。しかし入口を入った所に取られる多目的な部屋のあり方は、中世初期から今まで変わっていない。玄関ホールであり、居間であり、台所も排気を考えてその入口のかたわらに取られ、客間の役割もする。ここは家の中に設けられた広場とも考えられよう。家の中も、古い時代には、外の道路と同じ石で舗装されていたのだ。

各住戸は、両側面と奥の三方を平均五十センチもある厚い壁で囲われ、表側にしか開口部を持たず、道（袋小路）への依存度は高い。二、三階に取られた住居では、外階段で上がった踊り場の位置の、入口の前面に、しばしばバルコニーが取られ、そこが袋小路との媒介空間となっている。植木鉢を置いたり、椅子を出してくつろげるセミ・パブリックな場所でもある。

垂直に立ち上がる壁一枚で、外の公共空間と内の私的空間が隔てられるという我々のイメージするヨーロッパの住宅のあり方とは、かなり違う姿がここにはある。公と私を媒介する外階段やバルコニーを通じて、家族の生活が戸外サロンである袋小路にまで溢れ出しているのだ。

中部イタリアの場合、自治都市としてある規模以上に発達した都市では、公と私の空間の区分がよりはっきりしてくるが、トスカーナ地方やラツィオ地方の小さな田舎町の多くでは、やはり南イタリアと同様に、外階段が立ち上がるセミ・パブリックな正確を持つ路地、袋小路が随所に見出せる。

袋小路のあるこうした小さな町は、アグロ・タウンとも言うべき、農業や牧畜を基礎とする小さな町である。我々日本人は、こういった小さいながらも城壁で囲われた高密な町を見ると、立派な都市だと思いがちだが、実は、かつては住民の多くは、昼は町の外に広がる農地、田園で働き、日暮れとともに町に戻った。零細な農民にとって、住まいはさほど広い必要はなかった。

大都市にもある袋小路

しかし、このような袋小路を持つ住宅地は、実は、レッチェやパレルモのような南イタリアの大都市にも見られる。社会・経済基盤の違いを越えて、地域の共通する空間構造と見做すことができそうだ。

レッチェは、石の文化が発達したプーリア地方でも、エレガントな都市として名高い。特に、十七、十八世紀に繁栄の時代を迎え、バロック様式の素晴らしい教会建築や貴族の館（パラッツォ）を数多く生み、「バロックのフィレンツェ」とも呼ばれる。

レッチェの貴族住宅の中庭

レッチェの最大の見所は、地中海世界独特の複雑に入り組んだ迷宮的な都市空間をベースにしながら、華麗なるバロック都市へと変容したことにある。公権力による大がかりな都市計画ではなく、それぞれの建物の所有者が思い思いに自分の建物を飾り、街路にまるで舞台装置のような演出を次々に実現していった。レッチェには、アラブ都市とも共通して、中庭や前庭を持つ邸宅が多い。そこにも階段やギャラリーなど、演劇的な空間が実現しているのをよく見かける。しかも、前庭の街路に面した正面入口の上に、背後には何もないのに、連続アーチの壁の造形を書き割りのように立ち上げる舞台装置的な演出は、いかにもバロック都市レッチェらしい。

レッチェには、こうした貴族の優雅な世界とはまた対照的な、庶民の賑やかな生活空間が発達しているのが、面白い。この町では、コルテと呼ばれる袋小路がたくさん分布している。近隣の人々が集まり、共同で使い、また交流する場としてふさわしい戸外空間である。一階に住む家族がこの町には多いのを見ても、かつて人々の生活が路上にまで溢れていたことは想像に難くない。今も、路上に洗濯物を乾す光景をよく見る。袋小路の突き当たりには、しばしばマリア像が祀られ、近隣の人々の精神的な絆となってきた。南イタリアの人々の人懐っこさは、こうした近隣の濃密な人間関係とも結びついているに違いない。

サッシという渓谷の斜面に形成された洞窟都市、マテーラにも興味深い環境づくりの跡が見られる。世界遺産にも登録されているユニークなこの斜面都市は、八、九世紀に、イスラーム教徒の侵入や偶像破壊主義者からの迫害を逃れて、ギリシアから大勢の修道僧がこの地に移住していたことにルーツを持つ。最初は自然の洞窟を利用し、またより規則的な形の洞窟を人工的に掘りながら、修道院をつくり、宗教活動を展開した。その周りには、修道院の農地を耕す農民や牧人が集まり、修道僧から洞窟を住居に転ずる方法を学びながら住みついた。こうして、崖の各層に一列に並んだ穴居群が生まれ、高密な居住地を形成する足場が築かれたのである。

洞窟都市マテーラ

ところが、居住地が広がっていった十五、六世紀になると、洞窟住居の前面の平地上に建設した部分を加えた半洞窟住居、そして完全に地上に建設した住居が数多く登場した。内部のつくりも洞窟住居とほとんど変わらず、入口の脇に台所を取る発想も同じだ。地上に掘った「ネガ」の建築から地上の「ポジ」の建築に転じただけで、空間の質に変化がないのが、面白い。

これらの地上の家は、ばらばらに出現したのではない。その建て方にも、いかにも南イタリアの庶民の生活空間らしい知恵が働いている。ちょっとした平らな土地という地形を生かし、数家族が一緒に使う広めの袋小路を囲むように住居群が建てられたのだ。

こうして生みだされた共有の中庭、あるいは小広場は、ヴィチナート（vicinato）と呼ばれる近隣のコミュニティにとって、相互に支え合いながら共同生活を営むのに格好の舞台となっていた。

ただでさえ子だくさんの南イタリアのこと。戸外での賑やかな生活が展開していた様子が目に浮かぶ。家畜もそこに放たれていた。穴蔵に住む人々にとって、快適な戸外空間の持つ意味はとりわけ大きかったはずだ。

このようなヴィチナートの房状の空間ユニットが坂道で結ばれてネットワーク化しながら、マテーラの高密な斜面都市ができ上がっていった。近代の衛生思想によって、戦後、サッシに住む人たちは、高台郊外の新興住宅地へと移住させられた。抜け殻となったこの洞窟都市だが、近年は、再生への動きを見せ始めている。

洞窟の教会　マテーラ

南イタリアでは、昔も今も階級の差が大きい。貴族、上流階級が中庭型パラッツォ（邸宅）に住む一方、大半の庶民は、庭のない穴蔵状の小さな住居に住んだ。従って、こうした共有の中庭や袋小路の果たす役割は大きかった。アラブの中庭型住宅のようなプライバシーはないものの、家族の生活をよそ者の侵入から守り、あるいは隣り近所の人たちと互いに助け合い、手狭な環境の中でも、暮らしを向上させることができた。

最後に、アラブ文化の直接的な影響を受けたシチリアのシャッカの古い住宅地を見てみよう。シチリアの中でも、北アフリアのチュニジアに最も近い町で、強烈な太陽の下、トロピカルな植物が独特の表情を醸し出す。レストランではクスクスを楽しむことができる。

斜面に発達した古い港町のシャッカは、九、十世紀にアラブ支配下で、本格的な都市として形成された。その

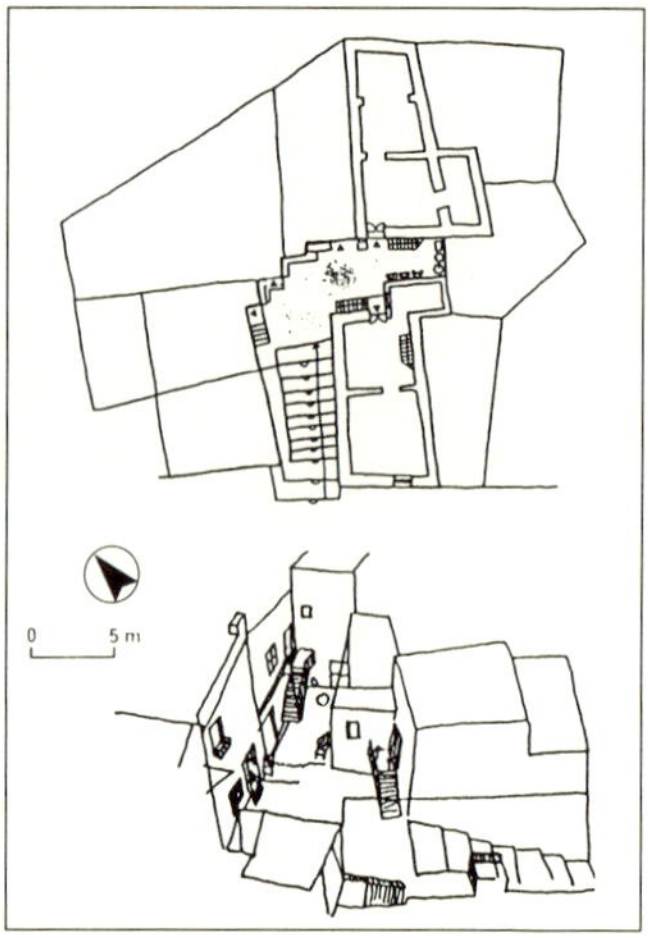

迷宮状のコルティーレ　シャッカ

時期のラバト地区、それに続く西のカッダ地区（もともとはユダヤ人地区）を見ると、アラブのイスラーム都市とよく似て、道は曲がり、高蜜に形成された迷宮空間を示している。しかも、「コルティーレ」と呼ぶ袋小路を囲んで、小さな住居が取り巻く形式があちこちに見られる。本来はモスクがたくさんあったはずだが、残念ながらその痕跡はない。アラブの記憶は、もっぱら複雑な道路パターンや地名に受け継がれているのだ。

この町のコルティーレは、今も存分に生き続けている。夏の間は特に、夕方から晩にかけて、人々は夕涼みに路上に椅子を出し、ゆっくりくつろぎ、またお喋りに花を咲かせる。椅子は、夜も出しっぱなしのものが多い。完全に野外のサロンとなっているのだ。

アラブ・イスラームの都市では、家族の自立性、プライバシーが保証される中庭型住宅を基本とするため、同じように袋小路を持っていても、主に個々の住宅へのアプローチとして使われる。子供の遊び場であったり、女性の立ち話の場となっても本格的なコミュニティの空間となるわけではない。交流はもっぱら中庭でということになる。

それに対し、南イタリアの共有の中庭、袋小路は、まさに日本のかつての下町に存在した、近隣の人々の集まる路地的な空間を思い起こさせる。しかも、それより広くて快適な共有のサロンだ。このシャッカのコルティーレに今も見られる生活シーンは、個々の家族のバラバラな空間ばかりを追求してきた現代人に、いろいろなことを考えさせてくれる。

イタリアの町づくり

底力《そこぢから》を発揮したイタリア都市

都市開発の発想の転換

私は、一九七三年から一九七六年の三年間、イタリアに留学し、最初の二年間はヴェネツィアに住んだ。この水の都市に暮し始めてすぐの一九七三年十一月に、オイルショックが起こった。オイルショックは、ヨーロッパ全体が大きな転換点に立たされる契機となった。従来型の産業経済、文化、ライフスタイル、都市のあり方などの見直しを余儀なくされたのである。

私は、学生時代にこのような変革期の真っただ中を目の当たりにできたことで、戸惑いを感じつつも、これからの町づくりの変化を予兆した。

ヴェネツィアはアドリア海の奥に位置し、東京湾と少し似ているところがある。ラグーナ（浅い内海）に浮かぶ島の都市だが、その本土側で近代になってから埋立開発を行い、ここに石油化学コンビナートをつくった。それによって大気汚染や水質汚濁が進行した。また、工業地帯での地下水の汲み上げによって、地盤沈下が起こり、町が冠水する現象がしばしば見られるようになった。エコシステムが完全に崩れてしまったのである。

ヴェネツィアでは、オイルショックを契機に従来型の開発を反省し、自然環境を回復させ、質の高い空間づくりへと方向を転換した。その努力が実って、ヴェネツィアの水の都市としての魅力は高まり、ますます多くの観光客で賑わうようになっている。年間を通して観光客が訪れるためオフシーズンがなくなり、逆にそのことが大きな問題になりつつある。

日本では現在、郊外型の開発を進めてきた結果、都心部の商店街や盛り場が閑古鳥が鳴くような状況にある。特に、地方都市においては悲惨な状況に陥った中心商店街があちこちに現出している。

実はかつて、イタリアでも同じような問題に直面し、苦しんだ時期があった。例えば、ボローニャは世界で最も古い大学がある町で、歴史もあり経済的にも豊かな都市である。しかし、歴史的な街区が城壁内におさまっていたのは十九世紀半ば頃まででであった。その後は、市街地を城壁の外にどんどん拡大していき、人口一〇〇万人の大都市をめざした。一時期、丹下健三氏の計画に基づいて副都心をつくり、高速道路によって都心部と結ぶダイナミックな地域開発を構想したことがあった。

現在のボローニャが日本と違う点は、この開発構想で突き進むのではなく、いったん立ち止まって考えたことである。都市の発展段階や経済のあり方、文化の質、歴史性などの原点に立ち返り、真剣に再考した。その結果、必要以上にスプロール化させていくことを抑え、都心部の再生に力点を置くという考え方に改めたのである。城壁内の歴史的な庶民の街区を保存・再生し、同時にそこで暮らしている元の住民を外に追い出さないようにしようと考えたのである。庶民の住宅街区は老朽化していたが、京都の町家風の雰囲気を醸し出していた。

ボローニャの市民は、この味わいのある住宅街をていねいに修復して、再生していく道を選択した。その結果、徐々に人々が都心部に戻ってくるようになってきた。コンパクトな都市の形成に伴って、コミュニティが蘇ってきたのである。

ここで重要なことは、市民が生き生きと暮らす器としての都市をいかにつくっていくのかということである。それは、人間が主役になれる都市、と言い換えてもいい。あるいは、お互いの顔が見える都市、と言ってもいい。企業や第三次産業だけが都心部を占領するのではなく、地場産業や職人、クリエイティブな企業活動をしていこうとする市民などが、都心部に住み続ける、営み続けるというイメージを追求していった結果、現在のボローニャがあるとも言えよう。

地方の自立——文化的な厚み

一九八〇年代以降、イタリア経済を活性化させてきた地域がある。それはヴェネトを筆頭にボローニャを中核としたエミリア・ロマーニャ、フィレンツェを中核としたトスカーナ、ミラノを中核としたロンバルディアなどの州である。これらはいずれも北イタリアにあり、「第三のイタリア」ともいわれる地域である。

北イタリアの小さな町が発震源となって、イタリア経済は活性化してきた。北イタリアの各地域は、起業家精神に富んだ人たちの宝庫でもある。ベネトンをはじめ、ノルディカや家具、ファッション、食品産業、金細工など、世界でトップクラスの企業がこの地域の町から続々と誕生した。

北イタリアの小さな町が、いかに元気で魅力的かという象徴的な事例を紹介する。ヴェネト州にヴィチェンツアという人口約十一万人の町がある。ここは金細工で世界的に知られ、歴史的な建築を生かしながら空間デザインをして、現代的な演出を行っている。エレガントな雰囲気のある元気な町である。

イタリアが戦後復興を遂げた後の一九五〇年代後半から六〇年代にかけて、オリベッティやフィアットが全盛の時代においては、このヴェネト州は、ミラノやトリノなどの大都市に労働力を供給する後進的な農業地域に過ぎなかった。

しかしヴィチェンツァは、そういう時代の潮流に流されることなく、営々と自分達の持つ自然環境と地域資源を生かした町づくりを行っていた。クオリティが求められる時代になって、このような町が再評価されるようになってきたのである。ヴィチェンツァの北に同じ文化圏のバッサーノという町があって、家族経営の金細工を主な産業とした技術とデザイン力で人気がある。店の裏に工房があって、若い人たちがデザインの勉強をしながら一生懸命つくっている。地域に根をおろして生産活動を行っている。来街者に企業の顔がストレートに伝わり、それ自体が町の景観のひとつになっている。

日本では考え難いことだが、ここでは職場と住宅が近接しており、ゆったりと暮らしている。ファミリーで暮らすことが当たり前の姿になっていて、工房で働く人たちも車で十分ぐらいの所に住んでいる。

ファミリーで経営している小さな企業は、それぞれ役割分担がある。例えば、ある家具メーカーではファミリーの三男が建築家で工場とオフィスの建築設計を行い、長女が財務を、次女がマーケットを担当している。このような家族経営が圧倒的に多い。

魅力ある都市空間とは

ヨーロッパ各国は、広場の使い方がうまい。ベルギーにもドイツにも、いい広場がある。なかでも、広場の使い方がうまいトップクラスはイタリアである。広場のアーバンデザインがよく、使い方にも迫力があり、劇場空間のような広場が、あちこちにある。

一例をあげると、ヴェネツィアから少し北にトレヴィーゾという町がある。この町は人口約三万人と小さく、歴史的な城壁が保存されている。城壁の周りは堀になっていて、水路と緑地が心地よく整備、保全されている。

ここは、経済的にも発展している。

町のメインストリートの真ん中に広場（シニョーリ広場）がある。夕方になると、人々はこの広場に集まってくる。いわば、この広場は町の社交場になっているのである。このようなライフスタイルは、日本では考えられない。この広場の使い方が、魅力のひとつになっていると言えよう。

ヨーロッパの都市は、石を素材にした建築物が多い。「石の町」ともいわれる。特にイタリアがそうである。しかし、一方では緑や自然を大切にする伝統的な考え方がある。とりわけ、北イタリアの地域は、歴史的に緑を重視した町づくりを行ってきた。

トレヴィーゾの城壁の土手のつくり方を見ても、その伝統的な考え方が伝わってくる。堀の周りは緑で見事に修景していて、緑を大切にする心意気が伝わってくる。歴史的なものを大切にしていこうという心がそれを見る人に伝わってくるのである。城壁の堀や川、その周りの歴史的な構造物が都市の骨格を形成し、その町のアイデンティティをつくる重要な要素となっている。

トレヴィーゾは、ほどよく近代化されているものの、歴史的な構築物、地域資源を大事に現代に生かしている。さりげない水辺や、現代風に過剰なデザインをしない建築物などに、そのアイデンティティが象徴的に表れている。近代のコンドミニアムの下に流れている水路や、メモリー的に再現したと思われる水車などを見ると、そこに住んでいる人たちの想いが伝わってくる。この地を初めて訪れた人たちも、そうしたものに触れることによって、トレヴィーゾの人たちの想いに共感する。

先人たちが営々と築いてきた歴史的ストックを、どのように現在生きている人たちに生かしていくのかが重要なテーマになってきている。これは、新しい都市、新しい町をつくっていく場合の重要なキーワードである。イタリアの町は、先人たちが築いたストックの生かし方が極めて上手である。現代風にアレンジする演出にも優れている。トレヴィーゾは、水路の町である。それを巧みに生かし、中世の古い建築物を見事に修復・再生して、現代美術館として蘇らせている。このような町づくりは、大企業だけがリードしている地域では難しい。それは、地域の人々の発想による町づくりが難しいからである。やはり、その地域に生活している人々を中心に、地場の中小企業や文化人、専門家、行政マンなどがネットワークをつくって、地域を活性化していくことが重要である。

北イタリアの西方に位置するヴェローナは、古代ローマの遺跡がたくさん残されていることで知られる。この中心街に、古代ローマのアレーナと呼ばれる円形闘技場が残っている。円形闘技場は、ローマのコロッセオと同様の都市施設であるが、現代でいうサッカー場のようなものである。その古代の円形闘技場が、ヴェローナの真ん中に、遺跡としてではなく、現代の風景を形づくる骨格として、そして都市施設・文化施設の中核として存在しているのである。この古代施設を現代的に活用して、ヴェローナの夏の大きな収入源にしている。ここでは毎年夏に、野外オペラが繰り広げられる。世界中から愛好家が、このオペラを楽しみにやってくる。日本からもたくさんの音楽ファンが訪れる。もちろん、市民もこの夏の一時を楽しみに集まってくる。都市には、人々が時間と空間を共に体験して熱狂する場・空間が必要である。ヴェローナの古代円形闘技場は、時空を超えて現代に蘇った文化的空間とも言える。

ヴェローナの古代円形闘技場でオペラが行われる時には、町全体が劇場空間に変身するのである。このことが、大事なポイントである。オペラは、深夜の十二時半ぐらいに終わるのだが、人々はそのまま家やホテルには帰らない。腕を組んで、手をつないでアリアの一節を口ずさみながら街路を歩き、余韻を楽しむ。街路には、カフェテラスやバール、レストランなどが並び、都市全体がエンターテイメントの場に変身し、劇場空間と化す。建物や街路、都市空間が一体化して融合する時、町の魅力が爆発する。そういう都市は魅力的で、人々は吸い寄せられるように、集まってくるのである。

もともと、劇場をつくる際には、いろいろな知恵が結集される。特に古代地中海世界の劇場をみると、面白いことが発見される。シチリアのタオルミーナのギリシア劇場、サルデーニャのノーラのローマ劇場などの遺跡をみると、海をバックに、地形を巧みに生かしていたことがわかる。宇宙、自然に開かれた雄大なスケールで、演劇を鑑賞することができる。市民は、この古代劇場を現代だけではなく、次代に伝えていこうという想いにかられる。

これらの遺跡は、ヴェローナのアレーナと同じように、現代の劇場として活用されている。劇場空間として多少の手は加えられてはいるが、客席は古代の石組みのままである。ゴツゴツした感触ではあるが、不思議にそれが気にならない。舞台の音響も照明も、いたってシンプルなものである。私がノーラの劇場を訪れた時には、有名なカンツォーネの歌手ミルヴァが出演する舞台であった。夜の八時半頃に開演して、盛り上がりを見せる十時頃に満月が軸線の上空に昇ってきた。背後には海の深い闇が広がる月明かりの中で歌が静かに流れる。波の音が、まるでBGMのように聞こえてくる。地中海を渡ってくる潮風が頬をなでていく。二〇〇〇年前の古代劇場の中で、時空を超えてイマジネーションがゆったりと広がる。都市の中でもこのような出会いと体験は、何事にも換え難いものがある。

広場は人々が集まったり、劇場空間として利用するだけではなく、マーケット広場としての機能も兼ね備えている。都市は、バザール、マーケット、すなわち市場の機能を持つことによって、その魅力が増幅されることになる。ヨーロッパの各都市では、露店市が現在でも市民生活を支えている。日本では、都心部でもコンビニが都市空間を占有してしまうという現象が起こっているが、単に機能だけを特化させた空間の使い方には疑問がある。ヨーロッパでは、思い切った手法だが、古代の石積みをディスプレーとして活用しながら古代遺跡を保存するということも行われている。

その代表例が、イタリアである。タイムスリップできる空間が、あちこちに存在する。単なる機能としての場ではない空間が現代に生きている意義は大きい。都市にイマジネーションを豊かにする場があって、現代に生きる人々がその場を体験して、インスピレーションが湧いてくるということは往々にしてある。イタリアの人々の感覚がとぎすまされ、クリエイティブなものを次々に生み出している源泉は、このようなところにあるのかもしれない。ヴェローナでは、歴史的な建築物の町並み保存・再生からスタートして、徐々に水辺や緑などの自然環境に目をむけるようになった。

すでに見たヴィチェンツァは、市街地の周りが豊かな丘陵地となっている。この丘陵地に、ルネサンス時代のヴィッラ（別荘）がたくさんあって、それがこの町の文化的なイメージを形成している。ここにはヨーロッパ各地から建築に興味をもつ観光客が大勢訪れる。丘陵地の中央に、十六世紀に建築家のパラーディオがデザインした「バジリカ」という公共施設がある。この施設はルネサンスそのものといっていい程のすばらしい建築物である。夜になると、ほど良い感じのライトアップがなされ、市民が夜遅くまで歓談する場所になっている。建築家の芦原義信氏は、「一日の二十四時間の半分は夜なのだから、夜をどう演出するかが重要なことである」と語っていた。特に、都心部においては、夜の演出が重要なテーマのひとつであろう。

ヴィチェンツァでは、広場に庶民的な露店市が週に二回立つ。この広場は、ふだんはエレガントな雰囲気の文化の香りにあふれた空間として、市民のサロン的な場所になっている。それが週二回、必ず庶民的な露店市に変身するのである。広場は、このようなソフトな使い方が重要なポイントになると考えている。

この広場は利用率が高く、日曜日などは遊び場として、また社交場として活用されている。この広場に隣接して中世の公会堂があったが、これをルネサンス風にデザインし直して洒落た建物に生まれ変わった。この建物は表と裏で四メートルぐらいレベル差のある広場にそれぞれ面していて、裏の広場からは、この建物の地階にとられた若者たちが集まるバールに入れる。主婦たちが集まる青物市場もある。このバジリカの建物全体が一階にカフェやブティック、レストランなどを取り込み、複合的な機能を持った施設となっている。

このような建物が広場に隣接してつくられていることによって、広場自体も活気づいてくる。広場自体の魅力は必要だが、それに加えて複合的な機能を付加することによって活気づいてくるということを、ヴィチェンツァの広場は示していると言える。

ヴェネツィアの大運河沿いに、バロック時代につくられた見事な建築様式のサルーテ教会がある。その前の水辺に、素敵なアーバンデザインが施された広場があり、ファッションショーも行われる。フィレンツェには、ウフィツィ美術館をつなぐ柱廊的な空間があるが、ここでもファッションショーが開催されている。

前述のヴィチェンツァの広場では、ステージを短時間でつくり、トップモデルのファッションショーを行う場として活用している。演出もまた優れていて、広場の使い方の柔軟さを感じる。欧米は契約社会であり、使用料を払えば様々な使い方もできるのである。いずれにしてもイタリア人の魅力的な空間づくりに長けているのには感心させられる。

回遊性が賑わいを呼ぶ

ローマは現在、かつてに比べて自動車の制御が行き届き、安全に歩ける町になっている。トレヴィの泉は最近、修復されて水が戻り、大勢の観光客が訪れる。ただ、観光客は昼間が主で、夕方になるとホテルに戻る。夜は市民が主役になる。

トレヴィの泉は意外性があって、不思議と力を秘めた空間である。ごうごうと流れる滝のサウンドスケープに驚かされる。まわりを壁で囲われているので、滝の音が響きわたる仕掛けになっているのである。バロックのモニュメントが、フットライトによって幻想的に水の上に浮かび上がる。このモニュメントは、建築の表面に一皮だけほどこされた造形にすぎないのだが、光の演出によって劇的な空間を生んでいる。都市は昼も夜も、歩いていて楽しくなる仕掛け、演出が必要である。それによって、都市の回遊性が高まることになる。

トリノはスケールが大きい都市である。十七世紀から十八世紀にかけて、発展してきた。現在は工業都市というイメージが強いが、都心部はかつてのサヴォイア王朝時代の宮廷文化を色濃く残している。フィアットがある都市なので都心部から車を追い出そうとはせずに、街路空間を上手に使って歩行者空間を確保している。歩行者はポルティコ（柱廊）を通って、立ち話をしたり、カフェテラスでくつろいだり、ショッピングを楽しみながら歩いている。ポルティコによって、歩行者空間を確保し、回遊性を高めている。

都心の賑わいをつくるためには、いろいろな工夫が必要である。大きなモールも必要であろうが、街路をもう少し細やかに計画していくことも重要であろう。トリノのように、街路空間の使い方、工夫の仕方によって、人々が楽しめる空間を生み出すことが考えられる。

日本の都心空間を考える場合、やはり車とどうつき合っていくかが大きなテーマである。ヨーロッパの各都市では、いろいろな実験を重ねて車とのつき合い方に成功してきたと言える。アメリカでも、ダウンタウンの一部では歩行者の専用空間を確保している。

北イタリアのパドヴァは、ヴェネト州の中核都市であり、大学都市でもある。ここの中心街は、細い街路が多く複雑に曲がりくねっている。高度成長期（一九五〇年代から一九七〇年代）には、細い路地にまで車が入ってきて、落ち着いて歩けない町であった。車やバイクが入ると犯罪も起こりやすくなる。このため中心街の魅力が薄れ、元気がなくなっていった。

一九七〇年前後、ヨーロッパの各都市で都心再生のための車とのつき合い方を真剣に考え始めた。アメリカでも、建築家のB・ルドフスキーが『人間のための街路』という本を出版して、そういう動きからモールが生まれてきた。ヨーロッパでは一九七〇年代から、歩行者の専用空間が各地で誕生することになった。都市に歩行者専用空間ができると回遊性が高まる。

町全体が歩行者空間であるヴェネツィアがモデルとして見直されたこともあり、イタリアの多くの都市の人々が歩行者空間の楽しさ、必要性を理解するようになった。パドヴァでは、中世の柱廊を生かしながら歩行者空間をつくるようになった。柱廊によって結んだ歩行者空間は変化に富み、味わいがある。パドヴァの学生たちも、広場に大勢集うようになってきた。都心部に市民が集うようになってきたのである。いろいろの世代の人たちが歩く楽しみを味わい、回遊するようになってきた。

パドヴァよりさらに北に位置するトレントでは、毎年三月のある日、守護聖人の祭りが行われる。この祭りの日は、驚いたことに町の中のすべての歩行者空間が市場と化すのである。中心広場は、花と植木の市場で埋まってしまう。ストリートごとに、いろいろな商人が集まって、台所用品や家具まで売っている。広い敷地のある所では、車や牛、馬などの家畜まで並ぶ。都市全体をダイナミックにイベントで包み込んでしまうという発想は大変興味深い。

当然のことながら、歩行者だけではなく車の問題を考えていかなければならない。イタリアの小さな町では、城壁の近くに駐車スペースを確保してそこに車を停め、歩いて都心部に入るという仕組みをつくっている。都心部に住んでいる人には、許可証が交付され、自宅まで車を乗り入れすることができる。しかし、外から車で来た人は、城壁周辺の駐車場に車を停め、そこから歩くことになる。もちろん、イタリア人は車が大好きで、積極的に車を利用している。しかし、都心部に行く時には城壁の外に車を置き、歩く不便さを我慢する。我慢するというより、歩くことの方が豊かなライフスタイルを享受できるという社会的合意ができていると言ってもいい。

日本でもこのような車と人との棲み分けをもっと考えるべきではないだろうか。歩行者に開放された空間は、ウィンドウディスプレーに磨きがかかってくる。店の看板や開口部のデザイン、照明のインテグレートなど、アーバンデザインの質が高まっていくことになる。

一九八〇年代の東京には、回遊性がみられた。都市の空間、特に商業空間、盛り場、繁華街の構造、デザイン的演出の時代変遷を調べてみると、人気のある町は新宿型から回遊性のある原宿・渋谷型に大きく変わったのである。

何が違うのか。新宿は、回遊して歩くという楽しみがないのである。歌舞伎町界隈は刺激があって面白いかもしれないが、回遊して歩く楽しさには乏しい。新宿に比べ渋谷は、アップダウンがある。華やかな広い道、そして狭い道、階段、坂道と変化に富んでいる。原宿は表参道と裏の竹下通りがあり、さらに裏原宿と旧鎌倉街道など、歴史的なストックもある。ヒューマンスケールな空間が現在に生きてきているのである。これらの通りには洒落た店やスポットが立ち並び、裏通りにまで大きな回遊性が生まれてきている。原宿では、まさにイタリアの歴史的街区の中に見られる現象と同じようなことが展開されている。木賃アパートや木造二階建ての建物を改装し、ファサードを付け直してブティックにしたり、ショップやバーに生まれ変わるという面白い動きが起こった。

大規模で大味な空間を提供するだけでは、人々は満足できない時代になってきている。賑わいの中をめぐって、自ら感ずる、体験するということが求められている。ヒューマンスケールの空間で商売をする人たちは小資本で始めるので、個性化したもので実験的に開業できるというメリットがある。小さなスケールの店やオフィスが並んでいる界隈は、活気がある。

一般論としては、これからは都心部にもっと人が住めるようにしていく必要がある。都心部での住まい方の一例として、パドヴァの事例を紹介する。パドヴァの都心部には、貴族の館や一階に工房をもつ歴史的なタウンハウスなどがたくさん残っている。これらを修復し、デザインして現代的な住宅にしているケースがある。都心部に住むことは、移動が簡単で、近くに何でも揃っていることが魅力である。ブティックやカフェがあり、ギャラリーもある。オペラも観に行きやすく、人と出会うチャンスも多い。このような魅力があるため、かつての工房付きのタウンハウスなどを現代的な住宅に改造して住む人たちが増えてきているのである。

質の高い空間の開発

都心居住と郊外居住で共通して言えることは、都市の空間をどれだけ上手に使っていくかということである。日本人もかつては、空間の使い方が上手であった。例えば、歴史的、伝統的な祭りは感動的なシーンをたくさん持っており、だからこそ多くの観光客が押し寄せてくるのである。祭りというイベント空間のつくり方、使い方が上手なのである。ところが、近代の市民祭りなどは、空間のつくり方、使い方が下手になってしまった。日本人はもう一度、センスを取り戻す努力が必要だと思う。

私がヴェネツィアに住んでいた時に強く感じたことは、一年中といってもいいくらい祭りが多いことである。祭りには観光客も参加するが、主役はあくまでも市民である。空間の使い方はもちろん、演出も上手である。祝祭が町に活気を呼び起こしている感がある。元気な都市・ミラノでは、毎年四月にサローネと呼ばれる家具のフィエラ（フェア）が開かれ、世界中からバイヤーやデザイナーなどが集まって来る。フィエラは、都心部から少し離れた所にある見本市の常設施設で行われるのと同時に、都心部のいろいろなスペース、ディスプレー空間を使って、若手デザイナーの作品展示会も開かれる。

このように、見本市でも場所や空間の活用の仕方が上手で、都市の活性化につながっている。ヨーロッパでは、一九八〇年代から一九九〇年代にかけて空間のつくり方、使い方のセンスが磨かれ、現在の姿になっているのではないかと思う。日本もこれからは、一度できた空間や施設をよりよいものにしていく、あるいはその周辺をよくしていくセンスが必要である。

〝ミラノっ子〟の間で最も人気が高い所は、ナヴィリオ（運河）地区である。ミラノはかつて、東京と同じように運河を張りめぐらせた水の都市であった。大聖堂を建設する石材は、すべて船で運んできた。レオナルド・ダ・ヴィンチは、木の両開き式の閘門の改良案を考え、ミラノの水の都の機能を大きく高めた。

ところが、近代になってから東京と同じように運河を次々に埋め立ててしまった。幸いにも、三系統の運河は残っていた。現代になって運河が見直され、市民やボランティア、専門家、行政などが共同して辛抱強く再生・活用に取り組んできた。その努力が実り、ミラノの運河は魅力ある空間として蘇ったのである。運河沿いには、レストランやバール、ディスコ、ライブハウスなどが並び、若者たちの人気スポットになっている。また、かつて港湾労働者が住んでいた質素な住宅は、修復して再生され、洒落た集合住宅として蘇った。この住宅も人気が高い。

　運河が一本残っていただけで、このように大きな変化を遂げるのである。運河には、力がある。しかし、単に運河に頼っていただけでは、現在の活気あふれるナヴィリオ地区にはならなかったであろう。市民や行政がカヌー大会やリモコン大会、ダンスパーティ、骨董市などのイベントを企画して、毎週開催した。運河というシンボリックな場所でのイベントに、多くの市民が集まって来るようになった。人々が集まって来ると、この空間を再評価する動きが出てくる。再評価の中で、市民の人気もさらに高まっていく。このようなムードづくりも、ナヴィリオ地区の成功の要因のひとつであろう。

　運河沿いから少し郊外に行った所に、ミラノの〝新下町〟ともいうべき地区がある。ここは、もともと田園地帯であったが、職人さんの住まいやクリエイティブなデザイナーなどが移り住むようになり、新しい町が形成された地区である。家族経営の、ある照明デザイン会社では農場の一部を住まいと工場に使っている。ミラノには、旧市街地にも新市街地にも、ファミリー型の工房やショールーム、オフィス付きの家などがたくさんあり、それがこの町の魅力ともなっている。

　それと、ネットワークが大事である。ミラノの場合、建築家とデザイナーとが組んで会社経営を行い、顧客をつかむためのネットワークを持っている。特に、デザイン、ファッション分野は様々の業態に分かれているため、それをコーディネート、プロデュースする組織を持っている。そして、そのカギを握るのは、まさに人間なのである。例えば、ダウンタウンに一九三〇年代にできた町工場があったが、それをアトリエ付きの集合住宅に改造している例もある。私が訪ねたのは、セラミック・アーティストのアトリエ付き住宅である。彼の工房は町の中にある。こういう人たちが集まり、都市を活性化させていくのだと思う。このような人たちをダウンタウンに住まわせるため、アトリエ付き集合住宅への再生・転用が計画されたのである。コンプレックスをどうつくっていくかが必要ではないか。

ひとつの事例を紹介する。トリノのフィアット工場に、一九三〇年頃にできたアメリカ式のベルトコンベア方式の大量生産工場があった。リンゴットと呼ばれるこの工場は、機能を停止して久しかった。そこで、現代的な機能を備えた施設に改造する計画が立案された。コンペ方式を採用し、関西空港をデザインした建築家、レンゾ・ピアノが一等になった。彼は、古いものを巧みに生かしながら、屋上には新しい機能としてガラス張りの会議室やヘリポートをつくった。ここで、世界中のVIP、リーダーたちが一堂に会して、アルプスの山並みを見ながら優雅にディスカッションして、アイデアを練れる新しい空間をつくったのである。

ホテルもつくった。ここにはたくさんのショッピング空間がある。コンベンションホールもあり、大学の機能も備えている。工場があり、屋上には元の自動車工場の華であった車の走行テストコースがあり、それを会議室から見下ろすこともできる。このように、アイデアを駆使して、魅力的なコンプレックスをつくっている。

次に、もう一度、都市を歩く楽しさのある空間づくりについて、北イタリアのコモという町を事例に考えてみたい。コモは、ファッション、アパレル業界から世界的に注目されてきた町である。残念ながら亡くなってしまったベルサーチは、この町をこよなく愛し、自宅を構えていた。コモは、ベルサーチをはじめ、地場産業の絹織物や染色技術を生かし、現代的なデザインの商品を世界に発信している。もともと、コモの町自身に魅力があるのだが、一九七〇年代から今日まで徹底して歩行者空間づくりに力を入れてきた。

歩行者空間が充足している町は、お洒落である。公共側が歩行者空間づくりを支援して、各店舗などがその歩行者空間を育てていく心意気で自らの店舗をデザインしてディスプレー空間の演出を行っていく。その営々とした営みが都心部を活性化させ、魅力的な空間に変貌していくことにつながる。トリノのような大きなスケールの都市では、大きな柱廊のどこかに洒落たディスプレーがある。そういう空間では、ウィンドウショッピングを楽しみながら回遊する。

イタリアの底力とは

最後に、「底力」の話である。人々が訪ねてきたくなる町、もう一度、行ってみたいと思う町をどうつくっていくか。あるいは、来街者をどうもてなしていくかである。

ヴェネツィアは、行ってみたくなる、何回でも行きたくなる都市である。なぜ、人々はそう思うようになるのか。歴史的に考察してみると、ヴェネツィアでは「行ってみたくなる町」への演出に都市をあげて取り組んでいて、もてなし方がうまい。十八世紀頃の絵をみても、例えば国賓がヴェネツィアにやって来ると、市民あげてパレードなどのイベントで歓迎している様子が伺える。このようなもてなし方は、現代でも営々と続けられており、文化外交にもつながるのである。

ヴェネツィアは、列強国に囲まれた小さな都市であった。サバイバルの中で、ヴェネツィアのイメージを発信し続けるためには、文化外交が重要であった。ヴェネツィアは現在、コンベンション機能が充実した都市になっているが、歴史的な必然性であると言える。ヴェネツィアでは、国際会議、シンポジウムや学会、いろいろなイベント、映画祭、ビエンナーレ（美術と建築が交互に開催される）など、年間を通して様々な催し物がある。外国人がこの地を訪れるのは、ビジネスというより文化的な仕事で来ることが多いのではないかと思われる。いずれにせよ、ヴェネツィアにとっては経済活動につながることになる。こうしたことは、文化性をもった観光へとつながり、文化産業が都市を支えることになるのである。

都市が底力をつけていくためには、アイデンティティが必要である。そのキーワードは、「創造性」である。自分の底力を発見したり、プレゼンテーションしていく、アピールしていくことが必要である。グローバル化すればするほど、アイデンティティが欠かせない要素となる。人々を魅きつける経済活動が重要となり、文化と経済が融合した空間づくりが求められている。そして、組織も自治体も個人も、自分の表現力を身に付けていくことが必要となり、そのことが都市の底力を発揮していくことにつながっていくことになると考えている。

それはボローニャからはじまった

ボローニャは、観光上の有名スポットこそあまりないが、歴史と現代が絶妙に対話したエレガントで活気に溢れた都市で、イタリア人の間では住んでみたい所として評価がすこぶる高い。

このボローニャは、一九七〇年代の前半、歴史地区（チェントロ・ストリコ）の保存再生を都市づくりの根幹にすえ、革新的な政策を展開し、ヨーロッパにおける自治体のスーパースター的存在として輝きを誇った。そこで行われたボローニャでの保存再生事業は、従来の文化財としての町並み保存を大きく超えていた。本来、生活空間として優れ、コミュニティを育んできた歴史地区を再生しながら、古い都市を資本の側から住民の手に取り戻すことを大きな目的としていた。保存は従って革命である、とまで当時のボローニャ市は言い切って、市民の側に立った都市政策を推進したのだ。

平野に位置し、交通の要衝でもあるボローニャは、近代化を押し進めた。幾筋もあった運河は埋められ、田園を潰し郊外への都市の拡大もどんどん進行した。人口一〇〇万都市をめざすことも充分可能であった。特に戦後イタリアの高度成長期である一九五〇、六〇年代には、ニュータウン、郊外住宅地の建設が活発に行われ、多くの人々が古い街を捨てた。歴史地区の中心部は第三次産業化し、生活感を失いつつあった。一方、その周辺の庶民地区には経済力のない人々が残り、老朽化し、スラムに近い様相を見せていた。

ボローニャ市はこうした状況に危機感を覚え、都市発展のベクトルを大きく修正すべく、人々を歴史地区に再び呼び戻す政策をとった。都市と地域を混乱に陥れる量的拡大をやめ、歴史地区を中心に適性規模に収まった、個性的で質の高い生活環境を実現する道をボローニャは選んだのだ。真の都市再生であった。イギリスに始まり、日本でも注目されている「コンパクト・シティ」の発想を先取りしていたのがボローニャだったともいえよう。

具体的には、それまで農地を収容し郊外団地の建設に向けられていたローコスト庶民住宅のための公的資金を、法律を読み替えて、歴史地区の保存再生にあてるという方策をとった。文化財行政の財源ではなく、公営住宅供給の財源が用いられ、大規模に街区単位で古い住宅群の修復再生が進んだのである。そこが、文化庁、教育委員会の管轄のもとで進められる日本の町並み保存と大きく異なる。

サン・レオナルド地区、ソルフェリーノ地区など五つの庶民地区が選ばれ、それぞれ幾つもの街区に及ぶ広い区画を一緒に修復再生するという大掛かりな事業が行われた。

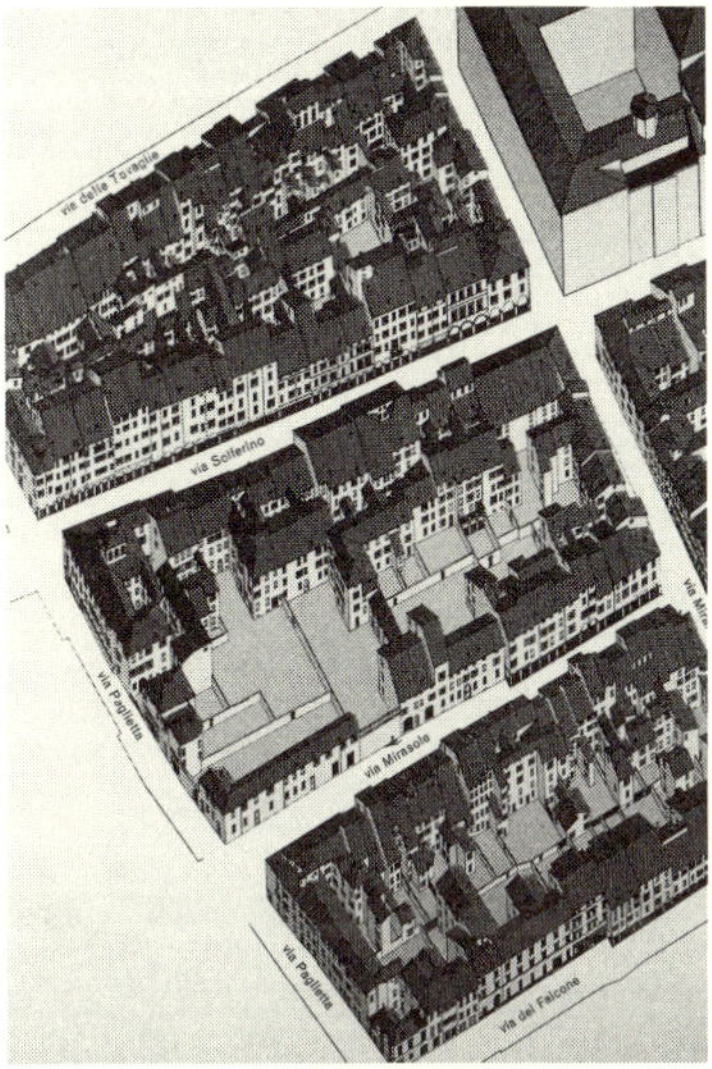

ボローニャの再生された庶民地区

七〇年代初めのヨーロッパには、ファサード（建物の正面）保存という考え方も広く見られた。街路に面するファサードは公共の財産なので保存するが、私的空間としての内部は快適で機能的な近代建築に置き換えるという発想である。ボローニャはその考えを覆した。建物の内部に見られる空間構成にこそ、歴史の中での人々の暮らしと結びついた論理があり、社会的にも文化的にも価値がある。しかも、間口の狭い敷地に一階前面にポルティコ（柱廊）を設け、奥へ伸びる庶民住宅の空間構成はなかなかよくできており、修復再生すれば、現代のタウンハウスとして快適に住むことが充分可能である。似たような構成をとりながら少しずつ異なる表情をもち、変化にも富んだこうした集合体や町並みは、画一的に建設される郊外のニュータウンよりはるかに価値がある。

こうした判断から、ボローニャでは、街区を埋める伝統的な住宅群がいかに形成され、どのような構成をとっているのかを、古い不動産関連の史料などを活用しながら、徹底的に分析した。イタリアで生まれた「都市を読む」ための建築類型学（ティポロジア）の手法が、古い住宅群の修復再生に初めて応用されたのである。

環境を損ねている近代の余分な増築部分を撤去しながら、様々な家族構成のタイプに合わせて幾つかの規模の住戸を想定しつつ、全体を住みやすい器として修復再生した。仮設的建物で占められ、あるいは放置され荒廃していた裏の空地を整備して、すぐれた環境を取り戻すとともに、街区全体の中央集中式暖房の配管のために有効利用した。

コミュニティの再生にとって、様々な住民が住むことが望ましい。一人住まいの高齢者、学生、若夫婦、一般の家族など、様々な住民を想定し、多様な住戸構成が実現したのである。それぞれの住戸タイプごとに、空間モデル図も魅力的に描かれた。元の住民ができるだけ近い住戸に再入居できるよう、配慮された。修復工事中、ある期間移動するにも、近くに仮住居を提供した。このようにコミュニティ、社会組織を守ることを目標として高く掲げた点も、ボローニャが取り組んだ保存再生事業の大きな特徴といえる。

一般に日本では、町並み保存というと、立派な町家などが並ぶゾーンから着手される。だが、革新自治体としてヨーロッパに名を馳せたボローニャは、それとは逆に、最も庶民的で荒廃しかかった地区を選び、住いの器として修復する戦略をとり、大きな成功を収めた。都市の再生効果は著しかった。

民間の事業者もまた、こうした歴史的建造物の修復・再生を手掛け、よりお金をかけた個性的でエレガントな住宅が供給されるようになった。八〇年代に入る頃、経済の復興でボローニャ市民はより豊かになったから、ローコスト庶民住宅の供給を目的とした公共事業としての修復再生事業も役割を終えたといえる。その助けを得なくとも、歴史地区における修復再生の活動は活発に行われ、古い都市の魅力はどんどん増している。

ボローニャにおける保存再生のダイナミックな実験の成功は、他の都市における歴史地区の修復再生にも大きな弾みを与えた。もはや郊外にではなく、チェントロ・ストリコに住むことの方が恰好がよいという価値の逆転が起こってきた。歴史的建物を現代のセンスで修復再生する方が、近代建築に置き換えるよりずっと個性的で豊かな空間をもてることを、誰もが理解するようになった。八〇年代以後、有能な建築家たちが修復再生の分野でどんどん活躍するようになり、そのデザイン手法も、ますます進化、洗練されてきている。様々な時代に改造された建物に潜むレイヤーを浮き彫りにするような修復方法も、今のイタリアに特徴的なものだ。

修復再生事業で蘇った庶民住宅地のコミュニティ

しかも、どの都市でも、歴史地区の広い範囲で歩行者空間化が進み、公共事業として街路の舗装や公共証明にも力が注がれ、昼も夜も快適に町歩きが楽しめる。歩行者化で車による犯罪が減り、安全性が高まったことも大きい。こうして都心が魅力を再び獲得し、都市に求心力が蘇ってきたのだ。

このような歴史的都市の保存再生は、イタリアの中でも豊かな中部、北部から始まった。しかし、後進的で都市の荒廃ばかりが目立った南イタリアにも、近年、都市再生の活発な動きが起こっているのが注目される。奇跡の都市再生を遂げつつあるナポリに続き、シチリアのパレルモ、シラクーザなどの歴史地区が魅力を取り戻しつつある。長靴の踵にあたるプーリア地方、バーリの海に突き出た半島状の歴史地区は、ちょっと前まで泥棒が多く危なくて近づけない場所であった。ところが近年、急速に再生が進み、イメージが大きく変わってきた。歴史の蓄積が豊かで、重厚な石造文化を誇る南イタリアだけに、ひとたび都市再生が軌道に乗れば、魅力ある空間が蘇る効果はさらに大きくなる。

　ボローニャから始まった都市再生の動きは、このようにイタリア各地の都市に潜む底力を引き出し、魅力的な生活の場を次々に実現して見せてくれている。

イタリアの魅力的な小さな町

コンパクトシティ

現在「コンパクトシティ」という概念は世界的に注目されているようですが、イタリアの場合は昔からそうだったといえます。とくに産業革命以降、効率や合理性を追求した大量生産・大量消費の工業化社会に乗り遅れたこともあって、中世の都市構造を基本とした、小さくまとまった都市構造が他のヨーロッパ諸国よりも残っていました。ですから、コンパクトシティという言葉自体は、イタリアでは使われていないのです。

そしてこの「都市」という言葉こそ、イタリアを語る重要なキーワードです。同じ理想や理念を持った国家というよりも、それぞれ多様な文化、個性を持った都市が国土の全体にちりばめられていて、その個性の総和によって、イタリアという国ができていると思うからです。

実際、ヨーロッパの中でもイタリア人ほど都市的な暮らしを好む人種はいないでしょう。そもそも古代ローマ時代から四階建てくらいの集合住宅に多くの人たちが住んでいたのですから、複数の家族が集住する形態は、彼らによってごく当たり前だったのかもしれません。

とはいえ、中世からごく最近までの間には、都市の形態や人々の都市での住み方や関わり方に、それなりの変遷があったことは確かです。とくに近代、産業革命以降は「大きいことはいいことだ」という感じに、都市の形態をどんどん変えていきます。

中世のイタリアは、丘の上や斜面、背後に崖が迫る入り江などといった場所に都市をつくりました。防衛しやすい自然の要害となる場所が求められたということと、衛生面でも、平野部ではマラリアなどの感染症が蔓延しやすいということがあったからです。ですから当時はそもそも、地形的な制約もあってあまり大きな都市を築くことができない、コンパクトな都市にならざるを得なかったのです。ローマ時代は逆に、技術と経済力を使って都市を計画的にどんどんつくっていったので平野部の方が良かったのですが、もっとも長く続いた時代として考えれば、イタリアはもともと「コンパクトシティ」だったのです。

それが近代になると、また大規模な産業開発が目指され、鉄道を通して、平坦な都市をどこまでも広げていくことが望ましいと考えられるようになった。それが一九六〇年代まで続きます。日本とまったく同じです。日本も沖積平野に都市をどんどん広げていくことは江戸時代から始まって、それが近代に極端に進んだわけです。その頃には世界のどこでも、コンパクトな都市は完全に否定されて、経済の成長と共に都市も拡大していくことが求められた。

そして、平野部を中心に経済的な発展が生じると、そこに労働力として移民がどんどん流入してきます。イタリアの場合は移民というよりも移住で、南イタリアや丘の上の町から大都市へと人口が移動してきました。それでミラノやトリノ、ローマのような平野部の町が膨れていく。一方、南部や山間部が過疎化していくという、これも日本と同じです。ただし、五—十年イタリアの方が早かった。

しかしイタリア人は、そういう大都市が好ましくないことに、七〇年代に入る頃に気づくのです。まず、どう見ても大きな都市はあらゆる面でクオリティが落ちる。日本のように公共交通が発達しなかったので交通渋滞もひどい。保健所の機能や治安維持、行政サービスもまったく行き渡らない。、またイタリア人は昼食時には自宅に帰って家族と一緒に食事することをごく当たり前に考えていたのに、住まいと職場が離れ、それもままならなくなってしまった。ライフスタイルが大きく変化せざるを得なくなってきたのです。しかも、一九五〇―六〇年代に経済基盤を担っていた大企業が世界的な競争の中で力を失いつつあったものが、一九七三年のオイルショックで決定的にダメになってしまいました。

ところが、イタリア全体としては経済的に強烈なダメージを受けてはいませんでした。大企業に代わって、エミリア・ロマーニャやヴェネト、トスカーナなど、主に中北部の地域に存在する州の中小企業ががんばっていたのです。「第三のイタリア」という言葉が出てきたのもこの頃です。これは、それまで経済基盤を支えていたミラノ、トリノ、ジェノヴァの産業三角地帯を示す「第一のイタリア」と都市化に遅れ貧しい地域であるとされていた南イタリアを指した「第二のイタリア」という言葉に対して使われるようになった言葉です。

そして新たに経済基盤を担うことになった中北部の地域には、家族経営を基本とする起業家精神に溢れた中小企業が育っていました。ファッションやデザイン、食品関係など、ある種特化した産業が、世界に発信できる、付加価値の高い現代的な製品をつくり、イタリアの経済を回復させていくのです。

そうなると大都市はもうダメです。中規模な都市、つまり人口が一万人から四十万人程度の都市こそイタリアの中心になって行く。そこにクリエイティブな人材が集まってきて、十分仕事ができる状態が生まれてきました。イタリア人にとってはもともと好ましいライフスタイル、自分たちのアイデンティティが保てる規模の都市が、経済をつくり、そして文化をつくっていく場として元気を取り戻してきた。それが八〇年代の初めで、この辺りからが、今日的な意味でのコンパクトシティの始まりといえるかもしれません。

「チェントロ・ストリコ」からの都市再生

一方で、七〇年代には、城壁で囲まれた、十九世紀中頃までにつくられた都市の中心部、これをイタリア語でチェントロ・ストリコというのですが、いわゆる歴史的な中心市街地を保存再生する動きが出ていました。やはり、コンパクトシティを考える時にもっとも核になるのがこのチェントロ・ストリコだと思うのですが、そうした歴史的な集積の高い場所を保存すると同時に、再生のためのいろんなプログラムが準備され、都市を再びコンパクトに戻そうということが各地で始まるのです。つまり、これまで郊外へのニュータウン開発に回していた公共投資を都心の再生につぎ込むというように、政策を変えたのです。この先駆けとなったのがボローニャで、一九七〇年代前半に実験的に行った保存再生事業が大成功する。都市にはもう人口を増やさない、移住者の受け入れもやめるということをしたのです。

それまではみんな、十九世紀後半から二十世紀前半にかけて建設された郊外の町、近代都市計画によって考えられたいわゆる「輝ける都市」といった新市街に暮らしている人が多かった。町もきれいだし、行政サービスも行き届いているし、しゃれたブティックもカフェもあるといった感じで、新市街の暮らしの方がステイタスが高いというイメージだったんです。とくに南イタリアではそれが顕著で、チャントロ・ストリコは、歴史的ではあるけれど、ごちゃごちゃでアラブの都市のような非常に入り組んだ空間でした。当然、車は使いにくく、当時の、とくに北ヨーロッパの都市空間モデルからすれば失格のところばかりだった。ですから、お金持ちやインテリ層がどんどん郊外に出て行ってしまったのです。それに伴い、ますます荒廃が進み、犯罪の温床のような空間になっていく。観光客は、常に犯罪の危険を感じながら古いモニュメントを訪ねるというような状況でした。

それともう一つ重要なのは、一九八五年にガラッソ法という風景に関する法律ができたということがあります。

イタリアの場合、ヨーロッパの中でもとくに都市と農村（田園）の関係にメリハリが効いていて、経済や産業、そして景観的にも中世のころからお互いが支え合って一つの自立した町としての関係を築いてきたところがあるのですが、近代になると都市の膨張と、それに伴うニュータウン開発などによってその関係が危うくなってしまったのです。それで、やはり七〇年代後半から八〇年代にかけてその関係をもう一度立て直す、田園の豊さをもう一度見直そうという感覚が広がってきた。また同時に、田園の中に広がっている小さな集落や町を評価する。つまり、都市も田園も、そしてそこにある集落も含めて、人間が築いてきた秩序だった空間であることを認め、それぞれの空間を都市を研究するのと同じように、歴史的価値や開発の歴史、資源・資産などを調べて、分析する研究が進んだ。そのうえで保全と開発を考えて行こうという、それを風景計画というのですが、都市の土地利用詳細計画のようなものを田園にもつくるようになった。

ですから、一つはチェントロ・ストリコを中心に、古い歴史的な建物や空間、環境の良さを生かして再生し、都市を魅力ある舞台にする整備、これを七〇年前半から行ってきたこと。そして八〇年代からはとりわけ郊外の田園、自然の豊かさを現代的に生かすということを行ってきたことで、都市と田園がもう一度ジョイントするという、そんな、都市だけではない、田園空間を含めたコンパクトなまとまりのある都市のあり方が、イタリア的なコンパクトシティなのだと思います。

南イタリアの底力

そして、そのように社会基盤が転換してきた時に、今まで完全に遅れていると思われていた南イタリアの都市が輝き始めた。あまり都市化されていなかっただけに、有機的な都市と田園のつながりが強く残っていて、それがメリットとなってきたのです。産地と消費地が近いために、アグリトゥーリズモやスローフードをうまく取り入れて、農村といっても単に田舎的なものとかノスタルジーを売りにするのではなく、とくに経営感覚を持った試みの中から、都市との結びつきで時代の最先端を行くものを誕生させることができるようになっているのです。

また一九九〇年代からの傾向ですが、かつてドイツやスイス、そしてイタリアの北部に移住していった人々が、また南に戻ってくるという現象が起きてきた。そういう人たちがまた新しい刺激やライフスタイル、経営感覚を持ち込んでくる。従って、地域が過疎化して寂れて行くという状況がだいぶ減って、イタリア全土で人口が安定してきたのです。

そんな中で近年もっともその姿を大きく変えているのは、ナポリを始めるとする南イタリアの都市なのです。とくにこの二十数年の間の変化には目を見張るものがあります。最近では町並みもきれいに再生されて、居住者も増加したことで、治安も本当によくなっている。そもそもナポリは古代ギリシア時代に拓かれた都市としての都市構造を残す驚くべき町で、イタリア国内でも有数の、膨大な歴史的ストックを有する魅力的な都市です。ですから最近は、みんな古い町が再評価されてきていて、夕方から晩にかけて、食事をしたり散歩を楽しんだりしています。海岸近くの町だと、たいていは海辺にチェントロ・ストリコがあって、そういうところを多くの人々が散歩している。ちなみにイタリアではこの「パッセジャータ」と呼ばれる散歩がとても大切な習慣なのです。だいたい夕方六時から八時半くらいまでの間にみんなが同じストリートに集まってきて行ったり来たりする。そういうことをしながら、町に愛着を持ち、自分たちのアイデンティティ、拠り所として町を認識していくのです。そんな習慣が戻ってきたことは、都市にとってはとても大切なことなのです。

自立した都市のネットワーク

そして、やはりコンパクトシティの一つの重要な条件には、自分の都市で経済活動をプロモートして、広く発信する能力をどれくらい持てるかということがあると思います。その点はイタリアの都市は結構そういうことが得意で、たとえば中規模の都市であっても、たいていは独自にフィエラと呼ばれる見本市会場を持っています。そこで産業市を開催して、世界にアピールしていくのです。たとえばヴェローナなら農業系で、ワインやあらゆるグルメ産業が得意です。大理石の産地としても有名です。ボローニャはニットや建築材料、さらに児童書などもそうで、「国際絵本原画展」は絵本作家の登竜門として世界的な権威をもっています。ヴィチェンツァは金の加工で、これは世界の三本の指に入るほどの産業で、この町はとんでもなくお金持ちなのです。そういう風に経済的に自立している。

とはいえ、一つひとつの都市が剝き出しのままで自立しなければいけないというのは、なかなか難しいことです。限られた地域の中になんでも備えなければならないというのはまずありえない。その点、イタリアでは「レジョーネ」、つまり州や地方単位のネットワークがとても強いのです。それなりに自立した、魅力的な個性を持った都市が複数あって、それらがつながって一つのレジョーネを形成している。もちろん、都市ごとにはいい意味での競争があるとは思います。しかし、たとえばヴェネト州はもともと、かつてのヴェネツィア共和国の領域です。ですからヴェネツィアに権力の中心があって、周辺のパドヴァやヴェローナやヴィチェンツァなどの町は、基本的にヴェネツィアの支配と庇護のもとにあるという歴史的背景を引きずっている。それぞれの都市はかなり自尊心も自立心も強いけれども、同時に、ヴェネツィアという世界的にも高度な文化を持った都市の影響を受けているということをプライドとしてもいるのです。それが現在でも続いていて、そういう中で文化的・経済的なまとまりを持って持続しているわけです。

ですから、日本のように東京に一極集中してしまうようなことがないのです。だいたいどこの都市でも、歩いて、あるいは自転車に乗って移動するくらいの範囲にたいていのものは揃っている。買い物をするための商業施設だけではなくて、おいしいレストランがあり、カフェがあり、ギャラリーがあり、魅力的な広場があって人と出会えるとか、そういう都市的なクオリティが小さな町でも成立している。日本でいえば利便性が高いということになるのだと思います。しかし、ある特定の場所に行って買い物をするだけではなくて、空間そのものを豊かに体験したり、効率や経済性だけでははかれないものがあるからこそ、魅力的なのです。

最近では日本でもコンパクトシティを目指すという自治体が出てきているようですが、ではどういう都市像を目指しているのか、本当はまずその辺りからきちんと検証して見た方がいいのかもしれません。一九六〇―八〇年代には、みんなあまり抵抗なく郊外に出て行ってしまったけれど、江戸の町や昭和の初め頃までの東京ではイタリアと同様、人々が都市に住む魅力を感じていたと思えるし、日本人のメンタリティとしては都市の生活の方が好きなのではないかと、私は思っているのですが、その辺りがよくわからないというのが実情です。ただ、最近の東京などを見ていると、都心居住が進んでいるといっても、大きいマンションばかり建ててしまって、結局、古いものがどんどん壊されて歴史の断絶がますます強調されています。そうなってしまうと、都市に暮らすことにあまり意味がなくなってしまうようにも思うのですが。

歴史的ストックの活用法

古代ローマ以来の長い歴史を誇るイタリアの都市では、様々な時代のストックが豊かな生活空間を形づくっている。ちょうど日本と同様、戦後の高度成長期には古い町並みがどんどん破壊されたが、その反省を経て一九七〇年以後は、ストックを生かした町づくりに大きく方向転換したのだ。しかも最近では、古い建物の修復・再生（イタリアではレスタウロと呼ばれ日常会話の中でもよく使われる）のセンスと技術にますます磨きがかかり、歴史と現代が共存するいかにもイタリアらしい魅力ある建築空間に各地で出会えるようになっている。幸い一九九一年の四月まで一年間、再びヴェネツィアに滞在し、そのまわりのヴェネト州の都市における人々のライフスタイルを調査することができた。そこで見聞した具体例を挙げながら、「社会的ストックとしての建築」の意味と可能性を考えてみたい。

ロミオとジュリエットで有名なヴェローナはまた、古代ローマの円形闘技場（アレーナ）を活用して夏の間、野外オペラを催し、世界中の人々を集めることでも知られる。まさにストック活用の象徴的存在だが、さすがにこの町には、歴史的要素を生かした最近の建築デザインも数多い。地下から古代の別荘の美しい床モザイクが発見されたヴェローナ庶民銀行では、それを保存し、上を吹き抜けとして一階のホールから見下ろせるように構成し、人気を集めている。こうした古代との対話は実は、ヴェローナの町のあちこちで経験できる。中央部のエルベ広場に面するあるブティックでは、やはり地下四メートルほどの所から発見された古代広場の縁石や壁の石をそのまま利用し、若手建築家のデザインによって見事なファッション空間を実現しているのに驚かされる。

ヨーロッパでも町並み保存の初期の頃には、歴史的都市のイメージにとって大切なファサードだけを保存して、内部は近代建築につくりかえるという例が多かった。ところが、近代建築の限界が認識されるにつれ、古い建築内部の空間的面白さが高く評価されるようになり、そこにしかないユニークな素材を生かしたデザインを建築家が意欲的に手掛けるようになった。まさに「ストック」が生かされるようになったのだ。歴史の物語を織り込んだ古い建築は、人間の感性や身体に自然に語りかける独特の存在感があり、現代の建築がどんなに頑張っても勝てない魅力を秘めている。

素晴らしい水の町、トレヴィーゾの運河に面して、やはり地元の銀行が修復・再生（レスタウロ）した面白い作品がある。もともと水運が活発だった時代には舟から直接荷揚げをする商館だった建物だ。外部ではその水との繋がりがさらに演出され、内部は一、二階に現代美術のギャラリー、三階に屋根裏の形を生かしたホールをもつ複合建築として蘇った。水の町の記憶と結びつく歴史的な建築がこうして現代的な機能をもった器として活用され、人々に愛着をもって使われているのは、うらやましい限りだ。デザインしたのは、カルロ・スカルパのもとで学び、よきパートナーでもあった地元の建築家ジェミン氏である。歴史的な建築を、その特徴を最大限に生かして魅力ある現代の空間に蘇らせることの面白さを初めて見せてくれたのがスカルパだった。ヴェローナの中世の城、カステルヴェッキオが、彼の素晴らしいデザインで市立博物館となったのは、一九六〇年代のことである。歴史的ストックの中から豊かな可能性を引き出し、現代に生かすのは、まさに建築家の腕にかかっている。

建築の設計や都市づくりにとって、企画・アイデアがますます求められる時代になっているが、古い建物の活用となると一段とそれが必要だ。個人の発想の自由さを尊ぶイタリアだけに、その点でも実に面白い例が多い。

よく見るのは、貴族の館の裏に続くかつての馬屋がオフィス空間として利用されているものだ。庭の緑もあるし、静かで落ち着く。最高の贅沢の一つだろう。やはり貴族の館の裏庭に面する十九世紀の温室が住宅に改造されたヴィチェンツァの例も、目を奪う。建築家が自邸としてデザインしたもので、馬屋の方は、事務所空間に使われているのだ。

ストックの活用を説く書物は、イタリアでは本屋の店頭にたくさん並ぶ。それを実践する人々も最近、ますます増えている。田舎屋を買って自分の思い通りに改造し、住まいや別荘として活用する例もよく見られる。何でもない質素な農家の建物が、工夫次第でなかなかいい田園の住まいに生まれ変わる。ストックの活用は、もちろん長い目でみた経済の観点からのメリットがあるのは言うまでもないが、それを押し進めるのは、やはり経済の論理より我々の生き方の価値観にかかっていると思われる。

ヴェネツィアでは、十九世紀のビール工場を市営の集合住宅に改造する興味ある事業が行われた。煙突がここでは避難階段に利用されるのだ。近年、イタリアでも近代初期につくられた、いわゆる「産業考古学」の対象になる工場や倉庫への関心が急速に高まっている。これらの重要な社会的ストックは、内部空間が大きいだけに、現代のニーズに合わせていかようにも新たな機能を持ちこむことができるのだ。このように今のイタリアは、アイデア次第でストックの活用には大きな可能性が広がることを、迫力をもって示してくれる。

日本の現代建築は、世界的に見ても確かに華やかに展開している。だが、たいていの作品は一時的には注目を集めても、しばらくすれば次の新しい建築に話題性を奪われ、色褪せていく。建築がこうして消費の構造に巻き込まれていては、いつまでたっても風格のある都市の風景が生まれないばかりか、建築への社会的信頼も育たないだろう。それに対し、古い建築は人々の記憶や思い出としっかり結びついて存在する。その重要な建築ストックを現代の技術で蘇らせ、都市の中に保存することは、今後の質の高い町づくりにとって、最も重要な課題といえるのである。

都市を読む

「都市を読む」とは

私の専門は建築と都市の歴史研究ですが、イタリアを起点にしてイスラーム圏も含む地中海世界を調べる一方、中国へも関心を広げ、同時に東京を研究してきました。常に比較の視点を大切にして、日本の身近な問題を考えたいと思っています。

「都市を読む」という発想にこだわっていますが、まずそのことをお話したいと思います。

日本では、「町並み」とか「町づくり」という言葉をよく使いますが、これは英語にもイタリア語にも訳せない、いかにも日本的な言い方なのです、やや曖昧ですが、大変包括的で便利な言葉です、逆に、イタリアや他の欧米諸国で用いられている都市関係の論理的な言葉が日本語にならない、ということがよくあります。日本でも、もう少し既存の都市の持っている本質を理解するための方法を議論する必要があると思います。

「都市を読む」ということが一九七〇年代から日本でも言われるようになり、私も積極的にそれを主張してきましたが、大きく見ると二つのアプローチがあると思います。

一つは、イギリスからはじまり日本でも広く使われるようになった「タウンスケープ」というアプローチで、街路からの見え方が中心となります。街路の両側に建物が並んで、町並みをつくっている。目に見える三次元の空間を視覚的に理解します。イギリスのピクチャレスクな美を評価する価値観とも繋がっていたのだと思います。街路沿いの景観が重視され、歴史的都市の保存にも結びつきました。日本の「町並み保存」にもその発想が大きな影響を与えたと言えるでしょう。

もう一つは、イタリア流の「都市を読む」考え方です。後に詳しく述べます。

日本では、一九六〇年代後半から七〇年代前半にかけて、デザインサーベイというムーブメントがありました。そこにはタウンスケープ的な発想もありましたが、住宅群、集落の平面を実測し、図化しながら、その集合の美しさを探るという発想に特徴がありました。空間を平面的に見る視点がありました。それは日本人には馴染みのあるアプローチだったと思います。なぜならば、住宅の間取りとして平面図を描き、また平面の形式で分類する民家調査の伝統があるからです。ところがヨーロッパ人は、外観、ファサードの形式にこだわり、オーダーなどの様式からアプローチして建築を理解する伝統を持ち、住宅のプランの変遷にこだわる発想を日本人ほどもたなかったと言えます。

ただし、日本においては、七〇年代初頭、民家調査やデザインサーベイの方法にも行き詰まりが感じられました。民家調査は単体の民家のレベルに終始していましたし、デザインサーベイは歴史軸を欠いていて、都市のダイナミックな形成・変化を扱う視点を持ちえませんでした。私は、住宅とか住空間、地区の構成、そういうものが歴史的にどのように形成されてきたのかを調べようと思い、その経験が豊富なイタリアに留学しました。自分が一番やってみたいと思っていた「都市を読む」研究の蓄積がそこにはありました。

イタリア流の研究でまず面白かったのは、従来、新しい建築の設計や計画の理論、方法を研究していたcomposizione architettonicaの分野で、既存の都市空間の質の分析、評価を意欲的に展開していたことでした。白紙の状態に建てるか、壊してはつくることしか考えない当時の日本の建築理論に慣れていた私にとって、まさに目から鱗が落ちる感じで、大変新鮮でした。

既存の空間、既成市街地（日本語でこう言ってしまうと味もそっけもないのですが）、そういうものを解いていくことがじつは非常に重要なのです。七〇年代に入って日本でも広がってきた景観論、風景論も、それを志向する面を持っていました。これらは、新たにつくるということより、むしろ自分たちのまわりを包み込んですでにできあがっている、馴染んだ歴史のある景観、風景を問題にしていました。日本にとっては、大変新鮮な発想だったわけで、じつは「町並み」も同じような意味を持っていました。イタリアのcomposizione architettonicaがはじめた、すでにできているものの組み立ての原理を理解していくことに近い内容が、景観論や町並み論で模索されたのです。

しかし、日本の「町並み」の理解は、その後、方法論的にあまり深まらなかったように思います。「都市を読む」方向になかなか進展しないのです。

日本では、「都市を読む」発想は、じつは文学の領域から出てきました。彼らの方が風景に対する感受性が先にありました。日本の建築教育、建築理論は、やはりつくることばかり追い求めましたので、これが遅れたわけです。日本でのフィジカルな専門分野としては、建築よりも土木工学から先に、景観学、風景学が出てきたという事実は面白いと思います。ヨーロッパには、先に述べたイギリス風のタウンスケープ的なアプローチと、都市空間の構造をより内部にまで立ち入って、しかも歴史的に見ようとするイタリア的なアプローチとがあります。最近、ヨーロッパの研究者がよく言うようになったのは、モルフォロジーとタイポロジーの二つを組み合わせた見方です。やはり表側の見える世界をもっぱら扱うタウンスケープだけだと限界があるのです。空間の構造にまで入っていけない。といって、イタリアのように、平面の分析ばかりやっているのも限界があります。ミックスする必要があります。

日本では「町並み」で何でも意味してしまいますが、イタリアでは、tessuto urbano（テッスート・ウルバーノ）という言葉がよく使われます。非常に重要な概念ですが、日本語には大変訳しにくい言葉で、「都市組織」という他ありません。英語ではurban fabricとしてよく用いられます。町家があり、敷地割りがあり、街区があり、街路のネットワークがあり、場合によっては川や運河が流れている。そういう多様な要素によって編目のようなかたちで組み立てられている織物（fabric）なのです。都市の織物、あるいは布地なのです。縦糸と横糸からなる織物、あるいは布地を都市にアナロジーとして当てはめたものです。また、細胞が集まり、骨格を持って都市ができている、そういう生物になぞらえる発想もそこにあります。

こうしたテッスートを構成している建築、住宅というのは、やはりその地域固有の、そして時代ごとのある型をもっています。どこの国の事例を見ても、そうなのです。住んでいる人の階層、生業、あるいは時代のライフスタイル、人間関係など、さまざまな要因が深く関係してきます。こういう住宅の型をタイプと呼んで、その成立、変化をテッスートと結びつけて考えていく。それが建築のタイポロジー（建築類型学、イタリア語ではティポロジア）です。

たとえば、京都の町家、東京の戦前の長屋など、明快な型を持っています。そのタイプの在り方を、都市のコンテクストの中で見ていくのです。こうした発想で、ヨーロッパの住宅史を見ていくと本当に面白い。ローマ時代のポンペイのドムス型住宅群、中世都市の町家群、バロック時代のローマ、十九世紀のパリなど、みんなテッスートとタイプの見事な組み合わせを見せています。

「町並み」と漠然と言っていると、こういう発想になかなか入っていけません。日本でも「都市を読む」用語の概念規定を深める必要があります。私自身、このようなイタリアで学んだ発想を、地中海都市、中国都市、そして東京などに応用して、いろいろなことが見えてきました。しかし同時に、町を歩いて見える視覚的な効果も重要で、タウンスケープの発想も取り入れています。いずれにしても、日本において、町並みをとりまく世界、領域の調査・研究、そして実際の計画に結びつく方法をより深く耕すことが求められていると思います。

計画された空間と生きられた空間

十五世紀後半に画家カルパッチョが描いたヴェネツィアのリアルト地区の絵には、ルネサンスを迎える直前の中世末の、この水の都の中心、カナル・グランデの最も華やかな水辺の風景が見てとれます。その画面左上に注目すると、なんと、竿を出して洗濯物を干している光景が見られます。まるで上海とかシンガポールの庶民地区と同じような風景なのに驚かされます。

ヨーロッパの集合住宅では、ベランダに洗濯物を干してはいけないと言いますが、それも近代にできた発想ですし、道路に沿う壁面をピシッとして、公的空間と私的空間の区分をはっきりさせるという考え方は、十八―十九世紀以後のことなのです。中世、ルネサンスの頃のヴェネツィアというのは、こんなにおおらかで、ある意味ではアジアと共通していたとも言えます。どちらが良い、悪いということではなく、ヨーロッパにもこういう時代があった、中世のヨーロッパというのはけっこうアジアの空間とも似ていたのではないかと思うのです。

ここで考えたいのは、都市の存在の仕方でして、「計画された都市」と「生きられた都市」という点です。「生きられた都市」というのは、多木浩二氏が示した考え方です。

建築の側から都市の歴史を見るのに、都市計画史と都市形成史とをまず使い分けたいと思います。そして、文系で歴史を専門にする人が研究するのは、ハードというよりソフトが中心となる都市史です。この三つの関係を理解することが重要です。

藤森照信氏が明治の日本の都市計画史を見事に描いてみせました。明治政府や財界はいかに都市を構想したかがよくわかります。あるいは、震災復興事業の歴史なども、都市計画史でその蓄積もだいぶできています。それに対し、実際にスラムができたり、盛り場が生まれたり、都市が演劇性を持つとか、人々の暮らしから出てくる都市のフィジカルな環境がどうできたかは、形成史なのです。盛り場というのは、計画された学園都市やニュータウンにはないわけで、生きられた都市にできるものです。地中海の迷宮都市も生きられた空間と言えます。計画された都市と生きられた都市がうまく組み合わされ、バランスがとれたものがじつは魅力があるのです。計画都市ばかりだと、息が詰まってしまいます。

そしてもう一つのポイントは、生きられた都市の中にも、実は本質的な意味での計画性があるということです。われわれは、近代のすっきり明快にできているグリッド・プランや幾何学形態の都市を計画都市と言いがちですが、複雑な生きられた都市に、本当の意味での知恵が働いていて、理に適ったロジックがあるのです。芦原義信氏が、一見、カオスのように目に映る東京には隠れた秩序があるというのは、まさにそれです。古い文明を持ち、さまざまな要素が複合化している都市。そこでは、多様な要素が見事にネットワーク化され、柔らかく構造化されて、うまく機能している。そういう複合性を持っているのです。こうした、近代の単純な計画都市にはない、生きられた都市の計画性とも言える原理、秩序を理解することが必要なのです。

私は、いい都市には三つの複合性があると思います。一つは、ゾーニングが明確になされた近代都市とは異なり、機能が複合化しているということ。次に、スケールの複合化。人間しか通れないような狭い道から広い街路や華やかな広場に踊り出る。高いボリュームのあるモニュメントの裏に、路地があって、感受性に語りかけ、気分を変えてくれる。そして最後に、時間が複合化していること。いろいろな時代の異なる価値観でできた空間が、あるいは建物が混在し、変化のある表情をしている。

そういう三つの複合性は、迷宮都市、あるいは生きられた都市の方があります。計画された都市は、比較的均一で、スケールも変化に乏しく、時間も入っていない、無理やり商業コンプレックスをつくってみても、あまり複合化しません。したがって、既存の市街地、あるいは町並みを生かしながら、そのコンテクストを考えていい空間をつくっていくことが重要になるはずです。

コンテクストを考えた空間づくり

それと関連して、イタリアをはじめ欧米の専門家と付き合っていると、「リ(ri)」や「レ(re)」という言葉がたくさん出てくるのに驚かされます。レスタウロ(restauro 修復)、リクーペロ(ricupero 回復・再生)、リストゥルットゥラツィオーネ(ristrutturazione 再び構造化すること)、リシステマツィオーネ(risistemazione 再編成すること)など、いろいろあります。どれも、すでに存在する、ある魅力を持ちながらも老朽化し、問題を抱えている空間に手を入れて、蘇らせ、魅力を高める、再生する。そういう行動、活動が本当に多いのです。日本では、再開発というふうになって、イメージとしては、クリアランス型になってしまいます。リストラも本来はいい言葉なのですが、日本では悪い響きになってしまっています。

このような「リ」や「レ」がたくさん出てくるというのは、既存のコンテクスト、都市のファブリックへの関心が高いことを物語っています。日本風に言えば、町並みを意識するということです。実際の都市や住宅地の形成をみていくと、歴史的には、この繰り返しなのです。近代になって、みんな忘れて、全部壊してしまう発想が強まったのです。しかし、最近では発想が大きく転換し、たとえば、中部イタリアのプラートでは、戦後、城壁の外に家族経営の小さい工場と住まいが一体となったゾーンが形成されましたが、すでに五十年たって、ある種のアイデンティティを持った重要なゾーンだと認識され、その空間的な特徴を生かして再生する計画が進んでいます。

郊外や田園の中に新規に開発するのは一つの建設アクションですが、同時に、一度できたところをもう一度見直して、クオリティを高めるという重要な建設アクションがあります。既存の構造を持ったなかに入り込む、という意味で、イタリア語では「インテルヴェント(介入)」として都市計画や修復事業の中で昔からよく使われますし、英語でも「インターヴェンション」という言葉をよく聞くようになりました。そういう発想があってこそ、町並みを本当につくっていくことに繋がると思います。

日本でも都市をどんどん拡大してつくっていく、という時代は終わっていると思います。これまで、皆がつくってきた空間の、都市のあり様をもう一度きちんと見て、町並みを読む、都市を読む作業を行ない、コンテクストを生かしたインテルヴェントを考え、質の高い再生、開発を行なうという方法論が必要になっていると思います。

以上のことを頭に置きながら、意味のある世界の町並みの事例を具体的に見ていきましょう。

古代ローマ都市とアラブ・イスラーム都市

まず、古代の計画的にできたグリッド・パターンのポンペイの住宅地を見ましょう。東西道路が広くて強い軸で、一方の南北道路が狭く、人通りが少ない。時代とともに、東西の主要道路には、店が並びはじめ、より公的性格を強めました。表側の賑やかな商店街と裏手の静かな住宅地のメリハリが生まれました。さらに面白いのは、東西軸と南北軸が交差するいくつかの地点に、公共の泉（水道）が設置され、人々の集まる賑やかな界隈が形成されたことです。しかも、それに接する角地の建物には、タベルナという軽食と酒も含む飲み物を売る店がつくられ、この一角が広場のような役割を果たすようになったのです。

こうして、もともとは何の変哲もないグリッド状の道路網からなる市街地に、徐々に意味が加わり、生きられた空間がつくられていきました。大きな権力のもとに生まれた計画都市も、やがて面白いスポットをいくつも生んでいくものです。

年月をかけてつくられた複雑な構造を持つ生きられた都市の例は、地中海世界に数多く見られます。なかでも極めて迷宮性の強いモロッコのマラケシュの中心部の一角を取り上げてみましょう。

ヨーロッパの都市のような四面道路で囲われた街区というものが見当たりません。まず目立つのは、小さな店舗が両側に並ぶ商業軸のスーク（バザール）です。そこは外国からも大勢の商人、旅人が来るインターナショナルな外に開かれた空間です。一方、住民はよそ者に侵されず、安心して暮らせる住宅地を必要とするので、スークのすぐ裏手に広がっているのに、その側からは入れません。ちょうど反対の側に住宅地への入口をとり、長い袋小路をたどって、住宅にアプローチします。そして、公的なスークと私的な住宅地への入口の中間ゾーンに、モスク、噴水、公衆浴場、公衆トイレが設けられ、スークで働く人々と住民の両者が使う共有の都市施設となっているのです。非常にイレギュラーな都市に見えるのですが、見事な計画性が見てとれます。

住宅の内と外の関係も面白くできています。袋小路の道路は、壁が連なるそっけない表情ですが、一歩、扉を開けて中庭に入ると一転し、中庭のまわりに、美しく居心地のよい私的な住空間が実現しています。ここでは、すべてが中庭型の住宅なので、町並みといっても、素晴らしいファサードを持つヨーロッパ都市とは違って、むしろ内部に美しさを秘めているのです。そういう都市がアラブ・イスラーム圏には多いのですが、スペインばかりか南イタリアでも、内側に素晴らしい私的な空間が隠されているのをよく見ます。町並みという言葉も、再考してみる必要がありそうです。

アラブのスークの中でも、最も迫力のあるのが、シリアのアレッポのスークでしょう。大モスクを中心に、実に多くの要素が密度高く都心に集積して、活気のある空間をかたちづくっています。正確には、道をはさんで両側に店舗が並ぶ空間のユニットが一つのスークで、それがたくさん集まって中心の商業センターを形成しています。その全体もスークと呼びます。店舗群の裏に、中庭形式のハーン（キャラバンサライ）という隊商宿がいくつも配置され、そこがまた人々の交流する場にもなっています。表通りは、非常に密度の高い小さな店舗がいっぱい並び、その背後に広々とした開放感のある施設があって、空間的に巧みなヒエラルキーがつくられています。

機能、スケール、時間のすべてが面白く複合化し、密度の高い都市組織（テッスート）をかたちづくっているアレッポのスークは、都心に賑わいを生み、回遊性のある集客力のある空間をどうやってつくるかという、日本の町が抱えている問題を考えるにも、おおきなヒントを与えてくれると思います。

袋小路をもつ南イタリア都市

街区の在り方を見ると、ヨーロッパにも二つあるような気がします。普通のパターンは、日本や中国も含め、世界の多くの地域にある、四周を道路で囲われ、内部を敷地に割って、それぞれに一個ずつ建物を並べていくものです。隣どうし壁が接する、あるいは共有するか、離して建てるかは地域によって異なりますが。ただし、コミュニティの形成は、こうした街区が単位になるのではなく、道を挟んだ両側の住宅群、町家群が一つのまとまりとなります。とくに京都はその典型ですが、一方、ヨーロッパでの道を挟んだ単位は、それほど強いコミュニティを生んでいるようには見えません。

それに対し、地中海世界の南ヨーロッパには、袋小路がたくさんあり、それが絆の強いコミュニティを成立させる役割をしてきました。南イタリアでは、こうしたところに成立する隣近所のコミュニティのことをヴィチナート（vicinato）と呼び、生活の中で非常に大切にしてきました。

プーリア州のチステルニーノという町の旧市街地にも、袋小路がたくさんあって、そこがコミュニティ・スペースとなっています。外階段やバルコニーがたくさんあり、壁面線も変化に富んで、面白い景観を生んでいます。アラブの中庭側に表情があるのとちょっと似ています。実際、数戸の家族が共有する中庭といってもいいでしょう。袋小路を囲う住居は、どれも穴蔵のように三面が壁で、入口の側に開くのみなので、この外部空間への依存度が高くなり、そこに人々の生活のあふれ出ることになります。

シチリアにおける中世都市アグリジェントと近世的なメンフィの比較は興味深いものです。中世には、地形に応じたイレギュラーな都市組織の中に、袋小路の空間ユニットがたくさん存在していますが、そういった住み方の歴史的な経験の上に、近世に計画的にできたメンフィでは、道路網をグリッド状に整然とつくりながらも、街区の内部にはヴァナキュラーな袋小路を囲む住宅群を詰め込んでいるのです。

異なる発想からなる二つの次元が、ここでは面白いかたちで共存しています。公的な空間が近代の明快な原理で整然とつくられても、身近な環境においては保守的に、自分たちが馴染んできた人間関係や生活空間の在り方を維持したのです。庶民の生活を守るために、住居が公道にむき出しに置かれることを避ける配慮がなされたとも言えます。どこか、グリッド・プランの街区の内側に路地を引き、多くの裏長屋を詰め込んだ江戸の町とも似ています。もっとも、道の幅も一戸の住宅も、江戸のそれよりはずっと広いのですが。

洞窟都市マテーラを次ぎに見ましょう。中世の初期には、斜面の岩場に単純に横並びに穴を掘っていくのです。セットバックしながら、何層にもわたって上に重なるように展開していきます。したがって、家の入口の前の道路は、下の層の家の屋根上ということになります。そういう洞窟都市がまず成立します。ところが、ルネサンス頃から、地上にも同じような穴蔵状の家を、石を積んで築くようになります。そしてゆるやかな斜面地に、袋小路を囲う空間ユニットを房のようにいくつも形成するようになります。その房を見ると、袋小路の奥には、伝統通り洞窟を掘った住居がありますが、手前の方には、地上に加えた建物が建っているのです。こうして前庭のように袋小路がつくり出されている。ここに入り込むのは数家族だけで、近隣のヴィチナートの親密なコミュニティ・スペースが生まれるのです。

ポルティコのある町並み

次に、通常の街区を形成する都市の中でも、特徴のある町並みとして、ポルティコ（柱廊、アーケード）を持つ例を見ましょう。

中北部イタリアの内陸部に位置し、自治都市（コムーネ）として発展した一般の都市では、南イタリアのような近隣の数家族のためのセミパブリックな空間をつくる現象は、ほとんど見られません。それとは逆に、自治体がリーダーシップをとって、公共空間としての街路を機能的に、しかも美しく整える目的で、公と私の間を結ぶポルティコという興味ある都市装置を大いに発展させたのです。

これらの都市の多くは、ローマ時代に起源を持ち、中心部にその構造を受け継ぎながら、十二—十四世紀に中世都市として大きく発展しました。都心部にはいくつかの広場を組み合わせて、複合化した素晴らしい公共空間をつくり上げました。そこから周辺に、いく筋もの道路が伸びていますが、その道路に面して、ポルティコを発展させました。ボローニャやパドヴァなどがその代表として知られます。パドヴァの町の中心部の連続平面図を見ると、九十五パーセントくらい今でもポルティコが残っている様子がよく分ります。

陽射しや雨から歩行者の通行を守り、同時に都市に美観を生むという公的な利益のために、条例でその設置が建物の所有者に義務づけられていたのです。強大な自治都市の公共権力の下でこそ可能だったのは言うまでもありません。

中世のポルティコというのは、一軒一軒みんな違います。それぞれの建物は所有者が違うので、壁は所有していますが、ポルティコのアーチも、スパンが二つだったり三つだったり、あるいは一つというのもあって、高さも少しずつ違います。その微妙に違う表情のポルティコが、しかしあるリズムで見事に並ぶことによって、町の連続感、アイデンティティというのが生まれます。この共通性と少しずつ違うバラエティ、これが町並みをつくっていく上での、秘訣だろうと思います。

ボローニャのポルティコも素敵ですが、この都市では、ポルティコの連なる庶民的な地区の保存再生事業を一九七〇年代に実現し、世界中の話題を集めました。冒頭にお話したイタリア流の「都市を読む」方法を、実際に計画にはじめて生かしたのがボローニャだったのです。まず、都市形成の歴史が研究され、各地区の空間構成の特徴が描き出されました。旧市街に存在するすべての建物を建築類型学の方法で細かく分類し、その望ましい用途を誘導したことです。圧巻は、次に、今見てきたようなポルティコのある庶民のタウンハウスが並ぶ比較的周辺の地区に光をあて、数街区を一緒に扱い、修復再生のダイナミックな事業を実現したのです。

都市を読む方法によって、古地図、絵図、不動産の史料を駆使し、街区構成、敷地割り、集合原理、住宅内部の構成などを読み解き、再生後の利用方法を計画しました。住民の社会的な属性を詳しく把握し、コミュニティの再生に力を入れたことも高く評価されたのです。

こういったポルティコの手法は、近世から近代にかけておおいにもてはやされますが、その使い方は大きく変化しました。大きな国家権力が存在した都市で、公共空間を象徴的に美しく飾るのに統一感あふれるポルティコを持ったまちなみが実現しました。イタリアでは十八世紀に、サヴォイア王朝の首都トリノで、バロックの壮大なスケールの都市空間づくりとして、それが登場しました。

同じデザインが繰り返す見事に統一されたポルティコのある大規模な広場や街路は、権力者の好む象徴性を追求する美学の実現であり、パドヴァやボローニャのような中世都市に見られた生活のリアリティや人間の身体感覚からは完全に離れたものになっていきました。

もう一つのバロック都市

トリノのバロックの話をしましたが、バロックの都市空間というと、強大な権力のもとで実現した壮麗な町並みを、まず思い浮かべると思います。ローマにしても、パリにしても、真っ直ぐに広い道路を貫通させ、広場の中心にランドマークとしてのオベリスクを立て、教会をその正面にシンメトリーに置いて象徴性をとことん演出する。そういうイメージがあります。

ところが、それとまったく異なる魅力的なバロック都市が南イタリアのプーリア地方にあります。ここでは、いかにも地中海的な迷宮都市の上に、バロックが入り込んで、意外性に満ちた面白い空間を生んでいるのです。イレギュラーな見通しの効かない街路、小広場を逆に活用して、視覚効果をおおいに高める空間をつくっています。持ち送りにファンタスティックな動物や怪獣、女神などの像を用いた装飾的なバルコニーは、道行く人々の目を楽しませ、あるいは、視覚的に目立つ建物のコーナーに大きな円柱をはめ込み、象徴的な演出をしているのです。さらには、街路に面して、背後に建物がないのに、まさに書割り的にスクリーン状にファサードを演出する例も少なくありません。街路が演劇性を持つのです。

しかし、街路の見掛け上の装飾に終わりません。むしろ、住宅内部の空間が豊かに工夫されているのに驚かされます。前庭、中庭、そして背後の庭園、これらの戸外空間を階級ごとにうまく活用し、そこに演劇的な効果を持ったしゃれた私的な空間が実現し、生活を飾っています。しかも、街路を歩く人々にも、ちらっと中の様子が見える。そういう奥行きのある懐の深いまちなみの在り方を見せているのが、レッチェなのです。

空間を分節する町並み

ルネサンスを迎えた頃のフィレンツェの都市空間を描いた絵を見ると、庇がそれぞれ勝手に突き出し、下屋を張り出して、凸凹の多い町並みだったことがわかります。路上に商品を並べたりということもあったでしょう。ところが、ヨーロッパでは十六世紀以後、美的な効果を高めるような、見通しの効く、パースペクティブな効果のある壁面線の揃った街路につくり替えていったのです。その代表が十九世紀のパリの壮麗な美を誇る都市景観です。しかし、どうも日本やアジアの都市には、それがあまり馴染まないようです。

世界の都市には、空間をもっと細かく分節させ、変化に富ませ、また身体寸法に馴染む居心地のよい空間をたくさんちりばめようとする系譜も広く見られます。アラブ・イスラーム都市もその典型ですし、南イタリアやヴェネツィアのような地中海的性格を持つ都市でもそれが一般的です。日本や中国の都市にも、こうしたセンスが共通していると言えます。

アラブ・イスラーム都市では、地区の入口にゲートをつけて、夜間は閉じ、コミュニティの安全を保障していました。江戸でも、町内ごとに木戸で仕切られ、コミュニティのまとまりが生まれていました。横町の入口には、しばしばゲートがついていましたが、その伝統は今も生き、駅前のアーケード状の商店街の入口には必ずゲートがついていますし、新宿の西口の飲み屋街、思い出横町やゴールデン街にも路地の入口にはすべてゲートがついています。

空間を仕切るというところに居心地のよさとアイデンティティ、コミュニティのまとまりを求めるというのが、日本の大きな特徴ですが、じつは中国とも共通するし、イスラームとも似ているのです。南イタリアの先ほど見た袋小路の入口にゲートがつく例もたくさんあります。

北京の町並み

最後に、北京の都市空間についても見ておきましょう。この都市も見事なグリッド・プランの都市です。とはいえ、計画都市が広がる前から存在した田舎道がそのまま市街地に取り込まれたり、大きな敷地の跡地開発が行なわれて迷宮空間が生まれていたり、かなり不規則な都市組織も見られるのに驚かされました。やはり、生きられた都市でもあるのです。

古くからの、紫禁城を中心とした内城は比較的、整然としたグリッド都市ですが、明代に南に拡張するかたちで生まれた外城は、それ以前からの曲がりくねった道を取り込んでできましたから、かなり複雑な構成をとります。しかも、内城を追い出された漢民族が集まり、商業ゾーンを形成し、賑やかな下町が発展しました。盛り場、あるいは遊郭や芝居小屋なども集まる、悪所的な空間も生まれました。

内城のグリッド状の街区を見ると、ちょうどポンペイの場合と逆で、南北の道が広く、そこに店舗も並んだのに対し、東西の道が狭く、落ち着いていて、近隣の人々にとっての居心地のよい生活道路となっています。そこに、いわゆる四合院という中庭型の住宅が並んでいます。中庭を複数持って、奥へ奥へと伸びていくのが特徴です。道路に面しては比較的、閉鎖的な構えとなります。江戸の旗本屋敷が並ぶまちなみなどとよく似ているのです。

グリッド都市というのは、システムに共通性があるとしても、その上に実現した都市空間の在り方はじつに多様なのです。北京の場合、南北、東西の通りで、このような賑やかな商店街と落ち着いた住宅地を使い分けています。歴史的にできた町並みの知恵というのは、とても面白いものです。

しかし、北京の場合、本当に賑やかで迫力のある商業ゾーンは外城です。日本の町家ともよく似た、店舗と住まいが一体となった間口の狭い商店が連なる町並みが見られます。

旧遊郭建築も実測しました。やはり四合院の伝統のある中国らしく、見事な中庭型の建築なのです。また近代には、新たな形式の建築を数多く生みました、先ほど、空間を仕切ってコミュニケーションの安全とまとまりをつくる伝統を見ましたが、中国で二十世紀の初頭に大いに発展した里弄《りろう》にも、そういったセンスが見てとれます。里弄は上海のフランス租界地などに数多くつくられました。往来のある道路から入口をとり（しばしばゲートを設ける）、敷地全体を閉鎖系の完結した空間とし、内部に空間軸（一般的に南北向）を設け、そこから左右に分岐して路地（一般的に東西方向）を伸ばし、そこを数所帯のためのセミ・パブリックな空間とします。南から各住戸にアプローチするのです。四合院文化の名残のようにちょっとした前庭を配する例が多く見られます。

北京にも、上海のこうした本格的な里弄に似た例もいくつかありますが、むしろ北京らしいのは、四合院を応用した計画的な住宅地の開発の方法で、そこに里弄とも共通する精神が見てとれます。平屋で、中庭は一つだけで、実にコンパクトなプランを示しています。中国の北京ならではの住宅地の町並みと言えるでしょう。

「都市を読む」方法からはじまり、さまざまな地域の事例を具体的に見ながら、町並みとコミュニケーションについてお話ししてきましたが、町並みという言葉を、少し掘り下げ、都市の構造と結びつけて理解するきっかけとしていただければ幸いです。そうした歴史を持った地区、既成市街地の特徴を生かした魅力的な町づくり、都市空間の再生がこれからますます必要になると思います。

Ⅱ　イタリア都市論

ヴェネツィア

ヴェネツィア——水に集う

内海に浮かぶエコ・シティ

ヴェネツィア市民の都市生活は、水を抜きには語ることができない。普段の暮らしの中でも、交通手段としては、歩く以外は水上バス、水上タクシー、自家用ボートなど、いずれも船に依存している。

また、水辺には居心地のよい場所が多い。中でも市民に人気のあるのは、広い運河に面するザッテレの岸に張り出して設けられた、水上のカフェテラスである。ちょうど南向きの開放感に溢れたこの場所には、一日中、老若男女が集まり、都市全体にとっての大きなバルコニーといった感がある。ラグーナ（浅い内海）の波が足下を洗う心地よい水音を耳にしつつ、イタリアの太陽の光が降り注ぐパラソルの下で、カフェやアイスクリームを注文して、ひと時を過ごしていると、心がなごみストレスもふっとんでしまう。都市の中に取り込まれた水が、どれほど、人々の日々の暮らしを豊かにしているかを、この町は教えてくれる。「アドリア海の女王」と呼ばれ、華麗な都市文化を築いたヴェネツィアは、水の上に誕生し、水とともに成長した。この都市の歴史はまさに、水を制御し、また水を有効に利用するための知恵を生み出す歴史でもあった。

アドリア海の北の奥まった場所に位置するヴェネツィアは、特異な立地条件の上にある。ラグーナと呼ばれる浅い内海の上に浮かんでおり、アドリア海とこのラグーナの間には、自然の防波堤のように細長い島が横たわっている。その途中の三カ所にある出入口で外と内の海がつながっていて、毎日、海の干満に応じて二回、海水が出入りするのである。それによってラグーナの中の水は常に浄化され、都市は清潔に保たれてきた。海と陸の中間にある実にデリケートな自然条件の上に、ヴェネツィアは人々の生活空間を築いてきた。水の自然環境とともに呼吸するこの都市は、まさにエコ・シティと呼ぶのにふさわしい。

リアルト橋から見た大運河の水景

水面から見る都市美

本土から流れ込む幾つかの川筋は、そのままラグーナの中を運河として巡り、アドリア海へ抜けていく。その運河の部分のみが深く、船の航行できる水路となる。他の水面は非常に浅く、船が入ると座礁してしまう。町の真ん中を逆S字型に流れるカナル・グランデ（大運河）は、ラグーナの自然地形を利用しながら半分人工的に整備してできた運河であるが、これもやはり、本土からアドリア海へ流れる重要な川筋の一つにあたる。

こうした特異な条件の上に成立したヴェネツィアは、水によって守られた天然の要塞であったばかりか、海に開き、交易を発達させる上でも有利な条件をもち、海洋都市国家として大いに繁栄した。

ヴェネツィアの水面は、都市風景を形づくる上でも、最大の効果を発揮している。「海の都」にふさわしく、この町の正面玄関は、サン・マルコ地区のラグーナに面したピアツェッタ（小広場）に設けられている。アドリア海のリド島の出入口からラグーナに入り、この玄関へ近づく船から見た眺めは、とりわけ印象的である。高く聳える広場のカンパニーレ（鐘楼）は、スカイラインを引き締め、都市にとってのサン・マルコの象徴性を伝えてくれる。水際の右手に建つゴシックの華麗なパラッツォ・ドゥカーレ（総督宮殿）は、一、二層目に軽やかな柱廊を巡らしているため、遠くから見ると、まるで水の上にふわっと浮かび上がるような幻想的効果をもたらす。正面の船着き場には、オリエントから運ばれた二本の円柱が並び、門構えをなす。左手のルネサンス様式の図書館も参加して、ここに遠近法にもとづく、演劇の舞台のような華やかな都市空間がつくられている。水の側から見た都市の象徴的な顔が、こうして何百年もかけて創り出されたのである。水から見た景観は都市美の演出にとって最も重要なものだといえよう。

水路と道路が織り成す迷宮空間

だが、不思議な都市、ヴェネツィアにより深く入り込むには、それを成り立たせているシステムを知る必要がある。そこで先ず、水と共に生きるヴェネツィアの中世の様子を示す地図を見ると、人々にとって運河がいかに重要だったかがわかる。ラグーナの中の運河、そしてカナル・グランデが強く描かれ、さらに一つ一つの島が運河（リオ）で囲われ、そこに教会を中心としたコミュニティが成立していたことが示されている。

十四、五世紀の建設の黄金時代を経て、現在のヴェネツィアの都市の在り方の基本的な構造ができ上がった。

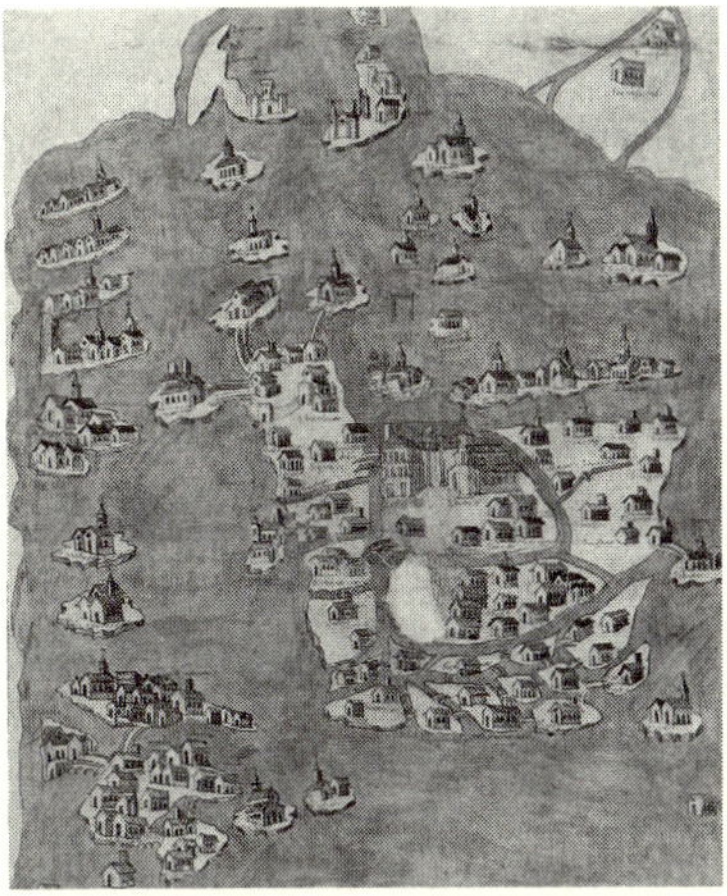

15世紀に描かれた「浮島」ヴェネツィアのイメージ図（ヴァティカン教皇図書館蔵）

この町では、早い段階では、今以上に島と島の間に水面が大きく広がり、もっぱら運河が都市内のネットワークを形成した。中世の後半からは、沼沢地の宅地への造成が進み、道路（カッレ）の整備も活発化し、結局、水路のネットワークと陸の道のネットワークが重なる独特の迷宮空間がここに誕生した。

ヴェネツィアに迷宮が生まれるには、それなりの理由があった。先ずは、この浅瀬の海という自然の条件である。中世の早い時期、土木建設の技術はまだ素朴だった。そのため、自然の水の流れ、土地の微妙な高低に素直に応じながら、運河を整備し、岸辺を建設して、家を建てていった。だから、古い運河ほど不規則に曲がり、幅も変化する。

しかも、ここには、都市づくりの全体計画があったのではない。ヴェネツィアは実は、数多くの小島が寄せ木細工のようにつながって、不思議な形をした全体を形づくっている。それぞれの島で、人間の感覚や動きに合わせ、細かく仕切られた空間をつなぎながら、ヒューマン・スケールによって全体ができ上がっていった。ここでは部分、あるいは細部からの発想が強い。それぞれの島＝教区ごとに、教会を中心とするコミュニティづくりをおし進め、広場（カンポ）を残しながら、道を巡らし、隅々まで家を建てていった。隣の島と橋（ポンテ）でつなぐ発想は、むしろ後から生まれた。だから、無理やり捩じって架けられた橋（ポンテ・ストルト）が多いのである。迷宮状の構造が生まれたのも、当然であった。

この迷宮を歩くと、慣れないうちは、平衡感覚をまったく失ってしまう。次に何が潜んでいるかわからない、という不安と期待を抱かせる場所でもある。一方、どこか胎内巡りをしているような懐かしさをも覚える。そんな迷宮を、方向を完全に失いながら、身を道行きにまかせて夢中で徘徊するのも、すこぶる楽しい経験である。

日も差さない狭い道が続くといささか鬱陶しいが、ちょっと行くと必ず、広がりをもった運河の水辺空間に出る。そこに架かる橋は、市民の格好の立ち話の舞台となる。よく見ると、街灯も橋の上に必ず設けられており、夜の迷宮の演出にも抜かりはない。

そしてまた、狭い道を少し行くと、光溢れる広場に必ず踊り出る仕組みになっている。空間が閉じたり開いたりしながら、歩く人の感性に働きかける。近代都市が失った劇場性が空間の中に組み込まれているのである。

正面玄関は運河の側に

私がイタリアに留学し、都市の研究に現地で初めて本格的に取り組んだのが、このヴェネツィアだった。一九七三年の秋のことである。カメラ、スケッチブック、詳細な地図を手に、このヴェネツィアを歩きまわりながら、建物や広場、路地、運河をゆっくり観察してまわるのは、実に楽しかった。この都市のすべての街角が、そしてあらゆる建物が歴史を物語るものであり、研究対象になりうる。目に見えるモノを通じて、その在り方を考察しながら、都市の歴史を記述し、また社会の仕組みを読み解くことができる。

水上という独特の自然条件の上に長い年月をかけ、有機的にでき上がったヴェネツィアの町では、建築を見るのに、運河、路地、広場といった周囲の環境との結びつきが重要である。貴族の邸宅は、運河の側に正面玄関を向け、同時に、陸からのアプローチもとる。敷地も運河の流れ等に応じて、歪んだ変則的なものが多い。そうした難しい条件が、ヴェネツィアの建築のプランニング技術を大いに鍛え上げた。水辺にふさわしい特徴ある内部空間と、開放的で装飾性にとんだ美しい外観の構成を、様々な敷地に巧みに応用しながら、変化に富んだ華やかな「水の都」の風景を生み出した。

ヴェネツィアの住宅については、外観の華麗さばかりに目を奪われ、その内部に美しい中庭が潜んでいることは、案外知られていない。美しさばかりか、内部の快適さを追求したという点でも、ヴェネツィアの住宅は先進的であった。

オリエントとの出会い

この町の大運河沿いに、煉瓦造りの本格的な商館が建設された十二、三世紀には、西ヨーロッパよりも東方のビザンティン、イスラーム世界の方がはるかに文化水準が高かった。その影響を受けながら、水辺に開放的な構成をとる軽快な都市住宅がヴェネツィアに実現したのである。そして、続く十四、五世紀のゴシック時代に、「コルテ」と呼ばれる中庭を建築内部に取り込んだ、さらに居住性の高い都市型住宅の形式が確立した。北方からもたらされたゴシックの様式が、水の都でオリエントの装飾性と出会い、地中海的におおらかに展開したのである。

ヴェネツィアの邸宅は、水と陸を結んで中央を貫く玄関ホールの中ほどに、片側に寄せて美しい中庭をとる。リズミカルなアーチの柱廊が巡り、外階段が折り返しながら豪壮に上昇するこの中庭空間は、演劇の舞台装置のようでもある。同時に、都市の喧騒から離れた私的な空間の居心地のよさが感じられる。水（貯水槽）と緑（樹木）が置かれ、アラブ世界の中庭と同様に、地上の楽園のイメージが実現されているように見える。このようにゴシック時代には、商館としての機能以上に、むしろ住まいとして優れたパラッツォの建築が追求された。古代ローマが求めた〈快適な住まい〉という考え方の復活は、ヴィッラや庭園の在り方と同様、イタリアでは一般には、ルネサンスの訪れを待たなければならなかった。ところがオリエントとの交流をもつヴェネツィアにあっては、すでに中世に、美しい装飾で飾られ、中庭をもつ快適な住宅がいち早く実現していたのである。

ヴェネツィアの魅力の一つは、名もない小さな建築もまた美しいということにある。水辺にも、広場の角にも、路地に面しても、周辺の環境を考えてつくられた素晴らしい建築が数多く分布している。そのため、この都市を調査で歩きまわっていると、毎日が発見の連続ということになる。

ヴェネツィアを留学の地に選んだのは、もちろん、こうした研究上の関心からだが、個人的には、近代化でつまらなくなった東京を脱出するなら、いっそのことまったく対極にある町で暮らしてみよう、という思いもあった。水上に浮かぶ歴史的な迷宮都市、ヴェネツィアは、機能性や合理性をとことん追求してきた東京とはまったく異なる、美しいが不便きわまりない非機能的な都市に思えた。そんな中に自分の身を置いてみて何が起こるか、それを感じながら、都市っていったい何なのかを内側から考えてみたい、という好奇心もあった。

実際、この町に暮らしてみると、最初は、確かにテンポがのろくてイライラさせられることも多かった。唯一の交通機関である水上バスの停留所での発着は、もやい綱をいちいち結んでは解くのんびりしたもので、急いでいる時にはさすがにじれったくなる。かといって、不慣れな所を歩くと、すぐ迷ってしまう。この町では、物資の運搬、搬入にも、それぞれの島＝地区へはすべて小舟で運ぶから、手間がかかる。運河に架かる、階段で上り下りするアーチ橋も難所で、物を手押し車で運ぶ男たちばかりか、ベビーカーを押す母親たちにとっても、忍耐が必要である。住宅内部での階段の上り下りも楽ではない。というわけで、ヴェネツィア生活の初めは、やはり不便な町だという感じを免れなかった。

だが、この町の生活に馴染んでくると、考え方が少しずつ修正されていった。迷路も慣れると、体が覚えるようになるし、水上バスの発着の操作も、心地よいリズムとなって感じられるようになる。また、人々は健康的でたくましい。美貌の若い母親たちはベビーカーを引いて軽々と橋越えをこなすし、手押し車で水辺を行き交う男たちは、鼻歌まじりで、労働自体を楽しんでいるようにも見える。私もずいぶん歩き回ったおかげで、足腰がだいぶ強くなった。

そして、車がなく、治安がいいヴェネツィアでは、イタリアでは珍しく広場で子供たちがのびのび遊ぶ光景を目にすることができる。大人にとっても、立ち話の社交にいそしめる場がふんだんにある。都心の人口減や高齢化で、小学校の統廃合が起こっているのは、いずれの国も事情は同じである。とはいえ、周辺部の庶民地区へ入り込むと、路上に洗濯物がはためき、生活感が溢れている。一大観光都市でありながら、同時にいまだ生活都市でもあり続けている。

この町には、近代都市のような機能を分化させるゾーニングが存在せず、住居も職場も学校も同じ地区の中にそろっている。その上、どんな住宅地にも人々のたまり場としてのカフェや居酒屋があるし、広場が散歩や出会いの場ともなっている。人々の生活は地域と密接に結びつき、そこにコミュニティが成立する。高齢化社会を迎えると、こうした町の在り方は、ますます価値をもつに違いない。

こう考えると、はじめ不便だと感じたヴェネツィアは、本質的には人間にとってよくできた機能的な都市だとも思えてくる。逆に、長時間の通勤ラッシュに耐えねばならず、都市内の移動も大変な東京は、無駄の多い不便な都市であるともいえる。これからの都市づくりには、ヴェネツィアのような、一見非機能的に見える都市の在り方をもっと研究することが必要であろう。実際、イタリア各地で成功している都心の歩行者空間化にとって、ヴェネツィアが一つのモデルになったのは言うまでもない。

交易都市から文化発信都市へ

元々、東方貿易で繁栄し、都市の基礎をつくったヴェネツィアは、国際的な交易都市、そして港湾都市としての性格をもった。サン・マルコの船着き場から、東へ伸びるスキアヴォーニの岸辺一帯は、活気ある港の雰囲気に包まれていた。東の裏手の隠れた位置には、造船所で海軍基地でもあるアルセナーレがつくられ、かつての共和国の力を物語る堂々たる都市施設として今も存在する。大運河の入口には税関の建物が置かれ、そこで荷のチェックを受けた船がどんどんこの町の幹線水路に入って行った。大運河沿いに並ぶ商人貴族の邸宅は、船着き場であり、倉庫であり、また取り引きのための商館でもあった。大運河のほぼ中央にあるリアルト市場は、東西世界を結ぶ中央市場として大勢の外国からの商人で賑わった。リアルト橋近くの水辺には、ドイツ人商館、ペルシア人商館があり、その他、この町には外国人コミュニティが数多く存在した。

ヴェネツィアは、ルネサンス以後、海とともに生きる中継貿易の都市から、むしろ本土の農業経営、国内の手工業の交流と結びついたファッション産業、出版などの文化産業などに活路を見出し、華やかな文化の展開する都市へと転身していった。カナル・グランデやラグーナの水面は、東方からの物資をのせた船が行き交う港の機能から、祝祭やスペクタクルが催される演劇的な舞台へと意味合いを変化させてきた。現在のヴェネツィアの水辺空間の華やかさの背景には、こうした歴史の記憶がいまだ生きている。

資源のない水上の小国、ヴェネツィアは、ある意味で日本とよく似ている。この町が経済危機を幾度も乗り越え、世界都市として繁栄を続け、今なお世界に文化を発信している姿からは、学ぶべきことが多い。

「空中庭園」で過ごす夕暮れ

昼間のヴェネツィアもよいが、夜の迷宮歩きは、さらに趣がある。街灯の明かりが、古い建物の壁や石の舗道をほのかに照らし出す。運河沿いの岸辺を歩くと、水面に明かりが反射して、これまた気分を高める。静まりかえった石造りの町の中で、自分の足音がコツコツ響くのが、耳に心地よい。ふと目を空に向けると、路地や運河の上に月が見えるという情景にしばしば遭遇する。人工的なまるで虚構のような都市でありながら、自然とともに生きていることを実感させるのが、ヴェネツィアである。

夕暮れ時から晩にかけての迷宮歩きの最大の楽しみは、居酒屋（バーカロ）巡りである。この町では、いい居酒屋が、観光客の目に留まりにくい裏手の路地に幾つもある。迷宮状の構造がうまく生かされ、奥まった隠れた場所に、地元の人々の集う居心地のいいスポットが潜んでいるのである。採れたての海産物をつまみに、安くて美味しいワインを楽しみながら、はしごをする。ヴェネツィアならではの至福のひと時である。

水上に浮かび、車のないこの町には、独特のゆったりとした時間感覚がある。それを堪能させてくれるのが、「アルターナ」と呼ばれる屋上テラスである。島の限られた土地に高密につくられたヴェネツィアが生んだ空間の高度利用の知恵で、十五世紀末のカルパッチョの絵にもすでに描かれている。洗濯物やカーペットを干す場としても使われたが、家で過ごすことの多い女性には、息抜きの場としても貴重な場所だった。夕暮れの時間帯、このアルターナでゆっくりくつろぐのは気分がよい。瓦屋根が連なる家並みの上に、教会の鐘楼がいくつも聳え、独特のスカイラインを形づくる。西に夕日が落ちるころ、ヴェネツィアの大きく広がった空は、ゆっくりと色を変えていく。紅色に、そして時にはピンクや朱色に近い色にと。水に包まれた町の空気そのものが特有の気配をもつ。

現代のヴェネツィアの人たちはこのアルターナを、生活をエンジョイするのに、上手に使っている。椅子を置き、ここで食事前のひと時、ワインで語らいながら、ゆっくりと過ごすのである。地中海のよき伝統、「空中庭園」がここに生きている。観光化がとことん進んだヴェネツィアだが、生活都市としても今なお魅力を持ち続けている。

ウォーターフロント再生のモデル

運河、水辺も、機能や意味を時代によって変化させながらも、常に魅力ある舞台として使いこなされてきた。その水辺のアーバン・デザインには工夫がなされ、運河沿いの道、階段状の船着き場、そしてトンネル、橋など、きわめて変化に富んでいる。

交易機能は小さくなったとしても、市民生活を支える物資がすべて船で運ばれ、水の側から搬入されることに変わりはない。リアルト地区に近いある広場の船着き場で舟運の調査をすると、早朝を中心に、活発に荷揚げが行われていることがわかる。ある時間帯から観光用のゴンドラも動き出す。大勢の観光客が行き交う都心にありながら、広場そのものも、地元の人々がカフェテラスで寛ぎ、人と出会い、立ち話をする場として積極的に使われている姿が浮かび上がる。

大運河などに面する広い岸辺の道は、もとはもっぱら荷揚げ場として生まれたが、現代においては、アメニティが高い場所の性格を生かして、その水辺にカフェやレストランを置き、空間の演出を行う例が多く見られる。季節ごとに行われ、市民生活に変化と活気をもたらす祭りにも、水を舞台としたものが多い。一九八〇年頃から、日本を含む世界の多くの都市でウォーターフロントの再生が活発に行われてきた。魅力的な水辺空間を実現するのに、必ず参照されるのが、このヴェネツィアなのである。機能と効率、経済性を追求した近代の都市の在り方を乗り越えようとする時、時代遅れのように見えたヴェネツィアが再び注目されるというのが興味深い。ヴェネツィアは、都市について考える際の発想の玉手箱のような存在である。

共和国を象徴するサン・マルコ広場

水上にヒューマン・スケール（人間的寸法）でつくられたこの町は、広場の宝庫でもある。都市の成立にとって不可欠な広場についてじっくり考える上で、ヴェネツィアは格好の素材を提供する。

ここには、性格を異にする二つの種類の広場がある。先ずは、ヴェネツィア共和国の権力中枢が置かれ、国家のデザインで象徴的に造形されたサン・マルコ広場。もう一つは、運河で囲われた小さな島＝教区のそれぞれに設けられた、カンポと呼ばれる住民生活の中心としての広場である。

「世界の大広間」と称賛されるサン・マルコ広場は、昔も今も、ここを訪れる人々を魅了する。宗教の中心＝サン・マルコ寺院、政治の中心＝総督宮殿ばかりか、官僚機構を支える新旧の行政館、さらに加えて、金融の中心＝造幣局と文化の中心＝図書館が雄姿を誇っている。私も、初めてこの広場に入った時、光に満ちたその華やかな雰囲気に眩暈《めまい》を感じるほどだった。

海からサン・マルコ広場周辺を見る

この広場（ピアッツァ）は、逆L字形に折れて小広場（ピアッツェッタ）へと連結し、広いラグーナ（浅い内海）の水面に開かれた、いかにも「海の都」にふさわしい正面玄関となっている。水際に、オリエントから運ばれた二本の円柱が立ち、門構えをなす。その上には、海から見て左に聖テオドロ、右に聖マルコ（翼のある獅子）という新旧二人の守護聖人を表す像が置かれ、町を守っている。実は、この華やかな水辺の玄関では、二本の円柱の間で、共和国の社会秩序を乱す罪人の処刑を行っていた。広場はこのように民衆を統治するための権力装置でもあった。生粋のヴェネツィアっ子は、歴史の怖い記憶をとどめるこの間を通り抜けることを決してしないという。

さて、十二世紀に拡張された段階から、サン・マルコ広場は柱廊で囲われる形式をとった。その国家のデザインともいうべき象徴的な造形にも、特権的な広場としての意味が込められている。ルネサンス以後、この広場は、一層華やかな祝祭や見世物が繰り広げられる劇場的空間となっていった。十七世紀以降、アーケードの中に数多くのカフェが店開きし、社交の場としても人気を集めた。

現在も、様々なイベントが行われるパフォーマンス空間であり続けている。特に、冬のカーニバルの時期には、往時のような熱狂が蘇る。

普段着姿の広場——カンポ

それに対し、カンポは市民の日常的な暮らしの中心としての意味をもつ。普段着姿の親しみやすい広場なのである。そもそも、この「カンポ」という方言による名前が面白い。カンポは、どちらかというと自然発生的な広場である。この都市が誕生して間もない中世の早い頃は、カンポはまだ、その言葉が示す通り畑や果樹園、あるいは野原にすぎなかった。島の住民にとっての単なるサービスヤードだったのである。やがて都市が繁栄すると、カンポのまわりには煉瓦造りの立派な住宅が建ち並ぶようになり、広場としての体裁を獲得していった。

ヴェネツィアのカンポの面白さは、それぞれが違った形をし、個性的な表情を見せていることにある。湿地の上で、だんだんと島の形成が進められたから、自然の水路の状態が住宅群の並び方を方向づけ、広場の形態を決めていったのである。だからカンポは、まさに一品作品として、それぞれ違った味のある形と表情をもつことになった。

カンポには、実に様々な機能がある。サンタ・マリア・フォルモーザ広場のように、露店の市が立ち、日常品を買いに集まる人々で毎日賑わうものが幾つかある。八百屋も雑貨屋も、早朝にテントによる仮設の店を組み立て、夕方また手際よく片づけてしまう。小道具は、路地裏の一階にとられた倉庫に収納する。

市場や店に荷を入荷する必要もあって、カンポは少なくとも一面は、運河に面していなければならない。多くの島では、教会の正面が実は、運河に面している。水の側が本来、地区コミュニティにとっての表の顔だったことがよくわかる。そしてカンポには、教会の裏側、つまり内陣の後ろが向くから、いささか奇妙な形になる。でも、それこそが「水の都」ヴェネツィアの秘密を語っているのである。教会で結婚式を挙げた後、その前の岸辺からゴンドラで華やかな水上パレードに出発するという演出にとっても、教会は運河に面していなければ、様にならない。

カンポは多目的野外ホール

カンポはまた、住民の飲料水を供給するためにも、かつては重要な役割を果たした。良質な地下水が期待できない島にあって、雨水を貯めてろ過する貯水槽の装置が、生活に欠かせないものだった。貴族は自分の邸宅の中庭の下に、それを設置できたが、一般市民の飲料水を供給したのは、カンポの下に設けられた貯水槽だった。水が貴重なヴェネツィアでは、降った雨はすべて、いずれかの貯水槽に導かれ、無駄なく利用されるように工夫されていた。近代になってからは、大陸から引かれた水道が各家に水を供給しているが、かつてはカンポに水を汲みに集まる女性の賑やかな井戸端会議の光景が見られたのである。

「祝祭都市」ヴェネツィアだけに、カンポもまた、祭りや見世物の舞台としての重要な役割をもった。教会から出発する宗教行列、また雄牛を放って追い回す野性味あふれる見世物、カーニバルの踊りなど、華やかなイベントの場面が多くの絵に描かれている。現在もなお、カンポは様々な催し物の舞台となっている。

ルネサンスのコメディア・デラルテ（イタリアの伝統的喜劇）の流れを受け継ぐ辻芸人のグループがカンポで喜劇を演じ、爆笑を巻き起こし、拍手喝采を得ているのを見たことがある。またサン・ポーロ広場は、毎夏、ヴェネツィア映画祭のための野外映画の会場となるし、コンサートやバレエなどの舞台に早変わりするカンポが幾つもある。広場はまさに多目的の野外ホールなのである。

私はかつて、自分の住んでいた下宿に近いサンタ・マルゲリータ広場で、カンポにおける人々の一日の生活を調査したことがある。露天市の仕組みとその活動も面白かったが、最も興味深かったのは、ここの広場に面して分布する十を超えるカフェやバール（カフェに似ているが、コーヒーや酒類を主に立ち飲みで飲む店）、居酒屋の機能だった。特に、春から秋にかけての気候のよい時期は、どのカフェもバールも、広場に椅子とテーブルを並べ、パラソルで飾る。そこに朝も、昼も、夕方も、そしてまた晩も、人々が集まり、おしゃべりに興じ、人生を楽しむ。時間帯によって、主役は交代するが、昼食後の休息の時間帯を除けば、いつも人々で賑わっている。夕方、仕事がひけた男性たちは、友達と語り合いながらこうしたバールや居酒屋を梯子して歩く。

カンポは、だからレクリエーションや消費の場でもある。カンポの表情の変化を追っているだけで、人々の一日の暮らしのリズムが自ずと見えてくる。それほどに、ヴェネツィアの人々の日常生活にとって、カンポの存在意義は大きい。

〈見る〉〈見られる〉演劇空間

イタリア都市を語るのに、「パッセジャータ」（散歩）という習慣を忘れることはできない。この国では、どの町にも、食事前のひと時、老若男女の市民がどっと繰り出し、友人たちと練り歩く華やかな街路空間というものが、必ずある。特に夕方が賑やかで、ほぼ六時から八時半頃まで、お洒落して同じ場所を行ったり来たりするのである。中心にある象徴的な広場ともコースを結び付け、効果を高めていることが多い。

例えば、北イタリアのトレヴィーゾでは、求心力のあるシニョーリ広場とドゥオモ広場とを結ぶ目抜き通り、カルマッジョーレ通りがパッセジャータの華麗な舞台となる。サッカーの中田英寿氏の活躍で日本でも一躍有名になった中部イタリアのペルージアでは、「十一月四日広場」に流れ込むヴァンヌッチ大通りという目抜き通りが、そのルートにあたるという具合である。

ヴェネツィアでは、比較的観光客の少なかった一九六〇年代までは、サン・マルコ広場がその舞台だったという。夕方ともなると、市民がここに集まり、リストンと呼ばれる白い石のパターンの上をちょっと気取って歩くヴェネツィア独特の散歩をしていた。この町では、散歩のことを「リストン」と呼ぶ。

どの町でも、ある限定された範囲を、すべての人が同じように歩き、楽しむことが大切なのである。〈見る〉〈見られる〉という関係がここに成り立っている。そのルートが、皆で演じるまさに演劇の舞台となる。パッセジャータは、都市に住む誰にとっても大切な行為である。その晴れがましい社交の場に、若者ばかりか、年配の男女も粧し込んで繰り出すのを楽しみにしている。誰もが元気になれる素晴らしい習慣である。

イタリア都市の旧市街では、歩行者空間化が進み、各地でこのパッセジャータがますます活発になっている。車優先の社会を脱して、都心の空間を人間が自分たちの手に再び取り戻している。

日本の私たちにとっても、都心の商業活性化や高齢社会におけるコミュニティの問題を考えるのに、「パッセジャータ」というイタリア都市の魅力的な習慣は、多くの示唆を与えてくれよう。

イスラーム世界の社交場

ところで、イスラーム世界の都市には、広場があるのだろうか。確かに、公共的な広い空地としての広場はイスラーム圏には発達しなかったように見える。だが実は、モスクやハーン（キャラバンサライ、隊商宿）の中庭が、人々が集まって、くつろぎ、歓談する社交場であり、広場の機能を果たしているといえる。

モスクは、宗教的機能以外にも、公共の場として、様々な使われ方をしている。広くて居心地がよいため、夏の日中の暑さを避けて人々が集まり、思い思いの格好でくつろいでいる。昼寝をする人の姿も多い。人々の交流の場でもあるし、中庭で遊ぶ子供たちや物を売る人々の姿を見ることもある。情報の交換や取り引きの場でもあり、また政治的活動の場としても意味をもった。形は違うが、ヨーロッパの広場ともよく似た機能や役割が見られるのである。広場と同じように、大きなモスクはどれも、色々な道から内部に入れるようになっている。

都市の中心にある大モスクのまわりには、商業センターであるスークが広がり、そこには中庭を囲うハーンが数多く分布している。その中庭がまた小さな広場の役割を果たす。

イスラーム社会の男たちは、昼間はスークでずっと時間を費やす。そのため、娯楽の場や交流の場もその中に積極的につくられた。公衆浴場であるハンマームは、衛生、健康ばかりか、交流の場、息抜き、娯楽の場としても重要だった。チャイハネ（茶屋）やマクハ（カフェ）などの施設も、息抜きの場であると同時に、都市社会の中で社会関係を取り結ぶのにも重要な場所である。イスラーム社会は、人と人のつながりが最も重視されるネットワーク社会であり、都市の中にも、広場的な空間がネットワーク化して広がっていると解釈できるのである。そう見るならば、都心に広場を中心とする公共空間を形成し、常に人が集まるライフスタイルを発達させたイタリアの都市の在り方とも似ていることがわかる。

日本にも、ヨーロッパとは形がいささか異なるが、やはり広場の役割をもつ様々な場所がつくられてきた。古くは、寺社の境内や橋のたもとに人々が集まる開放的な雰囲気の広場が生まれた。近代になると、橋のたもとに代わって駅前に広場ができ、人々の集まる象徴的な場所になった。馴染みの深いものとして、新橋駅の駅前広場がある。だが、地中海都市と比べると、劇場としての空間性には乏しい。広場の意味を地中海都市からじっくり学ぶのも価値があるのではないだろうか。

海が生んだ都市文化

海の都

海が生んだ、というのには、二つの意味があります。まず、文字通り海の上にできた町というわけで、一つは水の上にできあがった不思議な地形、ロケーション、水の都市ならではの、さまざまな特徴があります。もう一つは、海に開いているという意味で、これはかつて塩野七生氏が『海の都の物語』で、東との交流を描かれました。私自身も、ヴェネツィアをそういう目でずっと見てきました。ヴェネツィアが交流したのは、それこそアレクサンドリアとか、シリアのダマスクス、アレッポ、それからコンスタンティノープル、アドリア海の島々、クレタ島やギリシアの各都市です。そこに植民都市をつくってという、東に行けば、本当にヴェネツィアの足跡を肌で感じることができるわけです。それで、進んだ文化をどんどん取り入れて、ヴェネツィアという独特のトポスをつくったので、二重の意味で、海が生んだ都市文化ということになります。

ヴェネツィアというのは、聖地エルサレムに巡礼で行く人たちが必ず通る拠点の町だったのです。ここに滞在し宿泊して、そこから旅の身支度をして出ていく。滞在中にいろいろと観光し、楽しむというスポットでもありました。ですから、ヴェネツィアの町の中には、オスピーツィオという巡礼客を泊める宿泊施設がいっぱいありました。スキアヴォーニの岸辺というのが伸びていますが、東方とのつながりを示す施設が多くあり、また船が横付けされる。船乗りの家族たちのための住宅や病院があり、東とつながった海洋都市の性格を見せていたわけです。

アドリア海から入ってくる船は、中心のサン・マルコを目指してやってきました。そのサン・マルコ広場のまわりに広がる水辺風景は、一四八〇年代に描かれた絵と現在でほとんど変わっていないのです。天気がいいとアルプスの手前、プレアルピの山並みが見えます。何よりも、総督宮殿、サン・マルコ寺院、そして鐘楼、この三つの建物が古いのです。そのあとルネサンスになってからできた図書館、造幣局と合わせて世界のもっとも美しい海の都の表玄関は、やはりヴェネツィアのサン・マルコの小広場だろうと思います。これが、少なくとも五〇〇年、あまり変わらない姿できているというのは、驚くべきことです。

貴族の邸宅からの大運河の眺め

ヴェネツィアの航空写真をつぶさに見ていると、本当に生き物の有機体が、細胞が集まって都市ができている感じがします。直線は、サン・マルコ広場のライン、あるいはリアルト市場の回廊で囲われた広場のラインくらいしかないのです。やはり土地の条件が微妙にできていて、水の流れもある。それがまた人間の体に、フィーリングにぴたっと合うのです。ヴェネツィアを歩いていると、本当に変化に富んでいて、どのアングルもみんな違う表情をしているので、飽きないわけです。同時に、水とともに呼吸している町なので、季節、時間によって表情が変化し、感覚を楽しむわれわれ日本人にとっては、なおさら面白い町なのです。

ヴェネツィアにいると、時間の変化というものを豊かに感じます。特に夕暮れ時から夜にかけてが素晴らしく、キオッジアという南の方の漁師町から船で戻ってくるときに見たラグーナの夕暮れのシーンは、本当に忘れられません。

また、ヴェネツィアはレンガや石で固められたような人工的な都市に見えますが、実は裏庭には緑がたくさんあります。そして、水辺にある建物の正面にもたくましくツタが壁を覆って、秋には色づき、美しく表情を変えます。もちろん、水面の揺らぎも心を引きつけます。とかく全てがバーチュアルなものになりがちな現代にわれわれが生きているなかで、人間の感性、一人ひとりの身体感覚、そういうものを取り戻させてくれる貴重な都市なのです。

ヴェネツィアでは、美しい町並みばかりを見てしまうのですが、やはりそれを育て、豊かに育んだラグーナの自然、水の状態が重要です。そこには漁業もありました。だいぶ減りましたが、今も船をあやつり、漁業を営む人達がいます。そういう海に生きる人たちの町ですから、街道沿いの地蔵と同じ意味で、ラグーナの中の水路にマリア像が祀られていて、非常に感動します。こういう海と結び付いた文化が、ヴェネツィアならではのものとして今も生きています。

水路と陸路の交錯

ヴェネツィアは水路と陸路の両方とも複雑で、しかもそれが重なっているため、複雑きわまりない町なのです。元は、浅い内海に小さな島がたくさん集まり、少しずつ水面に顔を出す状態でした。それぞれの小さな島が隣の島との間に運河を残しつつ、少しずつ土地を広げて建設を進めていきました。その結果、運河が網の目のようにめぐる、島が寄せ木細工のようにいっぱい集まった独特の形をしたヴェネツィアが生まれたのです。

こういうプロセスを想定しないと、ヴェネツィアの面白さも、特徴もよくわかりません。中世の早い段階では、隣の島に行くのにも、みんな船で行っていた。そのあとだんだん橋が掛かるようになったのです。

カナル・グランデがやがて整備されるのですが、これも半分、ラグーナの中の水の流れなのです。近代を迎える前には、リアルト地区にしか橋がなかったのです。最近、四つ目の橋が、スペインの有名な構造エンジニア、カラトラヴァの斬新なデザインで町の西はずれにようやく実現しました。

たくさんの島からなるヴェネツィアですが、中世に、それぞれの島に教会がつくられ、七十ぐらいの独立したコミュニティとしての教区ができた。ヴェネツィアというのは、確かにサン・マルコ広場とリアルト地区が重要なのですが、どこにも特徴のあるいい建築、あるいはしっかりしたコミュニティが分散していて、みんなパワーを持っている。そういう中心核がいっぱいあり、全体として満遍なく力を持っている都市なのです。だからヴェネツィアはどこを歩いても面白い。こんなに見どころが分散している都市は珍しいと思います。

ヴェネツィアでは、今でもすべての交通手段は船なのです。近代にヴァポレットという蒸気船が導入されたことによって、行動範囲が広がりました。周辺のブラーノ、ムラーノ、トルチェッロまでも、簡単に行ける。周辺の島の人たちも、通勤ができるようになり、むしろラグーナの中の人々の行き来が活発になりました。そういう意味で、水の都市がさらに近代に強化されたと言えます。

ヴェネツィアは海洋都市ですが、同時に本土側の河川も非常に重要だった。グラッパで有名なバッサーノという町がありますが、そのさらに上流域から木材を切り出して、筏に組んでヴェネツィアまで運んできた。本土の川、ラグーナ、そして海が一体となったヴェネツィアの生き方というものも見る必要があります。

大運河の入口に共和国のまさに顔である税関があります。ヤコポ・デ・バルバリが描いた一五〇〇年の鳥瞰図を見ると、まだ素朴な中世の税関の建物が描かれています。海洋都市ヴェネツィアらしく船がどんどん入ってきて、ここに立ち寄り、荷のチェックを受けて中に入っていく。税関、ドガーナという言葉自体も、アラビア語起源なのだそうですが、海から港に入り、都市に入る手前の最も重要なところに税関を置くという考え方も、アレクサンドリアあたりから学んだのではないかと言われています。

つまり、ヴェネツィアは、一番進んでいた東方の、アラブの都市のあり方、文化、交易・商売のすべてに関するソフト、ハードを取り入れて、ヨーロッパの中では先端をいく海洋都市をつくったのです。

ヴェネツィアを訪ねて、ヨーロッパの人々、あるいは日本人でも、斎藤茂吉もそうなのですけど、建物が直接水から立ち上がっているのを見て、みんなびっくりしているのです。もちろん、アムステルダムにも、蘇州にも、一部こういう部分があります。しかし、ヴェネツィアの場合は、運河に直接正面玄関があって、そこから入る。こういう水と深く結びついた都市というのは、世界でやはりここにしかないと思います。

リアルト市場

この海の都、海洋都市ヴェネツィアのもっとも重要な場所がリアルト市場です。ここはサン・マルコ広場に比べると、ちょっと影が薄いかもしれません。しかし、交易都市、海洋都市、商業都市ということからすると、サン・マルコ広場が象徴的な顔であるのに対して、リアルト市場はまさに経済の大元締めということで、非常に重要な心臓部分でした。

サン・マルコ広場は九世紀から形成を開始します。それを追いかけるように、リアルト地区も市場として十一世紀、十二世紀に立派になっていきます。そしてサン・マルコ広場の裏手にメルチェリーアという目抜き通りがだんだんできていきます。くねくねした目抜き通りなのですが、これがカナル・グランデを越えるところにリアルト橋が掛けられるのです。最初はボートを横に並べる仮設の浮橋がありました。これを常設の木の橋に掛け替え、それが一五八〇年ごろまで続いていた。

その様子を示しているのが、カルパッチョの有名な絵です。十五世紀末の作品ですが、生き生きとしたリアルト橋周辺の水辺の光景を描いています。木造の跳ね上げ橋です。その上に店舗群がつくられ、サン・マルコ広場からリアルト市場まで、途切れなくお店が並ぶ形が実現しました。ずっとバザールの中を歩いているような気分で、知らないうちに対岸のリアルト市場に入ってしまう。こうしてヴェネツィアの二つの中心を結んで、賑わいの空間軸が生まれました。

現在、ヴェネツィアを特徴づけている煙突、あるいは、アルターナという屋上のテラス、こういうものが中世から生き生きと使われていたということがこのカルパッチョの絵からよくわかります。アルターナは、自由には外出しにくいヴェネツィアの女性たちにとっても重要な息抜きの場所です。中世やルネサンスには、金髪に染めるというのがヴェネツィアの女性にとってもあこがれで、染めた髪を乾かすのにも、この屋上テラスがよかったといいます。

リアルト橋は一五八〇年頃、それまでの木造の跳ね上げ橋から立派なモニュメンタルな石橋に掛け替えられて、橋の上に二列、店が並ぶのに加え、水に開く通路が両側に付きました。こうして水の側と橋の上との視線のやり取りが生まれ、橋のもつ演劇性が高まりました。舞台に登るように格好よく歩き、上の踊り場でたたずんで、大運河の水の風景を眺める。まさに橋自体を広場、劇場、そして商業施設、マーケットとしてつくったのです。同時にますます華やかになっていく大運河のメインゲート、凱旋門としてつくった。機能的で実用性の高い、マーケットの機能に加えダイナミックな象徴性をもったこの橋はヴェネツィアの、まさにルネサンスからバロックにかけての、演劇装置としてできたというふうに言えます。

サン・マルコ広場は、回廊で囲われた国家のデザイン、世界の人々を圧倒させる魅力、美しさを持っている。リアルト市場はいろいろな機能が集まっている、多様な、アクティブな場所の魅力で、ここは東西の世界を結ぶ最大のマーケットだったのです。商品の価格もここで決まる。銀行とか、保険会社、あるいは現金を動かさなくても売買できる、そういうある意味で資本主義の仕組みがここで成り立った。また、ルーカ・パチョーリという

柱廊の巡るリアルト広場

人の複式簿記も生まれ、金融・経済・会計学にとっても、ヴェネツィアは非常に重要な都市だったそうです。

裏手の悪所

リアルト地区の中で、一貫して重要なのが生鮮食料品の市場で、今も変わらずに続いています。ヴェネツィアには東地中海との交流を示す要素があります。フォンダコ・デイ・テデスキ、つまりドイツ人商館だった建物で、ゲルマン系の人たちが大勢集まっていました。フォンダコ（商館）という名称は、アラビア語のフンドゥク（隊商宿）に由来するもので、やはりアラビア語のハーンとかペルシア語のキャラバンサライにあたり、こうした施設がイスラーム世界ではキャラバンの交易ルートの各地に分布していました。ヴェネツィア人は、古くからそういうものを知っていて、ヴェネツィアの中に持ち込んだ。それがまさにドイツ人商館だったのです。その考え方に加え、中庭型の建築の在り方も含めてここに実現した。それがリアルト市場のすぐ隣の大運河沿いにあるのです。

この市場を調べると、建築の歴史からではなかなか浮かび上がらない都市の歴史、社会の歴史、商業・交易の歴史、海洋都市の魅力がみえてくる。例えば、ヴェネツィアで一番人気のあるド・モーリ、つまり二人のムーア人というニックネームを持っている居酒屋なのですが、一階が居酒屋で、昔は二階に宿泊できる小さなホテルのようなものがありました。当時はイタリアのフィレンツェやルッカ、ピサから来る人たちも外国人ですから、それも含めてたくさんの外国人が泊まるこうした宿泊施設が、リアルト市場の背後にいっぱいあった。こういう居酒屋は同時に、上にはベッドが置いてありますから、だんだんそこに夜の女性たちが現われ、売春の機能を持ち始めたと言われています。

リアルト市場の周りにあるオステリア、あるいはヴェネツィアではバーカロというのですが、ちょっと陰に隠れた位置にあります。歴史が育んだ、ヴェネツィアのマーケット空間に欠かせない要素だと言えます。

裏のほうには、十六世紀にできた初期の小さな劇場のあとが地名の名残として二カ所見られます。ポンテ・デッレ・テッテ、乳房の橋という橋があり、それに面した家の窓辺に娼婦がいて、男性を誘ったと言われています。リアルト市場裏手の悪所としての歴史は古く、カステレット（ベッドの城）という公営の売春宿が一三六〇年からつくられていました。まさにここには、市場を中心に、いろいろなところから集まってくる人たちをもてなし、満足させるさまざまな都市機能があって、一大複合空間をつくっていたわけです。

現在はかつてのリアルト地区の雰囲気をそのままダイレクトに味わうのは難しいですけど、多少そういう知識を持ちながらこの周りを歩くと非常に面白い。ヴェネツィアの今の生活でも中心でもあり、大変重要なスポットです。

さらにストレートに東方世界との交流を物語ってくれる場所として、マルコ・ポーロの一族が住んだコルテ・デル・ミリオンという一画があり、館の一部が残されています。マルコ・ポーロがジェノヴァに捕らわれて、獄にいるときにしゃべったのを別の人がまとめて出したのが、『東方見聞録』で、その彼が生まれた生家がここにあると言われています。十二、十三世紀のオリジナルの建物が二階まで残っています。ヴェネツィアで最も古い十二世紀のアーチが見られます。

この町では、あちこちに十二世紀とか十三世紀とか、信じられないぐらい古い建物の一部が残っているので、発掘しないでも、地上に考古学の遺物が現在も使われて目の前にあるという感じです。したがって、建物からそのまま、どういうふうに町が発展していったか、どこにどんな人が暮らして、どんな活動を営んだかということが想像できるのです。

東方との交流

次の段階で、立派な建物がいよいよカナル・グランデ沿いに進出していきます。ヴェネツィアは東方世界に目を向けていきます。

アドリア海のラグーサ（今のドブロヴニク）、東地中海のコンスタンティノープル（後にイスタンブールに変わる）、イラクリオン、アレクサンドリア（カイロはのちに重要になる）、それからダマスクスなど、ヴェネツィアにとって非常に重要な場所がいっぱいありました。特に一二〇〇年代はじめに、第四回十字軍でヴェネツィアが中心になった軍隊がコンスタンティノープルを陥落させて、ラテン王国をつくるのです。それ以来、ヴェネツィアの力が誇示されて、キプロスのほうまで含めて、どんどんヴェネツィアの領土を広げていくことになります。

ヴェネツィアが自由にこの海を支配して、交易で稼ぐ。もちろん、ジェノヴァもそれと並んで、ヴェネツィアと争いながら領土を広げて、むしろ黒海までジェノヴァは上っていくのです。

ヴェネツィアの一番東に、大聖堂即ちカテドラルにあたる教会があります。サン・ピエトロ・ディ・カステッロですが、そこに聖ペテロが座ったと言われる聖なる椅子があります。司教座に近いようなものです。そこに実は、アラビア語で文字が書かれている。つまりキリスト教の一番重要な、精神的な要素のなかに、アラブ風の装飾、アラブの世界でつくり出された文化が刻印されて使われており、ヴェネツィアの出発点は、東方のアラブ世界の影響が大変強かったということを物語っています。

ガラスの文化はヴェネツィアで発達しますが、元々は、古代からエジプト、シリアが発達している。そちらから持ってきた十世紀ぐらいのガラスの器を金属で加工して、優雅な作品に仕立て上げたのがヴェネツィアなのです。モンタージュしたのです。高度な東の文化をどんどんヴェネツィアが学び、それにさらに付加価値を付けて、製品にしていったのです。

ヨーロッパで初めてコーランが出版されたのもヴェネツィアです。出版文化もヴェネツィアが断トツで進んでいたわけですが、そのなかでアラブとのつながりを示すコーランが最初に出版されたのがヴェネツィアだということは、大変に意味があります。

ヴェネツィアの商人が、カイロの邸宅に招かれたときに書き残した大変面白いスケッチがあります。現在もイスラミック・カイロの中心部にこんな豪邸が数多く残っているのですが、明らかに、その典型的なホールです。内部、たぶん二階だと思いますが、大広間（ここにお客さんを呼んで宴会をやるわけです）が三つの部分に分かれていて、中央部分が一段低く、両側が一段高い。そしておそらく格子窓があって、外にも開かれている、そういう空間だと思います。上にトップライトのあるドームがあって、光が差してくる。実は下に、噴水があるのです。こうして、室内にまで噴水を持ってきて環境演出をする。このように豪華な、居心地のいい、快適な、そして美しい室内空間をカイロでは実現していたということを、このスケッチは表しているのだろうと思います。

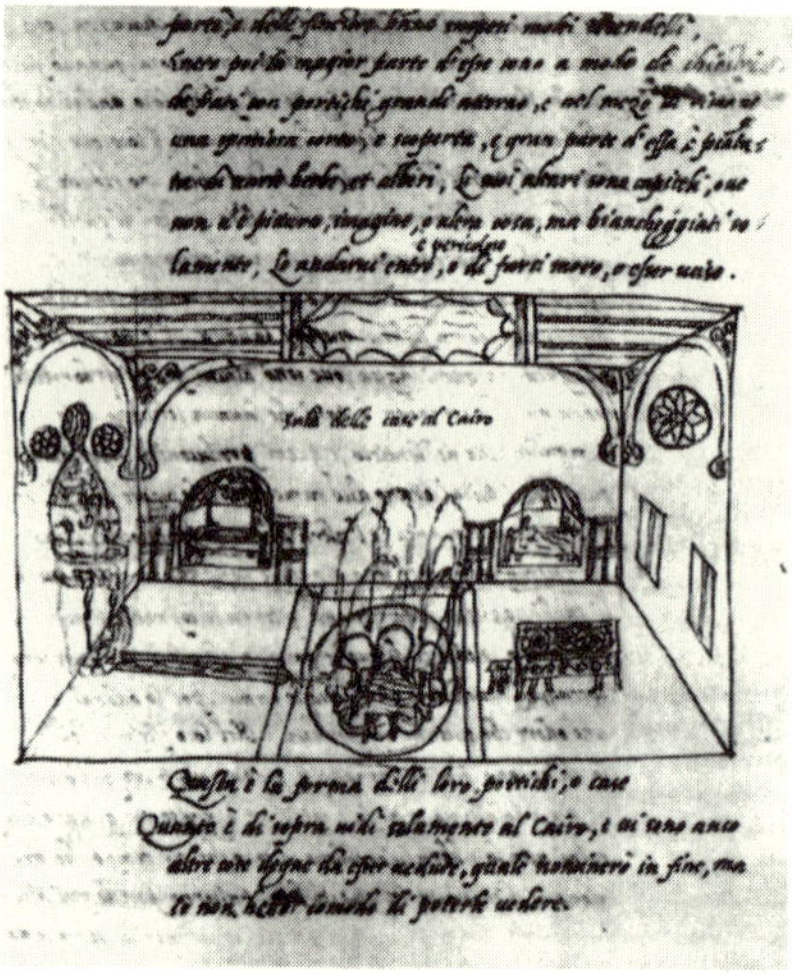

カイロの邸宅内部　ヴェネツィア商人の素描

　こうして、あきらかに進んだいろいろな文化の影響を受けながら、ヴェネツィアの十二世紀から十五世紀にかけての文化ができてきた。

　トルコとヴェネツィアは、犬猿の仲でしたが、同時にトルコ側から見ると、イタリアのルネサンスというのはあこがれの対象で、その文化をどんどん取り入れたい。したがって、アーティストを招いていろいろ交流する、あるいは祝祭の演出をイタリア風のものを取り入れる。イスラームとカトリックという宗教の違いもあり、ヨーロッパのヴェネツィアとはしばしば対立し、表向きは戦いをしながらも、実際には深い文化交流も同時にあったのです。

　東側からの進んだ文化をヴェネツィアがどんどん取り入れたのが、十三世紀から十五世紀。だんだんヴェネツィアのほうが工芸技術が高まってくるのに対し、逆にイスラーム側が、特にアラブ側は衰退してしまう。トルコは、お金持ちになり、権力を持ち、もっと飾りたいという意思が出てくる。こうして今度はヴェネツィアの側が、より高度に発展したものをイスラーム世界に輸出することになり、一方向ではなくて、イスラームとヴェネツィアの間に両方向性の交流があったというのです。ヴェネツィア、あるいはヨーロッパ側が一方的に、アラブ・イスラームの影響を受けたのではない相互の交流が生まれてきたのです。

中世の商館

とりわけ十二世紀、十三世紀というのが、ヴェネツィアがオリエントに発展していった最初の時期なので、そのころにつくられたカナル・グランデ沿いのパラッツォ（邸宅）には、よりビザンティン、イスラームの影響が強いわけです。東方貿易を支えたそのころの商館としての建物が、たくさん残っています。パラッツォ・ロレダンとパラッツォ・ファルセッティの棟は、十三世紀のビザンティン様式と言われるものなのですが、どちらも二階までがオリジナルで、三階、四階が増築です。

ヨーロッパの都市の中には、中世の建物が残っていて、例えばパリを歩いていても、ハーフティンバー（半分木造）の中世の建物が多少あります。ガイドブックで必死に探して、二棟見つけましたが、やはり少ないです。イタリアでは、シエナ、フィレンツェにも中世の建物がけっこう残っています。しかし、ヴェネツィアほど十二世紀、十三世紀の建物が残っているのは、めったにありません。ほかの例を挙げるなら、もう一つの中世海洋都市アマルフィもかなり古いです。ヴェネツィアというのは、建物を追いかけ、今の町を観察することによって歴史がひもとけるという、大変ありがたい町です。

実は、カ・ロレダンとカ・ファルセッティの両方とも市役所として、現役で使われています。したがって、この前では、よく水上デモもおこなわれます。内部はそのあとのロココ時代のエレガントな様式につくり替えられており、居住性を高め、使いやすいかたちにしているのです。

そういう空間のなかに入って、自分もタイムスリップしてみたいと思うのです。カナル・グランデ沿いのかわいらしいホテルがあります。泊まって、朝食を大広間でとる。インテリアはロココ風のおしゃれなスタッコ、そしてバロック的なムラーノ島のシャンデリアに変わってはいますが、空間の骨格自体はビザンティンそのもので、アーチなど、あきらかにアラブの影響も受けています。そういう空間を今も充分に体感できる、これがヴェネツィアの魅力です。

町の中にも、どんどんイスラーム、アラブの影響を受けたアーチが入ってきます。ありがたいことに、アーチの形によってだいだい五十年刻みぐらいで時代が判定できる。これがあれば十三世紀の前半だとか、そういうことの想像がつくのです。

リアルト橋からちょっと入った内側にある運河、ここはもう、中世の早い段階から重要な船着き場で、ムラーノ島と結ばれていました。そのメインストリートの通行を確保するために、一階の運河沿いを通路で開放して、建てています。水際に十三世紀に建物を建てた所有者は、ヴェネツィアの市当局と契約を結んだに違いありません。一階は人々が通り抜けるメインストリートで、その上にプライベートな館がかぶっていて、水際には船着き場がある。こういうような進んだ都市づくりを十三世紀からやっていました。

ヴェネツィアの隅々まで、よく空間が組み立てられています。例えば、ゴシックの十四世紀のアーチが掛かっているカッレと呼ばれる路地の奥には、ちょっとした貴族の館が水際にあり、運河から船で着ける。まさに江戸の裏路地、長屋のようなもので、この路地には庶民が住んでいた。運河に面する奥の邸宅の背後の高い位置にビザンティンの素敵なアーチが残っている。ということは、少なくとも十三世紀には、このように運河沿いに館をつくって、裏に路地をとり、長屋を並べて、メインストリート（サリッザーダという）に面する、というワンセットの開発の仕方が成り立っていたことを表しており、ヴェネツィアの高密につくられた町並みは本当に古い時期までさかのぼることを意味しています。

古い商店街

ヴェネツィアには、残っている世界最古の商店街の一つと思われる一画があります。十三世紀のビザンティンの小アーチをもつ小振りの建物の脇に架かる十四世紀のアーチを入っていくと、感じのよい「天国のカッレ」と呼ばれる商店街があります。両側に並ぶ店にサービスできるように、裏側にはそれぞれちゃんと搬入の通路が取られているのです。階段がところどころにあって、二階に上っていく。そこは住宅なのです。つまり一階が貸店舗、二階は別の人が住む住宅、しかもサービス動線が後ろに付いて、運河沿いにはちょっと飾られた立派な小邸宅がある。反対の陸側は目抜き通りと入口のアーチ、こういうセットが十三世紀にはもうできていたのです。しかも、その空間が今もおしゃれに使われている。立派なレストランや、地元の風格のある本屋さんがあり、ヴェネツィア文化を発信する場所になっています。

こういうふうに、ウォッチングして歩くときりがなく、細かいところが面白いのがヴェネツィアです。アーチの描き方も、ポイントを移動させながらコンパスで自由に書いていくのです。イスラームの人たちは、これを立体幾何学でやってしまうのですが、ヴェネツィアは平面で、さまざまな窓の形を、開口部の形をつくっていきます。十九世紀末、イギリスのジョン・ラスキンが、こういう東方の影響を受けたヴェネツィアの工芸的な美しさに引かれて、『ヴェニスの石』という名著を著しました。これは、近代の、だんだん工業化していってしまうものに対するアンチテーゼとして、人間の感覚を大切にした芸術であるというふうに評価したわけです。

金の家

ヴェネツィアで最も美しいパラッツォと言われるのが、カ・ドーロ（金の家）です。金箔で覆われて、輝いていたと言われています。現在は美術館になっています。オリエントの文化をふんだんに吸収して表現した、ヴェネツィアならではのゴシック建築です。

ゴシックというのは北から入ってきたのですが、それをヴェネツィアの東方のセンス、進んだ工芸的、職人技のセンスと同時に、水に包まれた開放的な環境のよさ、その両方の要素をふんだんに取り入れて、ヴェネツィアならではの軽やかで明るい、進んだ建築文化をつくったのです。内部は伝統的な手法で三つに分かれ、中央ホールがあって、両側に部屋がとられているのですが、大運河に開く表に出るところでわざとシンメトリーを崩して、特徴あるインパクトの強い外観をつくっているのです。装飾的な軒の飾り、パラペット、これもオリエントからの影響です。

カ・ドーロ正面

内部に入りますと、色大理石のモザイクの床が幾何学的な構成でできています。これも、ある意味でアラブと共通するところがあるかもしれません。その中程の脇に、レンガをうろこ状に敷いた中庭があり、真ん中に雨水を蓄える貯水槽を持っている。地中海の周りの都市には天の恵みの雨水を最大限に生かすという思想がどこでもありました。そして、外階段で上に昇る。まるでスペインのパティオ、あれもアラブの影響を強く受けているわけですが、オリエントでなければあり得ないような、プライベートな空間のなかに、戸外の中庭空間をうまくとって、エントランスホールから続く全部が劇場のようなつくり方になっているのです。

このような中庭と外階段の組み合わせ、しかも非シンメトリーという、こういう空間というのは、ヴェネツィアの中世の様子をよく伝えています。したがって、ルネサンスになると、これらを全部否定していってしまいます。ここにオリエントと一緒に呼吸をしていた時代の同時代感覚、そして同じテーストが表れているのではないかと思います。

カ・ドーロの二階、三階はそれぞれ、カナル・グランデに面したところは、大きく軽やかに開いています。ここで祝宴を催しながら、カナル・グランデでのいろいろなスペクタクルを楽しむ。カナル・グランデに面して館を持つことが、貴族・上流階級にとってはステイタス・シンボルとして重要なことでした。現在は、その多くは公的なものになったり、大学キャンパス、あるいは企業のオフィス、接客用の施設になっていますが、今でもお金持ちが個人の館として持っているところもかなりあります。

ヴェネツィアのゴシックに完成した館のつくり方というのは、非常に特徴があります。真ん中が大広間で、両側に居室がくるのです。建物正面の中央にバルコニーを張り出して、連続アーチで大きく開けます。したがって、三分割されたファサードの連なりにリズムが出てくるのです。閉じる、開く、閉じる。弱・強・弱、弱・強・弱、というふうに独特のリズムが生まれるのです。ヴェネツィアの建物は、それぞれの時代に様式が少しずつ変わっていくのですが、真ん中にアクセントを置くこのリズム、これはずっと変わらない。バロックにちょっと変わるのですが、それにしても、やはりある程度アクセントを意識しながら、それぞれの時代の建築をつくっていった。

ヴェネツィアの町並みというのは統一感があると皆さん思われるかもしれないですが、よく見ると、どの建物もそれぞれ違っています。しかし、違うものが、あるルールで横に並ぶと、多様性をもつダイナミックな調和があって、生き生きとした変化に富んだ町並みが成り立っているという感じなのです。

交易都市から文化都市へ

ヴェネツィアのカナル・グランデ沿いの風景というのは、中世から十六世紀のルネサンス、十七世紀のバロックに大きく変わっていきます。帆船が行き交う東方の海とつながっている交易の都市から、大陸のほうに目を向ける都市へと変化しました。十五世紀からもうすでに、海の都だけでなく陸を支配するようになり、そのときに本土のほうで始まっていたルネサンスと出合うわけです。

十四世紀までは進んでいた東方の影響を取り入れながら、ヴェネツィアらしい、エキゾチックな文化をつくった。しかし、ルネサンスと出合い、少し乗り遅れるわけですが、ヴェネツィアはそれを本格的に継承・発展させ、ヨーロッパの王道を行く都市につくり直そうとするのです。

東方貿易というリスクのある、だけど利益も大きい、そういう海洋都市の冒険的精神を発揮した貴族のあり方から、安定した経済基盤をもち、文化や政治に目を向けるという考え方に変わっていく。カナル・グランデ沿いの風景も、ステイタス・シンボルとしての邸宅の性格を強め、様式はフィレンツェ、ローマで展開していったものをさらに発展させるような古典的な様式へ変化していく。さらには、物資を満載した船が行き交う、実用的な港町の光景から、文化の舞台、祝祭のステージという演劇的な都市の性格にどんどん変わっていくわけです。

そうやってヴェネツィアは、世界中の人たちの関心をさらに高め、常にヴェネツィアというイメージを紡ぎ出し、自らを神話化し、さらにヨーロッパの人たちの心を惹きつける。ヴェネツィアには多くの外国人、政治家やリーダーたちが招かれてやってくる。それをまた、国を挙げて歓待する。そのスペクタクルが、何回も、何回も企画され、それを市民が楽しみの場とする。経済的な都市から文化を発信する都市へ、十六世紀、十七世紀に変化していくのです。ピークに達したのが十八世紀です。

カナル・グランデ沿いの建物の内部も大きく変わります。パラッツォ・ラビアでは、十八世紀にティエポロという画家のまるで宗教画のような天井画が描かれ、壁面はクレオパトラとアントニウスの愛の物語で飾られ、祝宴的な雰囲気を盛り上げる、だまし絵（トロンプ・ルイユ）と建築が一体となって、華やかな室内空間を創り出す。

こうしてヴェネツィアの建築の室内が演劇空間に変わっていくのが十七世紀、十八世紀です。現在、アルメニア人の寄宿寮で、文化交流の拠点になっている建物は、かつては、やはりヴェネツィア貴族のパラッツォでした。まさにイリュージョンの世界にいざなうような十八世紀のヴェネツィアらしい華やかな建築です。絵画とスタッコの彫刻と、それから鏡です。大きな鏡を壁面の両側にはめ込むことによって、お互いに反射し、奥まで何回も反射して、無限大の、奥行きを感じさせる。まさにイリュージョンの世界に人々を誘ってしまう、もっともヴェネツィアの爛熟した建築文化を表している名作の一つです。

サン・マルコ広場の造形

オリエントとの交流を示す最大の舞台がサン・マルコ広場です。八〇〇年代の終わりのころに、アレクサンドリアから聖マルコの遺骸をこっそり盗み出してきて、ここに祀ったのがサン・マルコ寺院の始まりだと言い伝えられています。それ以来、このサン・マルコ広場が重要になる。現在の建物は、十一世紀のビザンティン様式によるものですが、これができたころは、まだこの広場は半分しかなかったのです。

サン・マルコ寺院

当時、まだヴェネツィア共和国が発展を開始したばかりの初期の段階です。十二世紀にこの広場を現在に近いかたちに西側に拡大して、広場の基本形ができあがります。しかし、まだパラッツォ・ドゥカーレはビザンティン時代の古いものでした。それを現在のように置き換えたのが、十四世紀から十五世紀。そして、ルネサンスの時代に、今度はこの海に開くピアツェッタ（小広場）の西側の部分をやり変えて、そしてさらに、ルネサンス後期にピアッツァ（広場）の南側をやり変えて、さらに最後はナポレオンが西端の教会を壊してエントランスをつくり、自分の宮殿にして、今のような姿になったのです。

サン・マルコ広場に見られる白い石の幾何学的な舗装パターンをリストンと言います。十八世紀のもので、アーバンデザインが非常に進んだ時代なので、オープンスペースの広場を戸外サロンのようにしました。それまではレンガの鱗のようだった素朴な床を、エレガントな戸外空間につくりかえたのです。

一九六〇年ごろまでは、ヴェネツィア市民は、みんなこの広場に集まって、リストンの白いラインを頼りに行ったり来たり散歩をしていたというのです。同じ場所を行ったり来たりするのは、イタリアのパッセジャータ（散歩）の大きな特徴です。ヴェネツィアでは、散歩のことをリストンと呼んでいるのです。こうして、ヴェネツィア人のまさにサロンになった。現在は、あまりにも観光客がすごいので、市民たちは自分たちの日常の空間を外に移しています。しかし、ここの時計塔の下で、よく待ち合わせをします。今でももちろん、ヴェネツィアの精神的な中心はサン・マルコ広場にあると言ってもいいと思います。

演劇空間としての都市へ

ヴェネツィアは、オリエントと交易する港湾都市から、ルネサンス的な舞台、演劇空間の都市に変わっていく。様式も、オリエントを取り入れたゴシックから、大陸風の、古典的なヨーロッパを代表するルネサンスに置き換えます。サン・マルコ広場への海からの玄関、小広場（ピアツェッタ）に遠近法の構図で、理想都市の広場を見事につくり出し、それを劇場のように仕立て上げていったのです。これが一五三〇年代からで、ヴェネツィアこそがもっとも自由に、ルネサンスのいいところを全面的に引き継いで、華やかに発展させる都市になっていくわけです。

ローマもフィレンツェも自由が奪われる。思想家も芸術家もみんなヴェネツィアに逃げ込んでくる。出版文化も華やかに展開する。こうしてヴェネツィアが一番、ルネサンスのいい部分をこの時代に表現しました。その舞台として、サン・マルコ小広場がイメージを刷新するわけです。五十年もの長い時間をかけてつくりかえました。その正面奥に時計塔ができたのがきっかけで、新しい一点透視画法の構図にもとづく都市改造が実現するのです。

このアーチの下を潜りずっと行くと、リアルト地区に向かってメルチェリーアという重要な道が伸びている。

ヴェネツィアというのは生き物のように、あるいは迷宮のようにできているのですが、肝心な部分はきちんと押さえていて、めりはりがあるのです。カナル・グランデが、逆S字形に、実にいい場所を押させている。そして、海に開いたところにサン・マルコ広場があり、逆S字形の真ん中に架かるリアルト橋を越えるとリアルト市場があり、間をこのメルチェリーアがうまく結んでいます。この道がサン・マルコ広場に出てくるポイントが時計塔になっていて、そこから伸びる小広場への軸線の先に水面が広がり、ずっと行くとサン・ジョルジョ・マッジョーレ島の、パラーディオがのちに設計する教会に当たるのです。

のちに鐘楼の下にロジェッタというオブジェのような建物ができる。ここからもう一つの軸が伸び、パラッツォ・ドゥカーレの象徴的な入口を通って、その奥にある巨人の階段に至る。そうやって、アーバンデザインを常に考えながら、空間をダイナミックに再構成していった。同時に、そういう舞台ができあがっていくのに合わせながら、祝祭が華やかにおこなわれていく。

東方貿易から、むしろ文化の都市へと変化していく。一方で、東方貿易は、従来言われていたよりはずっと継続して、香料をはじめ、物資をどんどん運んでくる。あるいは逆に、ヴェネツィアが輸出する状況が見られました。しかし同時に、ヴェネツィアは文化産業、出版、演劇、あるいはファッション産業、そういう非常に付加価値の高い産業を育んで、文化都市のイメージをどんどん上げていったのです。

ヴェネツィアは、もともと馬が通らない、人間だけに開放された都市をつくり上げたため、すべてが、ある意味で舞台空間なのです。サン・マルコ広場だけではなくて、それぞれの島にあるカンポも、さらに水上もステージに変わっていく。テアトロ・デル・モンド（世界劇場）は、特にカーニバル期間中によく出てきたのですが、仮装した船がフローティングの劇場を引っ張るのです。劇場は世界を表す、という考えのもとで、都市全部が劇場空間に変わるという意味合いを込めたフローティング・シアターです。そのテアトロ・デル・モンドを現代的に解釈して評判になったのが、アルド・ロッシという建築家の作品、テアトロ・デル・モンドでした。

サン・マルコ広場が、今度は祝祭の舞台になっていきます。楽団がいて、いかにもヴェネツィアのオープンな雰囲気を盛り上げてくれるカフェテラスがある。これがいつ登場したかが知りたいところです。カナル・グランデ沿いのホテルの水上のテラスも案外新しく、一九三〇年ごろから設けられたようです。十八世紀の絵を見ると、サン・マルコ広場にちょっとだけ椅子が置いてあるのですが、カフェテラスはまだありません。想像するに、二十世紀に入るころから少しずつ登場したと思います。パリでも、おそらく十九世紀後半か末ぐらいからだと思いますが、まだ調べなければいけません。

いずれにしても、サン・マルコ広場の周りにはカフェ文化が十七世紀から入ってきます。いくつものカフェがつくられ、みんなお好みのカフェがあって、アーティスト、作家、文化人が集まり、外国人も来て、まさに華やかな交流の舞台がサン・マルコ広場になった。そういう雰囲気を一番今も残しているのが、名門カフェ・フロリアンです。

ヴェネツィアでは、水上もまた重要な祝祭の舞台となります。ブチントーロという総督のお召船に乗って、パラッツォ・ドゥカーレのところからスタートして、無数の船が随走し、水上をパレードしていく。リド島の端、アドリア海への出入口に当たる場所で、金の指輪を総督が海に投げて、「われは汝と結ばれる」と宣言したのです。この「海との結婚」というどこか官能的な祝祭、儀礼は毎年四月に、今でも行われています。永遠の平和と繁栄を祈願するという意味で、非常に重要なのです。

水上の祝祭は、ますます華やかになっていきました。高級娼婦、コルティジャーナたちを乗せて水上パレードをし、それをまた仮設の橋をつくって、男性たちが熱狂して見ているという光景が、十八世紀のガブリエル・ベッラの絵に描かれています。彼は政府お抱えの絵師です。ガブリエル・ベッラの絵は、芸術としての評価は低いのですが、記録性が高く、ヴェネツィアのイベント、祝祭、人の遊びなど日常的なシーンを実に克明に描いていて、当時の風俗、習慣、生活の断面がよくわかるため、近年高く評価されています。

人間的尺度の都市

ヴェネツィアの町の中には網の目のように運河がめぐっていて、潮の干満の差で、水が流れています。この循環系がストップしては大変なので、この十五年、二十年、浚渫を部分部分で繰り返してやっています。水の都市のメンテナンスというのは非常に大変です。

それと同時に、アックア・アルタ（高潮）で冠水することがだんだんと増えてきているので、岸辺の道を少しずつかさ上げをしています。かさ上げをするごとに、浄化槽の装置をいろいろなところに設置しています。本当の都市下水道というのは、こういう町だからできませんが、できるだけ浄化槽できれいにしてから流す、というふうにしているようです。環境のエコシステムを守りながら、そして快適に生活空間として維持していくという大きな課題があるのです。

ヴェネツィアというのは、一気にできた町ではなく、少しずつ継ぎ足し、あるいは変化させ、「隣」との関係をつくり上げてきた。したがって、島と島のあいだには、橋が本来なかったところが多い。橋は、あとから掛けているから、捩じれている。ポンテ・ストルト、ゆがんだ、捩じれた橋というのですが、その名前があちこちに出てきます。ヴェネツィアでは船を通すために、最初は木の跳ね上げ橋もずいぶん多かったのですが、石の橋に切り替えていったときに、太鼓橋形式にしました。ですから車は入れないわけです。

橋の上では立ち話が生まれたりします。夜間も照明を当てる。橋というのは象徴的な意味がある。しかも空間的に、路地よりは、はるかに明るくて開放的なので、人々がここでほっとする、息抜きをする。さらに、華やかな雰囲気があり、本当に舞台のような空間になっていくのです。

ともかくヴェネツィアでは「歩く町」です。刻々と目の前の風景が変化していく。要素が多く、ディテールが面白い。ヴェネツィアではマイナーな建築ほど、味わいがある。私が指導を受けていたトリンカナート教授は、『ヴェネツィア・ミノーレ』という本を一九四八年に出版して、新しい町の見方、建築の見方というのを切り開いたのです。ヴェネツィアというのは、小さめの、小振りの何でもないような建物が、非常に周りの環境を考え、町に表情をつくり出す。しかも、内部のプランが、水と陸のあいだを結んで、空間構成が絶妙にできている。それが貴族住宅だけではなくて、むしろ庶民のレベルの住宅にまで及んでいた。

だから、ヴェネツィアというのは、どこを取りあげても面白い。どこを観察しても、味わいがある。それが全部つらなっていったヴェネツィアというのは、本当に有機的に面白い、いい町になっている。そういうことが、感覚的にも、理詰めにもわかるのです。

オリエント風の住宅として、先ほどカ・ドーロを見ましたが、ヴェネツィアでもっともダイナミックで味のある中庭として、パラッツォ・ヴァン・アクセルがあります。運河が交わる変則的な角地で、歪んだ敷地の形をしているのです。このなかに、中庭が二つ、背中合わせにあり、運河側の岸辺の道から入ったファミリーは、大きな階段を上って三階に行く。陸側から入ったファミリーは、背中合わせの小さな階段で二階へ行く。三階、二階に別のファミリーがいて、それぞれ貴族住宅の要件を全部備えていて、水の側と陸の側に玄関があって、中庭があって、貯水槽があって、外階段でメインフロアに上っていく。顔を合わせない、実にうまい設計になっているのです。

パラッツォ・ヴァン・アクセルの外観

水と緑で中庭を潤し、飾る。イスラーム圏では、『コーラン』の中にそういう楽園のイメージが示されています。それと共通する水、緑、そして囲われた中庭という感覚がヴェネツィアにはたっぷりとあります。

中世には、教会のまわりに、コミュニティの中心である広場ができあがっていきます。その代表として、サン・ポーロのカンポ（広場）があります。だいたい九世紀から本格的に建設を始めて、一五〇〇年まで、七世紀間もかけて、こういう有機的な都市空間が見事にできあがった。カナル・グランデ沿いに、貴族の館が並び、そして広場のほうにも、美しい貴族の館が並んでいます。

元は、広場の縁に運河が一つ流れていました。十九世紀に埋めてしまったのですが、その記憶として白いラインを残しています。多目的に使われてきたオープンスペースを堂々と囲んで、本当の広場にしようという、アーバンデザインの意識が目覚めています。コミュニティの象徴的な空間をつくり出そうという意思が働いていて、中世の末、一五〇〇年には見事な広場がヴェネツィアの各地にできました。重要な広場は煉瓦で舗装されて、貯水槽が設けられました。

サン・ポーロ広場

ところが、サン・ポーロの教会はもともと、運河のほうに正面を向けてスタートし、背後は湿地帯で、裏庭だった。でも、そちらのほうがコミュニティ・センターとして重要になったので、教会の正面玄関は運河側に付けずに横から入れるようになり、アプス（後陣）の後ろが、結局広場のほうに面するという逆転現象が起きたのです。ヴェネツィアには、こういうのがたくさんあります。

時間をかけて、運河の側を中心とした、水の側にばかり依存した都市が、こういうコミュニティ・センターとしての広場を中世末に完成させて、陸の側にも顔を持つと同時に、水の側にも顔を持つ、そういう都市に成長していったのです。サン・ポーロ広場が完成したのが十五世紀後半です。見事なコミュニティの空間ができた。ここは、スペインの闘牛のようなものをやったり、あるいは露店市が立ったりしました。現在では、ヴェネツィア国際映画祭のときに、仮設の映画館をつくって上演したり、いろいろな催し物をやる広場です。普段も人気がある。冬でも、日差しが出てくると、みんなどっと繰り出してくるのです。

近年のヴェネツィア

最後に、ヴェネツィアの比較的最近の様子をお話したいと思います。一九九六年、劇場都市ヴェネツィアを象徴するラ・フェニーチェ劇場が出火して、天井が火事で吹っ飛んだ。幸い、基本的な構造壁、外壁は残っており、丁寧に修復して、見事に蘇った。世界中の音楽ファンの期待を実現してもともとの姿、あるいはそれ以上の機能を備えて、再びヴェネツィアの人々の音楽発信基地になっています。

アックア・アルタからどう守るか、いまだ議論が続いています。ヴェネツィア人は息長く付き合うということで、サン・マルコ広場の水際のところを少し高くして、水が入りにくいように工夫したり、あるいは町の低いところから岸辺の道をかさ上げをしています。あとはアドリア海からの三カ所の入口に可動式の水門を本格的につくるかどうか、まだ議論してやまない。すでに着工しているのですが、水の循環が悪くなったという批判があります。

市民の人たちは、四季折々に祝祭をやって、生活を楽しんでいます。最近、工業化遺産を転用して、大学キャンパスにしたり、図書館ができたりという動きが活発です。現代の集合住宅を建設し、新たなヴェネツィアの顔というものも、島の周辺部につくり出している。

もう一つ重要なのは、ビエンナーレ、映画祭、各種の展覧会、文化活動を世界に発信して、ヴェネツィアというものの魅力を、歴史の奥深いところから生み出しているのです。ただ単にノスタルジーの観光都市ではまったくないということは強調したいと思います。

水上の祝祭都市

都市のもつ祝祭性

ヴェネツィアというといろんなキャッチフレーズが思い浮かびます。都市には大体キャッチフレーズがあり、フィレンツェなら「花の都」、ローマだと「永遠の都」などですが、ヴェネツィアほど豊かにキャッチフレーズを持っている都市は他にないと思います。「水の都」、それから、塩野七生氏が「海の都」と言って地中海までに広げた壮大なイメージを描きました。また、単に「海の都」だけではなくて、官能的な美しい都市であるため、「アドリア海の花嫁」と呼ばれてきました。それから「迷宮都市」、つまりラビリンスの都市。そして「演劇都市」、「劇場都市」というのもあります。イタリアの都市というのは劇場性を内包しているというふうに言え、ヴェネツィアはその最たるものだと思います。

それらと関連するのですが、ヴェネツィアを「祝祭都市」というふうに最近よく言います。私は建築や都市の広場や運河、そういう目に見える構造を研究しているのですが、それを舞台として繰り広げられる祭り、スペクタクル、さまざまな国家の儀式、そういう社会にとって意味のある演ぜられる中身、それとその器との関係というのは非常に重要な視点なのです。イタリアの広場、あるいは華やかな都市空間を理解する上で、その中の機能、そして演ぜられる中身とその意味、関係を見ていくことが重要で、最近の研究の動向としても、そういうところに注目する動きが強く出ています。

ヴェネツィアは、ふだんの町そのものが祝祭性に満ちていて、それは都市の仕組みそのものにも大きな理由があります。自分が芝居の主役になったかのごとくに浮き浮きしてくる、そういう非日常的な体験というものをだれもができるのです。さらに、実際にこの祝祭、演劇的な行為・活動というものが歴史の中で繰り広げられてきた。今日はそれを紹介したいと思います。

ヴェネツィアは東方貿易を主に経済を繁栄させ、都市をつくり、独特の都市構造を中世の終わりまでに完成させていたのですが、十六世紀になると、それをベースにしながら新しい局面に入り、非常に華やかな都市の文化をつくり、広場や水上でさまざまな祝祭を演ずるようになります。そういう動きはすでに中世からあります。さまざまな祭りのあり方、その意味、どういうふうに場所を使ってきたか、というようなことを説明して、ヴェネツィアのイメージをさらに広げていただきたいと思います。

異次元空間としての水上都市

ヴェネツィアと言えば、何といってもカーニバルですが、その意味は後で説明しますが、舞台をうまく使ってヴェネツィアの祝祭が歴史的に展開してきたのです。その前提として、都市空間そのものが非常に祝祭的なのですが、ヴェネツィアの町がどういう成り立ちをしているかということを紹介します。

飛行機でヴェネツィアに着陸するときに、右手の席に座りますと窓際から、ラグーナの上に、ヴェネツィアの都市が手に取るように見えることがありますが、ほんとに水の上につくられた町の不思議さを感じます。ぎっしりと、一種のフィクションのようにさえ感ずるように、ヴェネツィアの町はでき上がっているのです。何よりもここには、「水の都市」、そして「迷宮都市」であるという、我々のふだんの感覚と全く違う世界に誘わせてくれる面白さがあるのです。

ヴェネツィアの町には、運河が網目のようにめぐっています。まず真ん中を逆S字型にカナル・グランデが流れていまして、運河とはいうものの、これ自体が一つの川なのです。自然のブレンタ川をはじめとする川が、大陸からラグーナに流れ込んでいるのですが、その流れが浅いラグーナの中に幾筋かあるのです。その一つの筋が整備されてカナル・グランデになったというわけです。ですから、これには潮の流れがあるのです。さらに、小さい運河が網目のようにめぐっていまして、迷宮のようになっています。一方、陸上のほうには時代とともにだんだん道が整備されていきまして、これもまた迷宮のようになっています。

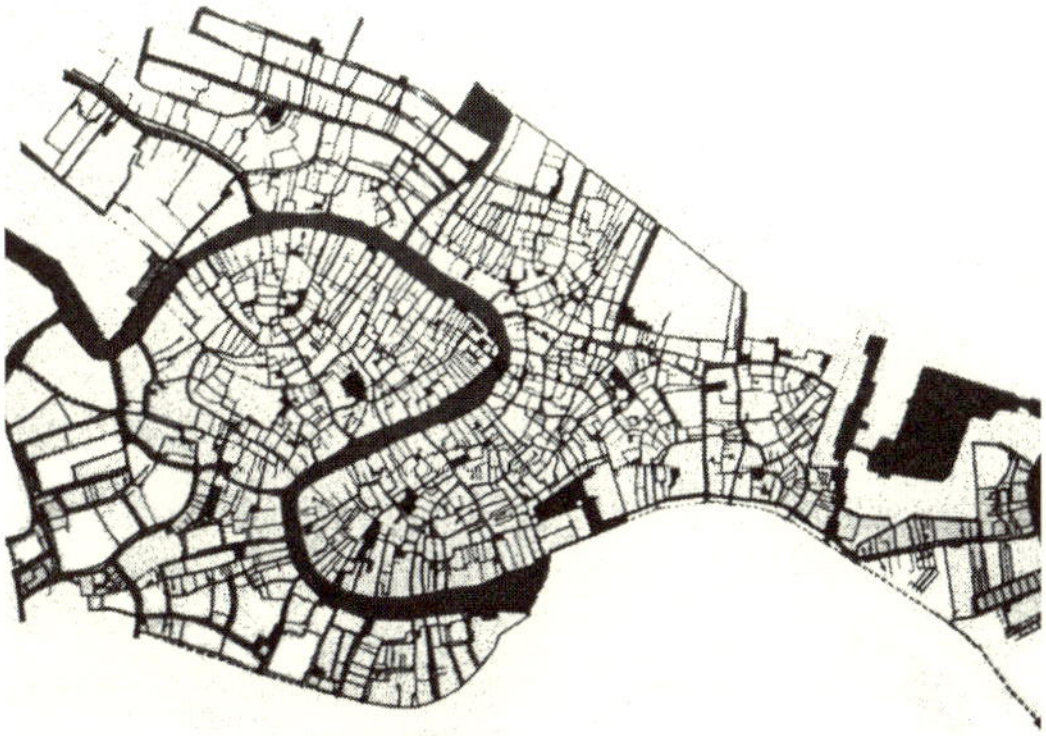

運河と道のネットワーク

ヴェネツィアにはいくつも広場があります。象徴空間であるサン・マルコ広場やサン・ポーロ広場、そしてサンタ・マリア・フォルモーザ広場は聖母マリア信仰の中心で、ここがやはり庶民の祭りの一つの重要な場所でした。いろんな広場で、例えば闘牛のような、牛を追いかけるような祭りが行われたり、スペクタルが行われました。ヴェネツィアは決して一つの中心に全部集中してしまうのではなくて、魅力的な中心がいっぱいあって、それぞれの島が生活の舞台であり、単なる日常性の中心だけではなくて、祭りの舞台となっていたわけです。

水辺が近くにあるというのは、人間の気分を高揚させます。季節とともに変化し、時間とともに表情を変えます。水辺というのは人の心を解放する動きがあり、そこにドラマ性が生まれる。印象派の画家を引きつけてやまなかったというのも当然です。ヴェネツィアは近代の都市計画でできた都市と全く違い、人間の体の寸法にぴたりと合い、かなり早い段階から馬の通行も禁止していたので、人間の尺度で都市ができ上がっていった。部分部分からつくり上げて、全体をまとめていきましたから、変化に富んでいるわけです。

ヴェネツィアには曲がった橋が多い。後から橋を無理やり架けているからなのですが、ポンテ・ストルトといいます。そして都市空間に非常にヴォキャブラリーが多いのです。ソットポルテゴというトンネルを抜け、フォンダメンタという岸を歩いて、カンポという広場に入る、といったように、閉じたり開いたりする、そういう空間の連続性、これがヴェネツィアの魅力なのです。それもふだんからヴェネツィアの町を演劇的にしています。イタリアの都市全般がそうですが、特にヴェネツィアははっきりそういうことが言えます。

橋というのはどこの文化圏でも象徴的な意味を持ちました。日本でもそうですし、特に中国の橋には造形的にも象徴性が見られます。ヴェネツィアの橋も意味が深いです。ふだんの生活の中で人々が橋の上で会話をしているという場面によく出会います。そこは光があふれている。しかも島と島の間を結ぶ、地区と地区の間を結ぶ結界にも当たっていて、何となくそこで晴れがましい気分になって話をしているという人がほんとに多いのです。

そして船を使うということも重要です。船というのは交通手段でありますが、現代の他の交通手段に比べると、はるかに楽しげな雰囲気もあります。ヴェネツィアに船で商売をしている八百屋が現在でもあります。ふだんの日常の中にも演劇性がある。

都市に欠かせない広場の存在

イタリアの都市を語る上で、もう一つ重要なのは、広場です。サン・マルコのような権力のシンボルとしての広場だけではなくて、先ほどのサン・ポーロ広場のような地区の中心の広場が町の至るところにつくられています。教会があって、カンパニーレ（鐘楼）がある。これが、ヴェネツィアでは一つひとつの島にあります。地区の自立性が昔は非常に強かったのです。

一五〇〇年のデ・バルバリの島瞰図を見ると、サン・ポーロ広場はすでに舗装されていて、広場を公共空間として大切にしていたということがよくわかります。こういう空間をヴェネツィアではカンポといいますが、ここはふだんでも晴れがましい開放感のある広場でして、カフェテラスが出され、子供たちはサッカーをし、毎年夏にはヴェネツィア映画祭とリンクした会場がつくられ、野外の映画館が出現します。

この広場の十八世紀の祝祭、スペクタクルを描いた絵があります。ヴェネツィアの十七世紀、十八世紀が祝祭の一番華やかだった時期です。そういう祝祭を描いた一つでして、広場に雄牛を解き放って、それをみんなで追いかけるという一種の闘牛ですが、闘牛というのはもともとは広場や街路で行っていたのです。スペインの闘牛もそうで、マドリッドのマイヨール広場で闘牛をやっていたのです。今でもマドリッドから比較的近いチンチョンという小さい町で、祭りのときには広場に牛を解き放ってそこで闘牛をやるそうです。地中海世界は、遠くクレタ島のクノッソス宮殿の絵にも描かれていますが、そういう広場での牛との格闘という文化伝統がずっとあるのです。

海の側からサン・マルコの小広場を見ると、奥の突き当たりのところに時計塔があり、一種の凱旋門のような意味をもっています。ここからメルチェリーア（小間物通り）という、中世以来の商店が並んでいる一番にぎやかな軸線があります。軸線といってもくねくね曲がりながらリアルト橋のほうに行きます。これがヴェネツィアのシンボル・ストリートです。しかし、イスラーム都市のバザールのようにごちゃごちゃしています。こういう変化に富んだイレギュラーな場所から、明るい、幾何学的で見事にデザインされたサン・マルコ広場に入る。そこにまた晴れがましさがあり、このサン・マルコ広場の存在というのがヴェネツィアの祝祭の舞台としてとても重要な役割をしているのです。

ヴェネツィアではまた、一日のうちの時間による変化が素晴らしいのです。例えば明け方のラグーナは雰囲気があって、だんだん色彩が出てきて、水が精彩を持ってくる。空がだんだん明るくなってくると、建物が輪郭を持っていく。時間による変化、季節による変化、それから特に夜のヴェネツィアは大変素晴らしい。石づくりの、しかも水辺を持った都市はライトアップとかライティングをすると非常に表情が出るので、町を歩く上でも夜の時間帯が一番楽しいのではないかと思います。

祝祭の社会的意味

ヴェネツィアの祝祭の大きな特徴と社会的意味を見ていきたいと思います。都市の祭りを古来からたどってみても、例えば古代ギリシアやローマでは、農村、農耕をベースにしている祭りが多いのです。日本でもそれが多かったのです。もう一方で、都市そのものの祭りというものがあります。ヴェネツィアにも農村的な起源を持つ祭りもなくはないのですが、非常に少なくて、やはりヒンターランドをあまり持たないで交易で繁栄してきた都市だけに、都市的な祭りが多いのです。それが特徴です。

それと、宗教的な祭りと宗教色のない世俗的な祭りというカテゴリーに分かれるのですが、ヴェネツィアの場合、宗教的な祭りもあるものの、世俗的な華やかな祭りが多い。宗教的な起源を持っていても、それをどんどんと世俗的な華やかなものにしていくという特徴があります。そういうカテゴリーの祭りとして、レガッタがあります。これはもう中世からずっと行われてきたもので、現在でも九月の第一日曜日に毎年行われます。

こういう祭りになったのは中世の後半からで、大陸での競馬と同様に、こういう競艇も、人々が自分の力を誇示し合うというところから自然発生的に生まれてくるのです。同時に、ヴェネツィアでは優秀な船乗りを調達するという、一種の徴兵とも結びついたことが考えられており、成年男子は船の訓練にみんな参加する義務があったのです。そういう水上でのトレーニングを各地区ごとに責任を持って若者を繰り出してやっていた。それは最初はラグーナでやっていたのです。だんだんそこからもっと見世物的な競技に変わって発展していき、カナル・グランデが非常に華やかになってきた十五世紀に、舞台を移してレガッタが行われるようになる。

しかもさまざまな機会に、例えば国賓が外国からやって来るようなときに、貴族がお金を出して祝祭やスペクタクルを組織して行う。ですから、一年に何遍も行われることもあるのです。レガッタはそういう世俗的な祭りなのですが、もともと言えば共和国の闘争心とか、あるいは徴兵制と結びついた国家発揚のための一つの重要な戦略としてもこういうものが生まれてきたのです。それから、力を競うという意味では、人間ピラミッドもありました。これも広場やあるいは水上でステージを組んでよく行われていたことが絵で残されています。

祝祭の意味というものを考える上で重要なのは、ヴェネツィアでは特に「カーニバル」です。この辺の立ち入った話は、それこそ人類学や民俗学の領域ですが。カーニバルというのは、四旬節に入る前、断食の前に最後に肉を食べてお酒を飲んでばか騒ぎをする、というカトリックの宗教的なところに起源を持つ祭りです。だんだんヴェネツィアでは宗教色よりも祝祭そのものとして大きく発展していって、大体十二月二十五日のサント・ステーファノの祭りの日からずっと続き、一月、二月の二カ月、そしてもっと長く続くようになった、とも言われています。その期間中はさまざまな見世物や祭りが行われて、街中騒然と熱狂するのですが、芝居、演劇もその時期に興行されることが多かったようです。

この時のカーニバルの仮面というのは大変重要な意味を持つのです。古代の人々にとっては、超能力者に自分が変身する、神話上の英雄などに変わる、ということもあったのですが、キリスト教ではむしろ仮面は悪魔の術というふうな感じもあり、さまざまな意味を持った。しかし、ヴェネツィアではこれは変身する、自分じゃない自分に変わる、つまりカーニバルというのは秩序の反転でして、ふだんとは全く違う状態に転ずるのです。

ふだんはヴェネツィアは非常によく組み立てられた社会制度と政治の体制を持ち、そして見事に共和国の秩序ができ上がっているわけです。社会的なヒエラルキーもしっかりしています。五％の貴族階級が政治への参加、つまり国会議員になる資格があり、その次の五％が官僚制度を支え、あと九割が一般の庶民である、と社会秩序がはっきりしています。それでも暴動もほとんどなくて、見事に共和国の体制を維持するのですが、カーニバルのときだけはこれが反転するのです。

男性は女装し、娼婦は男装し、貴族は貧乏人、乞食に変身する、そういうことが許される。そこでエネルギーを発散し、熱狂した後にまた日常に戻る。その熱狂を市民全員が共同で体験することで、逆にふだんの生活リズムがしっかりと組み立てられる。祭りというのはそういう効用があり、ヴェネツィアの場合は決して暴動とか反乱は起きなかったのです。

そういった日常の秩序の反転、転換ということが、カーニバルの仮面にも象徴されています。仮面というのは匿名性、自分の身分を隠す、自由になれる、貴族の奥様方もアバンチュールが楽しめる。ヴェネツィアという都市は、ある限られた大きさで、自由はなかなかないなかで、仮面をかぶって身を隠してという遊び心、匿名性のおもしろさというものを、一つの文化としてつくり上げたのです。

国家統合のための祝祭

もう少し大きな枠で見ると、ヴェネツィアの祝祭というのは国家的な意味を持っています。庶民の祭りもあるのですけど、同時に、国家の儀式としての祝祭が大変意味を持ってきます。ヴェネツィアは独特の統治術を追求し、政治的にも文化的にも宗教的にも、あらゆる権利から独立したいということを貫いた。実はこのサン・マルコ寺院はカテドラルではないのです。カテドラルというのは、ローマの教皇庁と直結している秩序の中で、非常に高い地位を占める都市の聖堂ですが、ヴェネツィアは教皇庁から独立したいということで、いわゆる司教座のあるカテドラルは、東の外れのサン・ピエトロ・ディ・カステッロという教会に追いやってしまうのです。ここに建っているサン・マルコの聖堂は、総督のプライベートなチャペルとして生まれた、要するにヴェネツィア共和国の町の教会なのです。教皇庁と直結するカトリックのヒエラルキーの中の教会ではない。総督宮殿と総督のプライベートなチャペルとしてはじまった市民や共和国のための教会、この二つのモニュメントが広場の頭を飾っている。ですから、このサン・マルコ広場というのは特別な意味を持ちます。

普通、イタリアの大きい町、フィレンツェにしても、北イタリアのパドヴァ、ヴィチェンツァ、ヴェローナ、どこをとっても、市庁舎のある広場とカテドラルなどの中心的教会のある広場は離れているのが多いのです。しかしヴェネツィアは一緒で、しばしば国家の儀式の舞台になります。宗教行列などが行われて、しかも総督がそこに姿をあらわし、熱狂的に市民に迎えられる。行列というのは、社会のふだん見えていない秩序がそのまま目に見えるのです。総督、政府高官などがずらっと一つのポジションを占めながら、全体の秩序をビジュアルに表現するのです。それがまた市民にとっても国家の偉大さ、大きさというものが感じられ、そこでプライドが生まれる。そういった国家統合のための一つのデモンストレーションの場としての重要な意味を、この祝祭が受け持つということもありました。

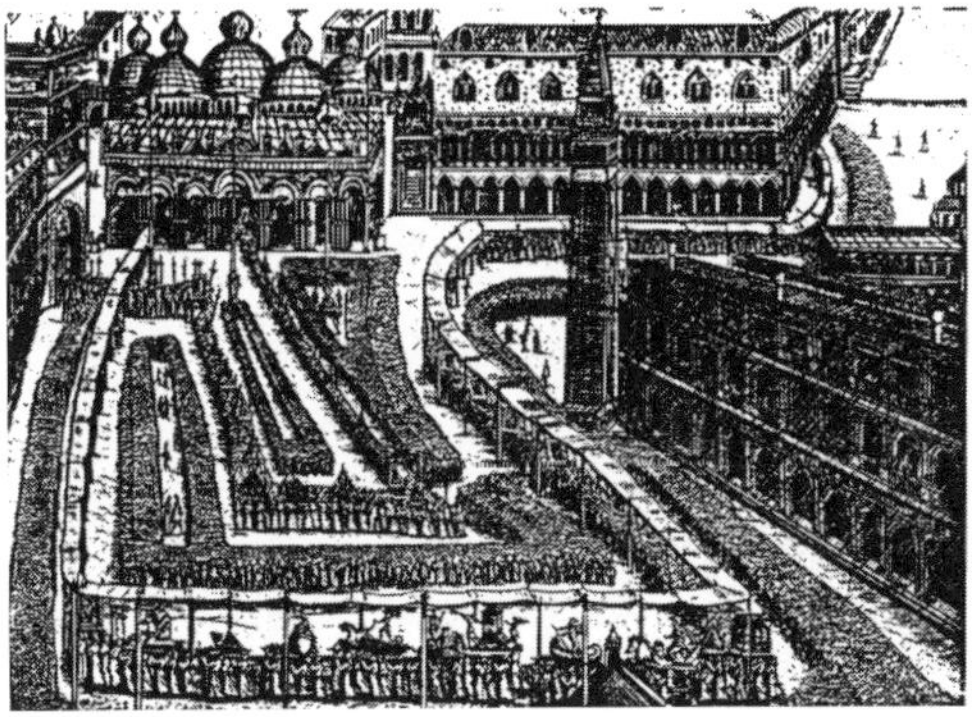

聖体節のサン・マルコ広場での宗教行列（1610年）

一六〇〇年代初めのサン・マルコ広場の宗教行列の絵をみると、おもしろいのは、ヴェネツィアではスクオラと呼ばれる職人の組合（ほかの都市で言えばギルドのようなもの）が、それぞれ仮装してパレードをしている。このように民衆が参加する。ヴェネツィアには、業種別組合の「スクオラ・ピッコラ」、もう少し大きい社会的な活動をする「スクオラ・グランデ」というのがあり、そういうスクオラを通じてこの祝祭に参加し、国家への帰属感を味わう、そういう役割もありました。

もう一方で、祭りは外交戦略としても意味を持ちました。アドリア海の重要な場所を占め、巨大なさまざまな外国勢力によって囲われたヴェネツィアは、バランスパワーを考えなければいけない。外交政策にはいつも努力して狡猾に振る舞ってきたのですが、その中で外国から来る客を歓待するということは非常に重要なことでした。ヴェネツィアの魅惑というのは、どの外国にも定評があり、ヴェネツィアを訪ねたいという元首、賓客は多かったのです。それを迎え入れるもてなし方というのが古くから培われます。

後にフランス王となるアンリ三世がヴェネツィアを訪ねたときの様子を描いた絵をみると、一五七四年のものですけど、リド島に到着し、そこまでヴェネツィアの偉い人たちが、総督を中心にお召し船（ブチントーロ）で出迎えに行きます。日本でも博覧会のときには仮設の建築をつくりますが、祝祭を演出する目的でロッジアや凱旋門といった、舞台装置をつくって雰囲気を盛り上げる。ティントレットという画家が絵をかき、パラーディオという建築家が仮設の建物を設計する。当時の一流の芸術家を使って歓待したのです。

水上パレードをやって、サン・マルコ広場に、そしてカナル・グランデに入っていきます。外国から来た国賓は、貴族の館に宿泊し、別荘でのパーティーに招かれました。さらに劇場で晩餐会を催したり、サン・マルコ広場でスペクタクルをやって歓迎するといったように、滞在中いろいろな催し物を行うことによって歓待し、賓客が大満足をすることで、ヴェネツィアのシンパになるわけです。こうして外交がうまくいく。ですから、その費用は貴族がみんな負担するのです。

ロシアから来た、「北国の伯爵」と当時言われた、ロシア大公パウロ・ペトロヴィッチ夫妻に対する歓待の舞台は、夜のサン・マルコ広場でした。昼だけではなくて夜も照明しながら、凱旋門のような仮設のオブジェをつくり、そして観客席を設けて大変なスペクタクルを演じたのです。

祝祭の舞台となる都市空間

次に、都市空間をどういうふうにうまく使ってきたかということを見ていきます。特に水の都だけに、水とのつながりをどのように考えたか。まず、「海との結婚」という非常に魅惑的な祭りがヴェネツィアで行われたことをお話しします。

この町には、お召し船、つまりブチントーロという金で飾られた豪華な船がありました。十六世紀ごろには建築家が設計することも多かった。ふだんはアルセナーレ（海軍基地兼造船所）にしまってあるのですが、これを引き出してきて、水上パレードをしてリドのほうにまで行きます。

もちろん、出発点はサン・マルコ広場の船着き場です。総督がパラッツォ・ドゥカーレから出てきて船に乗り込む。ラグーナの水上をパレードしていき、リドのサン・ニコロ教会でお参りをした後、アドリア海との接点まで行く。ここから先がヴェネツィアの人々にとっては外洋に当たります。ここまでは我らの内なるラグーナの安全で熟知した自分のテリトリーです。ここから先は外敵が来る可能性もあり、海賊がいるかもしれない、難破するかもしれない、そういう外の海です。そこまで行って、総督が金の指輪を海に投げ込んで、永遠の海洋支配を祈念し、「ヴェネツィアは汝と結婚せり」と言って、儀礼を行う。そうやって海との永遠の共存共栄、ヴェネツィアの繁栄というものを祈願したのです。

この「海との結婚」というのは、非常に官能的なヴェネツィアらしい祝祭なのですが、人類学的にいろいろ解釈されていて、ミューアーというアメリカの研究者がおもしろい解説をしています。ヴェネツィアというのはラ・チッタであり、レプブリカ、まさにヴェネツィアは花嫁と言われるくらいに「女性」なのです。海はイル・マーレ、つまり男性で、男女の結婚という形をとっているわけです。また、儀礼の行われる場所の意味は、先ほど言った、外と内の接点、結界にあたる。金の指輪というのは、統一、連続、永遠、豊饒などを象徴する完全なる形を意味する、というのです。

実はこの祭りも単なる国家儀礼だけでなく、人々にとっては最大のスペクタクルであり、船で随行して楽しむ。また、サン・マルコ広場に戻ってくると、華やかな見本市、フィエラが催されていました。例えば十八世紀のその場面を描いた絵をみると、古典的で幾何学的な楕円状の整然としたフォルムをもった会場構成がとられていますが、もう少し古い時期には、もっといろいろなイレギュラーなお店の配置があったようです。そういう図面が残っています。こういうところにヴェネツィアのファッション、モーダの関係の業界が一斉に商品を出す。靴、洋服、布地、華やかな商品が随分あったようです。国内の製品だけではなく、海外のさまざまな珍しい、貴重な物も並べられて、経済振興にもなった。祭りは総合的な意味を持つのです。

先ほど橋の上での会話、ということを言ったのですが、橋の持つ意味はもっといろいろあります。日本でも橋というのは、こちら側と向こう側の違う世界を結ぶ、という象徴的な意味がよく言われるのですが、ヴェネツィアでも似たようなことがあります。サルーテ教会、十七世紀にペストが収まったのを感謝して聖母マリアに捧げられた教会ですが、その祭りが毎年十一月に、今でも行われています。仮設のアプローチの橋をつくります。水の都市には各地で同じような手法が見られるのですが、舟を横に並べて軽々と仮設の橋を架けてしまう。江戸時代の富山にあった例が知られ、中国の蘇州の周辺に同じような文化が培われているのですが、ヴェネツィアにもありました。仮設の、祭りのときだけ登場する、というところに意味がある、象徴性が出てくる。この橋を渡ってアプローチする。しかもこのときには総督がパレードをして、サルーテ教会を訪問する、そういう絵も残されています。

イル・レデントーレ教会は、建築家パラーディオが設計した十六世紀後半のヴェネツィアのモニュメントの一つですが、ここでは七月に祭りが行われ、花火が有名です。サン・マルコ広場のほうから見ると、水面に花火が映えて見事な演出になります。ここでもやはり祭りの日には今も、舟を横に並べて大がかりな仮設の浮き橋をつくり出して、象徴的な意味合いを生み出します。

橋の上での格闘イベントも行われました。サン・バルナバ地区の橋が舞台ですが、もともとヴェネツィアの橋は中世には木でできたはね上げ橋もあったのですが、だんだん石に変わっていきます。後に石や鉄の手すりをつけていきますが、はじめは手すりがない橋が多かった。そういうところを舞台にして、水中へ落とし合う格闘が行われたのです。

ヴェネツィアは大運河で二分されていましたので、東と西という対抗意識が強いのです。東のカステルラーニというのと、西のニコレッティというグループが競い合いまして、二手に分かれて毎年ここで示し合わせて殴り合いのけんかをして川に突き落とし合う、というとても荒っぽいけんかの祭りをやるのです。ただ、これがだんだんエスカレートして危険であるということで、当局が介入して禁止し、そういうエネルギーをレガッタのほうに振り向けるようになります。しかし今だこの橋は残っていて、上に行くと、足跡が石に刻まれており、その記憶を伝えています。

イタリアの都市を理解する上で、ライバル意識というのが二重に重要です。一つは国家と国家、つまり都市と都市の間のライバル意識、例えばフィレンツェとシエナのライバル意識、それが重要ですが、同時に、都市の中の住民グループの間の対抗意識もあります。イタリアの古い町では、地区のことをコントラーダという言い方をします。ヴェネツィアでもコントラーダといいます。ヴィチェンツァにもコントラーダという名前が残っています。有名なのはシエナです。地区対抗の競争意識というものが大変に強い。

カナル・グランデの象徴性

水上の舞台としてとても重要だったのは、何と言ってもカナル・グランデです。この運河は、ヴェネツィアの実にうまいところを通ってまして、逆S字型に貫くことによって、どこからでも歩けば十分ぐらいで必ずアプローチできる。現在は幹線水路に水上バスが何系統も通っていて、大変便利な市民の足になっています。もともと橋は、リアルト橋一つだったのですが、近代になってから二つ加わり、ごく最近、四つ目の新しい橋が架かりました。でも、やはりそれだけでは不便なので、六カ所に渡し船、トラゲットというのがあり、ゴンドラと同じような格好をしていますが、公共交通でして、安い料金で対岸に渡れます。手っ取り早くゴンドラ気分を味わうのにはそれに乗るといいです。

そのカナル・グランデですが、もともとは東方からの物資をどんどん運び込んでいて、特にリアルト市場を中心に、東方に繰り出す商人の館が連なった場所でした。例えば、二階までが十三世紀のオリジナルの外観が残っている建物もありますが。内部は大分変えていますが。それは東方からの物資を載せた船を横づけする波止場であり、荷揚げ場であり、倉庫であり、商品展示空間であり、そして接客オフィス、さらに貴族のプライベートな館でもある、という総合商館だったのです。ですから、水に開いているということに意味がありました。

それらの建物は次のゴシックの時代に様相を変えて、さらに立派になる。十六世紀のルネサンスの時代には、さらに大きなスケールで堂々たる古典風の館になっていきます。その時代には、このカナル・グランデの意味合いが変わってきた。東方の物資を運び込む、実用の交易の舞台というよりは、ステイタス・シンボルとしての邸宅が並ぶ象徴的な水辺空間へとイメージを変えていました。

当時の貴族は、オスマン帝国の進出や、新大陸の発見によるダメージがあり、東方貿易に行き詰まりを感じていた。一方で、ヨーロッパで絶対国家が台頭してきて力を誇示する、あるいはイタリアのフィレンツェやローマでルネサンスが展開する。世界をリードする指導原理が変わっていった時代に、オリエントのほうを向いていただけではもう世界のトップに立てないということで、ヴェネツィアは今までのオリエンタルなイメージから、古代ローマを受け継ぎ、ルネサンスを代表する、ある意味で西欧の主流へとイメージを変えていくのです。

その時期にヴェネツィアは、本土に進出し、地主になって農場を経営する。東方の海へ繰り出す冒険的スピリットの商人から、安定した方向へ変わっていく。したがってカナル・グランデに面する豪華な邸宅は、レセプション、パーティーを催す、ステイタス・シンボルへと、商館からまた別の意味合いに、姿を変えていくのです。

例えばカナル・グランデに架かっているリアルト橋も、一五〇〇年に描かれた鳥瞰図をみると、まだ木のはね上げ橋です。荷を積んだ帆船が入ってきていたからです。最近まで中央郵便局だった建物は、元のドイツ人商館で、その隣はペルシア人商館。さらに上っていくとトルコ人商館、というぐあいに貴族の商館や、あるいは各国が持っている交易の中心施設があり、大きい船が入っていたのです。リアルト市場に、いろんな物資が運び込まれます。石炭、木材、ワイン、魚、商品ごとにその荷揚げ場が決まっていて、税金を取っていた。そういった市場の機能はずっと続きますが、リアルト橋はルネサンスの時代に石橋への架け替えが行われ、リアルトのイメージが変わってきます。大きく一またぎで水上にかかるモニュメンタルなリアルト橋が一五八〇年ごろ完成します。カナル・グランデのイメージが象徴空間へと変わってきたということです。

その時期よりは少し前の、十五世紀後半に、カナル・グランデにレガッタの舞台が移る。そのゴール地点は、カ・フォスカリ、つまりフォスカリ家の邸宅の前。総督を輩出した名門です。現在のヴェネツィア大学のメインキャンパスがこのカ・フォスカリとカ・ジュスティニアンを合わせた十五世紀の立派な三棟のパラッツォの中にあります。このカ・フォスカリのあるところがちょうど大運河の曲がり角になっていて、建物の前に貴賓席、ゴールの審査員席を設けてレガッタをやります。現在でもそれは全く変わっていません。

ヴェネツィアでは最近、ボート遊びがまた復活しているようで、市民レガッタも行われます。市民が大勢繰り出すレガッタは、非常にすばらしい、写真で見ただけでも興奮してくるような光景です。カナル・グランデのレガッタ祭りのときには、岸辺にみんな思い思いに船を寄せて見物するのです。自分の親戚とか友人が出ている場合が多いので、みんな熱狂するのです。地区対抗で行われ、シエナのパリオとよく似ています。イタリアの有力な政治家もこのバカンスの最後を飾るヴェネツィアのレガッタを見に大勢集まっています。

劇場化したサン・マルコ広場

次に、祝祭の舞台として重要なのは広場です。あらゆる広場が祝祭の舞台だったのですが、そのピークに立つのがサン・マルコ広場です。ここは他の広場とは全く違って、明快なデザインで、連続アーチで回廊になっています。その頭にサン・マルコ寺院があり、逆L型に開いて海につながっていく。このようにたいへん象徴的な構成をとっています。ナポレオンがここを征服したときに、世界で最も美しい大広間だと絶賛したのですが、世界の広場の中でも最も美しいものの一つだと思います。

普通の広場は周りに住宅が多いのですが、ここには一般の市民は全く住んでいない。総督宮殿、サン・マルコ寺院、プロクラティエ・ヴェッキエ（旧行政館）、プロクラティエ・ヌオーヴェ（新行政館）、図書館、造幣局といった公共的な国家の建築ばかりが集まっています。修道院が持っていた土地を、国家が買い上げて公共事業として再開発をして、現在のようになったのです。

イタリアの広場というのは、どこも立派にでき上がった姿を見ているので、最初からこういうふうに、堂々とできていると思いがちですが、全くそんなことはありません。ローマ時代に起源をもつパドヴァの中心の広場、ヴィチェンツァの広場、ヴェローナのエルベ広場など、代表的な広場はみんな中世の初期、中期、後期、ルネサンスと、再開発に再開発を重ねてでき上がっていった、時代が重なっているのです。

サン・マルコ広場の場合、九世紀から十一世紀までは素朴な姿を見せ、パラッツォ・ドゥカーレも砦のような格好をして塔が建っていました。サン・マルコ寺院も木造だったのです。西側にはブドウ畑があり、真ん中に運河が通っている。物見の塔としてのカンパニーレ（鐘楼）は、現在まで続くような位置にすでにありました。十一世紀に教会を建てかえますが、モデルになったのがビザンツ帝国のコンスタンティノープルの教会です。ですから、東方的なデザインになっています。

十二世紀に東方貿易で富を蓄積したときに、都市全体を飾る立派な広場が必要だ、というのでほぼ倍の大きさに拡大します。このときに回廊で囲うのです。そのモデルが一体どこにあったのか、ということが大変な問題なのですが、古代的な広場を受け継いでいたコンスタンティノープル、あるいは東方にモデルがあっただろうと考えられています。ヴェネツィアの広場だけが古代的な格好をした広場で、回廊で囲われている。同時に、海に開く逆L字型をとり、その小広場の水際に、やはり東方から盗んできた二本の大理石の円柱を門構えとして持っている。その後、十六世紀にさらに小広場の西側を建てかえて立派にして、さらに広場の南壁を少し後退させて、現在の形態になりました。ですから、かなり長い期間かかってでき、そのたびに祝祭の舞台としても完成していきます。

ヴェネツィアは絵画史料が多い町で、つまりそれだけ魅惑的だった。出版とか文化が非常に高度なものに達していたということもあり、地図とか景観画が多いのです。一五〇〇年、ヤコポ・デ・バルバリによって詳細な鳥瞰図が描かれます。この段階でヴェネツィアはもう、サン・マルコ広場を中心にして都市を組み立てていく、という考え方をはっきり意識するようになります。海から見たときの焦点にあたるところに時計塔ができて、この軸線がさらに強調され、小広場がだんだん演劇の舞台になっていきます。

ところが、この華やかな二本の円柱が立つメーンゲート、海の都の正面玄関というのは、公開処刑を行う怖い場所でもあったのです。ヨーロッパの都市の象徴的広場は、大抵のものがそういう役割も持っていた。有名なのはフィレンツェのシニョリーア広場のサヴォナローラの処刑ですが、民衆が熱狂して、それをスペクタクルとして眺める、一種の祭りに仕立て上げられる。カイロをはじめ、イスラーム都市では、城門の外の広場で公開処刑をやり、見世物化する。それで戒めにする、ということも当然、権力の意図としてありました。ローマではサンタンジェロ橋のたもとに公開処刑場があって、十六世紀には一年に何回もそこで行われたと言われています。

ヴェネツィアの場合は、サン・マルコ小広場の二本の円柱の間で、総督宮殿の裏の牢獄に閉じ込められた政治犯たちが処刑を受けたそうです。それから、娼婦などで、ルールを破って外へ出て商売をしたのが発覚してつかまった人が、鼻や耳をそぎ落とされる、というようなこともあったようです。また、メルチェリーアという小間物通りが笞打ち刑の場です。リアルト橋からサン・マルコ広場までの、あのくねくねしている道で笞をたたきながら、市民の前で罰を受けるという怖い通りでもあったのです。

遠近法による空間

しかし、ピアツェッタ、つまり小広場は、祝祭的な、演劇的な舞台でもありました。この小広場は十六世紀の三〇年代から後半にかけて改造されて現在のようになる。

セルリオという建築家が、滞在中に残したおもしろいスケッチがあります。中世の終わりのサン・マルコの広場の、実際にある建物と新しいイメージの建物を組み合わせて、一種の演劇的舞台、理想都市の広場のように描いているのです。寺院のドームがあり、現実のカンパニーレや時計塔があり、あとは実際のものとは違う当時の最先端の様式で置きかえています。当時、絵画や建築では非常に重要なパースペクティブ（遠近法）という考えが出てきますが、セルリオのスケッチもその一つで、そういう絵にも触発されて一五三〇年代からサンソヴィーノという建築家が図書館をつくるのです。これで見事に正面玄関の舞台装置ができ上がる。

実はその時代、演劇というのは、ほんとうに重要になってきていました。一五八〇年代前半、ヴィチェンツァにテアトロ・オリンピコという大変おもしろい劇場ができました。イタリア・ルネサンスの間に劇場が非常に興隆してきますが、当時の貴族サークル、文化的なサークルの中で常設の劇場が初めてできたのです。ロンドンにもシェークスピアの劇場がほぼ同時代にできていますが、イタリアではこれが最初の劇場です。天正少年使節団が、できたばかりの段階にここを訪ねて大歓迎を受けた、その絵が残っていて、日本人ともつながりのある劇場です。

舞台の上に仮の、フィクションの街路や広場をつくる。演劇は世界の縮図である、ということをよく言うのですが、劇場が世界の縮図で、同時に都市の縮図なのです。つまり演劇的行為は都市の広場や街路で行われる。逆に、今度は現実の広場が演劇的な空間になる。劇場と都市がアナロジカルにとらえられる。実際、サン・マルコの小広場などは、ほんとに演劇的な空間になります。

祝祭を演出する興行師として、経済的にも余裕があり、文化的なイニシアチブをとる貴族の若い人達が、コンパニエ・デッレ・カルツェと呼ばれるグループを結成して、いろんな演劇や祝祭を演出し、お金も出す。花火を仕掛けたり、フェリーニの『カサノヴァ』という映画でも出てきましたが、綱渡りといった勇敢なアクロバットを演ずる人を調達したり、さまざまな仕掛けを考えるのです。

変化する広場の役割

一五三〇年代に小広場から改造が始まり、十七世紀前半に広場全体が完成し、サン・マルコの統一性というのができます。あらゆる行列もここから始まり、ここで終わる、というように国家の統合というのがさらに強まっていく。そのシンボルとしてサン・マルコ広場が非常に重要性を持ってくる。

イタリアの都市の歴史を簡単に要約すると、中世には、自治都市としてのコムーネ時代、共和制で、民主制のもと、商工市民がかなり政治に参加できる。ヴェネツィアの場合、最初から貴族だけですけど、フィレンツェなどでは上層の商工市民が政治に参加する。それがだんだん、シニョリーア制という、一部の貴族、君主に力が掌握されてくる。十六世紀に入ると、大きい国家になってくる。ヴェネツィアですとヴェネツィア共和国、フィレンツェはメディチ家が牛耳ったトスカーナ公国、それに加えローマ教皇庁も非常に重要になってくる。

そういう体制下で都市のあり方が変わっていきます。広場の使われ方も変わります。十六世紀に祝祭が非常に活発になったという意味合いは、一つはルネサンス文化が開花したということもありますが、都市の権力が強大になって、大きなスペクタクルを行うようになった。権力の誇示の場であるというふうにも言えます。それは庶民も市民も一緒になって熱狂するのですから、市民の反感を買うというよりは彼らも満足する。

ところが、中世にはもっと庶民的な祭りもたくさんあった。ヴェネツィアでは島が教区であり地区なのですが、七十ぐらいの教区からなっていました。それぞれの教区、コントラーダの対抗意識が非常に強い。そのうえで成立していた祭りがあり、その一つがサンタ・マリア・フォルモーザ教会の聖母マリアの祭りです。パレードのときには、総督も登場する。総督の存在というのは重要ですが、事実上の権力はあまり持たない。総督が暗殺されてもヴェネツィア共和国の体制には何ら響かない集団指導体制だったのであり、シンボリックな存在です。

水上パレードをして、カテドラルにあたる東端のサン・ピエトロ教会にまで行って、次にサンタ・マリア・フォルモーザ教会に行きます。祝祭を担当する地区が毎年選ばれ、そこの富裕な人たちがお金を出す。その教区まで行って、豪華な邸宅でパーティーをやったり、施し物を与えたり、そういうことがだんだん地区対抗意識で華美になっていくのです。

このように地区＝教区の自立性が強いのが中世なのですが、十四世紀のある段階からだんだん薄れていって、国家の統合が強まってくる。教区のかわりに今度は、スクオラという業種ごとの、あるいは市民の横断的な組織が強まってきて、それを国家が掌握し、社会の仕組みが変わっていく。それは難しい話になってしまうので省略しますが、いずれにしても、十六世紀に共和国の中心としてのサン・マルコ広場の象徴性が高まり、祭りの性格も変わっていく。もちろん、中世のバイタリティにあふれた祭りはずっと続くのですが、権力のほうは、血なまぐさかったり俗悪だったりする下品な祭りをやめさせようと介入します。

中世からルネサンスへ

中世の習慣として、カーニバルの終盤、四旬節を迎える最後の木曜日が非常に重要な日だったのです。ヴェネツィアの近郊にアクイレーアという町があり、ここが中世にヴェネツィアの支配に入ったとき、忠誠心をあらわす証として、毎年カーニバルのときに雄牛一頭と豚十二頭と大きな丸いパンを三〇〇個、奉納するしきたりがありました。それをサン・マルコ広場に連れてきて殺すのです。

牛を殺すというのは、ヨーロッパではキリスト教の、昔から神様に捧げ物をするという、犠牲、生贄という慣習があって、神聖な意味合いがあった。日本の屠殺とは違う意味を持っている。サン・マルコの小広場で解き放って、鍛冶職人が特権的にそれを切る。そういうセレモニー、スペクタクルが行われていて、しかし、いかにも中世的で荒っぽいということで、権力はそれをやめさせようとするのですが、結局、完全にはやまずに、規模を縮小していく、ということに収まります。

中世の慣習にもつながっていくのですが、むしろ為政者としては、もっと古代の演劇とか上品でエレガントなものを奨励するように努め、そういう中から演劇が活発になっていくということもあります。ただし、演劇というのはやはり最初は危険視されたので、かのヴェネツィアでさえ、例えば一五〇八年には喜劇、悲劇、風刺劇、いずれも古代ギリシア・ローマの伝統を復活した演劇ですが、上演が禁止されたり、弾圧を受けるということがあり、そういった状況が一五三〇年ごろまで見られたのです。

やがてそれが地位を占め、安定して興行できるようになってきます。仮設の劇場で行っていたのがだんだん熟していって、一五八〇年代前半にヴィチェンツァに常設の劇場ができ、ヴェネツィアでは十七世紀に入り、どんどん劇場ができます。

世界劇場、テアトロ・デル・モンドという大変おもしろい演劇空間が出現しました。水上に浮く移動劇場で、船で引っ張る。これはラグーナの隅々まで演劇空間に変えてしまう、という非常に象徴的な意味があります。これがとりわけカーニバルの期間中に出てくる。

モーリス・ベジャールというフランスの世界的な現代バレエの振付家がいて、ヴェネツィアが大好きで、カナル・グランデを移動しながら浮かぶステージ上でダンスを踊るパフォーマンスをやりましたが、こういうものからインスピレーションを得ているのです。

もう一つ重要なのは、コメディア・デラルテです。これはヨーロッパの演劇史で大きな役割を果したのですが、ベルガモとか北イタリアで活躍して、ヴェネツィアもその重要な舞台であった。一五〇〇年代の絵画史料はない

小広場での喜劇のパフォーマンス
（1610年頃）

のですけど、一六一〇年の絵から想像すれば、サン・マルコ広場でルネサンス時代にも華やかにやっていたということが想像されます。カーニバル期間中の小広場はほんとに盛り場のようでして、人形劇、歌手、コメディア・デラルテ、星占い、いろんな人たちが集まってにぎやかな雰囲気にあふれていました。日本の縁日のようなものです。ふだんから象徴的なところが、もっと祝祭的な雰囲気にあふれる。かつてのカーニバル最終日のサン・マルコ広場と、復活した現在のカーニバルの最終日を比べると、あまり変わっていません。観光とも結びついて非常ににぎやかな状況を生みます。

都市研究のソフトな視点

ヴェネツィアの都市のイメージを語る上で、私は建物や広場の形、あるいは住宅のあり方などにこだわってずっと研究してきたのですが、もう一つのヴェネツィアを解読する重要な視点として、こういう祝祭といったソフトの領域があり、社会史の人たちが注目しています。私の提唱する「空間人類学」にとっても重要なテーマです。人々の心のあり方、人間関係、都市空間の使われ方、場所の意味、社会の統治のあり方にも絡むのです。

ヴェネツィアは、ますます魅惑的な都市になり、もちろん、人口減少のことなどいろいろ大変な問題があるのですが、人気はさらに上がっており、ヴェネツィアの歴史研究というのも活発になっています。過去のイメージを現代によみがえらせ、そして現代的デザインでヴェネツィアのイメージを高める。ヴェネツィアは新しい時代が求めるいろんな産業、経済活動をもっと高揚させるべく、広い意味での文化観光、芸術的イベントが追求され、祝祭都市としてのイメージを常に発信している魅惑的な都市だと思います。

イタリア都市

ヴェネト――小さな町の底力

もはや都市づくりの常識

これからは日本でも「町」や「地域」の魅力がより重要になる、と言われて久しい。だが実際には、逆に日本の都市は解体に向かっているのではないかと心配になる。全国どこを訪ねても、中心商店街は閑古鳥が鳴き、飲み屋街も何か寂しげである。一方で、町の外の幹線道路沿いに大型店舗、スーパー、パチンコ店が並び、住宅地が郊外にどんどん広がる。これがバブル崩壊後の日本の都市の典型的な風景である。そんな中にあって、質の高い魅力的な地域づくりを日本でも押し進めるには、イタリアの地方都市の再生の経験から学ぶことは多い。

日本とイタリアは国土面積がほぼ同じで、稠密な人口（日本の半分強）、急速な近代化など、両国の間には共通点が多い。第二次世界大戦から復興し、その後、高度成長を遂げて国土開発を一気に進めた点でも類似している。

イタリアでも、一九五〇年代から六〇年代にかけて工業化、産業化が大都市を中心に進行し、ミラノ、トリノ、そしてローマをはじめとする大都市への集中が進んだ。当時のイタリアの都市では、日本と同様、「大きいことはいいことだ」という発想が強く、都市の周辺を拡大する政策をとった。だが一九六〇年代終盤には、急速な工業化、近代化のつけがまわってきた。経済は破綻し、ストライキが多発。またテロが横行するなど治安が悪くなり、各地で都市問題も発生した。こうしたネガティブな状況から抜け出し、今日の輝きを取り戻すまでに至ったイタリア都市の歩みは、まさに注目に値する。

イタリア半島の中央部に位置し、古代ローマ以来の都市の歴史をもつボローニャでも、一九六〇年代まで人口集中、発展が続き、旧市街を保存しながらも郊外に副都心や住宅地を積極的につくる拡大戦略を採用した。だが、革新自治体のリーダーとして市民側に立った政策を掲げるボローニャ市は、一九七〇年代に入ると、発想を大きく転換させた。もっぱら物質的な拡大をめざす近代の工業社会の行き詰まりをいち早く読み取ったボローニャは、都市を郊外へ広げる量的な成長の都市づくりを捨て、古い都心を保存・再生しながらそこを市民生活の核として、アイデンティティをもった質の高い都市と地域の環境づくりをめざす考え方を示したのである。

古い都心から流出していた人口を食い止めるため、郊外のニュータウンの建設に投資していた資金をチェントロ・ストリコ（歴史地区）の老朽化した庶民住宅の修復再生の公共事業に振り向けるという、画期的な政策をとった。こうして、ヒューマン・スケールの都市を維持し、資本や大企業から住民の手に都心を取り戻すことができた。人間が主役の都市、互いの顔が見える都市が蘇ってきた。

都市の成長・成熟のサイクルからしても、高度成長型の量的拡大を潔く捨て、質的充実への道を選び、都市の豊かな成熟期を実現する方向へ大転換したボローニャのチャレンジは、大きな成功を収めた。こうして、イタリアで、そしてヨーロッパのどこでも、歴史地区を核にして、質の高い安定した発展をめざすというのが、もはや都市づくりの常識になってきた。

「第三のイタリア」から発信

イタリアはこの頃から底力を発揮し始めた。一九八〇年代に入る頃には、経済は急速な立ち直りを見せ、社会の安定も取り戻し、本来の文化の輝きを示すようになったのである。

一九七三年のオイルショック以後、経済の構造が大きく変わった。戦後のイタリア経済をリードし続けた大企業が集中するミラノ、トリノ、ジェノヴァという産業の三角地帯に代わって、家族経営で創造性に富む中小企業が育ちやすいエミリア・ロマーニャ、トスカーナ、マルケ、ロンバルディア、そしてヴェネトなどの州がイタリアの経済を担うようになったのである。従来の南部、北部という分け方に対して、この新しい工業の成長著しいゾーンをさして、「第三のイタリア」という言葉も生まれた。ファッション、デザイン、食品関連をはじめ、生活の豊かさを演出する分野でのイタリアの活躍はめざましいが、それを支えるのが実は、底力をもった中小の都市が綺羅星のごとくに分布する、この中北部のイタリアなのである。その代表としてここでは、経済の活性化で最近おおいに注目され、独自の文化を発信しつつあるヴェネトを中心に見ながら、イタリア都市の底力の秘密を解き明かしていこう。一九九一年に、私はこのヴェネトの諸都市を対象に、多くの家族の住まいを訪ね、彼らのライフスタイルを調べたことがあるが、どの階層の人々も自分らしい生き方を追求し、ゆとりをもって暮らしているのが印象的だった。

世界に展開する小さな企業

イタリアの大きな魅力は、小さい町が輝いていることにある。それがこの国の誇る多様性の秘密であり、今日の特色ある経済と文化の力を生む基盤となっている。イタリアでは、人口一万人以下の町に住む人の比率がかなり高い。居住空間としては、環境がよくなく物価が高く行政サービスも悪い大都市が嫌われ、自然と接しながらゆったりと暮らせ、文化的なアイデンティティをより感じられる中規模、小規模の町の方が人気がある。その傾向はますます強まっているという。

ヴェネツィア近郊のトレヴィーゾをまず見よう。水と緑に恵まれたこの小さな都市は、中世の町並みをよく残し、個性的で、しかも落ち着いた生活環境を見せている。町の中をいく筋もの水路が流れ潤いを与える一方、周囲の城壁沿いには美しい緑地が巡り、市民の格好の散歩コースになっている。町の中心には、中世の公共建築で囲われたエレガントなシニョーリ広場があり、夕方になると市民が集まり、巨大なサロンと化す。ここで人々は、町に住む楽しさや充実感、面白さを身体で感じることができる。こうして、自然や歴史、人々とのふれあいなど、大都市では味わえない中・小規模の町のよさや豊かさを十分に享受できるのである。イタリア的都市のライフスタイルが現代的な形でまた蘇ってきた。

いくら自然が豊かでも、文化的刺激や生産活動がなくては魅力がないが、トレヴィーゾ周辺をはじめ、ヴェネト州のどの地域も企業活動が活発で、経済的な豊かさを獲得している。ここでももっぱら、地域に根差した家族経営からスタートした小規模な企業が活躍し、クリエイティブなセンスをもち、起業家精神をもって、イタリア経済を牽引する役を演じている。その活動は、アパレル、デザイン（家具、インテリア）、食品など幅広い分野に広がっている。共通するのは、個人や小さい規模の企業が地域内での生産のネットワークを形成し、市場は世界へと広がっている点である。

ブランド製品で人気を博し、世界企業となったベネトンも、トレヴィーゾ郊外の田舎町の家族経営から出発したものである。麦畑の広がる田園のまっただ中にその本社のオフィス、工場がある。自然環境をこわさないよう低層におさえた洒落たデザインの建築が印象的である。同時に、古い別荘（ヴィッラ）を修復再生して、本部機能、アートスクールを入れるなど、地域の文化を大切にする姿勢を見せる。

歴史的建築を活用する

イタリアの小さな町が輝く背景には、ボローニャが一つのモデルを示した「歴史的都市の再生」という動きがある。「ロミオとジュリエット」の舞台となり、ロマンティックな雰囲気をもつヴェローナも、一九七〇年代前半から都市の保存再生に熱心に取り組んできた町の一つである。ここでは、都市の歴史の足跡が層をなして残されており、その重層性が環境の中に視覚化されている面白さがある。しかも、遺跡や歴史的建造物をテーマパークにするのでなく、現代の人々の生活を豊かにする要素として生かされていることが重要である。

もともとローマ時代の計画都市としてつくられたヴェローナには、アレーナという古代の円形闘技場がある。今では、夏の野外オペラの舞台として知られ、世界中の音楽ファンを惹きつけている。公演は深夜十二時過ぎまでかかるが、それがはねた後も、まっすぐホテルや家に帰る人はいない。歩行者に開放された街路を、アリアの一節を口ずさみながら仲間と歩き、レストランやバーへ流れて、オペラの余韻を楽しむのである。都市全体がまさに演劇空間となる。

都市の魅力は、色々な要素から成り立つ。建築や広場のデザインがもつ力ももちろん大きい。だが、その使い方、生かし方はもっと重要である。既存の空間をショーアップし、活気ある魅力的な空間に仕立て上げるセンスが求められる。

隣町ヴィチェンツァの中心のシニョーリ広場には、建築家パラーディオが設計した「バジリカ」がある。このルネサンス建築の傑作は、一級の文化財だが、イタリアでは市民が平気で利用している。地形のレベル差によってできた背後から入る地下の階には、若者向けのバーがあり、深夜まで賑わっている。こうした機能の複合こそが重要である。広場の角にあるカフェは、アイスクリームが美味しいことで知られ、人々を惹きつける。イタリアの格好いい都市空間も、こうした機能・活動といったソフトな面を常に考えながら、魅力を発信してきたのである。

この広場は、週二回、露天市が開かれるのに加え、多様なイベントの舞台ともなる。ある夏の日、ここでファッションショーが開かれた。二時間くらいであっという間に仮設のステージ、客席がつくられ、晩に華やかなショーが行われた。パラーディオの建築がその格好の舞台背景になり、彩りをそえた。コンサートもよく行われる。日本では雨が多く、リスクが大きいのでなかなか実現しないが、公共空間、水辺、駅前広場、寺社の境内などをもっと積極的に活用して、都市の魅力アップをはかるべきである。ちょっとした空間、すき間があったら何でも想像力を働かせ、巧みに活用する。そういう精神がイタリア都市には満ちていて、楽しい。

歴史的な器の中に現代を表現

イタリア都市の魅力は、その都心に大勢の人々が住んでいることから生まれる。ボローニャの実験の頃から、古い都市の建物を修復再生する技術、センスが高まり、その面白さを人々が理解するようになった。外観は伝統的な町並みだが、内部には個人の好みに合わせて、モダンな格好よいデザインのインテリアが実現されている住まいも多い。修復・再生・転用の美学といったものが今のイタリア都市の魅力を生んでいる。空間の魔術師のように、イタリアの建築家は、既存の歴史的な器の中に現代を巧みに表現する。デザインというものが発達する背景も、ここにある。

こうなると郊外より、歴史の雰囲気に包まれた都市の中心部に住むことに価値ができてくる。都心に住む人々が口をそろえて言うのは、何でも揃っていて便利という点である。歩いて、あるいは自転車でどこでも行け、洒落た店もカフェもギャラリーも映画館もあり、文化的な刺激がある。友達と会うこともできる。歩いて楽しい場所が多い。都市における住みやすさ、快適性は、住宅の内部だけで完結するのではない。窓から見える風景も、あるいは町並みの美しさも、それに大きく関わるという発想を、日本の私たちももちたいものである。

一九七〇年代以後のイタリアにおける歴史的な都市空間の魅力アップに大きく貢献してきたのが、歩行者空間化である。オートバイや車を使った犯罪がなくなり、安心して歩けるようになった。本来、車のない時代に身体スケールでできた街路は、歩いて楽しく、心地よい。ウィンドー・ディスプレーもその楽しさを一層演出する。都心に住む価値がより高まりつつある。もちろん、城壁周辺に公共の駐車場をとったり、都心にアクセスするためのミニバスが何系統も設けられる。

こうして都市の中に歩行者の回遊性が生まれてきた。ボローニャと並び、ヨーロッパ最古の大学を誇るパドヴァも、町歩きの魅力を高めている。中世の公会堂の前の広場、ルネサンスの政治の広場、大聖堂前の広場、近代のカフェ前の広場など、いくつもの広場が結ばれ、また柱廊（ポルティコ）を両側にもつ特徴ある街路がネットワーク化して、全体として見事な回遊性のある空間をつくり上げている。その中に洒落た店やレストラン、若者のスポットが潜んでいる。

実は、こうしたヒューマン・スケールの迷宮性をもった街路網が評価され、若い人たちの間で人気があるというのは、神楽坂、裏原宿、下北沢など、東京に見られる現象とも共通しているのが注目される。

田園の価値の発見

イタリア都市の魅力にとって、そのまわりに広がる田園の美しさもまた重要である。だが、近代の郊外への市街地の拡張、工業化は、その田園の美を奪ってきた。幸い、一九七〇年代以後の、都市をコンパクトにしてその都心を再生する発想は、同時に、田園の価値の発見につながり、その風景を大切にする動きを生んだ。イタリアの各州ごとに、都市周辺から田園に広がる風景計画を作成し、それを各自治体の都市のマスタープランの見直しに反映させることが義務づけられている。

イタリア各地と同様、ヴェネトの農村部でも、質の高いワインや食品の生産が進み、経済を活性化させている。

農場や別荘建築をレストランやホテルに転用し、豊かなヴェネトの田園生活を満喫させてくれる場所が幾つも登場している。また、ゆとりの生まれた一九八〇年代以後、都心に住む人々が田舎家を買って、週末過ごすセカンドハウスにしたり、田園のアトリエ付き、事務所付きの住宅にしたり、在宅勤務をする人も増えている。

都心に住むのも魅力的だが、郊外の家にもまた別のよさがある。食文化を誇るイタリアだけあって、人々の食事へのこだわりはたいしたものだが、ヴェネト地方の郊外の緑の庭に囲まれた一戸建ての住宅の多くは、食事のできる場所を四カ所も持つ。まず普段の家族での食事は、台所に置かれたテーブルでする。富裕層から庶民まで、案外このパターンが多い。そして、週末の親戚や友人を招いての食事には、家の中心である居間兼応接間とつながった食堂が使われる。これが第二の食卓で、準備にも時間をかけ、大勢で賑やかに食事をする。そして、郊外住宅ならではの特典として、気候のよい時期には、庭に面した気持ちのよいテラスで食事ができる。これが第三の食卓である。さらに、半地下の空間に、タベルナと呼ばれる大きな食堂がとられている。木のインテリアで、暖炉があり、ちょっと山小屋風のアットホームな感じの部屋である。子供の誕生日などに何十人もの親しい人たちを招いて、ここでイタリア流の楽しいフェスタが催される。第四の食卓がここにある。こうして家族や親戚、そして友人たちとの親密な付き合いが、今もなおイタリア社会には生きているのである。そして何より、住まいの形にも人々の生き方にも、ゆとりと多様性が見られるのがうらやましい。

地中海都市が語りかけてくること

豊かな自然の恵みと歴史の厚みを誇る地中海都市は、歩いて楽しいばかりか、現代の私たちの問題を考えるにも、多くの示唆を与えてくれる。ただし、それぞれの国、地域で、現代世界において置かれた立場は様々に異なる。経済も文化も活気をもつ中北部のイタリアには、今の日本の都市や地域が模索している生き方そのものに直接ヒントを与えてくれる要素がたくさんある。それに対して、南イタリアやイスラームの文化圏には、工業化や商品の近代的流通が入り込む前の、歴史の中で高度に発達した都市社会の在り方、田園との豊かな関係、そして生活の知恵などを見てとれるだろう。地中海世界の都市を訪ねながら、日本の私たちのライフスタイルをもう一度、深い所から考え直してみたい。

フィレンツェ・建築と都市の革新——中世からルネサンスへ

スカイラインの形成

フィレンツェのルネサンスを理解するうえで、まずは中世からひも解かなければならないと考えます。フィレンツェは実は、ルネサンスの時代、つまり十五世紀の前半から十六世紀にかけて、それほど大きな都市改造をしたわけではありません。しかしながら、輝くような建築作品あるいは場所がどんどんつくられてきて、今の私達が抱く、ルネサンスのフィレンツェというイメージを築きあげているのです。その秘密を解いてみたい。それにはやはり、中世に遡る必要があるだろうと思います。

まず、スカイラインの演出ということをテーマとして、中世からルネサンスに至る経緯を考えてみたいと思います。ちょっと遡りますと、ローマの都市構造が中心部には受け継がれていて、京都と同じような碁盤目型の町割りが見られます。しかし全体的には、フィレンツェの現在まで至る都市の基本的構造というのは、かなりが中世にできたといえます。十三世紀、十四世紀ぐらいには相当でき上がっていました。しかし、よく知られたサン・ジミニャーノの町と同じように、実はフィレンツェも十一世紀、十二世紀は塔の時代だったのです。一〇〇本を越える塔が存在したといいます。フィレンツェの中心部の西側半分は、十九世紀半ばに首都になったとき、

塔が並ぶ中世のフィレンツェ（1352年のフレスコ画）

区画整理がされて、街路が広がりました。しかし古い資料で見ると、かつては狭い道がいっぱいあって、塔がたくさん建っていたことがわかります。これは、封建的な旧地主貴族の層が都市社会を支配していたことを物語っています。

その次にいわゆる商工市民、その職業別組合にあたるアルテが活躍する自治都市、コムーネの時代が到来し、共和制の中世フィレンツェが築かれるのです。十三世紀末から十四世紀初頭にかけて、アルノルフォ・ディ・カンビオによって、重要な都市の建設活動が展開されました。北に宗教権力の大聖堂、南に世俗権力のパラッツォ・デイ・プリオリ（市庁舎、十五世紀からはパラッツォ・デッラ・シニョリーアと呼ばれるようになる）を建設し、それぞれの前の広場の拡張整備を実現し、その両者を結ぶメインストリートの中間に職人活動の中心、オルサンミケーレをつくりました。これが中世フィレンツェの誇る自治都市、共和制の都市を象徴するストラクチャーで、現在に至るまでフィレンツェの骨格にもなっています。やはりルネサンスもこういう中世の構造を母体として形成されていくことになります。こうして自治権力が確立すると、その過程で、多くの封建勢力、地主貴族が建てていた塔は切り落とされました。そして公的な象徴としての建築だけ、つまり大聖堂、ジョットーの塔、それから市庁舎の役割をもつパラッツォ・デイ・プリオリ、それ以前の市庁舎であったバルジェッロの塔だけを残して、一般の民間の塔を切り落とさせたのです。こうして公共の権力を際立たせ、市民の自治都市、共和制の都市のイメージをフィジカルにも演出しました。

それを完成させたのが、まさにブルネレスキの大聖堂に聳える巨大なドームです。これが一四二〇年頃から建設されて、見事にスカイラインを描く。しかもフィエーゾレの丘のそのラインを破るかの如くにこの巨大ドームが聳えて、まさに十五世紀の前半に、フィレンツェにおけるルネサンスの訪れを告げる象徴となったわけです。こうして中世の前半そして後半、さらにルネサンスの初期にかけてスカイラインが形成され、フィレンツェの今に至るイメージを確立しました。アルノ川の南の高台に近代につくられたミケランジェロ広場から見ますと、公共的なものだけが聳え、スカイラインを形成しているということがよく分かります。一方、サン・ジミニャーノはそのまま、中世の塔の社会がそのまま化石のように残ってきたということです。

パラッツォの登場とその立地

フィレンツェ・ルネサンスの専門家、スフラメーリ氏の講演の中で、アルテと呼ばれる大組合、小組合のいくつもの職人組織があって、世界中のネットワークを張り巡らしながら、生産活動が行われたというお話がありました。これらの建物は、今のフィレンツェの中心に全て集中しています。そして、有名な毛織物組合の会館を筆頭に、建物の様式はどれも中世のものです。ここでもうひとつ考えたいのは、パラッツォ、すなわち邸宅が中世からルネサンスにかけてフィレンツェでどのように形成されてきたかという問題です。

すでに、スフラメーリ氏の講演において、十四世紀の絵の中に描かれた典型的な市民の家というものが示されましたけれど、それよりちょっと格の高い、いわゆる当時の貴族のパラッツォとして、パラッツォ・ダヴァンツァーティが知られています。今は博物館になっています。不整形な敷地に実に巧みに設計しており、中庭を囲んで見事な空間をつくっています。最上階のロッジアは後からの増築のようですが。水平の分割線や、窓をたくさん開ける構成など、ルネサンスにちょっと近付いているものの、まだ中世の性格を示しており、過渡期の代表的な貴族の館といえます。これが町の中心にあります。

フィレンツェ大学で建築史を教えるファネッリ教授が、その著書の中で、中世からルネサンスにかけての建物の分布の変化をいくつかの図で興味深く示しています（*Firenze: architettura e città*. Firenze, 1973）。十三世紀、十四

1430年代に確立したフィレンツェのスカイライン

世紀のいわゆる中世後半、つまりアルテが一番活躍している頃の上流階級の館は、パラッツォ・ダヴァンツァーティも含め、すべて中心部に集中している。一方、十五世紀、つまりメディチ家がだんだん力を出してきて、他の名門貴族達とともにフィレンツェを築いていく、その時期のパラッツォというのは少し周辺に出始めるのです。特に、パラッツォ・メディチはむしろ、生産あるいは商業活動の中心であったセンターから離れた、まだ敷地にゆとりがあって落ち着いた新天地に立地し、居住性の高い壮麗なパラッツォを実現しました。こうして職住を明確に分ける発想は、ある意味で近代の先取りと言うこともできます。当時コジモ・イル・ヴェッキオが自分より若い建築家、ミケロッツォを大変かわいがって、お抱え建築家としており、彼の設計でこの建物ができました。中世の職人活動の場であるボッテーガ（工房）、そういう生産の場所から離れたところに新たな貴族階級の邸宅ができあがっていくという、フィレンツェの次の発展段階がここでよく見られるわけです。中庭があって、同時に庭園があるという組み合わせが、イタリアのそしてヨーロッパの邸宅のモデルになるのです。パラッツォ・ルチェルライとかパラッツォ・ストロッツィといった他の代表的な邸宅もやはり、少し外側にできています。さらにアルノ川の南側、まだ当時としては郊外のような所に、ピッティ家が背後に庭園を設けながら立派なパラッツォをつくりました。これが後に、コジモ一世の時にメディチ家のものになり、ここがメディチ家の生活の拠点となって、さらに手が加わっていくという段階を迎えます。すなわちこの時期、十五世紀の間に、すでに都市周辺にもパラッツォができたということです。

もうひとつの重要な中世からルネサンスへの変化として、都市内にパラッツォが登場するのと同時に、田園の再評価が進み、田園と都市の豊かな繋がりがつくられるということが挙げられます。古代ローマ時代にそうした経験があったわけですが、中世にはそれが影を潜め、危険に満ちた田園には、防御を固めたカステッロ、城塞のようなものが点在していました。ルネサンスの安定した時期に入ると田園が再評価され、それをだんだん優雅なヴィッラにしていく動きが見られました。まずコジモ・イル・ヴェッキオの時期に、イル・トレッビオにある中世の農場を兼ねたカステッロ、つまり防御の要素を持った建物を、やはりミケロッツォが改修しエレガントなヴィッラに変えました。一方、やや後の時期、ロレンツォ・イル・マニーフィコは、自分がお抱え建築家として使っていたジュリアーノ・ダ・サンガッロに設計させて、まさに理想的なルネサンスの新築としてのヴィッラを、幾何学的シンメトリーの構成でつくりました。こうして中世のカステッロが母体になり、ルネサンスのヴィッラができて、田園の風景も変わっていったのです。

広場の分布と複核都市の構造

広場にも注目したいと思います。フィレンツェには複数の広場が点在しています。先程から見てきた大聖堂前の広場と市庁舎前のシニョリーア広場がふたつの中心で、あと中央部に古代のフォロを受け継ぐマーケット広場がありますが、もうひとつのシリーズとして重要なのが、やや周辺にある、もともと修道会の教会の前にできた一連の広場です。それらは中世の第一城壁と第二城壁の間に立地しており、できたころはまだ城壁には囲われていませんでした。後に人口が増え、市街地が広がってきた時にまだ周辺にはオープンスペースがいっぱいありましたが、第二城壁で囲んで防御を固めました。

ルネサンス時代を建築の分野から見ると一四二〇年頃からブルネレスキの活躍によって始まるのですが、彼が大聖堂のドームをつくってすぐ捨て子保育院も設計します。サンティッシマ・アンヌンツィアータ教会の広場に面している所に、古代の建築からインスピレーションを受けて、非常に初々しいルネサンスの様式でつくり上げたのです。こうして、中世の修道院前の広場が、ルネサンス的な様相を獲得していくことになります。しかも中世のように住宅が並ぶのではなく、新しい時代の用途、特別な機能を持った空間としてつくられていくところに、ルネサンスの広場としての特徴が見られます。

そもそも、このような中世の修道院あるいは教会、サンタ・クローチェ、サンティッシマ・アンヌンツィアータ、サンタ・マリア・ノヴェッラ、サント・スピリト、そういう教会前の広場相互の結び付きが強くなるわけです。これも十三世紀、十四世紀における、道路を拡幅したり、柱廊（ポルティコ）を主要な街路の周り、たとえばカルツァイウォーリ通り沿いや大聖堂の周りの空間にもつけるというような、公共的な都市改造がアーバン・デザインと一体となって行われました。こうして中世のこの時期にフィレンツェの骨格ができたわけです。それを活用しながら、ルネサンスに華やかな広場のイメージが加わっていきます。それぞれの広場で祝祭、スペクタクル、演劇的なものが活発に行われるようになります。こうしてフィレンツェの複核都市、中心が複数あるという魅力がさらに明確化していくというのが十五世紀後半です。

都市空間と美化とメインストリートの形成

都市景観上の美意識も変わります。例えば、メインストリートというものがだんだん強く意識されて、そこが美しく飾られる。中世には、当時の絵画を見ればよく分かりますが、庇が出ていたりバルコニーが張り出したり、町並みが不揃いでした。それに対し、ファサードを整え、パースペクティヴの効果を追求したメインストリートを形成していくという段階が、十五世紀の後半に登場するのです。それと軌を一にして、国賓を迎える際などにパレードが行われるルートというものが出てくるわけです。このようなパレードの行われるメインストリートに沿って貴族の館が建ち並ぶという状況が、これは次のコジモ一世が登場する前の段階からすでに見られたのです。フィレンツェというものが、それほど大きく街路網を変えたり、大規模な都市改造をやるわけではないのですが、新しい意味を、魅力を加えていったのです。そして個々の敷地の中で建替えが起こり、パラッツォが登場してきます。そして広場ではすばらしいスペクタクル、祭礼、儀礼が行われます。

トスカーナ公、そしてトスカーナ大公となるコジモ一世の時代、フィレンツェ都心部で三つの大きな改造、変化が起こります。ひとつはメディチ家が従来のパラッツォ・メディチから、シニョリーア広場のパラッツォ・デイ・プリオリ（市庁舎）に住まいを移すことを実行しました。その前に、ナポリ副王の娘エレオノーラを公妃に迎えていたコジモ一世は、この公的館を自らの住まいにし、それ以来ここはパラッツォ・デッラ・シニョリーア（あるいはパラッツォ・ドゥカーレとも呼ばれる）という名になりました。後に、メディチ家の邸宅機能が南のパラッツォ・ピッティに移ると、この建物がパラッツォ・ヴェッキオと呼ばれるようになったのです。それから、トスカーナ公国を統治するのに必要な膨大な行政機能を統合する目的で、建築家ヴァザーリの手でウフィツィができました。柱廊をもつ都市の廊下のような街路をはさんで二棟が並ぶ建築の構成は、パースペクティブの効果を最大限に発揮しています。そして、もうひとつはパラッツォ・デッラ・シニョリーア（パラッツォ・ヴェッキオ）の前に並ぶ彫刻群の設置です。ミケランジェロのダヴィデ像はここに早くからフィレンツェ共和国の象徴として立っていましたが、その後、コジモ一世のもとで中央集権的な国家になる段階で、アンマナーティのネプチューンの彫刻等が加わり、広場の象徴性が著しく高まりました。

連結する象徴的な都市の軸

ここで注目したいのは、ウフィツィのセルリアーナの様式をもつファサードがアルノ川沿いに登場したという点です。中世には、どこの町もそうなのですが、川沿いの空間というのはあまり重視されていません。ところがルネサンスの頃は、美的な演出というものが川沿いに行われます。ヴェネツィアでもカナル・グランデ沿いに素晴らしいパラッツォがさらに建ってゆきました。そして、メディチが支配したピサでも同じことがいえます。ピサは十五世紀から十六世紀にかけてメディチ家の支配下で、メディチ家の素晴らしいパラッツォが水辺に建ち並ぶ光景が生まれます。フィレンツェに出現したこのウフィツィの一画には、ある意味でヴェネツィアのラグーナの海からサン・マルコ広場に入るのと似た演出が見られるともいえます。ヴェネツィアの海に開くピアツェッタ（小広場）から奥へ進みピアッツァ（広場）に入る、という導入の部分ともよく似ているのです。

フィレンツェでは、アルノ川に面したウフィツィの正面玄関、そしてヴァザーリの廊下、そして中世の古いシニョリーア広場、そして大聖堂に至る一連の流れというものができて、フィレンツェの非常に象徴的な軸線になったわけです。後からできたこのヴァザーリの都市廊は、非常にうまく設計されていると思います。川からまっすぐ入ると、以前から存在するパラッツォ・ヴェッキオが少しでっぱっていて、しかも斜めになっている。したがって立体感をもつこの建物が遠近法の構図の前方に見える。左手前方に登場する中世のロッジアからスリット状に入っていくと、シニョリーア広場に踊り出る。その向こうにブルネレスキの大聖堂のドームが見える。

この空間のリズム、そしてシークエンスの変化、繋がりは見事な演出だと思います。古いものをさらに生かす形で実現したルネサンスの最大のインターヴェンション、介入を通じて、中世あるいはルネサンスの初期の都市

アルノ川からシニョリーア広場への軸

ヴァザーリによるウフィツィの都市廊

や建築がより輝いて見えることになったのです。先程からのお話のありましたパラッツォ・ピッティが、今度はメディチ家のコジモ一世の時に住まいの拠点になるわけです。一方のパラッツォ・ヴェッキオは政治の、あるいは外交の場になります。パラッツォ・ピッティでは、華やかな催し物が繰り広げられ、宮廷の文化の舞台になりました。中庭に水を張って、ナウマキアという古代の模擬海戦のパフォーマンスが実際に行われたことも知られています。裏手の高台にも、古代のイメージを再現するような、競技場のような庭の空間ができまして、ここでもしばしばスペクタクルが行われました。

こうしたパラッツォ・ヴェッキオとパラッツォ・ピッティという新たに形成されたメディチ家の二つの拠点を空中廊下でつなぐというプロジェクトがヴァザーリによって実現しました。アルノ川を越えるポンテ・ヴェッキ

パラッツォ・ピッティへの空中廊下

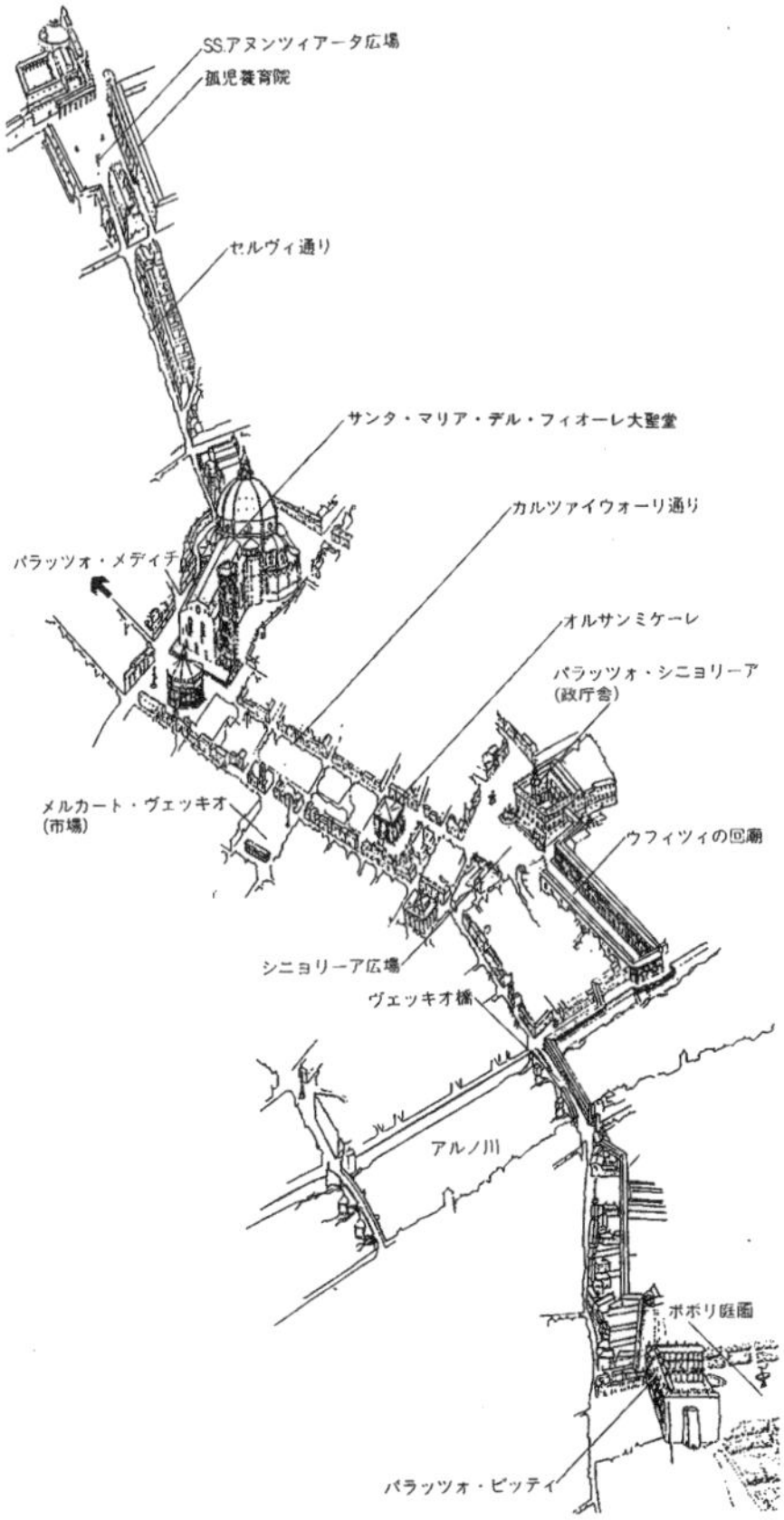

16世紀に完成した都市の中心軸（G. Fanelliによる図をもとに野口昌夫氏が作成）

オの上にもこれが組み込まれています。ここで注目すべきは、本来この橋の上は、食肉市場だったということです。つまり庶民的なマーケットだったのです。それをメディチ家支配のもと、空中廊で結ぶ必要が生まれたことで、一種のジェントリフィケーションが行われました。ここに貴金属商の店を入れたわけです。今も観光で行きますと貴金属を売っています。

このような都市の優美化が行われ、イメージアップしながら、アルノ川を水の空間軸に取り込んで、南北の繋がりを演出し、フィレンツェの壮麗な都市が実現しました。大きな都市改造というのはそれほどやっていないのですけれど、中世から営みを続けてきたフィレンツェが、それをベースにしながら、こうして街路や広場を魅力的に整備し、新たな建築を適切に配置することで、ルネサンスの輝きを持つ都市を見事につくり上げることができたのです。

シエナ——劇場としての広場

都市の楕円的構造

ヨーロッパの都市の特徴として、市民が集まる広場の存在がよく指摘される。それは公共性、民主制の象徴としても重要な役割を果たしてきた。日本の町づくりの中でも、魅力的な広場をつくりたいという思いが常に語られてきた。そのためにも、ヨーロッパの広場について、形態に加えて、その機能や意味について考えてみたい。

そのヨーロッパの中でも、イタリアこそ真の広場の国といえよう。開放的な気候・風土、そして社交的な人々の性格と結びついて、この国には古代から広場が大いに発達した。特に、中世には、それぞれの都市が互いにライバル意識を燃やして美しい立派な都市の建設に力を入れたから、その中心に象徴的な造形をもつ素晴らしい広場がつくられたのである。イタリアでは、広場が市民の戸外サロンとして、普段の市民生活の中で今も見事に使いこなされている。

イタリアが誇る中世都市の広場でも、中部トスカーナ地方にあるシエナのカンポ広場ほど、迫力のある美しい広場はない。シエナは十三—十四世紀に、見事な都市建設を成し遂げ、フィレンツェと競い合うほどの繁栄を見せた。中世都市の面影をたっぷり残すこの町の中心に、世界の人々を魅了するカンポ広場がある。この広場は、都市の中心としてうってつけの場所を選んでつくられている。シエナは、三方向に延びるそれぞれの尾根に沿って市街地を形成したが、この広場はそれらが合流する、まさに要の位置にある。しかも、すり鉢状の地形なので、どの尾根筋からアプローチしても、ごく自然にこの広場に流れ込むようにできているのである。

シエナには、もう一つ、大聖堂の広場がある。自治のシンボルとしての市庁舎の広場と、キリスト教世界の中心であるカテドラルあるいはドゥオモ（都市の最も重要な聖堂で、その多くは司教座のあるカテドラルである）の広場。イタリアの都市の多くは、こういった世俗権力と宗教権力の二つの中心をもつという、楕円的な構造のもとに成立しているのが面白い。これで巧みに力のバランスをとっている。

古代ローマの都市があった所では、たいてい中心の広場（フォロ）の跡かその近くに中世の市庁舎広場が受け継がれた。しかも、市民生活にとって重要な市場の立つ広場も、その多くは市庁舎広場の近くにとられている。他のヨーロッパの国々に比べ、古代からの都市の連続性が強かったイタリアでは、日常の市民生活の中心が、古代から引き継がれている都市が多いのである。

貝殻状のアーバン・デザイン

シエナでも、おそらく古代の広場の跡を踏襲しながら、中世に、堂々たる広場を形成したと思われる。傾斜のある地形を巧みに生かし、ダイナミックな形態の野外劇場のような広場が実現した。広場の最も低い場所の奥にゴシック様式の市庁舎が建ち、ちょうど劇場の舞台背景のような効果を見せる。その向かって左端に聳えるスレンダーな「マンジャの塔」が、この広場のプロポーションを引き締め、また豊かな景観上の変化を与えている。

この塔の上からの眺めは感動的である。丘の上に都市が高密に形成された様子が手にとるようにわかる。そして真下には、広場の迫力ある姿が見下ろせる。市庁舎前の要の位置から放射状に斜面の上に向かって延びる八本の白線と、広場を囲う建物の描く弧が、貝殻状の絶妙な形態を生んでいる。実におおらかで美しいアーバン・デザインである。

　だが、その全体の形はいかにも中世の都市造形らしく、不思議な歪みを見せている。絶妙な地形の変化に見合った有機的な形態が生まれたし、先行して存在した様々な建物などに規定されて、こうした歪みが生じたに違いない。しかし、地上に立つと、不整形な形は気にならないどころか、かえってその歪みが暖かみのある魅力的な広場を生むのに貢献しているように思える。近代の都市計画では絶対に生み出せない、人間の身体を悦ばせてくれる演劇的な広場なのである。

　上から見ると、「ガイヤの泉」と呼ばれる広場に欠かせない立派な泉が、貝殻の部分の最も上の方に寄って置かれているのもよくわかる。中世の広場は多目的に使われたから、噴水や彫刻は邪魔にならないように、端に寄せるのが定石だったのである。このガイヤの泉の下には実は、中世につくられ市民生活を支えてきた堂々たる地下水道が通っている。

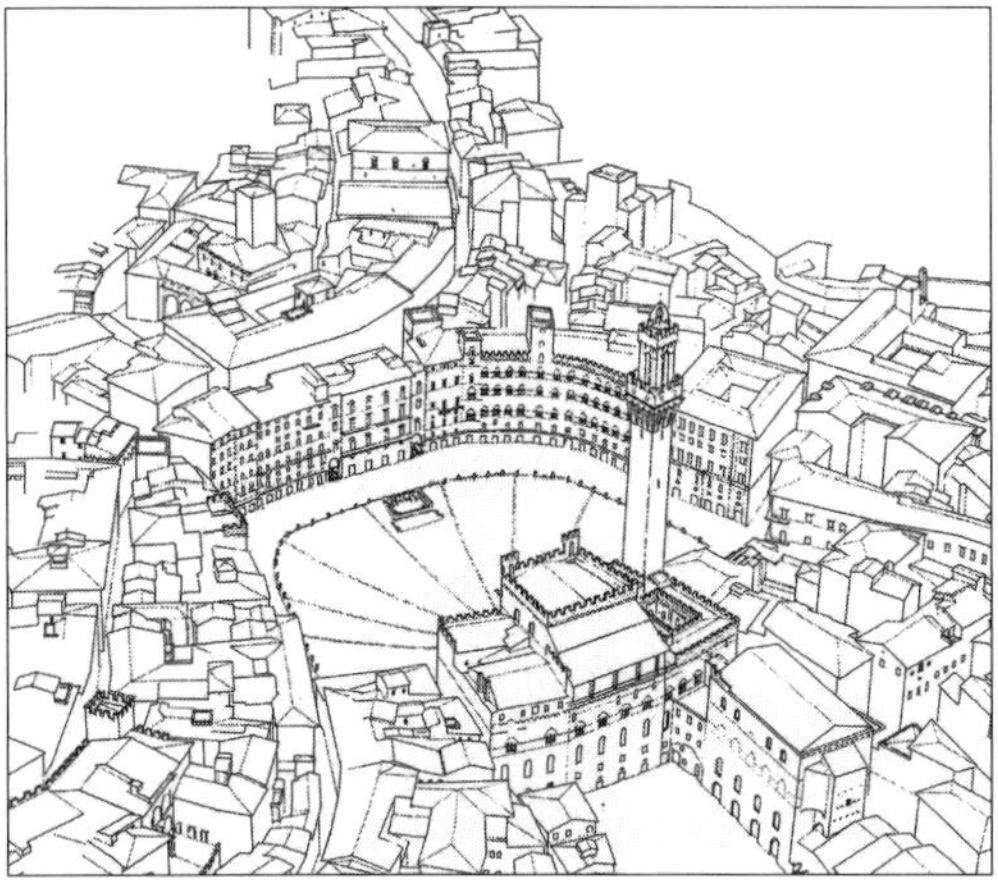
カンポ広場の俯瞰図

　広場のまわりは、民間の建築で囲われているが、中世の条例で窓の様式を市庁舎のそれに合わせるように定め、出窓を禁じていたため、この空間には居心地のよい統一感がある。広場を市民にとっての魅力ある戸外サロンとするためには、周りを連続する壁面で囲い、集中感を生む必要がある。それが中世やルネサンスの広場づくりの知恵だった。カンポ広場へは十一本の道が入り込むが、その多くはトンネル状になっていて、広場の壁面の連続性はとぎれない。しかも、狭くて暗い道やトンネルを抜けると、正面に聳えるマンジャの塔が先ず目に飛び込み、光に満ちた眩いばかりの広場に躍り出る、という劇的な空間体験ができる。中世の都市づくりには、人間の心理をよくよんだ見事な空間演出がなされていたのに驚かされる。

まわりの建築は、二階以上は基本的に住宅としてつくられ、都心居住は今もしっかり続いている。一方、その足下には、カフェテラスが設けられ、日除けやテントやパラソルが広場に彩りを添える。椅子に座って、広場での人々の立ち振る舞いを眺めていると、まさに劇場にいるような気分になる。

華やかなパフォーマンス空間としてのカンポ広場だけに、ここには色々な光景が見られる。ほどよい勾配の斜面だけに、天気がよいと、気持ちよさそうに寝そべって日なたぼっこを楽しむ人々の姿も多い。逆に、小雨が降っていても、ここへ集まり、傘をさしながら立ち話をする市民を多く見かける。広場は彼らにとって日々の生活に欠かせない必需品なのである。

普段からこうして演劇的な性格をもつカンポ広場が、夏の祭りの時には、本物の劇場に転ずる。イタリアを代表する熱狂的な「パリオの祭り」がここを舞台として、七月と八月に二回行われるのである。シエナでは中世以来、地区（コントラーダ）が互いにライバル意識を燃やしてきた。その地区対抗の形で、裸馬に乗って荒っぽい競馬がこの広場で行われる。一六五六年以来続けられてきた祭りで、見世物や祝祭の場としての広場の意味を今日まで強烈に伝えるイベントである。扇状の広場や建物の足下の仮設観客席、そして垂れ幕を下げた窓辺を人々が埋め尽くし、この野外劇場全体が熱狂の渦に包まれる。私も一九七一年にこのパリオの祭りを体験し、その時の興奮がまだ身体の中に残っている。

自分の地区が優勝すると、住民たちは大変な騒ぎになる。何日もの間、優勝パレードに町を練り歩き、宴会を重ねる。シエナの人々は、パリオの祭りの日のために、日常を過ごすようにさえ見えてくる。

ローマ――古代との対話

永遠の時空の中で

世界の都市の中でも、ローマほど開放感に満ちた所はないだろう。イタリアの青い空と輝く太陽。陽気で楽しいローマの人々。噴水が水しぶきを上げる魅力的な広場……。どれもローマのイメージに欠かせないものである。

このローマの醸し出す独特の開放感を生む秘密は、この永遠の都がもつ悠久の歴史の〈時間〉とダイナミックな都市の〈空間〉にあるように思える。ローマには独特の時間が流れている。町を歩くと、あちこちで遺跡に出会え、「古代との対話」を楽しめる。永遠の時空の中にゆったりと横たわる遺跡の存在は、現代にせせこましく生きる私たちの心を大きく解き放ってくれる。ローマはまた、地形が変化に富み、面白い都市風景を生む条件に恵まれている。七つの丘と低地の間をテヴェレ川がゆったりと蛇行している。

こうした豊かな空間の枠組みを舞台として、ローマは生まれ、発展した。古代の上に中世、そしてルネサンスの輝きを重ねたローマは、続くバロックの時代には、その地形も生かして、壮大なスケールに基づく劇的な効果をもつ都市空間を築き上げることになった。

とはいえ、こうしてダイナミックな地形の上に様々な時間が積層したローマの都市空間を読み解くのは、容易ではない。そこには、古代の異教の神々の世界、ヴァティカンを中心とするキリスト教の世界、そして陽気でちょっと猥雑さもある庶民の生活空間といった、性格を異にする多様な要素が混在し、錯綜している。

聖なる丘、聖なる川

ローマの都市風景を印象づけるのは、何と言っても丘と川である。ルネサンス時代に描かれた古代ローマの地図も、丘と川を強調している。ローマ建国伝説の双子の兄弟、ロムルスとレムスはテヴェレ河畔に流れ着き、パラティーノの丘で狼の乳で育てられた。テヴェレ川のまわりの広がりのある水辺空間も、実に開放感がある。その中に浮かぶティベリーナ島は、古代の医学の神、アスクレピオスが乗ってきた「聖なる船」になぞらえられ、そこに神殿がつくられた。中世以降も、教会と病院ができ、記憶が受け継がれてきた。この島のすぐそばに、通称「ポンテ・ロット」の名で親しまれる面白い橋の遺構が見られる。古代のアエミリウス橋の廃墟の上に再建された十六世紀の橋がまた壊れて、そのまま水の流れの中に横たわっている。古代の記憶を詰め込んだローマのトポス（歴史や地形と結びついた特徴をもつ場所、あるいは場所性）を物語る貴重なモニュメントといえよう。

テヴェレ川を少し下った左岸（東側）の港には、海港の守護神、ポルトゥヌスの神殿が祀られ、今も水辺に姿を見せる。古代の人々は、聖なる場所の意味を尊重しながら、都市空間を形成していったのである。

古代ローマにとっての聖なる丘は、カピトリヌス（現カンピドリオ）の丘で、ユピテル神殿の基壇の一部が残っている。中世にも市庁舎のある場所として受け継がれていたが、十六世紀にミケランジェロによって、堂々たる広場が実現し、再びローマの中心となった。ここに置かれた騎馬像は当時、キリスト教を公認したコンスタンティヌス帝のものと信じられており（後にマルクス・アウレリウス帝とわかる）、カトリックの栄光を古代の異教の中心世界にもち込む意図があったと思われる。

東京の前身、江戸でも、川と丘はそれぞれ聖なる場とみなされ、水の辺と山の辺にしばしば宗教空間がつくられたのである。

聖のトポス

〈聖〉と〈俗〉が入り混じったローマだが、やはり「永遠の都」のトポスを形づくる最も重要な要素は、神殿や教会堂がつくられた〈聖〉なる場所である。それがどこにつくられたかは、興味深いテーマである。

四世紀に、コンスタンティヌス帝によってキリスト教が公認され、地上に教会堂が登場し始める。サン・ジョヴァンニ・イン・ラテラノ教会、サン・ピエトロ大聖堂など、重要なバジリカ（大きな聖堂）がつくられた。しかし、その多くが古代の神々（キリスト教からすれば異教）の世界の中心には入り込まず、その外を遠巻きにするように置かれたのは興味深い。後にカトリックの総本山になるサン・ピエトロ大聖堂も、テヴェレ川の西の対岸に建設されたのである。

帝政ローマ時代に遡るキリスト教徒の地下の墓所であるカタコンベは、迫害時代には避難所や礼拝空間にも使われた。ローマのカタコンベもまた、古くから様々な墓がつくられてきた城壁の外のアッピア街道沿いなどに分布する。古代には、死者の都市は生者の都市とは離れて存在したのである。ローマの宗教建築には、古代の神殿の跡を利用し、その中や上にキリスト教の教会がつくられた例も少なくない。信仰の対象が代わっても、聖地としてのトポスが受け継がれてきたのである。

サン・クレメンテ教会も、多層的な歴史や時間を最も感じさせる、いかにもローマらしい宗教建築である。現在の地上レベルに十二世紀の教会、その下に四世紀の初期キリスト教の教会、さらにその下の奥に、東方的色彩の強いミトラ教の神殿の跡が残り、結局、三層の宗教空間が重なっている。

豊饒な地中海世界が生んだ宗教は、禁欲的でもなければ、堅苦しくもない。古代の神殿もカトリックの教会堂も、おおらかさと包容力をもっているように見える。だからこそ、これらの宗教建築は、改造され、再生を繰り返して、生命を維持し、「永遠のローマ」の風景をつくり上げてきたのである。

中世からルネサンス期の都市復興

テヴェレ川に沿って北に広がる低地、カンポ・マルツィオは、古代都市の拡大であとから市街地となった所だが、中世には、水が得やすいことから、むしろここに人が大勢住み続けた。現在も旧市街のまさに中心にあたるこの界隈を、ローマ市民はローマ・ヴェッキアと親しみを込めて呼ぶ。このカンポ・マルツィオ、あるいは対岸のトラステヴェレ地区を歩くと、中世的な雰囲気を残す曲がった狭い道、そして塔状住宅や外階段のある家などが見られる。近年、この似た性格をもつ二つの下町的な地区が、同時に人気を集めているのは偶然ではない。中世ならではのヒューマン・スケールの変化に富んだ迷宮的空間が、明らかに今、評価されている。車を締め出した石畳の路上に、レストランのテーブルが張り出し、居心地のよい開放感に溢れたローマならではの世界を演出している。

さて、十五世紀にローマに教皇が戻り、都市の復興が始まった。一四五三年、本格的にローマ再生に着手したニコラウス五世は、古代水道を蘇らせ、聖ペテロを祀ったサン・ピエトロ大聖堂を優先させ、そこを拠点にローマ復興の都市づくりを開始した。それを受け継いだユリウス二世は建築家ブラマンテを登用してベルヴェデーレの中庭の建設、サン・ピエトロの建て替えに着手。続いて市街地再生として先ずは手始めに、ヴァティカンに近いテヴェレ両岸のヴィア・ジュリア、ヴィア・ルンガーラの二つの道路の建設を実現した。

一五二七年、ローマの略奪でこの都市は一時混乱するが、この世紀の半ば、ミケランジェロが建築家として、三つのプロジェクトで都市再生に貢献した。大ドームをもつサン・ピエトロ大聖堂の実現、カンピドリオ広場の造形、そして東の丘の端のピア門の設計である。いずれも、今なお、ローマの都市風景にとって要の位置にあたっている。

バロック期の都市づくり

次のバロックの時代、丘の町ローマの地形が再び脚光を浴びることになる。十六世紀末、対抗宗教改革の気運の下、シクストゥス五世は建築家ドメニコ・フォンターナを登用し、ローマの大規模な都市づくりを手掛けた。世界中から訪れる信者にとっての巡礼ルートを整備する目的で、中世以来の七つのバジリカを直線道路で結び、広場に目印としてオベリスク（先端がとがった方形の石柱）を立てた。

これらの道路建設は主に、まだのどかな田園が広がる東の高台で行われ、新たな都市発展を促進した。起点となったのは、微高地にあるサンタ・マリア・マッジョーレ教会だった。丘の起伏を突っ切り、真っ直ぐつくられた新たな軸線の重要なポイントに、トリトーネの噴水、パラッツォ・バルベリーニ、サン・カルロ教会、サンタンドレア教会などが登場し、バロックのローマを飾った。

こうしてローマの東側高台に新たな山の手が誕生したが、ローマ・バロックを特徴づけるさらに劇的な空間は、むしろ低地の中世的な雰囲気をもつカンポ・マルツィオ地区に展開した。その中心、ナヴォナ広場は、ドミティアヌス帝の競技場の形態をそっくり受け継ぐものであり、中世以後、市の立つ広場として市民に親しまれていたが、やがて様々な催し物、祝祭の舞台としても使われるようになった。そこに象徴性を高めるべく、十七世紀に華麗な造形が加えられた。オベリスクの聳える世界の四大河川の噴水（ジャン・ロレンツォ・ベルニーニ作）、サンタニェーゼ教会の登場で、この広場はバロックの華やかな演劇的空間に転じたのである。ローマの数多い広場の中でも、市民に最も愛されているのが、このナヴォナ広場である。

この広場の近くに登場したサンタ・マリア・デッラ・パーチェ教会やサンティーヴォ・アッラ・サピエンツァ教会は、高密な市街の中に巧みに挿入され、ローマの下町ならではの劇的な変化に富んだ驚きの空間を生み出した。

バロック精神を示す十八世紀のスペイン階段は、丘の町ローマの地形を最大限生かした傑作であり、同じ頃、トレヴィの泉は、石の空間の中に水が戯れる桃源郷のような異界空間を生み出した。修復が終わり、水が戻ったトレヴィの泉には、いつも大勢の人々が溢れている。ライトアップされ闇の中に浮かび上がる夜の噴水は、特に魅惑的である。

ローマの人々は、こうして永遠の時を刻み、壮麗な美を誇る大掛かりな都市の舞台装置に負けることなく、身振り、手振りもにぎやかに、街路や広場で饒舌に振る舞う。それが、この町の最大の魅力である。

ナポリⅠ——地中海都市の豊かさ

輝きを取り戻すナポリ

南イタリアを代表する大都市、ナポリが蘇りつつある。

大好きなこの町を訪ねるたびに、私はその感を強くする。特に、歴史がぎっしり詰まった中心地区が着実に再生されつつあるのに、驚かされる。近年、歩行者空間が大きく広がり、ベビーカーを押す若い母親や、腕を組んで楽しそうに歩くカップルの姿も目立つようになった。ナポリが都市の魅力を再び発信し始めているといえる。

ちょっと前までは、ナポリと言えば悪名が高く、「太陽の下、庶民は陽気で明るいが、経済は破綻し、町は汚く、泥棒がいっぱい」といったマイナスのイメージが強かった。観光客の多くが、この危ない町を敬遠して、有名な観光地、ポンペイやカプリ島に直行してしまうのももっともであった。

とはいえ、ナポリのよい面も、かねてより語られてきた。十九世紀までヨーロッパを代表する文化都市だったナポリには、確かに、深い教養と創造性をもった素晴らしい知識人がたくさんいる。講演会のために来日したこともある建築史家で小説家でもあるナポリ大学教授のチェーザレ・デ・セータ氏もその代表的人物である。同時にまた、ナポリの下町の職人は、一般にイメージされるのとは逆に、よく働く。そして、生活の舞台としての都市の環境から見れば、開放的な自然と風土に恵まれたナポリには、歴史の中でつくられた素晴らしい建物、空間がたっぷり備わっている。

そんな底力をもつナポリだけに、この都市が再び輝きをもち始めたのは、大きな時代の流れからすれば、当然のことだと思える。

多元的価値が混在する町

哲学者の中村雄二郎氏も早くからナポリに注目している。近代ヨーロッパにつながる北型のデカルト的な知の在り方に対して、ナポリには哲学者ヴィーゴに代表される南型の知があるという。北型は普遍主義、論理主義、客観主義を原理とするのに対して、この南型はコスモロジー、シンボリズム、パフォーマンスを原理とするものであり、そこにこそヨーロッパの民衆の文化的な活力を見出せると指摘するのである。

ナポリの旧市街。直線的なスパッカ・ナポリが見える

そもそも近代をリードした価値の体系である工業化社会、産業の論理、合理主義、効率化、大組織、大企業、官僚制といったものが、色々と破綻を見せてきている。日本でも西欧的な合理主義の行き詰まりが感じられてきて、機能性、経済性の論理も、反省を迫られている。一人ひとりの顔が見え、個人の感性や創造性が表に現われる社会が求められていよう。個性派ナンバーワンのイタリアが発信する価値が人々を魅了するようになったのも、うなずける。

そういった中で、近代化から立ち遅れ、都市や社会をうまく組織できず、矛盾だらけで、貧困もあり、秩序も混乱していると見なされていたナポリが、近ごろ逆に、輝かしい姿を取り戻しているというのが、大いに興味を引く。価値の逆転現象が起こりつつあるのである。

複雑化する今後の都市社会においては、画一的な思考法はもはや通用せず、多元的な価値観で物事を豊かに発想することが、さらに求められるに違いない。ナポリのように色々な価値が混在しているのは、大きな強みになりうる。その渾沌とした状況の中で、人々がともかくたくましくエネルギッシュに生きる。そんなナポリ的な価値観からは、私たちも学ぶことが多いのではなかろうか。

豊富な野菜、果物などが並ぶ露店

ナポリを州都とするカンパーニア州はまた、イタリアの中でも最も肥沃で、食生活の豊かな地方の一つである。熟したトマトをはじめとする豊富な野菜、果物、新鮮な海の幸、そして水牛の乳からつくる本物のモッツァレッラ。ワインも美味しい。土地も環境も現代文明の中で消費され、疲弊した感のある日本から抜け出て、この南イタリアの地にやってくると、まさに身体に元気が蘇るのは、私だけではあるまい。二十一世紀に生きる私たちにとっての真の豊かさがこの土地には感じられる。

ナポリの地下に眠る迷宮都市

ナポリは世界の中でも、最も長く生き続けている都市の一つである。古代ギリシアの植民都市ネアポリス（ニュータウン）として形成され、計画的にできた格子状の都市構造が、今でもナポリの中心部にそのまま受け継がれている。ナポリの旧市街を真っ二つに割る象徴的な街路、スパッカ・ナポリは、このギリシア都市の東西方向の主要道路であるデクマヌスを踏襲したものである。ナポリ市民の心の深層には、古代の記憶が生きている。

最近、ナポリの地下都市が脚光を浴びている。かつてのギリシア都市の広場、アゴラを受け継ぎ発展させたローマ時代の中心広場、フォロ周辺の街路、公共建築、店舗などの跡が、地下からそっくり姿を現したのである。今では公開され、誰もが二〇〇〇年以上前のナポリにタイムスリップすることができる。

古代ギリシア人はまた、都市を建設するにあたり、建築材料としてトゥーフォ（凝灰岩）という石材を地中深くから大量に掘り出した。次のローマ人は、その穴と穴を相互に横に結び、水道施設の地下貯水槽として活用した。そのためナポリには、網の目のように穴が巡る巨大な地下の迷宮都市が広がっている。何メートルも下に眠っていたその古代の不思議な空間に光が当てられ、今ではガイド付きで、スリル満点の地下都市探検を体験できる。こうしてナポリの基層にあるギリシア都市の豊かなイメージが、まさに地下から蘇ってきたのには感銘を受ける。

中庭に秘められた楽園

中世以降、支配者が代わるごとに立派な城、宮殿、聖堂、そしてパラッツォ（貴族の邸宅）をどんどん建設したナポリは、堂々たるモニュメントが風景を飾る大きな都市美を誇る。

そしてヴェスヴィオ火山を背景に弧を描くナポリ湾。太陽と海の輝き、南国風の棕櫚《しゅろ》の街路樹、しかも、港町独特の活気と開放感。こうした大きな道具立てからなる都市を舞台として、人々があらゆる街角に濃密な生活の場を築き上げてきたのがナポリである。

ナポリには意外にもゴシックの素晴らしい建築が多い。古典的な美の感覚をもつイタリアでは、アルプスの北で発達した本格的なゴシックはあまり開花しなかったが、ここナポリだけには、フランスのアンジュー家の支配のもとで、見事なゴシック様式の城や教会がつくられたのである。ルネサンス、バロック、ロココと続くどの時代の建築もナポリには揃っている。この町が建築史の宝庫であることは、案外知られていない。

路上に洗濯物がはためくといった、庶民的な都市文化のイメージをもつナポリだが、この町には案外、広場というものは発達しなかった。常に外国勢力に支配され続け、市民自治の経験をもたなかったから、イタリアの中北部の都市のような市庁舎が聳《そび》える広場は存在しなかった。その代わり、人々は狭い路上に溢れ、そこを生活空間の延長とし、また活気ある交流の場として使いこなしてきたのである。

ナポリの都市の面白さや豊かさは、どちらかというと建物の内側に隠されている。修道院の中庭の美しさに先ずは魅せられる。サンタ・キアーラ教会のキオストロ（修道院の回廊が巡る中庭）は、外部の喧騒が嘘のように静寂に包まれている。十字形の通路に配されたベンチやリズミカルな柱は、地中海的な要素としてのマヨリカ焼のタイルで飾られ、緑の棚が涼しげな木陰を生んでいる。中庭の一角には、二つの噴水もある。都市に秘められたこの庭には、地上の楽園のような安らぎと楽しさがある。

バロック時代、中庭型の華麗なるパラッツォが次々にナポリに登場した。だが、狭い街路に面するだけに、外観はそれほど飾れるわけではない。むしろ中庭に面する内側に印象的な空間を創り出した。特に、街路から入って先ず目に飛び込む中庭の正面奥に、半屋外形式の堂々たる階段を配して、舞台装置的な空間を見せる。ナポリでは、こうして私的なパラッツォの中庭に、広場や劇場の性格が持ち込まれたのである。

ナポリのもう一つの顔

これまでの旧市街を見てきたが、実はそれは、ナポリの現実のごく一部に過ぎない。今のナポリの素顔を知るには、とりわけ目を西の外側に向けなければならない。そこには先ず、海に近いキアイア地区、北の高台のヴォメロ地区という、十八、十九世紀に形成されたエレガントな住宅地区が広がり、もう一つの知られざるナポリの顔を形づくる。いずれの目抜き通りにも、お洒落な店舗が連なり、毎夕、人々がどっと繰り出して、華やいだ都市の生活シーンを繰り広げる。老若男女の誰もが夜遅くまで外出し、生活をエンジョイするというのも、この町ならではのライフスタイルである。ナポリの豊かさは奥が深い。

さらに西の丘陵には、誰もが憧れる最高級住宅地、ポジッリポの美しい風景が広がる。高台からは、古代以来の歴史ロマンに包まれた海に開く壮大なスケールの眺望を満喫できる。この地に立つだけで、自分の心が大きく解き放たれる。ナポリの人たちが自分の故郷を自慢するのがよくわかる。まだまだ貧困と同居した豊かさではあるが、ナポリの自然、歴史と一体となった都市風景の価値は、確実に今、蘇っているといえる。

ナポリⅡ――舞台装置的な中庭空間

地中海世界の建築の魅力の一つは、中庭にある。内側に潜んだ美しい中庭に入った時の感動は、ひとしおである。西欧の一般の建築は、正面を飾り立て、自己を強く主張するが、本来の地中海世界の建築は、むしろその豊かさを内に隠すのである。これこそ真の豊かさだろう。

気候風土からいっても、戸外が快適な地中海世界では、家族のための中庭や近隣の住民たちが共有で使う集合的な中庭や袋小路などが、古くから発達した。また、暑さが厳しい乾燥地帯であるほど、中庭を囲い、その内側に緑と水（噴水）を置いて、快適なミクロ気候を生み出す努力をしてきた。そして、地中海世界の人々は家族、特に女性たちの生活を大切にしてきた。家族のプライバシーを守り、かつては自由に外出しにくかった女性が居心地よく過ごせるように、外から見えない家の内側に、広い中庭をとったのである。

イタリアの中では、地中海色の強い南ほど、中庭が発達している。貴族の住宅は、その多くが美しい中庭を持ち、エレガントでかつ快適な居住空間を保証した。その中にあって、巨大都市、ナポリの中庭は独特の在り方を示している。

ナポリといえば、泥棒の町として名高く、大半の日本人観光客は、ここに立ち寄るのを躊躇してしまう。ところが、辣腕市長が活躍したこともあって、最近では、かつてに比べ町がきれいになり、まただいぶ安全になってきた。あるタクシーの運転手も、「やる気になれば、何でもできるのだ」とナポリ再生への動きを高く評価した。
泥棒が怖くて、とてもカメラを持っては歩けなかった歴史の詰まった都心部（チェントロ・ストリコ）も、今は、だいぶ歩行者空間化し、歩くのが楽しくなってきた。まだ、油断は禁物だが、歴史的街区の中を、ぜひ歩いてみたい。

ナポリのチェントロ・ストリコを飾る建築の多くは、十七、八世紀のバロック時代にできている。普通、バロックの時代にはどの都市でも、美しい広場や壮麗な街路を実現しながら、聖堂や貴族の邸宅（パラッツォ）が建設された。ところが、ナポリは、事情がいささか異なる。この町には、現在ばかりかバロック時代にも、市民が集まる象徴的な広場はあまり発達しなかった。その代わり人々は狭い路上に溢れ、そこを生活空間の延長とし、また活気ある交流の場として使いこなしてきた。ナポリならではの庶民的で開放的なライフスタイルがこうして生まれた。

人々で賑わい、店先に商品が溢れる路上にいると、迷宮的な印象を受けるが、実は、ナポリの道路網ほど直線的で、全体が規則的に構成されている都市も珍しい。この都市は、ギリシアの植民都市として紀元前五世紀に誕生した。ギリシア語のネアポリス（ニュータウン）がナポリの語源なのだ。ヒッポダモス式といわれる格子状の規則的な都市計画が下敷として今も生きているのである。短辺三十七メートルの短冊状の古代の街区が、現在のナポリの中心部に受け継がれている。

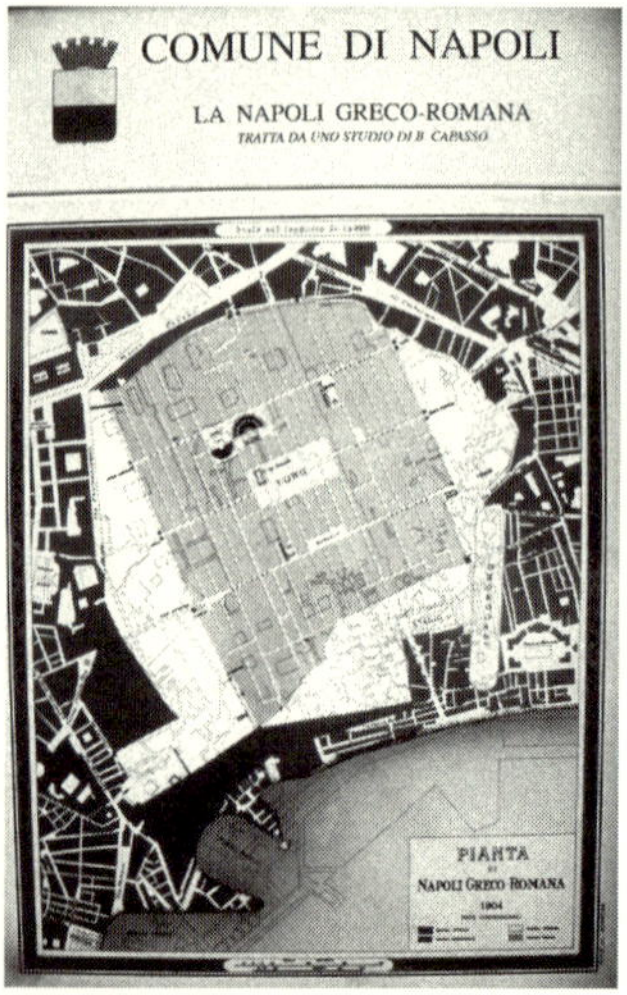

ナポリのチェントロ・ストリコ案内板

それが実は、遺跡都市、ポンペイに見られる都市構造とよく似ているのである。ポンペイの人々は、この短冊形の街区に無数に建設された「ドムス型」と呼ばれる中庭を持つ住宅に住んだ。街路から玄関に入ると、まず、天井の高い半人工的なアトリウムという中庭があり、その背後に、回廊が巡り中央に緑を取り込むペリステュリウムという中庭がある。アトリウムは、昼は扉が開かれ、物乞いも入れたというが、一方のペリステュリウムは家族にとっての完全に私的な空間であった。

ナポリの都市も、もともとはこういった状態からスタートしたはずだ。その後、各時代に変容を繰り返してきたが、その結果として存在する現在のチェントロ・ストリコに、まるで古代の中庭を受け継ぎながら高層化したような中庭型住宅が数多く見出せるのに驚かされるのだ。

高層化は、十六世紀から顕著に進んだ。人口がどんどん増えたにもかかわらず、城壁外での建設が禁止されていたため、果樹園や緑地をつぶして家が建てられたのと同時に、上へ上へと建物が伸びていった。こうしてナポリは、ヨーロッパでも有数の高密な都市空間を生み出した。中庭型の建築は、密度の高い都市にはうってつけのものだった。

ポンペイ住宅のアトリウム

そしてバロック時代。華麗なる邸宅が次々にナポリに登場した。狭い街路に面するだけに、外観をそれほど派手に飾れるわけではない。そこで、もっぱらポルターレと呼ばれる堂々たる玄関アーチを設け、象徴性を獲得する方法が用いられた。

古代ギリシア都市の東西道路デクマヌスの一つを受け継ぐ、ナポリの古い象徴軸、スパッカ・ナポリ（ナポリを真っ二つに割っているという意味）に面するパラッツォ・カラファ・デッラ・スピーナもその代表で、ここではポルターレの両側に、魔よけの意味を持つちょっと滑稽な形をした怪獣の彫刻が置かれている。

一般に、ポルターレはちょうどポンペイの住宅がアトリウムを外から見せていたのと同様、広間は開き、通行する人々が中庭をのぞけるようになっている。狭い街路よりずっと広くて立派な中庭は、ただでさえ目を引く。しかも、ナポリのバロックのパラッツォは、中庭の奥正面に、戸外に開いた壮麗なる階段を設けているのである。軸線を中心に対称の形をとり、左右に階段がゆったりと昇っていく姿が、道路からもよく見える。それが四層にも繰り返されるのだから、見る者は圧倒される。まるで、巨大な舞台装置のような豪快な演出だ。引きのない街路においてより、むしろこの大きく空間をとれる中庭を活用し、その正面奥に最大の造形的な見せ場をとり、公的空間と私的空間をダイナミックに結んで、劇場的な都市の演出を実現しているのである。ナポリでは、こうして私的な中庭に、広場や劇場の性格が持ち込まれた。

中庭の美しさを誇るパラッツォは、ギリシア都市（ネアポリス）として生まれた格子状の中心部の専売特許ではない。十六世紀の前半、ナポリはスペインのアラゴン家の支配下に入った。総督としてこの地に赴任したドン・ペドロ・デ・トレドは、手狭になっていた都市の西側への拡大を実現した。従来の城壁の西の外側に、新しい華やかな軸線、トレド通り（今日に至るまでナポリの目抜き通りである）を南北方向に建設する一方、その西に広がる丘のふもとのゆるやかな斜面地に、碁盤目型で計画的な住宅地を開発した。もともとはスペイン人の駐屯地にあてられたため、スペイン地区と呼ばれるようになった。

ここもやはり、時代と共に建物は上方へ伸び、極めて高密な庶民地区となった。ゆるやかに昇る道路の上の方に洗濯物が無数に翻る光景は、この地区に欠かせない名物となっている。一階に住む住民も多く、その分、生活が路上に溢れ出ることになる。部屋に置かれたベッドやテレビの明かりが、窓越しに目に入ることがよくある。

この地区の建物も、基本的にすべて中庭型の形式をとる。私も学生時代、この一画に住むナポリの友人のもとにしばらく居候したことがある。彼らの生活は実に賑やかだ。中庭が共有の筒状空間となっており、人々の暮らしが、その周りに展開している。忘れ物をして中庭の下から大声を上げて親を呼ぶ娘。テレビの大きな音も、中庭に響く。どこか、彼らの生活のすべてが演劇シーンの一部のように見えてくる。建築のつくりがそれを生み、またそんな空間の中に住むから、彼らの行動様式がますますそうなっていく。

バロック時代の華麗なパラッツォは、もともとの城壁の北の外側にも建設された。ポンペイやエルコラーノの素晴らしい出土品で知られる国立考古学博物館から、少し東へ寄った位置に、ヴェルジニ地区がある。その中心の広い街路には、野菜や雑貨などの日常品の市が立ち、いかにもナポリならではの活気に満ちている。だが本当の下町と比べると、ちょっと品がある。

その街路に面して建つパラッツォ・デッロ・スパニョーロは、一七三八年に建築家フェルディナンド・サンフェリーチェによって設計されたバロックの住宅建築の傑作で、中庭の奥に、迫力満点の壮麗な階段を見せている。階段は左右に振り分けられ、それぞれ踊り場で折り返し、また中央で合流する。それを繰り返しながら、四層の階段室を構成する。それぞれの層は、五つのアーチがリズミカルに左右に昇る形をとる。一九八〇年の地震で被害が出た後、修復され、現在は当初の美しさを取り戻している。この大階段の背後には、緑のある庭園が控えており、この二つの庭を前後に持つ構成は、ポンペイのドムス型住宅とも通じるもので、最も贅沢な都市の住まい方といえよう。

ナポリのパラッツォ・デッロ・スパニョーロの中庭

さらに北に進むと、街路がくの字型に曲がるアイストップの位置を生かし、面白いバロック建築、パラッツォ・サン・フェリーチェがつくられている。建築家サンフェリーチェが自邸として設計したものであるという。二つある中庭の右手を入った奥にある階段室が目を奪う。穴蔵の中を昇るような独創的な螺旋階段の造形は、この建築家の鬼才ぶりをいかんなく物語っている。

ナポリの中庭の美しさを求めて、宗教建築に目を広げると、さらに印象的なものに出会える。例えば、スパッカ・ナポリの一角にあるサンタ・キアーラ修道院のキオストロ（回廊のつく中庭）は、十三世紀の前身のものを、優美なロココの作風をすでに示す建築家ヴァッカロによってつくり直されたものである。中庭というよりもむしろ豊かな自然を取り込んだ庭園であり、あたかも地上に実現した楽園のような安らぎと楽しさがある。しかも、中庭の十字型にとられた通路は、両側のつくりつけのベンチにしても、リズミカルに連なる柱群にしても、表面をマヨリカ焼きのタイルで美しく飾られ、地中海世界独特の華やぎを生んでいる。この中庭には、アラブ都市の住宅の中庭にとられた庭園の美しさとも共通する感覚がある。

サンタ・キアーラ修道院のキオストロ

やはり高密な市街地の中にあるサン・グレゴーリオ・アルメーノ修道院のキオストロも、回廊の巡る緑の多い美しい庭園で、真ん中に彫刻で飾られた堂々たるバロックの噴水がある。ナポリの騒然とした表通りのすぐ裏手に、こうした秘められた静寂の世界があるというのが面白い。

アマルフィⅠ——海洋都市国家

地中海に君臨した中世海洋都市国家

ナポリの南に位置する魅力的な小都市、アマルフィを訪ねてみたい。地中海を舞台にしたイタリアの中世海洋都市国家としては、ピサ、ジェノヴァ、ヴェネツィアが有名だが、アマルフィは、実はこれら三都市よりずっと早く、羅針盤を使った航海術を発達させ、繁栄を極めた。

いかにも地中海の港町らしく太陽に溢れたアマルフィは、背後に険しい崖が迫る渓谷の限られた土地に、その斜面を有効に生かしながら、迫力ある高密な迷宮都市を築き上げている。この町を歩くと、オリエント、アラブ世界との交易に活躍した華やかな歴史の足跡が、至る所に刻まれている。

地中海に君臨したアマルフィは、海の美しい自然景観を誇るいわゆるアマルフィ海岸に点在する他の小さな町や集落も一緒になって、中世の強力な一大共和国を形成していた。そして、アマルフィの町を中心とするこの海岸全体が一九九七年にユネスコの世界遺産に登録された。

華やかな海辺、そしてイスラーム文化の香りをもつエキゾチックな建築によって、アマルフィは十九世紀以来、ヨーロッパの人々の憧れの観光地、リゾート地となっている。だが、同時にここには、いかにも南イタリアらし

海に開くアマルフィ

い人々の生活が今もしっかり営まれている。限られた斜面地に高密に作られたアマルフィは、坂や階段が複雑に巡る地中海世界独特の立体的な迷宮都市である。その中に、大勢の市民が住んでいる。高い所に家をもつ人たちにとって、毎日の階段の上り下りは楽ではない。だがそれと引き換えに、それぞれの家のバルコニーからは、最高の眺めを満喫できるのである。

日本にも、アマルフィとよく似た町がある。瀬戸内海に面する広島県の尾道もその一つである。古代、中世以来の古い港町で、やはり斜面に坂、階段を巡らせて、複雑な迷宮的な都市を発達させてきた。異なる文化圏にありながら、よく似た魅力的な都市の風景をもつ二つの港町を比較することは、実に興味深い。こうした視点からの港町の再評価が今、求められている。

このアマルフィは、太陽と歴史のイメージが一杯の魅力的で知名度の高い町なのに、こと専門的な建築や都市空間の調査となると、これまでほとんど行われなかったというのが実情である。この国には、素晴らしい都市があまりにも多過ぎる。また、イタリアでも、こうした都市を対象に、建物や広場、街路を調査しながら、その成り立ちを歴史の軸を入れて読み解く研究というものは、まだ十分には確立されていない。

私は一九九八年から、市立図書館の中に設けられたアマルフィ文化歴史研究センターの協力を得ながら、研究室の学生たちとアマルフィの都市調査を行ってきた。アマルフィ旧市街の中の歴史的、建築的に価値のあるスポットを次々に実測し、町の構造、景観を図化し、ヴィジュアルに示す仕事である。

古い建物が残りにくい日本では、都市の歴史を探るには、もっぱら文献史料や古地図、または絵画史料に頼ることになりがちである。だが、さすがに石の文化圏のイタリア。中世以来の建物がかなり残っており、それを丁寧に調べることによって、都市の形成を読み解くことへアプローチできるのである。建築の分野からのフィールドワークの面白さがそこにある。

都市を研究するには、その形態的特徴と同時に、機能や人々の活動を見ていく必要がある。港町アマルフィだけに、港のゾーン、交易・商業ゾーン、そして宗教・政治・文化の中心ゾーン、そして背後の斜面に広がる住宅ゾーンに注目する必要がある。特異な地形を考え、都市の景観美も配慮しながら、これらの機能を巧みに組み合わせて、アマルフィ全体が形成されたのである。

海からのアプローチ

海洋都市アマルフィには、何と言っても、海からアプローチしたい。サレルノから船で小一時間、この町に着く。海からの眺めは、迫力がある。大聖堂の鐘楼がランドマークとしてひときわ高く聳える。海の門（ポルタ・マリーナ）の外側の港周辺には、中世には海洋都市を支える施設がたくさんつくられた。フォンダコ（商館、ハーンと同義のアラビア語のフンドゥクに由来する言葉）の跡や、十一世紀に建造された巨大な造船所が今も残されている。おそらく現存する世界最古の造船所だろう。

中世の早い段階には、港の施設が今よりずっと大きく海側へ張り出していたが、十三世紀の大波で破壊され、水面下に沈んだとされる。幸い水中考古学の調査で、失われた埠頭や灯台の跡が確かめられている。

海の門のトンネルを抜けると、華やかな広場に出る。海とともに生きる人々が、朝に夕に必ず通った町の精神的な中心広場である。その正面奥に聳えるドゥオモ（大聖堂、創建は十世紀）は、アラブ独特のアーチを工芸的に配した美しい外観を見せる。

その脇に聳える鐘楼（十二―十三世紀）も、黄と緑のマヨリカ焼のタイルで飾られた頂部やその下に巡るアーチの造形に、イスラーム世界との結び付きを表現している。だが、圧巻は、大聖堂の左手奥に潜んでいる「天国の回廊（キオストロ）」である。もともとアマルフィの有力家族たちの墓地としてつくられたもので、太陽の眩しい華やかな港町の表側とはうって変わった静かな落ち着きをもつ。ここに入ると、アラブ世界の国に彷徨い込んだような錯覚に陥る。中庭の中央部には、トロピカルな植物群が心地よい木陰を生んでいる。回廊を飾る尖頭アーチをずらし、重ねるイスラーム建築独特の手法は、椰子の生い茂るオアシスの雰囲気を生み出している。まさに砂漠の民、アラブ人が求めた〈地上の楽園〉のイメージがここにある。

迷宮都市——光と闇の交錯

活気ある商業空間は、ドゥオモ広場から奥へ奥へと伸びる谷底の街路沿いに発達している。実は、この下には川が流れている。アンジュー家の支配下に入った十三世紀の末に、衛生上の理由と都市開発のため、川に蓋がされ、道路が建設された。

谷底に発達したこの商店街は、ちょうどアラブ世界のスーク（市場）のように、小さな店舗が両側にぎっしり並び、活気に溢れている。ちなみに、この商店街の一角に、ヨーロッパではきわめて珍しい中世のアラブ式浴場の遺構が残っている。

この目抜き通りの両側の建物をじっくり観察すると、下の階ほど古く、上にどんどん新しい様式で増築していった軌跡が読み取れる。中世に都市発展を遂げたアマルフィだが、十七、十八世紀に川の上流で水車を使った製紙業が発達し、再び繁栄を迎え、増築が進んだのである。石造りの厚い壁の建物だけに、上へどんどん積み上げていくことが可能だった。

ここで面白いのは、上の階の住宅群へは表通りからは決して入らず、そこから枝分かれする階段状の脇道に入口を設けているという点である。こうして公的な商業空間と私的な住空間を巧みに分けるセンスは、イスラーム世界の都市と共通している。誰が入ってきてもおかしくない国際交易都市だけに、安全を守るための知恵が発達したのである。

アマルフィは、ともかく他のイタリア中世都市に比べ、繁栄した時期がずっと早い。しかも、十一—十三世紀という早い時代の建築遺構が幾つも残っている。これほどに古い時代の建築を実測できるという面白さは、他の都市ではまず味わえない。

一見複雑な迷宮のように見えるアマルフィの都市空間は、実にうまくできている。道は曲がりくねっている上に、あちこちでトンネルが頭上を覆い、光と闇が交錯する。しかも急な階段が多い。そんな立体迷路を抜けてしばらく上り詰めていくと、パッと視界が開け、海洋都市の美しいパノラマが目の前に広がる。

アマルフィのメイン・ストリート

外は狭い迷路で、いささか鬱陶しくとも、実は、塀で囲われた個人の敷地の内部は豊かで広い。しかも、バルコニーから海側と山側の両方へ開くパノラマを楽しめるという贅沢な家が多い。アラブ世界のような中庭はないが、レモンやオレンジが栽培された庭が生かされ、外から覗かれない家族の安らぎの場を生んでいる。
背後に崖が迫る斜面に発達したアマルフィに住む人々は、毎日の坂や階段の上り下りの大変さを誰もが口にする。とはいえ、多くの住民は自分の町に強い愛着をもっている。そして、アマルフィの人たちの自慢は、海洋都市の記憶をとどめる港周辺の水辺、そして「海の門」から入ったドゥオモ広場の空間である。そこがまた、市民たちの「パッセジャータ」と呼ばれる散歩の舞台にもなる。
ドゥオモ広場には、毎晩十時頃から、夕食を終えた市民が大勢集まってくる。車やバイクで周辺の町や村からやってくる若者も沢山いる。歴史的な象徴としてのドゥオモ広場がこうした社交の舞台となっている。夏場は特に、晩遅く、食後の夕涼みに、海辺に老若男女を問わず大勢の人々が出てくる。ベビーカーを押す若い母親も多い。若者のカップルばかりか、熟年の夫婦もロマンチックに水辺の散歩を楽しむ。

海に突き出た大きな桟橋は特に人気がある。闇に包まれた海を渡る風が実に涼しい。ゆったりと時が流れる。振り返ると、海に迫る丘の斜面にそそり立つ中世以来の住居群や町のシンボルの鐘楼が、ライトアップされて夜空に映える。

車も入れない不便な斜面都市、アマルフィだが、このような素敵な水辺に身を置いて、市民は毎晩、至福の時を過ごすことができる。昼間の主役だった観光客が立ち去った後、ここで最高の贅沢を味わうのは、もっぱら住民である。南イタリアの懐の深さが感じられるひと時なのである。

アマルフィⅡ——歴史的蓄積にあふれる都市

斜面都市のつくり

アマルフィはナポリの近くの町ですが、海洋都市国家で十世紀から十一世紀ぐらいに繁栄しました。ヴェネツィア、ジェノヴァ、ピサより二世紀ほど早いです。たいへんな蓄積をした町で、空間が変化に富んで面白い。夏場はリゾート地として世界の観光客を集め、世界遺産にも登録されています。

歴史的に重要で空間の蓄積も多いというわけで、他の南イタリアの高密都市の住宅のタイプ、町並みのつくり方とどこが共通し、どこが違うのか、アマルフィはアラブ、イスラームの影響もかなり入っているのでイスラーム圏とも比較できるという面白さがあります。それと、徹底した斜面都市なので、そういうところではどのように町がつくられるかということにもおおいに興味がありました。

アマルフィは、本当にきれいな、行っただけでも胸がワクワクする、歩くと興奮してしまう町です。崖が迫っていますが、その上の方にあるもとの修道院が、いまは五つ星のホテルになっています。谷間の猫の額のようなわずかなところに都市を高密につくっています。海からの玄関、ポルタ・マリーナというのがあり、それをくぐると大きなドゥオモ広場があって、このイメージがアマルフィの代表的な姿です。

メインストリートをずっと上って行くと商業地区があります。ところが、調べていくとそこはもともと川だったのです。今も道路の下にごうごうと水が流れています。一二九〇年ごろ蓋をしたのですが、インフラづくりが本当に早くから行われたという驚くべきことがわかってきました。ですから川が地表に流れていたころは、別の道がメインストリートだったのです。さらに坂を上っていき、上り切った上の方からパノラマがぱっと開ける。非常に高密な迷宮なのですが、所々にパノラマが開くという演出をしているのです。

アラブ人が住んだわけではないのですが、アラブの影響が非常に強い。カテドラルは十世紀、十一世紀ごろできたものですが、十九世紀の地震後に亀裂が入ったファサードを修復するのに、イスラーム様式を採用したのです。ということでオリジナルのイスラームではないのですが、隣の鐘楼は中世のオリジナルで、黄と緑のマヨリカ焼のタイルで飾られた頂部やその下に巡るアーチの造形に、イスラーム世界との結び付きを表わしています。

さらにこの隣には、地上に楽園を実現したかのような、アラブ様式の素晴らしい中庭があります。世界の中庭のなかでも、これは最高にいいもののひとつだと思います。なにかアラブ世界のオアシスにまぎれ込んだような、象徴的で居心地もスケール感もいい中庭です。もともとアマルフィの上流社会の人たちのお墓として十一世紀に生まれたそうです。

天国の中庭　アラブ様式の中庭

坂を上っていくと、ぱっと視界が開けるスポットがたくさん準備されているので、観光客が行っても、海を見て、町並みを俯瞰するダイナミックな姿に感動します。下を見ると段々畑のように造成されていて、みんなプライベートな庭に、果樹園があり、レモンがなっています。ここで獲れる海産物も美味しく、新鮮なレモンを絞って食べるアマルフィの料理は最高です。

海からのゲートを通っていくと大きい広場があり、その横にたぶん世界で一番古い十一世紀の造船所がしっかり残っている。いまはギャラリーになっているのですが、いかに中世都市として早く発展し、富を蓄積したかということがよくわかります。

商業軸がどのようにできていったかということも歴史的に考察しています。われわれは町を調べるときにはまず市役所に行って都市計画で使う詳しい地図をもらいます。小さな田舎町でも必ず一〇〇〇分の一の地図はマスタープランをつくる上で持っているわけです。アマルフィでは幸い五〇〇分の一の詳しい地図を入手できました(日本は二五〇〇分の一しかない)。しかも建物のラインが全部描いてあり敷地と建物の関係がよくわかります。

メインストリート沿いの建物には、中世の古い内部空間を残す店がいっぱいあります。裏側には、メインストリート部分が川だった時代の、人が歩いていた動線と思われる通路が残っています。非常に面白い空間で、不思議な、なにか胎内をめぐっているような感じです。川に開いていたあたりにアラブのお風呂があります。これが結果的に素晴らしい商店街になっています。

谷の両サイドをどんどん階段で上って、斜面に高密な住宅地をつくっている。あるところでは三十度の勾配で階段が上っていきます。インターナショナルシティで世界中から旅人や商人が集まりますが、アラブ都市と一緒で住宅地まで入ってきてもらっては困るので、その二つの要素を、近いところにありながら仕分けている、その技術はたいしたものです。

町並みも要素が非常に複雑になっています。メインストリートの西側の連続立面図を描いたものをみると、じつは一階部分が一番古い。十三世紀ぐらいのヴォールトをもつ店がいっぱいあります。その上に十四―十五世紀のいい建物が残っているのです。上は十八世紀のものが多く、上にいくほどユニットが大きくなっているのです。といっても間口がだいたい同じ寸法で、上にいくほど大きな住戸がのっているということです。

さまざまな住居パターン

一番典型と思われることころをワンセット、調査しました。ここに地元郷土史家のガルガーノ先生の両親の家があり、彼と協同しながらいろいろ歴史的なデータを教えてもらって調べました。

一階部分は、いまは幾つかの店を統合してレストランになってしまって大きいのですが、元はといえば小さなワンルームのユニットがオリジナルの大きさです。上に十四―十五世紀のものがのっかっていて、中二階は横の階段状の道から上っていって、途中から入るようになっています。その横の中二階は、階段状の道をさらに上っていって、入口から入って、先生のお宅の下に、彼らの所有なのですが、ちょっと下る形で入っていく。その階段室をさらに上って先生の両親の家に入る。非常に面白いつくりになっています。ブロック全部、横の階段状の道から入り、メインストリートからは入れない、ということになります。

メインストリートには、ほぼ等間隔ぐらいに同じように上に昇っていく階段状のアプローチの道があります。高台には古いメインストリートが通っていますが、曲がっているのが面白く、発展段階と関係があるのか、直線的に見通されてしまうことを嫌ったということもあったと思います。迷宮化しているのですが住み心地はいい。十二世紀のアーチが残っている家があり、そこも袋小路から入るようになっています。窓も高いところについていて安全を確保しています。

ルネサンスの立派な家があり、中庭を持っており、非常にめずらしいタイプです。アマルフィの住宅はファサードをあまり目立たせない。住み心地をよく、同時にどこか象徴性は持たせますが、基本的にはあまりパブリックなところを飾ることはしない。むしろ実を重んじて、安全で快適で、居心地のいい空間をつくるということに徹しているように見受けられます。

一番古い住宅としては、ちょっとゾーンが外れるのですが、驚くべきことに十二世紀のアトリウム型の住宅が残っている。町の西の袋小路から引き込んで、階段で上っていったところに小さいアトリウムがあるのです。そこから階段で上っていって四層目の家をわれわれは実測したのですが、うっとうしい中庭でありながら、素晴らしい建築様式を残していました。三層目までは確実に十二世紀のビザンティン。四層目もたぶんそうだと思うのですが、少なくとも三層まで十二世紀のものが残っているということは本当に貴重です。四層目の海側の、中心部に向いている住戸に入ったのですが、バルコニーからの眺めが素晴らしい。

アトリウムのまわりは閉鎖的でうっとうしいのですが、それぞれの住戸からの眺め、これはもう、世界の住宅のなかでも最も眺望のいい家のひとつだと思います。カテドラルの正面、鐘楼、海、港、修道院も見え、まさにアマルフィに暮らしていることを実感できるのです。

かつては周囲の家ももっと低かったはずですし、庭園もあったでしょう。そうすると三階、あるいは二階のレベルからもパノラマが見えたのではないかと思います。これは明らかに意図して設計しているわけで、閉じた、非常に高密な迷宮的な町のなかなのですが、それぞれの家からは眺望が楽しめる快適な空間が保証されている。これがアマルフィの家づくりのコンセプトなのです。

高い位置にある住戸からの眺望

どこが町並みなのだろうかというくらいに、公共空間を意識したつくりはほとんどないのですが、路地とか袋小路がプライベートな空間まで引っ張ってきて、一度なかに入ると素晴らしい眺めであり、そして、けっこう周りに庭園があるのです。

サンタ・ルチアという小さい地区の教会の周りのコミュニティも調べました。ここもすごい階段を上っていくのですが、そこに中庭があって、集合性の高い十家族ぐらいの空間があります。それから袋小路のところには、やはり五～六家族住んでいたところを調査しました。それから、メインストリートのトンネルの上を跨ぐようにしてできている大きい住宅があります。かなりの角度で上がっていきますが、なかなか図面上、表現するのが難しい。数家族の共有のアプローチを通り、庭の扉を開けて入っていったところに一応ファサードがあるのですが、ほとんどだれも見ないファサードなんです。その前面に個人の庭園があります。そこから入ると二列の素晴らしい住宅があり、フレスコ画が各部屋に残っています。バルコニーからの眺めが、また素晴らしい。山のほうに眺望が開け、海のほうにも開ける。下を見ると、お隣の庭園が見えるというわけで、建て込んでいるがうまく開くのです。

メインストリートから袋小路を上がっていく一画、六家族ぐらいがこのまわりに住んでいるのですが、上の方には、血のつながった二つの家族が使っている。パブリックとセミパブリック、セミプライベート、プライベートというふうに微妙にエリアが分かれていて、仕切りが設けられています。屋上まで行くと本当にいい眺めです。われわれが調べた家の半分以上で、バルコニーや屋上からこのようなパノラマが楽しめる。建築の類型からいうと、中庭型というのは先ほど見た十二世紀、十三世紀ぐらいのアトリウム形式のものがこの町に四つほど残っているのですが、それ以外、ルネサンスの中庭が一個あるだけで、本当に中庭がないのです。みな周りにオープンスペースを取って庭園をつくるか、ぎっしり建て込んでいる。だけど、パノラマがぱっと開けるという具合に、じつに絶妙にこの斜面を利用しています。

さらに、できるだけプライバシーを高めるために、玄関も街路から引っ張り込んでいる。場合によっては複数家族が、そのアプローチを共有する形で、集合性を高めている、非常にプランニングの技術の高さというものがわかります。

緑が多いというのも意外なのですが、そういう豊かさというのは、外を歩いていてはわからないのです。調査のために三十軒ぐらい中に入ったのですが、入ってみてこの町の本当の豊かさにふれました。それは、アラブ世界の中庭で見てきた豊かさとはまったく違う構造なのです。外に開いているわけです。だけど、訪ねてくるよそ者には見られないという、巧妙なトリックになっている。トルコの町は外からも見られるし、内側からも眺望を楽しむことがよくいわれるのですが、アマルフィは、地上レベルでは厚い壁で隠していて、外からの来訪者には見えないものの、近隣の人達の間では、庭園の緑の存在や建物の美しさは二階、三階の高い位置から、お互い享受し合うことができるのです。なかなか面白いプランニングでして、この秘密をもう少し理論的に解きあかしたいと思っています。

町並みの構造、空間がどのような原理でできているのか、それがわれわれにとって興味があるテーマであり、そのような目で見ていったときにはアラブ・イスラーム世界と南イタリアはかなり圧巻なのです。イタリア人のなかでもこういう調査をするグループがないものですから、われわれも地元の人と一緒に面白がりながらやっています。歴史的なアプローチとモルフォロジー（形態学）のアプローチに加え、住み方や近隣の人間関係にも興味をもって調べており、従来のデザインサーベイとはちょっと違うスタンスです。

イトゥリア地方――蘇る田園と町の密接な結びつき

アルベロベッロ――トゥルッリの魅力

私とイトゥリア地方（Valle d'Itria）との出会いは古く、四十数年前の夏に初めて、イタリアを旅行した時に遡る。その準備のために、古いガイドブックでアルベロベッロの写真を初めて見た時、私は世の中にこんな不思議な形の町があるのか、と驚かされた。ゆるやかに昇る丘の斜面に、トゥルッリと呼ばれる愛らしい円錐形ドームをもった民家がぎっしり並び、お伽の国のような幻想的なパノラマを繰り広げるのである。

何としてでもアルベロベッロだけは見たいと思い、ナポリから夜行列車に揺られてこの地を訪ねた。一九七一年の当時、南イタリアに関する旅の情報はほとんどない。汽車の時刻表であたりをつけて、一番近そうな駅で降り、ヒッチハイクを試みても、なかなか成功せず、結局ほとんど歩いてたどり着いてみたら、バーリから出ている小さなスッデスト鉄道が通っていることが後からわかり、がっくり。苦労して行き着いたのも、よい思い出である。実際にアルベロベッロを訪ねてみると、写真とまったく変わらない集落の姿がそこにはあった。夢中になって、この町の中を徘徊することになったのは、言うまでもない。

そもそも南イタリアに私が関心をもつには、世代的な理由があった。近代の巨大都市、東京に住み、大学で建築を学んだ私は、機能や効率ばかりを追い、無機的、画一的になって人々の暮しや感性から離れた近代の建築や都市に批判の目を向けていた。逆に、長い歴史のなかで民衆の知恵を活かし、土地の自然条件に見合った個性ある空間を築き上げた民家や集落が、実に魅力的に見えたのである。そうしたヴァナキュラー建築との最初の出会いが、私にとってはアルベロベッロだったと言える。「木の文化」をもつ我々日本人にとって、世界でも最も傑出した「石の文化」を誇るプーリア地方のこの地域に惚れ込むというのは、異文化への憧れとして、理由のあることだったのかもしれない。

それにしてもトゥルッリ民家が連なるモンティ地区の集落を対面の高台から見晴らす風景は感動的だった。そのトゥルッリの尖んがり屋根が、大きさも形も微妙に変化しながら、配置をずらしつつ斜面全体に無数に連なって、迫力のあるヴァナキュラーな集合体の美学を表現している。イタリアの国家は、この壮大なパノラマを展開する集落全体を戦前にすでに、モニュメントとして保存対象に指定したのにも驚かされた。

とはいえ、早くから知られたアルベロベッロだけに、あまりに観光地化し、生活感が薄れたこの町に失望する人も少なくない。だが、完全な観光ゾーンとなったモンティ地区を避け、東の高台に広がるアイア・ピッコラ地区を訪ねると、素朴な農村の雰囲気を留める貴重な一画に出会える。丸みをもった古いトゥルッリが不規則に並び、自然発生的な素朴な表情の集落を形づくっている。道幅も一定せず、まさにラビリンスを彷徨う面白さを体験させてくれる。

アルベロベッロは、ちょっと特殊な農村集落である。本来、農家であるトゥルッリ民家が、十五世紀の後半に、封建領主の命令のもとでこの地に集められ、集落を人工的に形成したことに始まる。この地域を幾度か訪ねると、トゥルッリの民家（農家）は、イトゥリア地方の農村地帯全体に広く分布することがよくわかり、その田園風景の美しさ、そして土地の豊かさに魅せられていく。独特の起伏をもった丘の連なり、鉄分を含むやや赤みかかった土の色、樹齢を重ねた重厚な姿のオリーブの樹の群れ、葡萄や果樹の畑、そして土地の境界線を画す低い石積み。そのパノラマ的な田園景観を個性づける見事な点景として登場するのが、円錐形ドームのトゥルッリ民家の数々である。ますますトゥルッリの秘密に迫りたくなる。

そもそも層状に採れる石灰岩を巧みに積んでドームを架けるこの伝統技術は、民衆の知恵から生まれた。ユーモラスな形態をもったトゥルッリの民家は、太古の巨石建築のイメージをも想起させるような、文明の発展の中で取り残された独特の建造物でもある。その不思議な魅力が現代人の心を打つ。

この地方には、トゥルッリにうってつけの条件が揃っていた。先ず、地表にある腐植土のすぐ下に石灰岩の層があり、数センチから一メートル位まで様々な厚さで層状にはがれるから、トゥルッリの建築材料を調達するに最適だった。それを人々が実に上手に利用した。しかも、雨の少ない気候風土の中で、もっぱらオリーブ、ブドウ、アーモンドのみに依存する農民の暮らしは貧しく、また封建的な圧制に苦しんだ。そんな停滞した社会のプリミティブな生活の中で、簡単で安上がりなトゥルッリがつくり続けられたのである。

トゥルッリは取り壊しても、石材が次の建設にそっくり再利用できた。エコ・システムにもかなったサステイナブルな建築そのものであった。古い時代のトゥルッリが今日に伝わっていない理由もそこにある。アルベロベッロで最古のものでも、十六世紀にしかさかのぼらないという。

トゥルッリのドームには、民家らしく伝統的な知恵が生かされている。その内側と外側で、石の積み方が違う。内部では、小さい規則的な切石を円環状に連続して並べ、木の仮枠を用いなくとも、摩擦力を利用して、石を下から上へ器用に積み上げてドームを架けるのである。一方、ドームの外側は、薄いスレート状の石灰岩を何層にも重ねて仕上げる。こうすれば雨水の浸透も防げる。屋根の石灰岩は最初、明るい色をしているが、長く空気に触れている間にかびや微生物がつき、黒っぽい風合いのある色に変わる。

トゥルッリ民家の魅力は、何といっても、その不思議な外観にある。部屋の数だけ円錐形のドームがのり、その大小の組み合わせで、柔らかに波打った曲線美を描き出す。ドーム屋根の勾配がやや緩く、むくりがついていれば、確実に古い。ドームの屋根に落ちた雨水は集められ、地下の貯水槽に誘導される仕組みになっている。地盤を深く掘って得られる石材は建設に使われ、その大きな穴が貯水槽として活用されるのである。

壁が極めて厚いから、外気の変化は内部に伝わりにくく、夏は涼しく冬は暖かい。冬も夏もエネルギーを大量に使用している我々日本人は、空調設備がまったくなくても自然体で快適に過ごせる実に健康的なこうした建築の在り方から、おおいに見習わなければならない。開口部は限られているが、内部も石灰で白く塗られているから、十分に明るく清潔である。

このようにトゥルッリ民家は、あらゆる面でこのイトゥリア地方の大地の自然及び社会環境に相応しい建築として発展し、受継がれてきたのだ。それが世界に類例をみない固有の象徴的な造形美を誇るのだから、価値がある。土地の固有性、地域の自然と文化の資産を活かした建築、都市づくりが求められる我々の二十一世紀という時代に、大きな示唆に富む存在と言えよう。

外側から見て、ドームの数で内部の間取りが容易に想像がつく点も、建築の在り方として実に興味深い。玄関を入ると先ず、堂々たる円錐形ドームの下にメインの部屋がある。家族生活の中心の居間であり、食事も接客もそこで行われる。このドームの下の空間を活用して、木の床を張り、梯で昇る中二階の納屋を設けることも多い。この主屋を中心とし、台所、寝室を左右に付属させるというのが、トゥルッリの間取りの定石である。

トゥルッリに施された呪術的な雰囲気をもつ不思議な装飾が目を引く。様々な形の頂上部分は宗教的意味をもち、魔除けか太陽崇拝の象徴的表現だという。一方、ドームの外側に白く描かれたサインには、アッシリア、バビロニア、エジプトなどで用いられた占星術的シンボルを思わせるものや、異教的シンボル、キリスト教のシンボルと結びつくものが見られるそうだ。近代合理主義の堅苦しい発想を抜け出した今の時代、こうしたファンタジーに満ちた建築の在り方は我々の想像性を再び駆り立てる。

チステルニーノ——真っ白な迷宮空間

イトゥリア地方の緩やかな起伏をもつ美しい田園地帯を車で行くと、高台の条件のよい場所に、城壁で囲われた白い町が迫力ある姿を現す。このイトゥリア地方に魅せられ、私が繁く通うようになったのは、実は、そんな町の一つ、チステルニーノとの幸運な出会いからであった。ヴェネツィア建築大学に留学していた私は、一九七四年、マルティーナ・フランカで開かれたチェントロ・ストリコの保存のシンポジウムに、ヴェネツィアから教授、学生達と一緒に参加した。その際に、教授から隣町のチステルニーノが面白いから是非、訪ねるように勧められ、実際に行ってみて、素朴なこの田舎町の美しさに惚れ込み、以来、私は幾度となく夜行列車でこの地に通ったのである。

町の人たちは本当に親切だった。広場に店を構える床屋、神父、郷土史家でもある小学校の先生、測量士、ホテルの家族らに助けられ、調査は大いにはかどった。

城壁で囲われた高密な町の中に入ると、まるで雪で築き上げられたような真っ白い迷宮の世界に彷徨い込んだ感じを受ける。道は狭くて曲がりくねっている。両側の建物の壁は歪み、すべて石灰で白く塗られている。住居の外階段が二階、三階、そして場合によっては四階にまで伸び、変化に富んだダイナミックな町並みを生んでいる。こうした路上に張り出す外階段は、公と私の空間の区分がまだあいまいだった中世には、簡単に建設できた。格好いいアーチをもったバルコニーが空中に姿を見せ、また、路上に部屋がかぶさってトンネルとなっている所もある。変化に富んだ空間が次々に待ち受けるこの白い町は、その中を徘徊するだけで心が踊る。こんな素敵な町なのに、その価値はまだほとんど知られておらず、観光客の姿もまず見なかった。

この町には袋小路がたくさんある。その内部に小さな住居が連なり、幾つもの家族が親密な近隣のコミュニティを形成している。袋小路には、よそ者は心理的に入りにくい。人々の往来を気にせず、外階段を家の外側に自在に張り出すことができたから、袋小路には変化に富んだ建築の造形が生まれた。調査をしていても、先ずこ

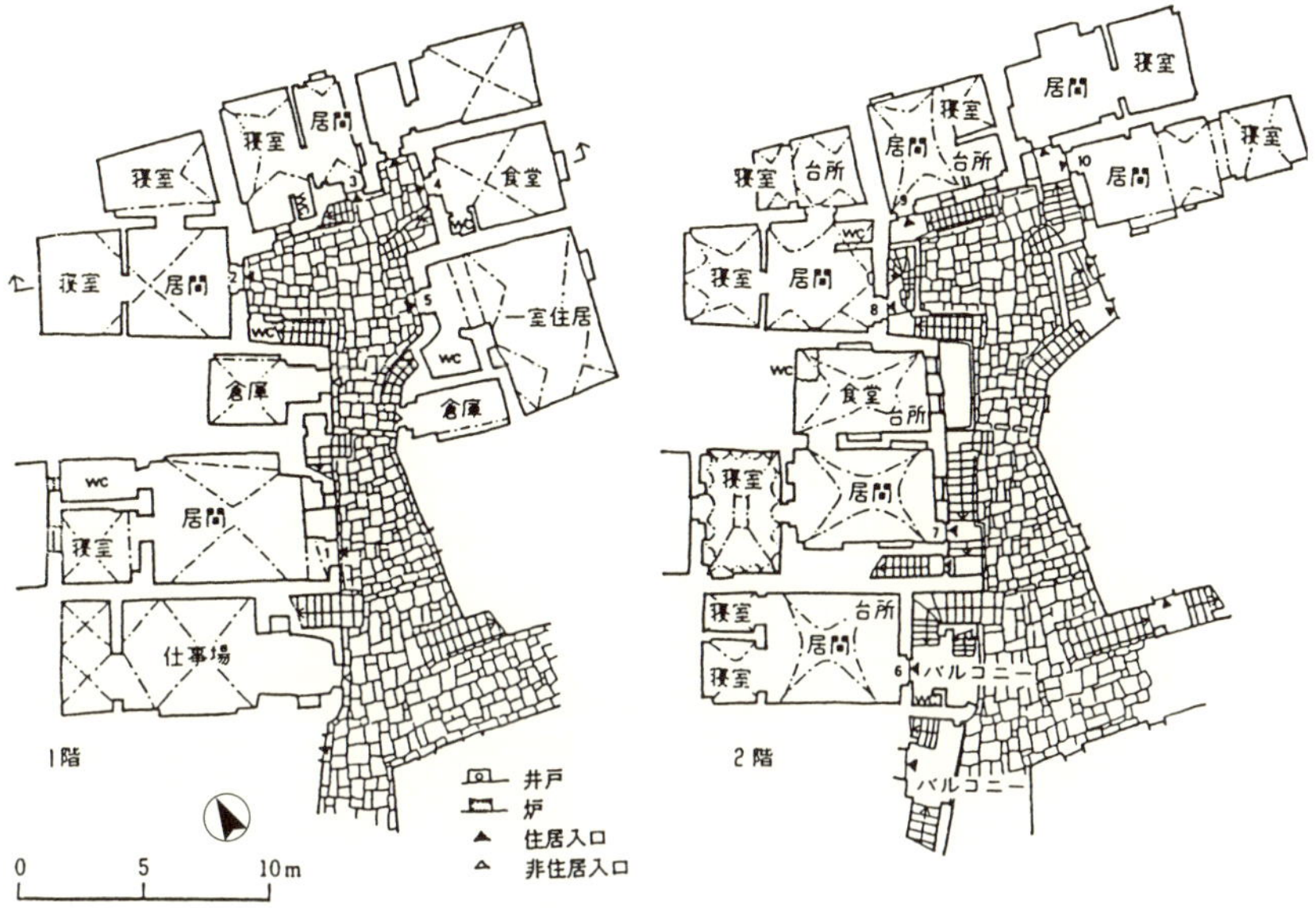

袋小路を囲う住宅群　チステルニーノ

うした袋小路から実測を始めたくなる。

調べていくと、チステルニーノの家と町並みがいかに発展していったか想像できるようになる。元はどの住居も、ワンルームだったと思われる。やがて、生活水準の向上とともに、奥に独立した寝室をとるようになった。しかし入口のすぐ奥の多目的な部屋の在り方は、中世初期から今まで変わっていない。玄関ホールであり、居間であり、台所も排気を考えてその入口のかたわらにとられている。客間の役割もする。ここでの家族揃っての食事は、人々の暮らしの中で、昔も今も大切な役割をもつ。中世的な姿をとどめる家の内部を見ると、外の道路と同じ石で舗装されているのがわかる。建築と町が一体化しているのに驚かされる。袋小路が居間の延長であると同時に、家の中にも外部空間と似た性格が入り込んでいる。まるで、町全部が一つの巨大な建築のように見えてくるのである。

各住戸は、両側面と奥の三方を厚い壁で囲われ、表側にしか開口部をもたず、道（袋小路）への依存度は高い。二、三階にとられた住居では、外階段で上がった踊り場の位置に、入口の前面に、しばしばバルコニーがとられ、そこが袋小路との媒介空間となっている。植木鉢を置いたり、椅子を出してくつろげるセミ・パブリックな場所でもある。外階段やバルコニーを通じて、個々の家族の生活が共有の戸外サロンである袋小路にまで自然に溢れ出す。

袋小路のあるこうした小さい町は、英語でアグロ・タウンと呼ばれる、農業や牧畜を基礎とする小さな町である。かつては住民の多くは、昼は町の外に広がる農地、田園で働き、日没とともに町に戻った。零細な農民にとって、住まいはさほど広い必要はなかった。

こうした袋小路は、実は、南イタリアの都市や集落のどこにも見られる大きな特徴である。人々が共有する中庭、あるいは小広場の意味をもっている。それは彼らの日々の生活に欠かせない「ヴィチナート　vicinato」と呼ばれる近隣のコミュニティの在り方と密接に結びついている。こうした袋小路に今も見られる生活シーンは、個々の家族のバラバラな空間ばかりを追求し、コミュニティの価値を忘れてきた現代人に、色々なことを考えさせてくれるのである。

近代という時代はまた、都市と農村の密接な関係を弱め、あるいは断ち切った。私は幸い、チステルニーノの体験から、人々の暮しが田園と深く結びつくことの意味を学ぶことができた。ここでは、貴族はかつて「マッセリア　masseria」という農場を所有し、農民を雇って経営してきた。多くの農民は、町に住み、毎日農地に通ったが、同時に田園のなかのトゥルッリの農家に住み農業を営む人々も増えていった。

調査で滞在する間、親しくなった友人達と車で田園巡りをする機会がしばしばあった。トゥルッリ農家で自家製の素朴で強いワインをごちそうになり、また堂々たる建物ながら半分放置されたようなマッセリアを訪ねた。一九七〇年代のチステルニーノは、農業もやや低迷し、国外や北イタリアの大都市に多くの若者が流出する、ちょっと寂しい状況にあった。

しかし、町と田園の密接で豊かな関係にはいつも驚かされた。一九七〇年代、多くの家族がすでにセカンドハウスを田園にもち、ゆとりある生活を楽しんでいた。とはいえ当時、歴史的な建物の評価はまだ低く、近代的な郊外型住宅が田園に次々に建ち、農業景観を損ねていたことになる。

この数年、幸い私はチステルニーノ、マルティーナ・フランカ、ロコロトンド等を再び訪ねる機会を幾度か得た。二〇一一年の夏は、イトゥリア地方を舞台とする文化的イベント、「感性の芸術祭」に招かれ、嬉しい体験がたくさんできた。そもそもこの地域のずっと眠っていた歴史と自然、伝統文化がこのように現代の視点から意欲的に再評価されてきたことが注目される。三十五~四十年前によそ者の私自身がこつこつ調べ、記録していたような、町のなかと田園の古い建物や歴史的な空間が地元の人々の大きな関心の的になり、見事に活用され始めたのだ。そして、田園と町の密接な繋がりが蘇ってきた。隔世の感がある。

このフェスティヴァルに招かれ、高台に聳えるロコロトンドのチェントロ・ストリコを近くに望める、田園の中のマッセリアを美しく改装したアグリトゥーリズモに宿泊した。そこで優雅な田園生活を楽しみながら、チステルニーノの古い貴族の館の一画で実現した私の研究室によるイトゥリア地方の町々に関する研究成果の展覧会を設営した。またチステルニーノの田園にあって、その格好よい姿が近頃人気でイベントがよく催されるというマッセリアの庭で、月明かりの下、私の講演会を実現してもらった。

近年、プーリア地方全体が元気になったのと軌を一にして、チステルニーノをはじめ、イトゥリア地方の経済や文化にも再生の兆しが現われ、旧市街の白い迷宮空間も、マッセリアやトゥルッリで特徴づけられる田園の美しい風景も、その歴史・文化的価値が脚光を浴びるようになった。独特のトゥルッリ建設の伝統技術を受け継ぐのは難しく、修復維持するのが精一杯と言われていたが、今では、マエストロから学んだ若者の手で、新たな建設が可能になったという。

イタリアでは、中北部では、田園風景の価値の再発見は一九八〇年代から始まる。独特の美を誇りながらも、政治的後進地だったプーリアのこの地域の田園に、遂にその文化の波が届いたように思える。チステルニーノやオストゥーニ周辺では、田園の風景を損ねていた鉄筋コンクリートによる近代的な郊外住宅は、今では建設が禁止されたというから凄い。逆に、古いトゥルッリを修復再生し、あるいはまた新築のトゥルッリを実現すれば、隣に在来工法と伝統的材料を用いた新たな建物部分を増築することも許されるという話も聞いた。

こうしてイトゥリア地方の人々は、トゥルッリを特徴とする文化的景観を守り、育てる方向に未来を賭けつつあるように見える。トゥルッリをもつ田園の週末住宅やアグリトゥーリズモのしゃれた複合施設が幾つも誕生している。この肥沃な土地の野菜、果物、そしてワインは実に美味しい。近年、農業が元気づき、都市と田園の結びつきがさらに蘇えっているのも、この地域のいささか寂しげだった七〇年代前半の過去を体験した私にとっては、実に嬉しいことである。

レッチェ——バロック都市の居住空間

「バロックのフィレンツェ」

人間の居住の長い歴史を誇る地中海の中でも、南イタリアの特にプーリア地方には、美しい造型を見せる都市や集落が多い。それはこの地方が誇る石の文化によっている。トゥルッリ型の民家が並ぶアルベロベッロの集落が特に有名だが、そればかりか、太陽の下で白く輝く丘上の小さな城郭都市がキラ星のごとく点在している。オストゥーニ、ロコロトンド、チステルニーノなどの町が特に魅力的である。

この石の文化を誇るプーリア地方で、最もエレガントな都市として名高いのがレッチェである。特に十七—十八世紀に繁栄の時代を迎え、バロック様式の素晴らしい教会建築や貴族の館（パラッツォ）を数多く生み、「バロックのフィレンツェ」とも呼ばれる。同じバロックとはいえ、ヴァティカンの公権力による大掛かりな都市計画で実現したローマのバロックとはまた異質で、人間の身体感覚と結びつく変化に富んだ演劇的な空間をつくり出している。レッチェでは、身近な街路や住宅など、市民の生活空間そのものが豊かなバロックの表現を示すところに大きな特徴がある。いかにも地中海都市らしい特質をそこに見て取れよう。

レッチェは、古代以来の歴史的重層性をもつ都市である。ローマ時代、レッチェは東西—南北の道路網で碁盤目型に計画的に開発された。だが、中世に入ると、様々な民族の侵入、支配が続くなか、規則的だった中心部でも、徐々に道路が変形し街区の歪みが生まれた。それと同時に、その外側には、袋小路を多くもつ不規則な形態の庶民地区が拡大していった。こうしてレッチェは、地中海世界独特の複雑で入り組んだ迷宮的な都市空間をもつことになった(1)。レッチェの最大の見所は、その迷宮構造をベースにしながら、十七、八世紀に華麗なる教会堂や住宅を数多く建設し、変化に富んだバロック都市の空間を生み出したことにある。

このような特徴をもつレッチェは、都市における住宅建築の在り方を探るのに興味深い対象である。ここには貴族の壮麗なパラッツォから、袋小路を囲んで集合する庶民の住宅まで、階級に応じた様々なタイプの住宅が存在する。そのどれもがヴォールト天井の架かった豊かな内部空間をもつ一方、地中海世界の開放的な気候風土と結びつき、戸外空間を積極的に活用している点で共通している。繁栄期の十七、八世紀につくられたバロック、ロココ様式の邸宅が数多く存在するが、十六世紀のルネサンス様式のものも少なくない。

これほど豊かな住環境をもつにもかかわらず、レッチェの住宅建築に関する従来の研究はどれも様式史の観点からのものであり(2)、内部空間の構成を論じるものはほとんどない。ここでは、一九九七年三月に行った現地調査(3)で得られた成果をもとに、レッチェの住宅に関する類型学的な分析を試み、その空間構成の特徴を明らかにしてみたい(4)。

中庭型のパラッツォ

教会とともにレッチェの町を華やかに飾っているのは、貴族階級の邸宅としてつくられたパラッツォである。その多くはメインストリートに沿って分布し、堂々たる正面入口（ポルトーネまたはポルターレ）や個性的な形の持送りで支えられたバルコニーをもつなど、装飾的な外観で人々の目を奪う。角地に建つ場合には、最も人目につく角に際立ったアクセントとして一本の巨大な円柱を置き、象徴的に演出するものも多い(5)。

十七、八世紀のパラッツォの典型的な構成は、正面のポルトーネから入り、アンドローネと呼ばれる玄関の通路を抜けたところに、人工的に造型された広くて美しい中庭（アトリオ、またはコルティーレ）をとり、同時に建物の背後に緑豊かな庭園（ジャルディーノ）を配するというものである。

古代ローマ劇場（二世紀）の遺跡をもち、中世のノルマン時代にも貴族の住む重要なゾーンだったレ・スカルツェ地区にあるパラッツォ・モリスコ（十八世紀）はその典型例である。その中庭の一画には、裏の劇場跡から運ばれた古代の円柱が用いられている。様々な手法で建築的に装飾された中庭は、十分な広さもち、微風が通り抜け、日が差す心地よい空間となっている。中庭には部分的に、あるいは全面に柱廊が巡ることが多い。生活にとって重要な主階は二階にとられ、中庭に面する半戸外の堂々たる階段で上がる。階段を内部化させないのも、戸外が快適な地中海世界ならではの特徴である。レッチェでは、こうした階段が入口から見て中庭の左手に置かれる傾向がある。一方、奥の庭園は普通、厳密な幾何学形をとらず、自由なレイアウトの中に地中海独特の柑橘類の樹木が植えられており、その香ばしさが印象的である。

パラッツォ・タンボリーノの中庭

こうして、性格を異にする中庭（アトリオ）と庭園（ジャルディーノ）を前後に併せ持つというのが、都市内での最も贅沢な住宅のつくり方であった。そして格の高いパラッツォほど、正面入口―中庭―庭園が直線的に配され、空間的な一体感をもって象徴性を高めている。

中庭と庭園が一体化したパラッツォの例もある。この町の古代からの重要な東西の道路軸に面するパラッツォ・オルシーニがそれで、十九世紀初期に改造され現在の構成をとっているが、西側のウィング部分には十五世紀にまで遡る古い建築要素が残っている。ここでは庭園に軸線を設け、奥の突き当たりにバロック風の左右対称の階段を置いて、中庭からの視覚的な効果を高めている。街路を行く人々も、正面入口（ポルトーネ）から、内部の中庭・庭園の美しい造型を眺めることができる。

　レッチェのパラッツォでは、主階の街路に向かう中央部分に大広間をとり、軸線上の真ん中の窓を開けると、外部に突き出たバルコニーに出られる。街路に張り出すバルコニーが発達しているのも、南イタリアの特徴である。レッチェのバロック建築では、その持送りにしばしば獣、人間、女性の上半身などが刻み込まれ、見る者に独特の感情移入を起こさせる。この中央広間の左右に居室を配し、対称形の平面構成がとられるのが基本型だが、大規模なものでは、さらに左右に部屋を伸ばすことも多い。中庭に沿っては、台所や使用人の部屋など、サービス用の部屋を設ける傾向が古くからある。寝室は本来、道路沿いの、中央広間の左右にとられていたが、住み込みの使用人がほとんどいなくなった現在では、中庭に面する奥の静かな場所に移る傾向がある。また、中庭に面した一階には、食糧貯蔵庫（カンティーナ）、馬小屋、倉庫などがとられていた。また、レッチェでは、パラッツォの中庭の地下を利用して、オリーブ・オイルの搾油場（フラントーイオ）がしばしば設けられていた。古い時代には、かなりの人々が住み込みで働いており、中庭から庭園にかけての空間は、彼らの日常生活に欠かせない仕事や交流、息抜きの場でもあった。

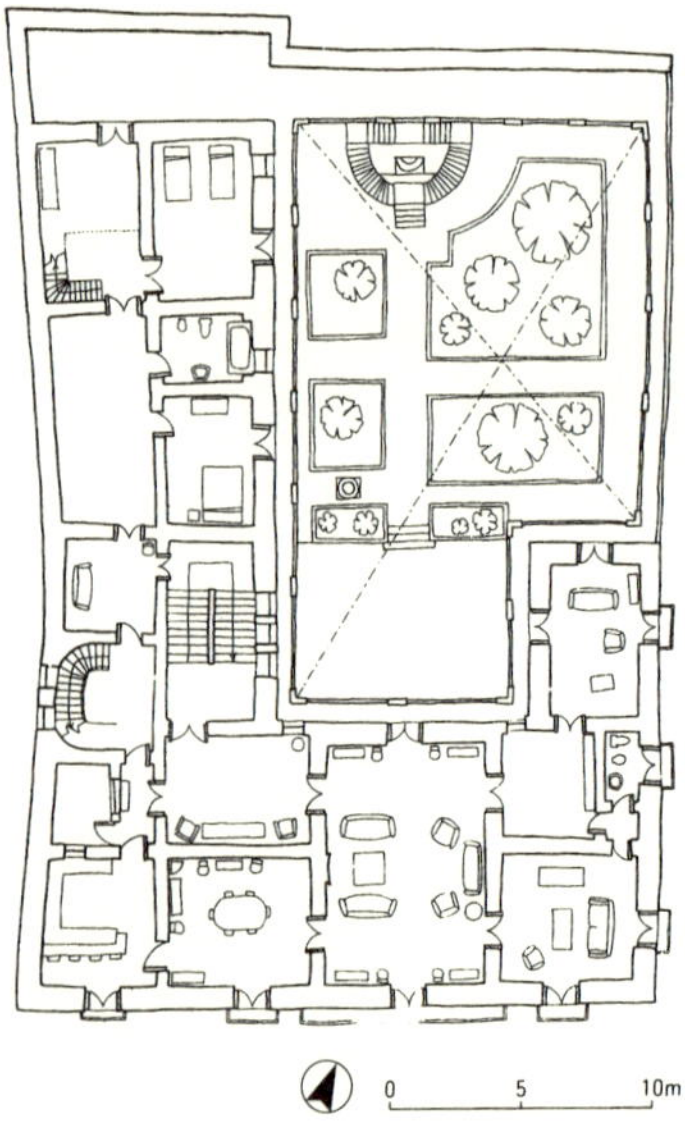

パラッツォ・オルシーニの２階平面図

　レッチェの堂々たるパラッツォには、今なお住宅として使われ続けているものも多い。しかも修復が行き届き、気品に溢れる家具で飾られ、エレガントな邸宅の魅力を存分に味合わせてくれる。この街の上流階級の生活の豊さに驚かされる。

　一方、小規模なパラッツォとして、コンパクトにつくられた中庭（アトリオ）を建物のやや道路寄りに置く、レッチェ独特のタイプも見られる。このような中庭は、小さいながらも通風、採光の役割を十分に果たすとともに、いかにもバロック建築らしい演劇の舞台のような造型的効果をもつ。現状では一般に、中庭が背後の庭園と分離されているが、中庭奥に壁に埋め込まれた十六世紀の大きな二連アーチをもつ例があり、ルネサンス時代にすでに、中庭およびそれと軸でつながる庭園をもつ形式が成立していたことを暗示している。

パラッツォの小規模なものはパラツェットと呼ばれ、その多くは、小さいが効果的な中庭をもつ。レッチェの街路を歩いていると、このように中庭を内側に組み込んだ住宅建築に数多く出会え、生活空間の豊かさを外部からも十分に感じとれる。

中規模の前庭型住宅

こうした戸外を生かした生活の空間の豊かさは、パラッツォばかりの特権ではなかった。レッチェの一般の住宅地の中には、雰囲気のある前庭（これもアトリオ）をもつ中規模住宅が数多く見られる。ごく一般の中流の市民の住宅としてつくられたと考えられる。前庭は扉のついた壁によって公共道路から仕切られ、セミ・パブリックな空間となる。この公と私を結ぶ前庭空間がクッションとなって、住宅内部の落ち着き、プライバシーをより高めている。同時に、公的な街路に対して、単調に壁面が連ねるのとはまた違った、独特の表情を与えている。

このような前庭型住宅は、初期には一家族用が一般的だったと思われるが、実際には複数家族で分割して集合住宅のように使われているものが多い。その分割過程は近代になってより強まったと考えられる。血の繋がった家族が同じ前庭を共有しながら上下に住むような形式も見られるが、少なくとも現状では、血縁関係のない複数の家族が住んでいる場合の方が圧倒的に多い。

中庭から外階段で二階のレベルに上がると、中庭のまわりに通路状のバルコニーが巡っており、各住戸へのアクセスを与えている。このバルコニーは一種の空中庭園のようであり、そこに椅子やテーブルを置いて戸外の居間のようにも使える。複数家族が居住する場合、一階にも住戸がとられることも多い。レッチェでは南イタリアらしく、一階に居住する伝統がまだ強く生きている。ただしこの場合、居住性は光もよりたっぷり入り、窓からの眺望も楽しめる二階の方がもちろん高い。

　この系譜の住宅は、ミニャーノと呼ばれるレッチェ地方独特の建築要素を生み出した。前庭の道路に面する入口の上に設けられたバルコニーであり、その装飾的な造型が道行く人の目を楽しませる。中世のビザンティン文化からの影響であり、かつて自由に路上に出られなかった女性たちが、このバルコニーから外を眺めるのに役立ったといわれる。[6] また、祭礼の折りには、そこにカラフルな垂れ幕を下し、街路に華やぎを生む。

　ミニャーノをもつ住宅は、パラッツォの分布とは反対に、町の根幹をなす主要な通りにはほとんど見られないが、それ以外の道路には広く分布している。こうしたミニャーノのある前庭型住宅は、規模や格式にかなりの幅を見せるが、一般的に間口が狭く、敷地の奥へ伸びるパターンが多い。数多くの住宅が集合し、密度を上げるのに理に適った形式といえる。プーリア州南部の田舎町には、間口の狭い奥へ伸びる敷地に前庭（コルテ）をもつ素朴な住宅形式が発達している。それらは背後に菜園用の大きな裏庭をもつ。大都市レッチェでは、こうした裏庭に部屋を伸ばしていって、奥へ長く展開する建築構成を生み出したと考えられる。

ミニャーノのある前庭型住宅

　レッチェのミニャーノをもつ住宅には、パラッツォと呼ばれる十七、八世紀の立派な邸宅もいくつかあり、これらは元は明らかに上流階級の一家族用であった。建築家エマヌエレ・マニエリの設計になるパラッツォ・ダモーレはその典型で、道路沿いに美しいミャーノをもつ前庭に入ると、左手に堂々たる外階段が立ち上がり、正面奥に壮麗なバロック様式のパラッツォの全体を眺めることができる。街路からは、その二階より上だけが見えるにすぎない。なおこの建物は、戦後三階部分を増築し、集合住宅化したが、元はこの町の伝統に従って二階建てであった。

ところで、レッチェにも普通のイタリアの町と同様、公共道路に面する間口の狭い小規模な住宅も多く存在する。接道型庶民住宅とでも定義することができよう。二階建てで、正面には一階への入口に加え、脇に二階へ上る階段へ通ずる小さな入口を設けている。裏庭はあっても、なくても、この類型は成立する。中北部イタリア都市の中世〜近世に開発された地区に見られるスキエラ型住宅のように、定型化した建物が粒ぞろいに連続して並ぶということは少ない。つまり類型としての完成度があまり高くないと考えてよい。

袋小路を囲う庶民住宅

レッチェの住空間のもうひとつの特徴的なタイプとして、袋小路(コルテ)を囲んで小規模な住宅に庶民が住む形式が見られる。一般に、どの住宅も奥一室の構成をとり、開口部はもっぱら袋小路に向かってとられるから、そのセミ・パブリックな空間への住民の生活の依存度は高くなる。そもそもこうした袋小路の構造はプーリア州、シチリアなど、南イタリアに広く見られる。(7) そして袋小路のまわりに小さな住宅群がぎっしり並ぶ構成をとる。そこは、よそ者は入りにくい近隣の住民のためのセミ・パブリックな空間である。

まず、レッチェにおいてそれがいかに成立し、どのような役割をもったかを考えてみよう。レッチェの中心部には、ローマ植民都市独特の碁盤目状の街路が存在していたことが復元的に推測できるが、中世における外側への市街地の拡張と古い中心部の変容によって、不規則な街路が複雑に絡み合う、現在見るような都市構造が形成されたと考えられる。その中でも、セミ・パブリック空間である袋小路の存在が注目される。このような袋小路は、プーリア州の中世の構造をとどめる小都市のどこにも見られるものであり、レッチェの袋小路の多くも、中世までに形成されたと思われる。

レッチェ旧市街には六十五の袋小路が存在する。その地理的な分布を見ると、中世の拡張部で元来、庶民（古くは農民が多かったと想像される）が居住していた城壁沿いの周縁部に最も多いが、同時にまた、古代に計画的に登場した碁盤目状の市街地を起源とする中心部にも相当数見出せる。いずれも、街区の内側にまでアプローチの道を引き込み、裏手の土地にも住宅を効率よく建設して高密度に庶民が住む地区を開発したのである。

袋小路の形態は様々で、単純に奥へ伸びるものが多いが、変則的な敷地に合わせて奥でねじれ、見通しのきかないものもあるし、内部で分岐するものも見られる。

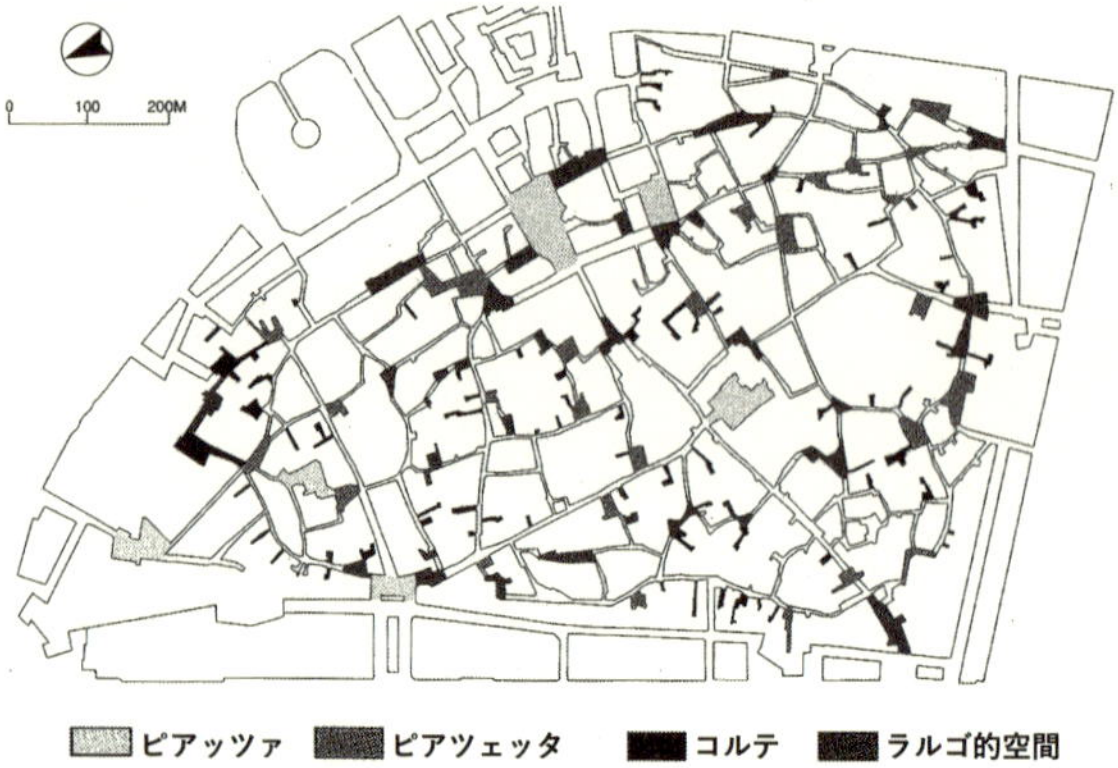

コルテとピアツェッタの分布

レッチェのもう一つの特徴は、小広場を意味するピアツェッタが、公共性の強い象徴的な広場としてではなく、コルテと同様に、地区の住民の日常生活に欠かせない戸外空間として利用されていることに見られる。このように、近隣の人々が集まり、共同で使い、また交流する場としてふさわしい戸外空間が無数にちりばめられている。しかも、一階に住む人々が多いのを見ても、かつて人々の生活が路上にまで溢れ出ていたことは想像に難くない。こうした生活様式は、プーリア州の小都市に今も濃密に受け継がれている。一方、大都市であり、近代化も進んだレッチェでは、本来の人々の暮らしそのものはだいぶ失われたとはいえ、バロックの華やかな貴族のパラッツォ群の背後に、こうした庶民の生活空間の構造が、都市の基層として生き続けているのである。

なお、このような南イタリアの袋小路の空間の成立に関しては、迷宮的都市構造をもつアラブ・イスラーム文化からの影響によるという説[8]、ローマ時代の単純なドムス型住宅の内部に道が入り込み分割が進んで形成されたという説[9]が提示されている。

いずれにしても、こうした袋小路の空間は、南イタリアの貧しい庶民の暮らしにはふさわしいもので、中世から近世にかけておおいに発達した。ヴィチナート（vicinato）と呼ばれる隣近所のコミュニティにとって、相互に支え合いながら数家族が共同生活を営むのに格好の舞台であった[10]。

次いで、袋小路を囲う庶民住宅の構成を具体的に見ていこう。そもそも南イタリアの古い町では、庶民の小さな住居は裏庭をもたず、道路の側にのみ開口部をもつ穴蔵のような形式をとることが多い。マテーラの洞窟住居とレッチェも含むプーリア州の各都市の穴蔵状の庶民住宅は、本質的に類似している。道路への依存度が高く、人々は路上に椅子を出して戸外でくつろぐ。こうした単純で小さな住いの形態にとって、袋小路のまわりに集合する形式は実に都合がよい。人々の生活は手狭な家の中だけでは収まらず、袋小路に溢れ出ることになる。

こうした袋小路の典型として、調査を行ったサンタントニオ・ディ・デントロ地区の城壁沿いに連続して存在するコルテを見よう。庶民住宅が取り囲むコルテ・グイドーネ・ダ・ラヴェンナでは、一九六〇年頃まで十二家族がこの戸外空間を一緒に利用していたという。現在は三家族しか残っていないが、かつては多くの職人も住み、近隣住民との活発なコミュニケーションの場として機能していた。日常的な利用の他にクリスマス、正月、祭りなどの際には食事、歌、踊りの空間として積極的に活用されていたという。

次に、コルテを囲う庶民住宅の構成を類型学的に考察する。住宅形式は、コルテに対して奥行きが一室で横に広がるものが最も多い。現状では二階建てのものが多いが、古くは平屋が一般的であり、戸外空間と一体となった生活が展開した。住宅の発展の過程として最もプリミティブなものは、三方を壁で囲まれた多目的な一室住居であり、その後、私的空間である寝室が横や奥に分離もしくは拡張されていったと考えられる。この調査で質素な一室住居の例を確認できたが、レッチェは豊かな都市へと発展したため、ほとんどが隣接する住戸を統合し、二室、三室をもつ中規模な住宅となっている。同時に、二階へ、そして時には三階へと上へ向かって伸びていった。また、発生的には庶民住宅の系譜に属するものでも、私的な裏庭を所有するなど、規模の大きいものも多い。このように、規模や格に幅のある庶民住宅の系譜ではあるが、共通しているのはほとんどの部屋に立派なヴォールト天井が架かっていることであり、レッチェの石造文化の水準の高さと町の繁栄を物語っている。

こうした袋小路に欠かせないものとして、マリア聖祠がある。キリスト教が人々の生活と密接な関係をもつイタリアでは、外部空間のあちこちにマリア像が祀られている。レッチェも例外ではなく、視覚的にポイントとなる多くの街角に聖祠が設けられている。その中でも特筆すべき場所が、庶民住宅が取り囲むこうした袋小路である。共有の戸外空間を利用する彼らは、聖祠を共同で維持管理することによって、一種の連帯感をもち、コミュニティの結束を強めたのである。レッチェのマリア聖祠は十七世紀後半から十八世紀初めに遡る例が確認できたが、聖祠の起源はさらに古いと推測される。ちなみに、先に見た前庭型住宅においても、その前庭の外階段の立ち上がる地点の壁に、やはりマリア像が祀られていることがよくある。

迷宮状の複雑なレッチェの都市空間の中には、このように中庭や前庭、そして庭園、あるいはまた、共有の袋小路など外部空間を巧みに取り入れた、それぞれの階級にふさわしい多種多様な住宅の形式が存在している。特にバロック時代のレッチェの住宅建築は、従来、外観に華やかな舞台装置的な装飾を施し街路を飾る点ばかりが注目されてきたが、その内部に、地中海世界のよき伝統を受け継ぎ、住み手にとっての豊かな生活空間を実現していることを高く評価すべきである。

中北部イタリアでは、都市の発展とともに庶民住宅は上へと発展し、街路や地面とのつながりを少しずつ弱めていった。それに対し、南イタリアの庶民住宅は、いつの時代にも戸外空間を積極的に活用し、内と外の繋がりを重視した。そこから戸外空間を共有する住民同士の密接なコミュニティが展開していったのである。レッチェでは特に華やかなバロック都市の基層部分に、袋小路を囲う庶民的な住空間の形式が受け継がれてきたことが注目される。(11) このような南イタリア独特のヴィチナート（隣近所のコミュニティ）の在り方を今日的な視点から見直すことも、興味深いテーマである。

註

（1） 形成史については、M.Fagiolo, V.Cazzato, *Lecce*, Roma-Bari, 1984参照。
（2） M.Paone, *Palazzi di Lecce*, Lecce, 1978およびM.De Marco, *Architetture leccesi*, Lecce, 1995.
（3） 陣内研究室に所属し、バーリ大学に留学していた菅澤彰子が地元の建築家、専門家の協力のもとに資料収集、予備調査を綿密に行った上で、一九七七年三月十二日〜十八日に七名のメンバーによる約四十件の実測、聞き取りを中心とする現地調査を実施した。菅澤彰子、修士論文「南イタリア・プーリア地方における居住形態とオープンスペースに関する研究」参照。
（4） 本稿は、池森崇・海老澤琢也・菅澤彰子・陣内秀信「バロック都市レッチェの居住空間〈その1〉〈その2〉」『日本建築学会大会学術講演梗概集』一九九八年に加筆しまとめ直したものである。
（5） M.Fagiolo, V.Cazzato, *op. cit*, pp.62-68.
（6） A.Costantini, *La casa a corte e il mignano*, Calimera, 1995, pp.78-90.
（7） 名称はvicolo, cortile, corteなど地域によって変わる。E.Guidoni, *Vicoli e cortili*, Palermo, 1984. 拙稿「特集：シチリアの文化学」『季刊iichiko』四一号、一九九六年。
（8） E.Guidoni, *op. cit.*
（9） G. Caniggia, *Composizione architettonica e tipologia edilizia*, Venezia, 1979.
（10） 拙著『都市を読む・イタリア』法政大学出版局、一九九八年、および拙稿「都市空間における公と私——地中海世界の独自性」『ヨーロッパの基層文化』（川田順造編）岩波書店、一九九五年。
（11） 旧市街（チェントロ・ストリコ）のこうした袋小路は、一九六〇年代の近代化を推し進める都市政策で、多くの住民が郊外のニュータウンに移り住んだため、その本来の活気を失った。だが近年、チェントロ・ストリコの再評価が進み、徐々にまたレッチェの都心に人々が戻り始めている。

シチリアI——異文化の混淆

コスモポリタン都市の現在

地中海世界において、異文化の混淆という面で目を引く地域のひとつはシチリア島である。その政治・経済の中心であり、かつてコスモポリタンな都市文化を開花させたパレルモを訪ねてみよう。

このパレルモは、コルドバなどのアンダルシアの都市と並び、歴史上、東と西の文化を結ぶ重要な役割を果たしたのである。中世のある段階まで、ビザンツ世界やアラブの東方地域の方が、西欧よりずっと高い文化を誇った。特にアラブ世界は、古代ギリシアを受け継ぎ、発展させ、高度な科学・技術、思想や文化を誇っていた。十二世紀に、アラビア語で書かれたこうした文献が数多くラテン語に翻訳され、知的刺激が西欧にもたらされた。「十二世紀ルネサンス」という言い方もなされる。こうしてイスラーム圏と西欧圏が交わり、文化交流の窓口になったのが、アンダルシアの都市、そしてシチリアのパレルモであった。

現在のパレルモは、マフィアの中心地というイメージも強く、治安も悪く、お世辞にも奇麗な町とは言えない。それでもようやく底力を発揮し、再生への動きが少し見えてきた。

そんな町だが、かつての栄光の跡は、至る所に残されている。九—十一世紀に、アラブの支配下にあって繁栄したこの町には、数多くのパラッツォ（邸宅）、モスク、市場などに加え、商業・交易の拠点であるフォンダコ（商館）もたくさん存在した。続くノルマン人の支配する十二世紀、パレルモは世界で最も美しい都市としての名声を獲得し、その黄金時代を謳歌した。ノルマン王朝の寛容な文化政策のもとで、ギリシア語、ラテン語、アラビア語のいずれもが公用語として認められ、ギリシア人、西欧人、アラブ人が差別なく共存し、国際色豊かな都市をつくり上げた。ノルマンのキリスト教徒たちは、イスラーム建築の素晴らしさに魅せられ、その様式、装飾を取り入れた邸宅や別荘を数多くつくったのである。

中でも目を奪うのは、旧市街の西端にあるノルマン宮殿である。この王宮に付属する礼拝堂（一一四〇年建設）では、ビザンティン様式の金のモザイクやドームと、尖頭形で足の長いにアラブ式のアーチが混淆する、実にユニークな宗教空間が生まれている。アルハンブラ宮殿と同様、ここにもイスラーム芸術が生んだスタラクタイト（鍾乳洞のような装飾）を見ることができる。

水と緑と建物がつくる地上の楽園

アラブ・イスラーム文化の足跡は、旧市街のみか、パレルモの都市周辺にも広く分布している。かつてのパレルモは、豊かな湧水が活用され、アラブ人の高度な灌漑技術にも支えられて、緑豊かな田園がつくられた。城壁の内側にも、郊外にも、多くの果樹園や庭園がつくられ、緑溢れるこの都市は「シチリアの楽園」と呼ばれたのである。またアラブ人によって、進んだ耕作・栽培の技術が導入され、農業開発を促す税制の改革も行われて、パレルモ周辺の田園は、さらに生産性の高い肥沃な土地となり、コンカ・ドーロ（金の盆地）と呼ばれるようになった。このパレルモを描いた十七世紀頃の地図を見ると、どれも都市とそのまわりに広がる田園とを一緒に描いていることに興味を引かれる。灌漑で実現した肥沃で緑溢れる農村風景が手に取るようにわかる。

その中には、アラブ文化を受け継いで、ノルマンの支配者たちがつくった田園の中の邸宅が見られる。都市と田園が密接なつながりをもつ地中海、とりわけアラブ世界では、暑くて長い夏の期間、緑豊かな郊外の別荘的な邸宅で休息をとりながらゆったり暮らす習慣が発達した。ノルマン王朝の時代に建設されたジザ、クーバといった田園の邸宅建築は、こうしたアラブ的なライフスタイルを取り入れて実現されたものである。

ジザの邸宅（十二世紀建設）を訪ねると、王家の人々の田園での優雅な生活ぶりを想像できる。かつて、緑に包まれたキュービックな形態のこの邸宅の前には、池があり、建物の姿を映していた。ゆったりとした柱廊の涼しげな半戸外の環境、そして通風を考えた室内の空間が、居心地のよさを生んでいた。玄関ポーチの奥の中央に、吹き抜けの象徴的な「噴水の広間」があり、そこで祝宴、コンサート、スペクタクルなどが行われたという。豊かな湧水の活用で、美しくまた心地よい空間がここに実現していた。この広間の奥正面の壁にある穴からは、水が流れ落ち、床に造形された細かい水路に導かれ、心地よい流れの音をかなでたものと思われる。水と緑と建築が見事に一緒になり、イスラーム世界が求める地上の楽園のイメージを実現していたのである。

パレルモでは、十八世紀に再び、都市のまわりに広がる田園が注目を浴び、そこに豊かな楽園のイメージが戻った。貴族・上流社会の別荘（ヴィッラ）が田園の中に数多くつくられ、緑溢れる庭園が再びパレルモの文化を彩ることになった。

パレルモでは長らく、近代の乱開発によって郊外の美しさは忘れられていた。だが、南イタリア全体の上昇気運にものって、「シチリアの楽園」としてのパレルモの原風景を描き、文化的なアイデンティティを掘り下げようとする動きがすこぶる活発になってきているのが注目される。

アラブとノルマンの歴史が重なる町

こうしたアラブ、ノルマンの文化の重なりは、パレルモのような大都市ばかりか、シチリアの小さな町にも見出せる。その典型として、シチリアの中でも最もチュニジアに近いシャッカという町を私たちの研究室では調査した。斜面に発達したこの古い港町の表情は、チュニジアの港町、スースなどともそっくりである。「シャッカ」という言葉自体、アラビア語で「集合住宅」を意味するという。アラブ都市との比較が面白いだけでなく、この町には、何段階もの歴史がそのまま今の市街地の中に刻印されており、「都市を読む」のに格好の素材といえる。

先ず、シャッカの最初の核となった、九—十世紀のアラブ支配下で形成されたラバト地区を歩くと、まさにアラブのイスラーム世界とよく似た空間体験ができる。道は曲がり、高密に形成された独特の迷宮空間が斜面に広がる。袋小路が多いのが特徴で、これもアラブ都市と共通している。ただし、違いもある。アラブの都市では、中庭が暮らしの舞台となるから、路上にはあまり生活臭さが溢れ出ないのに対し、シャッカでは、個々の家に庭がなく、袋小路に生活が溢れ出る。そこが近隣の人々にとって、共有の居間のような賑やかな空間になるのである。アラブ社会では、血のつながった大家族で一緒に住む伝統が見られるのに対し、南イタリアでは、核家族化が歴史的に早くから発達したという。アンダルシアのアルコスの中庭型住宅が集合住宅化した背景にも、同じ理由があったと思われる。こうした家族の在り方の違いも、建物や都市空間の形態にそのまま反映されるのである。

次の十一世紀後半—十二世紀、シャッカはパレルモに首都を置くノルマン王朝の支配下に入り、繁栄の時代を迎えた。それまでの、アラブの迷宮的な閉じた空間を脱し、東西を貫く古くからの街道を新たな街路軸として、ヨーロッパ的で明快な構造の都市形成へと歩み始めた。その中心につくられたカテドラルには、街路を行き来する人の目に止まる後陣の部分に、ノルマン時代のオリジナルの建築要素がよく残っている。やがて、この街道軸に沿って、有力家が堂々たる邸宅を構えるようになった。

続くアラゴン王国の統治時代、シャッカは、アラブ時代以来のよき伝統である袋小路を囲う住宅地の構成を、高台の平たん地に計画的かつ大掛かりに用いて、日雇い農民が集まって住む独特の雰囲気の生活空間をつくった。サン・ミケーレというこの地区の名を聞くと、年配のシャッカ市民の誰もが懐かしさを感じるという。

人口四万に過ぎない小さな町でありながら、このように歴史の重なりを読み解くことができるというのも、地中海世界ならではの面白さといえよう。異文化との出会いは、生活様式から居住形態まで大きく変えていった。特にイスラームの文化との出会いは、ヒューマン・スケールにもとづく生活空間を生み出した。

シチリアⅡ──アラブとヨーロッパの交差点

高密度斜面都市

都市の中に、高密であってもいかに快適に住むか、そして同時に、町並みも魅力的にするか、そのある種の解決方法を歴史的につくり上げたのがアラブ世界です。そして、その影響をたっぷり受け入れて、できたのがシチリアなのです。

シチリアのシャッカは、アラブ的な原理とヨーロッパ的な原理の組み合わせによってできた町です。十六世紀の島瞰図には、港の町なのに城壁で囲われていて、そのなかに高密に人々が住んでいる様子が描かれています。近代になってからも漁民が多く住み、にぎやかなダウンタウン的な港町になっています。

チュニジアの町と建物の素材感や雰囲気がよく似ています。石灰岩で、上から漆喰を塗っている。南向きの斜面都市ですが、チュニジアよりも迷宮性が高い。きれいな袋小路がたくさんありますが、古いところほどやはりイレギュラーで、コンパクトです。時代が新しくなると、町並みがだんだん整理され、より計画的につくっていくので、同じような形の街区が生まれて近代化していきます。

十四―十五世紀から、九―十世紀につくられた街区へと遡っていくと本当に迷宮そのものです。アラブ人が、

シャッカ（シチリア）の街区と道路網

チュニジアから入ってきて都市をつくった最初のコアの部分があり、次に北から来たノルマン人が街道沿いにカテドラルやパラッツォを建設し、ヨーロッパ的な都市空間をつくりました。しかし最初のコアがアラブによってつくられたために、不規則な構成になったのです。そして十四世紀ころからアラゴン王国の支配下に入ります。彼らは、アラブの袋小路の在り方を受け継ぎつつ、それをもっとシステマティックにつくりました。

ここは南下りの斜面都市ですが、地形の条件に合わせて複雑で高密な住宅地ができました。チュニジアと違うのは、女性の生活がみんな公共空間に出てくる点です。いかにも開放的な南イタリアですが、こちらはカトリックなので宗教の違いでしょうか。

これは住宅のプランの違いとも大きく関係しています。それと家族構成の違いも背景にあります。イスラーム・アラブの世界は、血のつながった大家族が二〜五世帯ぐらい一緒に住んでいますが、南イタリアは核家族化が古代ローマから進んでいた。したがって結婚して独立すると、一応別の世帯を構え、別の家に住む傾向があるのですが、大きい中庭などはなく、ほどほどの小さい住宅に住んでいて、袋小路状の共有の庭を持っている。

一番古い地区では、居住空間のつくり方として袋小路を引き込むのですが、みんな斜面をのぼる形になっています。チュニジアの町とこのシチリアのシャッカの町には空間構成に共通性があります。ただし中庭はない。袋小路を引き込んで、その周りに最初は平屋の家ができ、だんだん外階段をつけて二階、三階建てとなり、かなり密度の高い房状の居住単位が幾つも連なっていくような、そういう集合性の高い庶民の住宅地ができました。

町並みの構成のされ方を見ると、メインの南北（海側）のほうへ下りていく階段、スロープがあるのに対し、

数家族が小さな家に住みながらも共有の庭を持っている

等高線に並行に走る第二の軸、そして第三の軸があり、さらにセミプライベートな袋小路が入り込んでいます。このようにしっかりしたヒエラルキーをもって明快に成り立っています。したがってやはりここにも、迷宮のように見えながら、計画性があるのです。
次の十二世紀に新たな支配者となったノルマン人が、ヨーロッパ的な秩序を持ち込んできます。古代からの街道にまずカテドラルができます。つまり公共的な中心が視覚的に街路に見えるようになってくる。ただし、南イタリアなので市民自治はなく、市庁舎というのは近代が近づくまで存在しません。宗教空間、カテドラルが、この街道に出て、その次の時代にはむしろ修道院、教会が、いい場所をどんどん押さえていく。それと同時に、このメインストリートに貴族住宅が出てくるようになります。
つまり町並みのなかにファサード（建物の正面部分）というのが出てくる。ファサードという言葉はフランス語に由来しますが、アラブ都市にはこうした考え方はまったくなく、それを最も発達させたのがイタリアだと思います。貴族はステイタス・シンボルとしてパラッツォを構えます。それがメインストリート沿いに晴れがましく出てきて、立派なファサードが生まれる。それが一番華やかに展開するのが次のルネサンスの時代です。ルネサンス様式の格式のある貴族住宅が並ぶフィレンツェ、ローマ、そういう町ができてくる。しかし、南イタリアの方が発展が早いですから、すでに十三世紀ぐらいにはそのような雰囲気がメインストリート沿いにできてくるわけです。
続いて中世後半の十四、五世紀に、アラゴン王国の支配下で登場してくるのが高台の地区です。ここの袋小路を囲む住居群は、それぞれが同じ地主の下で開発されました。もちろん全部賃貸で、日雇いの貧しい農民が住んでいました。城壁で囲まれた都市のような面構えをしていますが、内実は農民がいっぱい住んでいた。朝、城門から羊を連れて出ていき、夕方戻ってくる。羊の群れも戻ってきて大きな共有の中庭のような袋小路に入っていたそうです。牛も飼っていてミルクを取っていた。今も半分以上は農民で、トラクターで出掛けていきます。このように庶民の集合性の高い住宅群が地主の手によってつくられており、人々の暮しと結びついた非常に面白い空間なのです。袋小路の入口には扉があったそうです。この時代のアラゴンの支配を示す巨大な城が高台地区の東端に残っています。

高台に、庶民住宅の大規模な開発が行なわれたのと並行して、町全体を晴れがましくモニュメンタルに飾り、あるいは、人々の暮らしを組織するものとして修道院ができます。現在は市役所に転用されているのですが、十七世紀ぐらいにその前面に広場が整備されます。この広場がいかにもイタリアの開放的な広場という感じで、海の向こうには天気がいいとチュニジアが見えます。イスラーム世界の都市とは違う、やはりイタリアならではの公共空間として広場ができあがるのです。イスラームの都市との共通性もありながら、まったく異質の文化を持っている。女性の行動様式、ビヘイビアは、全然違います。といっても、実は公共空間は、本来は男の世界だという点では共通しています。

先ほど、階段状の住宅地をみたときに女性ばかりが出てくると述べましたが、実は住宅地は女性の世界なのです。そして中心部は男の世界。それがイスラーム世界と南イタリアの非常に似ている点です。ただ、イスラーム世界の都市には広場はない。そのかわりキャラバンサライとかモスクの中庭が広場の役割をはたしている。あるいは広場的なものが、いっぱい散りばめられて中心を形成している。だから、コンセプトは同じでも、建築的形態が違うということです。

広場に面したところに人々の集まるサロンができていきます。かつての市役所だったところで、カジノと呼ばれていますが、上流社会のサロンの役割をもっています。ビリヤード場があったり図書館があったり素晴らしい空間です。

一般庶民の「チルコ」（サークルという意味）もあります。それから、知識階級のチルコがあり、いまは画廊になっています。船乗りのチルコもあります。こういう交流の場がおおむねこの中心に集中しており、商業と人が集まる空間とがうまく配置されています。

一方、住宅地もただ住宅だけ並べればいいというわけではありません。やはり人々が集まる晴れがましい広場や祝祭空間が必要なのです。それは当然、教会の前の広場が担います。シャッカの高台にあるサン・ミケーレ教会の広場がその役割をもっています。下から登っていくと、まず教会が見える。ちょっと向きが振られているので迫力のあるバロックのファサードが見えるのです。遠近法の効果をうまく利用して、視覚的にも見事に演出されています。サン・ミケーレ教会の周辺は地元の人々がノスタルジーを感じ、愛着を持っている地区であり、この広場が人気のある場所なのです。

歴史的な町並みを見る上で、住宅、商業、宗教、人の集まるサロン、市場とか、そういうものも重要です。イスラーム世界の都市でいうと銭湯、それからチャイハネ（お茶屋）とかコーヒーハウス、そういうものも重要です。時代が変わっても、似たようなものを違う形でどんどんつくってきたと思うのです。だから調査では、視覚的あるいはデザイン的なことばかり見るのではなくて、人と人のつながり方、社会的な機能を重視して見ていきます。それが私の言う「空間人類学」なのです。

さまざまな住居タイプ

次に、いろいろな階層が住んでいて町のヒエラルキーができ、町並みにもさまざまなタイプが生まれます。貴族はパラッツォに住むわけです。中世はイレギュラーな構成を好みました。この町のパラッツォはあらゆる時代のものが中庭型です。古くは外階段であったものが、だんだん内階段になってしまうのですが、ルネサンスになるとシンメトリーを好むようになります。さらに十九世紀になるとローカル色がなくなってインターナショナルになってしまいます。同じようなパラッツォをつくっても、中世が最も濃厚にローカル色を発揮しているので、中世の町並みがヨーロッパでは面白いのです。

ルネサンスのものをみると、やはりシンメトリーになっており、半分内側に取り込んでいても外階段の名残りを見せていて、やはり気候風土にあった、開放的な南イタリアらしいつくりになっています。

一般の人たちが住んでいる空間にも、いろいろなタイプがあり、一番基層部分には洞穴の住居もあります。地中海世界には洞穴住居がたくさんあるのですが、人間が地上につくったシンプルな建物と意味的には同じです。つまり、ワンルームで、多目的空間であり、三方向とも壁です。袋小路側にしか開口部を設けない。これは地中海世界に連綿と続いてきたタイプなのです。古代ギリシア神殿の形式もここから生まれたのです。

庶民は、ワンルームからはじまって、徐々に部屋数を増やしていって居住性を高めたわけですが、このようなタイプのなかには、人間の部屋の隣を馬小屋にしている例もありました。だんだん時代とともに、上にも成長していきます。そのときに外階段をつけるというのが伝統的な古いタイプ。最近日本でも若者向けのマンションなども中二階、ロフト付きがはやっていますが、地中海世界に非常に多い。

シャッカの複雑に見える都市空間の構成原理を知るべく、こういうタイポロジカルな分析を進めるのに、いくつかの特徴ある袋小路に注目しました。この町では袋小路がなんといってもキーポイントなのです。「コルティーレ」というのですが、メインストリートから、斜面を階段で上っていくと、奥に懐の深い袋小路がとられています。ここに、かつては三十家族ぐらいがいた（いまは半分）。よく見ていくと周りにも袋小路が多いのです。袋小路の集合性が強く感じられ、まさに集合住宅のようで、たいへん興味を引きます。

階段を上っていくと、アイストップの位置にマリア像が祀られていて、ここでもやはりシンボリズム、そして視覚的な演出がされています。庶民階級のこうした生活の場に小さなシンボリズム、あるいはコミュニティの結束を得る装置というのが出てくる。現代人のわれわれが見るから面白いのかもしれませんが、なかなか工夫された空間が生まれています。

共同の洗濯桶が二箇所にあります。表通りからの入口のところは貴族の館ですが、トンネルを抜けて上っていくと、ベンチなど置かなくてもみんな、思い思いに階段のところに座っている。ここは夏の夕方などに集まってきて、夜遅くまでワイワイやっている。もちろんけんかをしているかもしれないし、みんながいつも仲がいいわけではないと思いますが、こういうなかで暮らしてきた。これは、ある意味で貧しさが生んだ知恵かもしれません。しかし、そういう工夫というのは、江戸の庶民のなかにもありましたし、やはりある種の、重要な地域文化をつくってきたわけです。

現在こういう空間をどのように利用していくかという大きな問題がありますが、案外再評価されて、セカンドハウスとして、一画を買ったりする人もいます。あるいは夏の一カ月借りて滞在している家族がいました。シャッカは有名な温泉地なので、保養、療養に来るのです。徐々にですがこういう歴史的な居住空間も再評価されてきています。

高台に計画的につくられた住宅地の典型的なものをみると、背割り線が通っており、一体として計画されたことがわかります。われわれが調べたなかに、中世のものですがかなり古い原型を残す家がありました。平屋がもともとのスタイルで、人間も馬も同じ入口から入り、左奥の部分が馬小屋なのです。

シャッカはこれまで、町づくりを熱心にやってきたところなので、われわれがこうして旧市街を対象にフィールド調査すると、行政も市民もたいへん関心を持ってくれています。

シチリアⅢ——知られざるバロックの魅力

シチリア・バロックの独創性

イタリアが世界の芸術や建築の歴史にとって最も輝かしい存在であることは、誰もが認めるところだろう。この国から、実にいろいろな芸術の新しい動きが生まれ、見事な様式として確立してきた。

バロックの様式もその一つだ。北のヨーロッパで起こった宗教改革に危機感をもち、それに対抗する改革がカトリックの側から繰り広げられた。それに伴い、民衆の信仰心の高揚を実現すべく、宗教的な情熱に溢れたバロックの美術や建築の表現が十七世紀のローマで生まれた。ルネサンスが宮廷から生まれ、どちらかといえばエリートの文化だったのに比べ、バロックは大衆文化であり、人々の情感に訴えるものだった。絵画、彫刻と建築が一体となって、光の演出も伴いながら、心を揺さぶるような壮麗な空間が実現したのだ。

都市空間も、永遠の都、ローマの栄光を表すべく、壮麗な教会とランドマークとしてのオベリスクが聳える広場を直線的な街路が結ぶ、力に溢れたモニュメンタルな造形を実現した。華やかな宗教行列や祭礼などの舞台としてもふさわしいものだった。祝祭的というのがバロックを理解するキーワードの一つなのである。

このバロック様式は、やがて他のイタリア都市に、そしてフランスやスペインなど、他のヨーロッパ諸国へと伝播したが、その中で、忘れられがちなのが、地中海に浮かぶシチリア島のバロックなのだ。その中心、パレルモなどでは、早くからバロック的な展開が始まっていたが、この建築様式が一気に開花したのは、一六九三年の大地震の後の時期だった。それも島の南東部のカターニア、シラクーザからラグーザにかけての地域に集中していた。カターニアやシラクーザは、海辺の平坦地にギリシア時代から栄えてきた大都市で、知名度も高い。そのバロック時代の都市の再生も興味深いが、ここでは、よりシチリア・バロックの独創性を示す、内陸部の丘陵都市に光を当てよう。

シチリアでも、地中海世界に共通する特徴として、丘陵地の高台に都市を建設してきた。中世にこの地を征服したアラブ人たちによって、灌漑事業が進められ、農耕地が広がったとはいえ、乾燥地帯のこの島には、石灰岩の岩肌が露わに出た丘陵も多い。防御上も都合のよいそんな高台に、人々は城壁を巡らし、都市を建設してきた。都市とはいえ、多くの場合、その城壁の内部に、農民も大勢住んできたのである。

シチリアの南東部を襲った一六九三年の大地震は、いくつものこうした内陸の丘陵都市を壊滅させた。その復興の息吹の中から、素晴らしいバロックの建築や都市空間がいくつも実現していった。

その復興の仕方には、三つのタイプがあった。まず、古くから住み続けた町そのものを復興、再生したモディカのようなタイプ。当然、街路の多くはそのまま残り、迷宮的な空間とその内部に出現するバロックの壮麗な教会堂との組み合わせが面白い。次に、古い町を再生すると同時に、隣接して新たに計画的な地区を建設したラグーザのようなタイプ。整然とした町と迷宮都市の組み合わせに興味が引かれる。そして、壊滅した古い町を捨て、全くの新天地に、ニュータウンとして建設されたノートのようなタイプ。当時の建設と都市計画の発想が純粋に表現されたものだけに、時代性を最もよく物語る。

ここでは丘陵の都市を扱うだけに、斜面にいかにバロックの演劇的な空間が実現されたかが、最大の見所となる。斜面を生かしたバロックというと、ローマのスペイン階段を思い出す方も多いだろう。映画「ローマの休日」の中で、オードリー・ヘップバーン扮する美しき王女が、ジェラートをなめながら楽しそうに降りてくるシーンは、忘れられない。この都市的スケールの階段は確かに、演劇の舞台のようなバロックの華麗な空間だ。だが実は、この階段はバロックも最後の時期に実現したかなり後発的なものであり、上に聳えるトリニタ・デイ・モンティ教会はずっと古い時代のものなのだ。

それ以外のバロックの都市空間というと、ローマでも、あるいはナポリ、レッチェ、トリノ、ヴェネツィアでも、みな平らな場所で実現したものばかりである。それだけシチリア南東部の中小の丘陵都市が生み出した斜面の迫力あるバロックは独創性に富む。

旧市街再生のモディカ

まず、第一のタイプのモディカを見よう。無名の小さな丘上の中世都市だが、起伏の多い地形を巧みに生かしたダイナミックな都市風景に魅せられる。鉄道の駅などのある平坦な新市街の方へ向かって、高台の旧市街が北から楔形に張り出している。古い地区ほど高い所にあるというのが、イタリアらしい。この町では、震災後の復興に際して、三つの壮大なバロック様式の教会堂が登場し、町のスカイラインを刷新した。

丘の裾にあるのが、サン・ピエトロ教会で、下の町（チッタ・バッサ）のカテドラルにあたる。中世の創建だが、大地震後の十八世紀初頭に、現在のものに建て替えられた。外観は比較的まだおとなしいが、その前面に堂々とつくられた幅の広い大階段と一体となって、壮麗なバロック空間の劇的効果を生んでいる。階段のまわりに配された十二使徒の像は、使徒ペテロに捧げられた教会の象徴だ。

この町のきわめつけは、サン・ジョルジョ教会。こちらはモディカの上の町（チッタ・アルタ）のカテドラルにあたる。丘の上の住宅地をバックに、ひときわ高く聳えるこの聖堂は、やはり中世の教会堂のあった所に大地震の後に登場したもので、シラクーザ出身の建築家、ロザリオ・ガリアルディの作品であると考えられている。

美しい凸状曲面の中央部を高々と三層に重ねた上に、時計塔を載せて、垂直性を見事に強調している。三層にわたる円柱の巧みな配列も、その垂直への動きを演出する。斜面を一気に昇る長い階段の構成がまた、見る者を圧倒する。その頂上に聳える聖堂のファサードは、実は書き割りに過ぎず、背後から見ると、聖堂の倍ほどの高さに薄く立ち上がっているのが面白い。教会建築が、ここでは内部の機能を越えて前方の大階段と一体となった壮大な舞台装置として造形されている。まさにバロックの都市づくりの神髄がここに見られる。

モディカのサン・ジョルジョ教会

教会前の都市空間をこれほど劇的な舞台として強く意識した例は、イタリアにもシチリアのこの地方しかないだろう。こうした階段状の空間は実は、復活祭などの祝祭において、その効果を最大限に発揮する。キリスト像を担いだ男たちの熱狂的な宗教行列の檜舞台となるのだ。シチリア人の敬虔な信仰心がこのような都市造形の背後にあることも忘れられない。

新旧併存のラグーザ

次に、第二タイプの典型、ラグーザを訪ねよう。ファッショナブルな店やオフィスが並ぶ現在の町の中心は、西側の平坦な大地に広がる市街地にある。それが、地震からの復興に際して実現した。碁盤目状の道路網をもつバロックの計画的な新都市にあたる。さすがに近代都市とは異なり、装飾に富んだ格調の高い建物が多い。だがやはり、ラグーザの町歩きの醍醐味を楽しめるのは、東の丘陵地に古代から存在し、一六九三年の地震後に復興したイブラと呼ばれる古い地区だ。

その中心の高台に聳えるサン・ジョルジョ教会の姿が、町のあちこちから印象的に眺められる。この聖堂の設計者は、建築家のガリアルディであり、先ほど見たモディカのサン・ジョルジョ教会の形態とよく似た特徴を示している。細長い広場の奥の大階段を昇った所に、透視画法の効果を存分に発揮して聳えるその姿は、迫力満点だ。この場所は古来、ラグーザの聖域で、ローマ時代には神殿があった。中世に別の教会がつくられていたが、地震の後に、古いイブラ地区復興の象徴として、ここに現在の壮麗なサン・ジョルジョ教会が建てられたのだ。

ラグーザの郷土料理を味わえるリストランテ・ウ・サラチーヌがこの教会前広場からちょっと奥まった所にある。この店の名物、子羊料理の味が忘れられない。

ラグーザ・イブラの全景

ラグーザのバロック建築の魅力は、何も教会に限らない。むしろ街角に建つ住宅建築に、ファンタスティックな造形の面白さが見られる。特にその見せ場は、路上に大きく張り出すバルコニーにある。気候に恵まれ、戸外生活の豊かな南イタリアでは、古くからバルコニーが発達した。路上の代わりに、バルコニーがイスを出して寛《くつろ》ぐ空間として使われる光景も珍しくない。

そのバルコニーを支える持ち送りに、バロックの装飾がふんだんに登場したのだ。奇怪な動物や女神などの像が自由奔放に用いられ、幻想的な気分を路上に醸し出す。突然、姿を現すこうした無名ながら独創性に溢れたバロックの造形を発見しながら、迷宮的なラグーザの古い町を歩くのは楽しい。

新天地のノート

最後に見たいのが、まさにニュータウンとして誕生したノートの町だ。十六キロほど離れた壊滅した古い町を捨て、人々は理想的な新天地に、当時の技術とセンスの粋を集めて、計画的なバロック都市を建設した。もとの町の教会の大事な宝物が、住民の心の絆として、新たに建造される教会に運ばれた。

バロック造形のバルコニー
ラグーザ

ここの地形は、新時代の要請によく見合っていた。最も象徴的なバロックの造形を実現したい中心部は、南に下る緩やかな斜面を選んでつくられ、その北の高台のフラットな大地に、広い住宅地が展開した。

最大の見所は、斜面の中ほどを東西に貫く象徴軸、ヴィットリオ・エマヌエレ大通りで、これに沿って、教会を核とする演劇的な都市空間が三つ配されている。中央にあるのがサン・ニコロ教会（カテドラル）の広場で、ゆったり昇る大階段の上に堂々と聳えるこの聖堂の姿は、実に優雅だ。しかも、地元でとれる黄金色の石の色彩がまた、ノートの建築に独特の魅力を与えている。このカテドラルだが、残念ながら、近年の地震でドームと天井の一部が被害を受け、しばらく使用不可能となった。

ノートでも、ラグーザと同じように、住宅建築のバルコニーのウォッチングを楽しめる。いかにも南イタリアのバロックらしい奔放で独創的な造形が、道行く人々の目を愉ばせてくれる。しかも、ごく普通の住宅までもが町並みのバロック的な演出に積極的に参加しているのに驚かされるのだ。

サルデーニャ――町と田園

何故サルデーニャか

サルデーニャについては、高級リゾートのビーチやヌラーゲという古代の巨石文化、あるいは祭りや民族音楽はある程度知られています。ただ、一体サルデーニャの普通の町がどうなっているのだろうか、人々はどんな生活をしているのだろうか、というような「素顔」はなかなか見えてきません。

イタリアですと、最近、シチリア、プーリア、そしてサルデーニャを含めた南イタリアに関心が生まれつつあり、従来のフィレンツェやヴェネツィア、ミラノにはない魅力を感じ始める方が増えています。トルコあたりも大変人気があって、地中海に連綿と続いてきた古い文明が、今なお息づいているところは、これから注目されてくるのではないかという気がします。

それで私はサルデーニャを選んで調査してきたのですが、そこには大変な魅力があります。地中海世界というのは、都市や集落をつくるのが昔から上手だったのですが、そういう点から見たときに、一体サルデーニャはどういうふうに位置づけられるのかにまず興味がありました。

サルデーニャ島の南のほうはカンピダーノ地方と呼ばれ、古代ローマ時代から重要な穀物生産地で、豊かな田園地帯なのです。小麦栽培の農業を営む農場が多い。ところが中部のバルバージア地方に行くと、丘、山が増え、羊飼いの文化があって、ライフスタイルも、町の風景も、住まい方も、宗教的なものに関するものも大きく違う。そういう地域ごとの差が大変おもしろい。生業がまさに町の風景を変え、あるいは建築の観点からすると、住居の形式、町の構造が違うのです。

それともう一つ、非常に魅力を感じるのは、「聖なる場所」の意味合いです。イタリアの都市の歴史を調べていると、どうもルネサンス以後は、例えば水や山に聖なるイメージを持つ、というようなことはだんだん薄れてくるのですが、サルデーニャはヌラーゲ時代から聖なる泉など、古代のものをまた次の時代の人々が宗教的なものとして意味づけて、現在もなお聖なる場所の意味を感じることができます。

セウイの路上での女性たちの語らい

まず、内陸部バルバージア地方の内部のトナーラという町を見ましょう。羊飼いの文化です。外からの文明、あるいは近代になっても、機械文明、産業社会の影響が比較的入りにくい内部に、サルデーニャらしい生活がまだ続いています。とはいえ、近代化は少しずつ進んでいて、ほんとうの伝統的な住居、木造バルコニーはだんだん失われています。しかし、丁寧に見ていくと、まだあちこちで見られます。今も田園で羊を追って生活している羊飼いがたくさんいます。

セウイの町の、ある狭い道に入っていったら、おばちゃんたちがおおらかに路上にべたっと座って会話をしている。ヨーロッパの町で、このような光景はちょっと信じがたい。アジアに来ればあるかもしれませんが。つまり、女性たちが、男が田園に羊を追って牧畜で仕事をしに行っている間も、町の中を守っているのです。

聖と俗のトポス

きょうお話をする町は、イタリア人の言うパエーゼ、町です。規模は小さいものばかりですが、村というよりは町というふうに訳したい。私たちが調査をするために条件があります。家の中に入って実測をさせてもらったり、インタビューをしますので、受け入れてもらえるかどうか。ありがたいことに、イスラーム、アラブの国々も含めて地中海世界、それと南イタリアというのは、どこでも入りやすい。ホスピタリティがあって、コーヒーやワインをごちそうしてくれたり、すぐに中に入って親しくなれ、調査がはかどる。これが例えばフィレンツェとかミラノでやろうとしても、入れてくれないのではないかと思うのです。

サルデーニャは、とりわけ夏場は祭りが多い。サルデーニャはイタリアの中でも伝統的な祭りが今なお一番活発に行われているところではないかと思います。祭りを見に行ったボザという町を紹介します。海から川を少しさか上った漁師の住んでいる町です。イタリアでは漁師の町でも、しっかりした都市のような面構えをしているのです。いかにも漁師町らしく河口の近くに「海の教会」をもち、まわりに小さな集落がある。この教会にいつもマリア像が置いてあり、八月のある日曜日、町の人たちが船でこの「海の教会」まで来て、マリア像を乗せて町の船着き場まで水上パレードをする。上陸して町を練り歩いた後に、大聖堂でミサを行い、マリア像を一日そこに置いて、また翌日、持って帰るという宗教行事を行います。

町と外、つまり田園と海が交流をしているのです。サルデーニャにはこういうたぐいの祭礼がたくさんあり、今回、講演のタイトルを「聖と俗のトポス」、あるいは空間構造としたのはそういう理由なのです。宗教的な祭り、それがまた楽しみのための祭りにもなって、サルデーニャの町は夏、活性化するのです。

ヌラーゲの巨石文明

ヌラーゲは有名なので、皆さんご存じの方も多いでしょう。おそらくサルデーニャ島文化会館のカリオ・デル・ヴェスコヴォ氏がこの研究会でお話しされたときにもヌラーゲの紹介があったと思います。金倉英一氏が一九九三年に、雑誌『スパーツィオ』で非常に興味深い論文を書かれていて、日本にも紹介されています。紀元前一五〇〇年からローマ人が入ってきて征服する前四世紀ぐらいまでずっと続いていた巨大構造物で、未だミステリアスな部分もある。防御のため、一方では部族の長の家、あるいは宗教的な意味合いもあったのではと、いろいろな説があるのです。

地図上で位置を確認しながらみていくと、ヌラーゲがいっぱいあるところと、まあまあるところ、そしてあまりないところとある。町を調べていくときに、地形図と合わせて見ていくと、地域の違いがよくわかる。南にカンピダーノの平野部があり、カリアリという中心都市があります。中央部はバルバージアからつながっていく内陸部、羊飼いの文化が多いところです。そして北西部にサッサリやアルゲーロ、という大きな都市があるのですが、地域によってほんとうに違う。

古代の巨石文化を物語るヌラーゲ

古代のものが、聖なる空間がどういうふうにサルデーニャの中にインプットされて、現在まで受け継がれているか。まず、非常に祝祭的な古代の劇場を見てみます。おもしろい経験をしたのでご紹介します。

ノーラという古代の都市、フェニキア時代からローマ時代にかけてつくられた都市なのですが、ここに劇場があり、我々は夜、出かけました。ギリシア人とかローマ人は海をバックに演劇を見る。海を背景にして舞台をつくったものなんです。シチリアのタオルミーナの劇場がその代表です。地形を利用し、宇宙や自然の中に大きく開いて、スケールの雄大なところで演じ、宇宙と一体となる、という演劇のあり方があった。その古代劇場を利用して今もパフォーマンスが行われています。

この日は日本でもよく知られるイタリアの歌手、ミルヴァが歌う日だったのですが、ちょうどピークに差しかかるころに満月が軸線の上に来るのです。これは計算したのか、偶然なのかわからないのですが。闇が広がっていて、きらきら水面が輝いて、ＢＧＭのように波の音が邪魔にならない程度に聞こえてくる。涼しい地中海を渡る風がほおをなでる。昔の石をそのまま座席にしているので、おしりはごつごつ痛いのです。工夫を凝らしてステージをつくり、音響、照明も考えられ、解放感あふれる体験ができる。これはイタリアのどこでもあることですが、よりノーラではそれを強烈に感じました。

巨石が生む聖なる場

イギリス南部のソールズベリーの近くに、環状に巨大な石柱が並ぶ有名な先史時代の遺跡、ストーンヘンジがありますが、サルデーニャにもそれに似た巨石文化が見られる。羊飼いの小さな町ゴーニの郊外にある静寂に包まれた聖域に、立石のメンヒルが一直線上に並んでいるのです。太陽や宇宙を崇拝する太古の信仰を感じさせます。

サルデーニャにはこういうものが町の中に聖なるものとして受け継がれて、そこに中世以後の人たちが教会をつくっていく、そういう例がところどころにあるのです。シラヌスという町では、町のすぐ隣接地にサン・ロレンツォ教会がつくられていて、聖なる敷地内にメンヒルが残っている。記念物監督局がかつて幾つも持っていったそうで、三つぐらい残っている。新石器時代の、三〇〇〇年くらい前のものが、このように今の町の中に取り込まれ、聖なる場所が受け継がれている。

ジッグラト（階段状ピラミッド）は、メソポタミアとかイランに多いものなのですが、これが何とサルデーニャの少し北のほうのモンテ・ダコッディという所にある。この神殿の手前左側に新石器時代のメンヒルがあります。反対の右側に卓状の形をした石のドルメンというのがあります。順番から言うと、メンヒル、ドルメンが最初にあり、その後にジッグラトをつくった。つまり聖域にさらなる聖なるものをつくって、ずっと聖域としてきた。聖なるものがどんどん積み重なっているのです。

サンタンドレア・プリュというところには、新石器時代の洞窟の中につくられたお墓があります。それが後のキリスト教の時代に教会になって、フレスコ画が描かれる。岩肌に横穴がいっぱいありまして、そこが教会として中世に使われた。やはり聖なるものが積み重なっている。イタリアではいろいろなところで見られますが、サルデーニャはとりわけ顕著です。

有名な、バルーミニというヌラーゲのコンプレックス（複合体）は、中心からだんだん囲われた城壁の中まで

ゴーニ郊外のメンヒルが並ぶ聖域

モンテ・ダコッディのジッグラト

シラヌスのサン・ロレンツォ教会
とメンヒル

バルーミニのヌラゲ集落跡

家を建てて、さらに外へスプロールしていった。こういう集落がヌラーゲ時代に発達したのです。上から見ると複雑な格好をしているのですが、現在まで続いている町の構造とあまり変わらないように見えます。カンピダーノ地方、そしてバルバージア地方の町の今の地図と比べても、この古代の迷宮空間とあまり変わらない。道のパターン、そして中庭を取り込んでいる構成がよく似ている。ですから、簡単には言えませんが、紀元前一〇〇〇年前後という古い時代にでき上がった構造が、何となく今のサルデーニャの村と共通しているというのは、驚くべきことです。

ローマ人はヌラーゲの文化を壊した、というふうに言われることが多いのですが、高台にある立派なヌラーゲは、それを神殿として使ったこともしばしばあったのです。そういう例が幾つもあります。ジェンナ・マリーアというヌラーゲの複合体の出土品を見ると、生贄の動物の骨や道具が出てきて、考古学的にそれが裏づけられているそうです。したがって、ヌラーゲのコンプレックスをローマ人は利用し、場合によっては神殿とした。やはり聖域がつながっていったのです。

聖域を受け継ぐ

ローマ人はサルデーニャの奥へヌラーゲ人たちを追いやって、攻め込もうとしましたが、抵抗が強く、内陸深くまでは入れませんでした。ローマ人がつくった最も内部の町がフォルドンジャヌスですが、公衆浴場（テルメ）の遺跡があります。ほんとうに立派な古代の公衆浴場が残っている。今もこんこんとお湯がわいているのです。ですから、周りの女性たちが洗濯に来る。古代が生きている、という感じがします。

フォルドンジャヌスの洗濯場と古代浴場

この町の人里離れた田園の中に、「田園の教会」、キエーザ・カンペストラというのがあります。サン・ルッソーリオ教会というのですが、実は古代ローマ時代、ここが都市として繁栄していたころ、この辺がお墓のゾーンだった。つまりネクロポリス、死者の都市だったところです。そこに紀元後五世紀、初期の教会が地下につくられた。

上に現在の教会があって、四メートルぐらい下におりていくと、ビザンティンの初期のきれいなモザイクがあります。殉教した聖ルッソーリオが埋められていたのです。ここは中世もチャペルとして使われていた。その棺が発見されたそうです。ですから、古代のお墓のゾーンの上に、中世の初期に聖人のお墓ができて、地下の礼拝空間ができ、その後、立派な地上のキエーザ・カンペストラ、田園の教会ができて、町の人々にとってはここが精神的に非常に重要な宗教空間になっていく。時代が重なっているのです。

もう一つ、サルデーニャの島の西側の海に近いところにある、サン・サルヴァトーレ教会を見ましょう。聖人の祭りの期間、お祈りをし、そしてドンチャン騒ぎをする、ノヴェナーリオという宗教施設です。この教会の地下がすごいのです。

地下におりていくと、古代、ヌラーゲの時代の聖なる井戸があります。その奥にはもっと古い、先史時代の「聖なるもの」があります。この場所をローマ時代の人々も聖なる空間として、礼拝所として受け継いだ。その壁にいろいろな聖なる図像が描かれ、それを中世のキリスト教の時代にまた教会として受け継いで、そして地上にもう一つ教会をつくって、それがやがてその近くの町の「田園の教会」になったのです。今でも聖人の祭りのときにここにみんな来て、宗教行列をやったりしているのです。

サン・ルッソーリオ教会

教会の地下にある聖ルッソーリオの墓

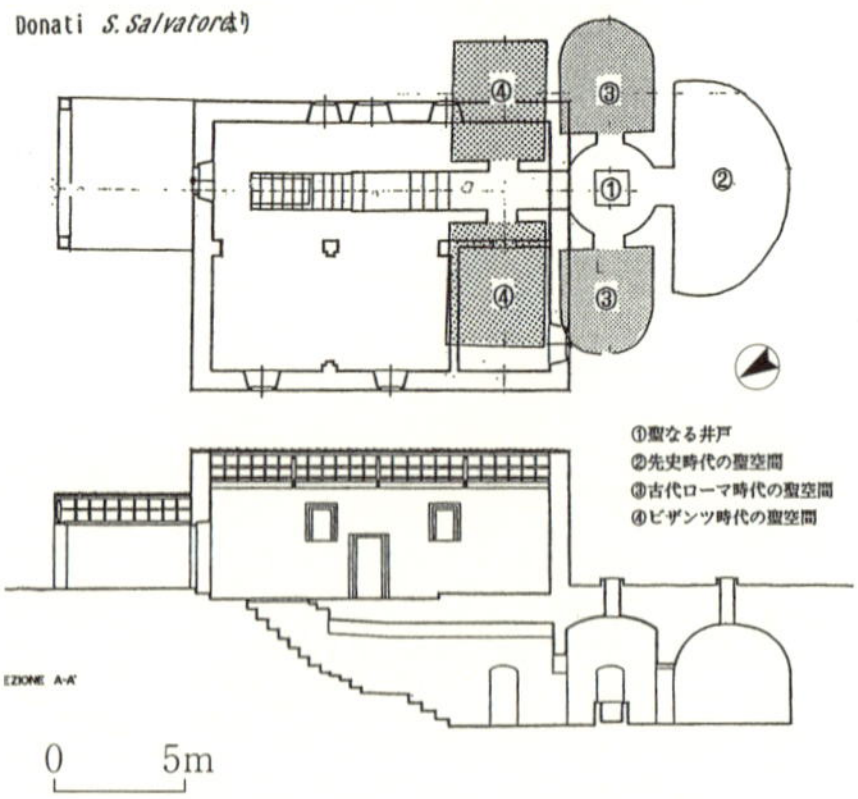

サン・サルバトーレ教会の地下礼拝空間
平面、断面図

こう見ていくと、サルデーニャのあちこちに古代の要素が聖域として受け継がれているのがわかります。古代といっても、先史時代（新石器時代）から始まるケースもある。それから、聖なる場を重んずるヌラーゲ時代が長く続き、次のフェニキアやローマの時代に都市をつくるときに、ヌラーゲの上に神殿をつくる、というようなところが幾つかあり、そして、古代の聖なる井戸の上に教会ができてくる、といったような受け継がれ方がされながら、徐々に中世の、あるいは十六世紀、十七世紀ぐらいまでかけて今の町ができ上がっていくのです。

穀倉地帯のカンピダーノ地方

ちょっと小高い、マラリアなどの疫病にもならない安全なところに、しばしば村や町を捨てて引っ越すことがあります。より大規模な町を新しくつくる動きがあり、今のようなパエーゼ（町）がたくさんテリトリーの中に

教会地下にあるヌラーゲ時代の聖なる井戸

でき上がっていきます。

　まず南のほうのカンピダーノ地方、ここは平野部です。穀倉地帯の田園がずっと広がっている。その中にあるシリクアの町はあまりスプロールはしていません。このあたりの町の人口は多分一〇〇〇人とか、せいぜい二〇〇〇人くらいだろうと思います。ガイドブックにも人口はめったに出ていなかったりするぐらい小さい居住地です。

　中は結構迷宮的です。メインストリートが二つあって、上の方に古い教会、サンタンナ教会がある。サン・ジョルジョ教会は、ちょっと新しい教会です。このくらいのパエーゼの場合、カテドラルというのはありません。司教座もありません。したがって、キエーザ・パロキアーレと言いまして、教区の教会なのです。それがおらが町の教会であり、みんな大切にするのです。サンタンナ教会が最初のキエーザ・パロキアーレで、次にサン・ジョルジョ教会へ移ります。二つ教会があると祭りの数が倍になるので、非常に楽しめる。そうやって教会を増やしていくという感じがなくはない。一年中、しょっちゅう祭りがあるという状態になります。

　町の西端に十字架が立っています。一方、東の端にはマリア像が立っていまして、城壁はないのですが、町の境界を記しているのです。パレードをするときもこれは意味があるポイントになります。高台に地主階級、金持ちの家が集まっていて、低いほうに地主のために働く農民の小さい家が並んでいるというように、はっきりヒエラルキーがあり、建築も町並みも違うのです。

　ほんとうは中世のある段階まで、田園の中に二つ小さい村があったのです。話し合いのもとで引っ越してきて一つの町になった。ところが、田園の中にかつての集落の教会として、サンタ・マルゲリータ教会とサン・ジャコモ教会の二つがそのまま残って、今なお意味を持ち続けている。そういうケースがサルデーニャには非常に多い。

地主の農場

シリクアでは農家が集まって町をつくっています。お金持ちの住宅からまず見ていきます。大農場です。二つ入口がありまして、大きな入口から入ると住宅部分に入っていく。そしてきれいな庭があり、裏側に農場があります。もう一つの入口から農場のほうに入る。牛、馬、羊、山羊、豚、鶏など、かつてはいっぱい飼っていた。農場を経営しながら住まう形をとります。住宅にはロッラというテラス、バルコニーがあり、台所にはパン焼きがまがあります。カンピダーノの町では、住宅を見るのに、このパン焼きがまというのがキーワードになります。一緒に使用人が住んでいたりもしました。家族の寝室と客間がある。菜園や観賞用の庭がつくられて見事な空間となっている。作業用と完全に分けている、いかにも地中海的な庭です。

地中海的という意味は、「一階」にあります。住宅が地面あるいは庭と密接につながっている。ポンペイの住宅を訪ねると、アトリウムとペリステュリウムという二つの庭があって、いずれも一階、地上が重要です。同じ考え方で、ポンペイの庭、特にペリステュリウムと非常に似ています。ここで農作業をしたり、くつろいだり、社交したり、庭を観賞したり、ゆとりのある空間になっていて、美しく飾るのです。

町の二、三の農場では、その経営の仕方にも興味を持ってヒアリングしました。農場ですので、大勢の人たちが雇われていた。全部を仕切る人がいて、牛、羊といった家畜ごとに担当者がいる。それから農作業を行う。ここに住み込んでいたのです。戦前までは雇われている農民たちは、賃金をもらわずに、現物、パンで支給されていたということです。だから、地主の家だけがパン焼きがまを持っていて、普通の農民はもっていなかったというのが、この辺の地域の大きな特徴なのです。これが羊飼いの村と全然違う点です。

田園の教会への宗教行列

十九世紀にサヴォイア王朝の支配下に入って、そのときに、日本の遺産相続ともよく似ていて、サルデーニャも不動産がどんどん割れていく。だけど、みんな自分の家に備えるべきものを全部持つ形にするのです。例えば兄弟同士二軒で割れた家の、もともとの地籍図をみると、真っ二つに割られた境界の壁の所に共同で使う井戸があり、どちらの側からも水が汲めるようになっているのです。先ほど見たように、ロッラというテラスのあるきれいな庭と、家畜用の庭があって、半分になりながらもここで農場をちゃんと営んでいる。徐々に土地は割れていくのですが、いかにもサルデーニャらしい特徴はずっと受け継がれていきます。一方、庶民の家をみると、ロッラはないけれど農作業用の庭が設けられています。

すでに述べたように田園の教会はキエーザ・カンペストラと言います。そういう言い方はサルデーニャ以外にあるのかどうかわかりません、あまりほかでは聞かない。田園の中にぽつりとある教会で、町と密接に結びついている。

サン・ジャコモとサンタ・マルゲリータ、この二つが本来は古い集落の教会だった。村がなくなって、みんなこっちに引っ越してきた。だけど、祭りの日に聖人の里帰りをするのです。宗教行列をして行く。一晩ここに聖人の像を置いて、みんなでお祈りをして、フェスタをやって、スペクタクルを楽しみ、そして翌日、町へ戻ってくる。そういう田園との交流が活発に続いているのです。

今は、トラクターで聖人の像を運んでしまうのですが、かつては牛が車を引っ張っていたのです。多分、比較的最近までこういうのがあったのではと思います。

羊飼いのバルバージア地方

次に、サルデーニャ中部のバルバージア地方のほうへ移動していきましょう。羊飼いがもっといっぱい出てくるところです。もちろんカンピダーノにも羊の群れがいっぱい戯れているのですが、羊飼いといえば、何といっても内陸部の丘や山間の町です。そこはほんとうに迷路です。例えばサルーレ、ソルゴノの町では、ちょっとずつ空間構造は違うのですが、ヌラーゲの集落みたいに複雑に入り組んでいます。

アリッツォなど、山間の町の古い写真をみると、木のバルコニーがいっぱい出てくる。なぜかというと、湿潤で木材がとれるのです。それで、外階段やバルコニーに木造のものもたくさんつくって、冬は寒くて内側を閉じるのですが、夏は結構暑いものですから、戸外の生活を楽しむというように、非常に特徴ある景観をつくり出しています。現在も幾つか残っていましたが、早く手を打たないと完全になくなってしまうと思います。

ソルゴノの町でなかなかいいお宅を見つけました。すごくチャーミングなおばあちゃんが住んでいるところでして、道路からはいると、手前右手にワイン倉があり、その奥に中庭がある。それを囲んで二階にスレンダーな繊細な木のバルコニーがついていて、一階には家族が集まる団欒の台所、そして奥に動物小屋とチーズ小屋がある。裏手には菜園があり、ここも羊飼いの家だったのです。

20世紀初頭のアリッツォ

こういう古い家がほんとうによく残っていたなと思います。このご婦人によると、父親が、子供のころからいろいろ話をしてくれたということで、室名も全部覚えていたのです、しかも地元の方言で。二五〇年前の建物です。我々が見つけた中で一番古いものの一つでした。台所のたたきの床もオリジナルです。老朽化したからこれを壊すというので、いい家ですから是非大切にして下さい、と言ってきました。その気になってくれたかもしれません。

羊飼いの家

次は、もっと山の中に入ったところにあるサントゥ・ルッスルジュです。サルデーニャの固有名詞というのはほんとうに独特でして、なかなか覚えにくいのですが、おもしろい名前です。この町は山間にあり、ゆるやかな丘の斜面の典型的な立地です。イタリアの中部に丘の上の町がたくさんあるのをご存じだと思います。シエナ、アッシジ、ペルージア、みんな丘の上に偉そうに自己主張をして建物をそびえさせています。それに対し、サルデーニャの町の外から見た表情は優しいのです。山間の中の斜面にひそむようにある。日本と少し似ているのではないかと思います、日本よりは自己主張していますが。田園の土地がいっぱいある南のカンピダーノと違って、高密に上へ上へ伸びていく。

谷間の窪地に広がるサントゥ・ルッスルジュ

町には道路が密度高く巡り、小振りの建物がいっぱい詰まっている。断面を切って、二軒の家を調べたのですが、一方は、一階はすぐ裏が崖になっていまして、そこに家畜を飼っていました。なかなかおもしろい家でした。

羊飼いの町というのは、原則的にみんな平等なのです。十九世紀になると有力家の館がいくつも出てくるのですが、基本的にはみんな一匹狼。みんな羊を自分で持っていて、独立している。みんな自分でパン焼きがまを持っているし、人のために働くのではないのです。

斜面を利用して、だんだん上へ伸びていく。一階は動物小屋で、上に人が住んでいるというケースもしばしば出てきます。古い写真にあった木の

トナーラの木製の外階段をもつ住宅

アリッツォの古いパン焼きがま

オリエーナの袋小路を囲う住居群

外階段の残っている家を、ようやく見つけました。サルデーニャのような、ほんとうに古いものが残っていると思われるところでも、やはり着実に、近代化で本物が失われていっているのが現実です。

斜面に建つ家も多いのですが、一階が家畜小屋で、二階がリビング兼台所、上が寝室。上にも入口があり、二階あるいは三階に入るのです。しばしば動物の熱でヒーターになり、冬暖かい。プーリアとかシチリアなどの南のほうに行きますと、もっとすごくて、人間と家畜が同じ家の中に住んでいるというケースが結構ある。オリジナルの古い時代のパン焼きがまもありました。

おもしろい特徴として、みんな建物の入口の前など、外のちょっとした段のあるところに座りたがる。これはシチリア、サルデーニャの特徴です。シチリアのアグリジェントの近くのシャッカという町で調査した時も、やはりみんな座っているのです。

少し北にあるオリエーナは、東の海に近いところで、より地中海的になってきます。袋小路のような共有の中庭が出てきて、外階段も多い。南イタリアのチステルニーノなどに近い。こういうところは四家族ぐらい住んでいるのですが、その中で恋が芽生えて、結婚して、親戚になったとか、そういう血縁関係がある場合が結構あります。こういう観点から調べていくのもおもしろいです。

田園にあるノヴェナーリオ

最後にノヴェナーリオという、興味深い宗教的な施設があるので、それを紹介します。南のカンピダーノ地方の田園の教会というのは、田園の中にポツンとあって、樹木で囲われて聖域をつくっている。行ってすぐ戻ってくる感じなのですが、中部サルデーニャには、ノヴェナーリオという立派な聖域としての田園の教会があります。

ソルゴノの田園にあるサン・マウロ教会

ノヴェーナというのは、聖人の祭りの前に九日間お祈りをする期間のことです。最後は華やかなフェスタになり、そのために町からこの聖域へ移動するのです。

ソルゴノには、町から四―五キロほど離れたあたりにサン・マウロというノヴェナーリオがあります。教会があって、そのまわりにムリステネスという宿泊できる施設があります。

聖人の祭りというのは、夏場が多い。祭りのときにマーケットが立つので、専用のマーケット施設がある。ノヴェナーリオはどれもいい場所にある。必ず高台の見晴らしのきくすばらしい場所を選んでいるのです。ヌラーゲが一つ残っているので、やはり何らかの聖なるイメージがあったかもしれません。

ノヴェナーリオがどんな場所にどんなふうにできているのかを調べました。

おもしろい例で、サン・ジェミリアーノ教会というのは、川を越えた向こう側のほうにあるヴィラノーヴァ・トルスケドゥという町に帰属しています。かつては町から延々と宗教行列を行い、川を越えるところで船に聖人の像を乗せて、その後また行列で来た、ということです。今はこのノヴェナーリオの周りで、九月十五日と十六日に宗教行列を行います。普通、教会というのは東西に向いている。西側に正面、ファサード、東側に祭壇、内陣を向ける。ところが、ここはほぼ南を向いています。なぜかというと、この近くにあるヌラーゲと谷の向こうのヌラーゲを結んだ軸の上に、その向きに合わせて教会がつくられたからです。

バカンス村化するノヴェナーリオ

このように聖なるものを受け継ぎながらつくられているノヴェナーリオが多いのです。ギラルツァという町の近郊には、ノヴェナーリオが四つあります。このように町で幾つも持っている場合もあります。ギラルツァの四つのうちの一つ、サン・セラフィーノのノヴェナーリオは、比較的新しい時期にできた人工的な湖に視界を開いています。かつてから風光明媚なパノラマが開ける場所だったと思われます。

ここにローマの石も保存されているのですが、ビザンティン時代の教会の跡の上に現在の教会ができていて、ギラルツァのノヴェナーリオになっている。ここはかつてやはり集落があった跡だそうです。それが今のギラルツァに移っていったのです。

入口から広場へ入っていきますと、パノラマが開けます。場所を実にうまく選んでいます。おもしろいことに、連綿と宗教的なものとして続いてきたこういうところが、実にいい場所にあるので、だんだん夏のバカンス村になっていくのです。つまり、どんどん増築していく。大勢の人たちがここへ来て夏を過ごす。宗教的な拠点が、聖なる場所が、現在のリゾートと言うか、ローカルなバカンス村になっている。その土地の所有とか管理の仕方はさまざまにあるのですが、これもなかなかおもしろい現代の聖域の発展形だと思います。

祭礼のため田園の教会に向う人々

ゴナーレ聖母教会は、サルーレという町とオラーニという町の共有の、ダイナミックなノヴェナーリオです。高台の頂上に教会がある。麓のノヴェナーリオで宿泊して、祈りとフェスタをします。頂上までの急な坂道の途中に、キリストの受難の行程を追体験する十四カ所の「十字架道行」のポイントがあり、ノヴェーナの間は毎日、上の教会へ二回上り下りしてそこで拝む。ムリステネスに宿泊するのですが、だんだんここもバカンス村みたいになってきています。山の頂上まで登ると、サルデーニャ島のかなりの部分が雄大なパノラマで見られます。

ブザキという町のサンタ・スザンナ教会には、幸い祭りの日に行くことができました。しかもここは古い集落があった跡、そこに残った教会です、みんないい場所を選んでいます。それを田園の教会、キエーザ・カンペストラとして受け継いでいます。かつては何キロも離れたところから、やはり牛の車で聖女の像を引っ張って来ていたそうです。

祈りと楽しい宴

八月十日にノヴェーナが開けるのですが、ここにずっと宿泊しながら九日間お祈りを続ける人もいます。その日にぞろぞろ町からやってきて、祭りの一番重要なところだけ参加する人などいろいろある。この辺には、日本でも祭りのときには綿菓子屋とかあめ屋が出るのと同じように、駄菓子を売っているお店が出たり、ビアホールができたり、質素ですが、なかなか楽しい雰囲気で祭りの気分を盛り上げています。

ここでは馬が非常に重要で、シエナの祭りで、裸馬にまたがって競馬をやるパリオの騎手のかなり多くがサル

サンタ・スザンナ教会の聖域から田園に出る宗教行列

デーニャ出身の人だそうです。サルデーニャ各地で、シエナのパリオをもっと素朴にしたようなパリオが行われるようです。ある町では、祭りのパレードをするときに馬が先導しますが、教会の前の広場で司祭が、馬を祝福するのです。清めるというか、感謝の念を持っているのだと思います。馬が祭りの主役です。若者が、派手な車を乗り回して女の子に格好いいところを見せるみたいに、馬で格好つけているというシーンもよく見られました。

最後に、ノヴェーナを終えた後、教会でミサを行って、次は宗教行列です。厳粛にパレードを行います。教会から出て、ノヴェナーリオの中をめぐって外へ出て、田園の中をゆっくり進みます。聖なる泉があります。ずっとめぐって、めぐって、聖女スザンナが座ったと伝えられている古代ローマの石があります。メモリアルなものをめぐりながら戻ってくる。ひょっとすると、これが昔の集落の跡かもしれません。この道筋に意味合いがあるのだと思います。

このように最後は祭りになる。ムリステネスというそれぞれの、質素な住宅なのですが、この中に家族が集まって、そして、親戚をたくさん呼んで、楽しげな宴が夜遅くまで続く。これで夏の夜がふけていくのです。

小さな町の仕組み、ライフスタイル、そういうものを通じてサルデーニャの魅力というのをもっと描いていきたいなと思っています。

地中海都市

イスラーム世界の中庭という宇宙

高度で洗練された建築文化——中庭

一九八〇年代以降、日本の都市にも、建築の内側に設けられた戸外空間としての中庭、あるいはそれにガラスの軽い覆いを架けたアトリウムと呼ぶ空間がどんどん登場してきた。オフィス、商業建築、ホテル、そして大規模な複合建築、さらには集合住宅にと、その人気はますます高まりつつある。

しかし、それは今に始まったことではない。都市のモダンな文化が華やかに開花した震災後の昭和初期に、アトリウム的な中庭がもてはやされた。商業建築ばかりか、同潤会のアパートや民間のアパートにも中庭がひんぱんに用いられた。まさにお洒落で都市的なスピリットをもった時代に中庭は必ず登場する。それは単なる機能を超えて人間の心理や身体に豊かに語りかける空間といえる。

中庭といえば、そもそも建築空間を構成する普遍的な方法の一つであり、古い都市文明を発達させた中東、地中海世界、そしてインド、中国などに広く分布している。日本でも、高度な都市文化を発達させた京都の町家に、坪庭という独特の中庭が成立した。だがその中でも、中東・地中海世界の中庭は、特に洗練された高度な建築文化を築いてきた。乾燥し、夏の暑さの厳しい地域では気候・風土に合った「中庭」の形式が、あらゆる種類の建築に用いられた。

先ず、メソポタミアの古代帝国、アッシリアやバビロニアの神殿や宮殿に広く見られた。そしてこの地域では、一般の住宅にも同時に中庭が登場し、紀元前二〇〇〇年頃に繁栄した都市、ウルでは、迷宮的な都市構造の中に中庭型住宅がぎっしり並んでいたことが考古学調査で知られている。

そもそも地中海世界では、人間が集住する長い歴史的経験から生まれた知恵が、「中庭」という形に結実していた。家族が安全で快適な暮らしができ、しかも相互にトラブルを起こさず、好ましい関係を結びながら近隣の生活を営むことができる。複雑に道路が巡る「迷宮空間」とともに、家族の生活を守るのにうってつけの建築形式として、中庭型の住宅が発達したといえる。

悠久の歴史が育んだ知恵——アラブ世界の中庭

中でも印象に残るのは、アラブ世界の住宅の中庭である。その素晴らしさに私が初めて出会ったのは、シリアのダマスクスだった。旧市街の住宅地に足を踏み入れると、複雑に入り組む迷宮空間にまずは驚かされる。狭い街路に沿って、窓のほとんどない無愛想な表情の壁が続く。

幸い、中からタイミングよく家族が出てきて、家の内部を見せてもらえる機会に恵まれた。玄関から入り、直角に折れ曲がりながら中庭に出ると、そこには閉鎖的な外部とはまったく違った美しい世界が待ち受けていた。

イーワーンから中庭を見る　ダマスクス

石の舗装で飾られた中庭の空間には、噴水と樹木があり、「地上の楽園」のような安らぎがある。町の喧騒から離れ、自然を取り込んだ居心地のよい中庭。夏の期間も、外の暑さが嘘のように快適である。中庭に開いたイーワーンと呼ばれる部屋で、棚からもぎとったばかりのブドウとカフェをご馳走になった。ここでは、まるで時が止まったかのような印象を受ける。

そのはずで、アラブの人たちは実は何千年も前から、気候・風土に合う中庭型の住宅に住み続けてきた。近代のヨーロッパが快適な住空間への志向性やアメニティの考え方を生みだすずっと前から、中東では家族のプライバシーを重んじる居心地のよい住まいを実現し、時代とともにそれを洗練させてきたのである。

二つの中庭を合わせもつポンペイの住居

古代ローマ時代の都市でも、中庭型の住宅が発達した。ポンペイの遺跡はそれをよく物語っている。ポンペイといえば、しっかりとした都市計画がなされ、中央に立派な公共的広場（フォロ）があり、格子状に規則的に配された街路は、歩道と車道に明確に分かれている。そしてまた、中庭を巧みに生かした住まいが注目される。

この都市には、「ドムス」と呼ばれる個人住宅が壁を共有してぎっしり並んでいる。その玄関を入ってすぐのところにある大広間を「アトリウム」という。もともとはエトルリア人の住宅の中庭にルーツをもち、それが古代ローマの住宅に持ち込まれ、おおいに発達した。ポンペイ住宅の背の高い広々としたアトリウムは、半分インテリア化された人工的な中庭空間で、いわゆる今日の「アトリウム」にきわめて近い。上に天窓をとり、採光すると同時に、そこから落ちる雨水は広間の中央の地中にある水槽に貯められ、有効に利用された。床はモザイクで美しく舗装され、周囲はフレスコの壁画が描かれている。昼間は玄関の扉が開かれ、誰でも入れる半公的空間であったという。

ポンペイのドムス型住宅には、奥にもう一つ、自然の要素を取り込んだ庭園のイメージをもつ「ペリステュリウム」という中庭が設けられている。アトリウムより少し遅れ、紀元前二世紀頃、ヘレニズム世界からもたらされたもので、柱廊の巡る開放的な空間であり、私的性格の強いくつろぎの空間である。こうして異なる性格をもった二つの中庭を合わせもつというのは、都市に住む上で、最高の贅沢であった。いずれの中庭でも、まわりをぐるりと部屋が囲い、人々の生活は地上のレベルで戸外空間と密接に結びついて開放的に繰り広げられた。これがまさに地中海的な暮らしである。

私は学生時代、ポンペイ住宅の調査に参加する機会があり、ふた夏、典型的な中庭型の住宅で働いたことがある。復元されて屋根がかかっていたので、本来の室内での生活環境も想像ができた。このアトリウムにいると、爽やかな風が通り、実に気分がよい。ナポリ周辺の開放的な気候・風土にぴったりの空間装置であることを実感できた。

建築全体が舞台装置

こうした住宅の中庭は、イタリアには後の時代にも形を変えながら広く用いられた。ポンペイと同じ文化圏のナポリの中心部を歩くと興味深い。ギリシア植民都市を受け継ぐ短冊形の街区の中に、中庭型の高層住宅がぎっしり建っているのである。開放的な気候だけに、正面の階段室もセミオープンなつくりで、舞台装置的な面白さをもっている。中庭の上部は空に抜けているとはいえ、高い壁面でまわりを囲われているから、人工空間的なアトリウムの雰囲気をもつ。敷地に余裕があると、その背後には緑溢れる庭園がとられ、ここでもポンペイのペリステュリウムとの共通性を見せる。

古代の中庭文化を積極的に評価し、発展させたのは、ルネサンスからバロックにかけての時代だった。特に、貴族たちが都市に構えたパラッツォと呼ばれる邸宅は、回廊の巡る中庭空間を中央にとり、ステイタス・シンボルであると同時に、演劇やスペクタクルを催す空間としても活用した。

ローマから北へ六十キロほどの内陸部に、カプラローラという魅力的な丘上の小都市がある。その領主だったファルネーゼ家が建設したパラッツォ・ファルネーゼというルネサンス時代の名建築がある。背後の斜面に美しい庭園を配する堂々たる館は、五角形の平面構成に円形の中庭をもつという意外性に富んだ面白い建築である。そこを舞台に行われた、ある建築保存関係の国際会議のフェアウェル・パーティーに参加したことがある。演劇的効果を考えて設計されたリズミカルに柱廊が巡る円形の中庭空間で、ルネサンス的な音楽と舞踏のスペクタクルが繰り広げられる。ワイングラスを手に、その華麗なパフォーマンスを二階のギャラリーから堪能する。まさに建築全体が大きな劇場に転じるのである。

イタリア人は、今でもこうした建築や都市の空間の活用が巧みである。ちなみに、この同じ国際会議のオープニング・パーティーは、ローマのテヴェレ川沿いに聳えるサンタンジェロ城（古代のハドリアヌス帝の墓廟）の上部の外周を巡る空中ギャラリーを利用して華やかに行われた。夕暮れ時のローマの爽やかな空気の中で、永遠の都の壮大なパノラマを眺めながら、ワインでお喋りを楽しむ気分は、最高であった。

ルネサンス期のパラッツォ

ところで、パラッツォ（palazzo）という言葉は、イタリアの都市を理解するためのキーワードの一つである。英語のパレスに当たるが、支配者のための宮殿ばかりか、むしろ貴族たちが住む都市の邸宅を広く意味する。このような建築が登場し、都市を華やかに飾るようになったのがルネサンス時代のフィレンツェであった。そのパラッツォもアトリウム的な中庭を見せる。観光名所になっているメディチ家の館がその代表で、建築家ミケロッツォの設計になる。もともと中世の建て込んだ古い都心に家を構えていたメディチ家はちょっと郊外に出た新しい地区の角地に、遠近法の効果を生かして、堂々たるパラッツォをつくったのである。ルスティカ（粗面積《そめんづ》み）仕上げの重厚な外観に対して、中庭側を軽快な回廊の巡るヒューマン・スケールの空間にしているのが特徴である。この時代になって、西欧でもようやく快適でしかも華やかな暮らしの舞台を実現する考え方が登場したのである。

十五世紀後半から十六世紀にかけて、フィレンツェには数多くの立派なパラッツォがつくられた。どれも華やかな正面（ファサード）と中庭、そしてしばしば美しい庭園を兼ね備えていた。パラッツォはルネサンスの宮廷文化の舞台であり、その大広間や中庭で、あるいは庭園で、演劇的なスペクタクル、そして祝祭が繰り広げられた。多くのアーティストがその演出家として活躍したことも知られる。

すべての建築が中庭型

では、中庭が最も発達したアラブのイスラーム世界に目を向けよう。ここでは、住宅に限らず、全ての建築に中庭型が用いられてきた。モスク、マドラサ（学校）、ハーン（隊商宿）、病院など、宗教建築や公共建築もすべて、中庭を囲う形式を示す。高密な都市を組み立てる基本ユニットとして、こうした中庭型の建築はふさわしい。中庭に入ると、都市の喧騒を逃れ、落ち着きのある雰囲気が漂っている。水（泉）と緑（樹木）を取り込んだ居心地のよい中庭は、アラブ人の「地上に楽園を実現する」という考え方をまさに実現しているように見える。

石や煉瓦、あるいは日干し煉瓦を積んで壁をつくる方法にとっては、中庭を残して、まわりをぐるりと敷地一杯に建物で囲うやり方が、土地利用の効率からみても合理的である。

それぞれの建物の内部に良好な環境を保証しながら、高密度な市街地を形成できるのである。中庭をもつ住宅が、まるで細胞が増殖するように有機的に広がった迷宮のような都市が、アラブ・イスラーム世界の大きな特徴だが、それなりに空間を組み立てる秩序をもち、一つひとつの家の中には、何とも快適なミクロ・コスモスが実現されているのに驚かされる。イスラーム社会で最も重要な家族のプライバシーを守る上でも、外から覗かれない中庭型の住宅はまことに都合がよかった。もっぱら中庭の側を美しく飾り、街路の側を殺風景な壁にする住宅のつくり方は、外から見て、貧富の差、階級の違いが目立たないという意味でも、イスラームの考え方にかなっていた。

水と緑を取り込むイスラーム世界の中庭　ウルファ

中庭に対する二つの志向性——イランとシリア

同じイスラーム地域でも、その中庭のイメージには違いがある。大きく分けると、先ず、中庭をポンペイのペリステュリウムのようにゆったりととり、しかもプールを設け、庭園のような空間にする志向性をもつ系譜がある。これは特にイランの各地に見られる。日干し煉瓦でつくられた住宅は普通、一階とせいぜい半地階しかもたず、中庭はゆったりとられている。古代ペルシア以来の伝統で、庭園への願望が強いように見える。

シリアの住宅は、それに比べると中庭がだいぶインテリア化してくる。大理石で美しく舗装され、半戸外の居間であるイーワーンとその前あたりの中庭空間が、接客にもよく使われる戸外サロンになる。調査で訪ねた私たちが、お茶やコーヒーでもてなされるのも、いつもこの辺である。中庭の中央には噴水がとられ、まわりに柑橘類やジャスミンの樹が植えられて、「地上の楽園」の雰囲気を醸し出している。噴水は見た目の涼しさ、そしてサウンド・スケープ（音の風景）として感じられる涼しさだけでなく、気化熱を奪い、実際に気温を下げる働きをするから、厳しい暑さが続く夏の期間にも快適に過ごせる。また、広い中庭側と狭い道路の側で日の当たり方が違い、気圧の微妙な差が生まれるため、小さな開口部を通じて、中庭に微風が流れ、快適な環境も生まれるという。こうして、外部の世界がいくら厳しい環境であっても、個々の家の内側に居心地のよいミクロ気象をつくり出せる。長い歴史的経験が生んだ知恵である。

中庭に開くイーワーンは夏の居間であり、直射日光を避けるため北向きに配置される。逆に、その対面には冬用の日当たりのよい居間がとられ、季節によって居場所を変えられる。またシリアでは、中庭を囲んで、一階はパブリックな性格をもち、接客や昼間のリビングに用いられる。それに対し、二階は私的性格が強く、男の外来者があると女性は自分たちの寝室に入って出てこない。このようにイスラーム社会の中庭型住宅は、その使い方がフレキシブルで実に興味深い。

エジプトとチュニジアの中庭住宅

カイロの旧市街にも、古くて、立派な邸宅が老朽化しながらも数多く残されている。修復が進み、公開されているものもある。早くから巨大都市として発展を遂げただけに、市街地の高密化が進み、住宅は三階、四階へと垂直方向へ伸びるようになった。生活はヨーロッパの邸宅と同様、二階以上で行われ、他のアラブ都市のように中庭を生活空間の延長のように使うことは少なくなる。それに代わって、二階の室内に噴水のある快適な大広間をとることが実現した。そこで催された祝宴の場を想像するだけで、楽しくなる。一方、周囲を高く囲われた中庭にいると、ちょっとイタリアのパラッツォの中庭にいるような気分になる。それでも中庭に面した二階のレベルに、いかにもアラブ文化らしく、半戸外のロッジア（開廊）が、やはり夏の快適さを考えた北向きの居間として設けられている。

チュニスをはじめ、チュニジア都市の住宅は、中庭には緑をほとんど入れず、人工的な美しい戸外サロンとなっている。そこにカーペットを敷いてくつろぐ女性たちの姿もよく見る。テレビを中庭に置いて見ている家もある。緑への欲求は、田園にもつセカンドハウスで満たすという家族も多い。

モロッコの中庭住宅

中庭が美しく飾られ、最も人工空間化しているのが、モロッコの住宅である。西アジアのアラブ、ペルシア世界に比べれば、比較的温暖で雨も降り、地中海性気候に近いともいえる。その代表的な都市であるフェズやメクネスで調査した住宅はどれも、いわゆる「アトリウム」にきわめて近い性格をもっている。

中庭の面積に対して、周囲の壁の立ち上がりが高く、まさにポンペイのアトリウムのような感じを与える。床も腰壁もタイルで美しく飾られた中庭は、まわりに対称形に配された部屋と一体となり、大家族の共有の生活空間として、また大勢を招いて宴会を行う接客空間としても活発に使われる。泉富裕な家族の邸宅ほど、緑もなく、半分室内のサロンの雰囲気である。もはや、方位や自然条件によって内部の構成が左右されることが少ない。

中庭を居間として利用する住宅　メクネス

比較的雨の降るフェズでは、中庭の上に簡単な屋根をのせ、完全に室内化している住宅も少なくない。こうなると中庭が内部の広間となり、そこに家具が置かれ、生活の場そのものになる。都市に住む優れたセンスを発達させたアラブ世界の旧市街では、このように中庭が今なお人々の暮らしの中で有効に使われている。

日本のように湿気が多く、通気が重要な国では、京都の坪庭のような伝統は見られるものの、閉じた本格的な中庭型住宅は発達しなかった。だが、市街地に建つ近年のマンションなどの集合住宅を見ると、いやがおうでも、中庭を中心とする配置をとるものがふえている。だがその多くは、単に採光・通風や動線だけで考えられ、いかにも冷たく、空間の魅力に欠けている。アトリウムをもつファッショナブルな文化的、商業的な建築だけでなく、都心に快適にゆったりと暮らすための住宅を考えるにも、地中海世界の中庭型住宅が育んだ人々のライフスタイルは、私たちに大きなインスピレーションを与えてくれるに違いない。

迷宮都市・チュニス

バナキュラー都市の中の合理性

今日はいろいろな時代のものを話します。大きく分ければ歴史的時代と近代。その歴史的時代でも、古代というのはだいたい都市を計画的につくり、中世は迷宮的につくる。中世でも後半の十二―十三世紀になるとニュータウンができるのです。道路は真っ直ぐで、広いほうがいい、という考え方は十二世紀からです。十三世紀にはニュータウンがつくられる。それ以前の町は非常に迷宮的です。じつは、イタリアや地中海の都市が魅力的なのは、計画的な側面と迷宮的な側面の組合せ、重なりが非常に面白いからです。

中世の都市といっても、迷宮だけで片付けるのではなく、このなかにある計画性も見ていかなければなりません。従来は、バナキュラーとか自然発生的と片付けられてきましたが、そんなことはないわけで、本当は近代の計画などとは全然違う、いろいろな側面を考えた本質的な計画性、合理性というものがこのなかにはあるということも重要です。住宅から都市までが有機的にでき上がっている、関係性の密度が高い、コンテクストが面白くできている、というのが特徴です。地中海の都市はこういう様相を本当にたっぷり持っているので町並み研究にはとても面白い地域なのです。

次に、近代になると当然、様相が変わってくるわけですが、もちろん近代でも時代によって違います。十九世紀の後半から、地中海世界の都市では城壁で囲われた旧市街の外側に新しい街区を計画的につくっていき、真っ直ぐな道路に面して中層の建物がぎっしり連なります。ローマの近郊などでは、一九五〇年代になると、マンションや集合住宅は必ずしも道路には面さず、街区の内側に緑の空地をとるようにもなります。

また、同じ都市のなかにいろいろな階層が住んでいる。イタリアの場合は、貴族のパラッツォというのがあり、だいたい中庭型です。これがフランスなどへ行くと、ブルジョアジー、中流の人たちの都市型の住宅にも中庭が入ってきますが、もともとはイタリアの貴族邸宅に中庭型が多いのです。一方、庶民はどういうところに住んでいるかというと、いわゆるタウンハウスのようなものもありますが、南イタリアへ行くと袋小路を囲んで小さい建物が並んでいます。これが面白いのです。日本の長屋、袋小路、路地のようなものが同じ都市のなかに巧みに組み込まれて、それぞれの町並みをつくっているのです。

日本でも長屋とか、戸建て住宅、あるいはコンドミニアム、そういう傾向を見ていくうえでも当然ながら、その階級、地域、どんな時代にできたのか、こういうことでさまざまなタイプ分けができます。現在は日本の都市でどういうニーズがあるのか、どういう町並みが求められているのか、そういうことを考えるうえで歴史的なインスピレーションを、地中海のいろいろなバラエティのある空間が与えてくれるのではないかと思います。

大モスクとスーク

迷宮都市の代表のひとつ、チュニスを見てみます。チュニスはチュニジアの首都で、古代にすでに町があったと考えられるのですが、どのくらいそれが受け継がれているかはなかなかわからない。いま見ている姿は八、九世紀からずっと積み重なってできたものです。内メディナと外メディナの二重の城郭があり、十九世紀にフランスが統治したので現在は城壁の外に新市街が広がっています。旧市街は歴史的な空間で、ぎっしり建物が詰まっているわけです。古代にあった都市はやはり碁盤目型だったのですが、あまり強く規定しないでどんどん変容していったためにイレギュラーな空間に見えます。しかしこのなかに、よく考えられた建築の構成とそれが集合してつくられる都市空間や町並みがあって、われわれにとってなかなか面白いと思います。

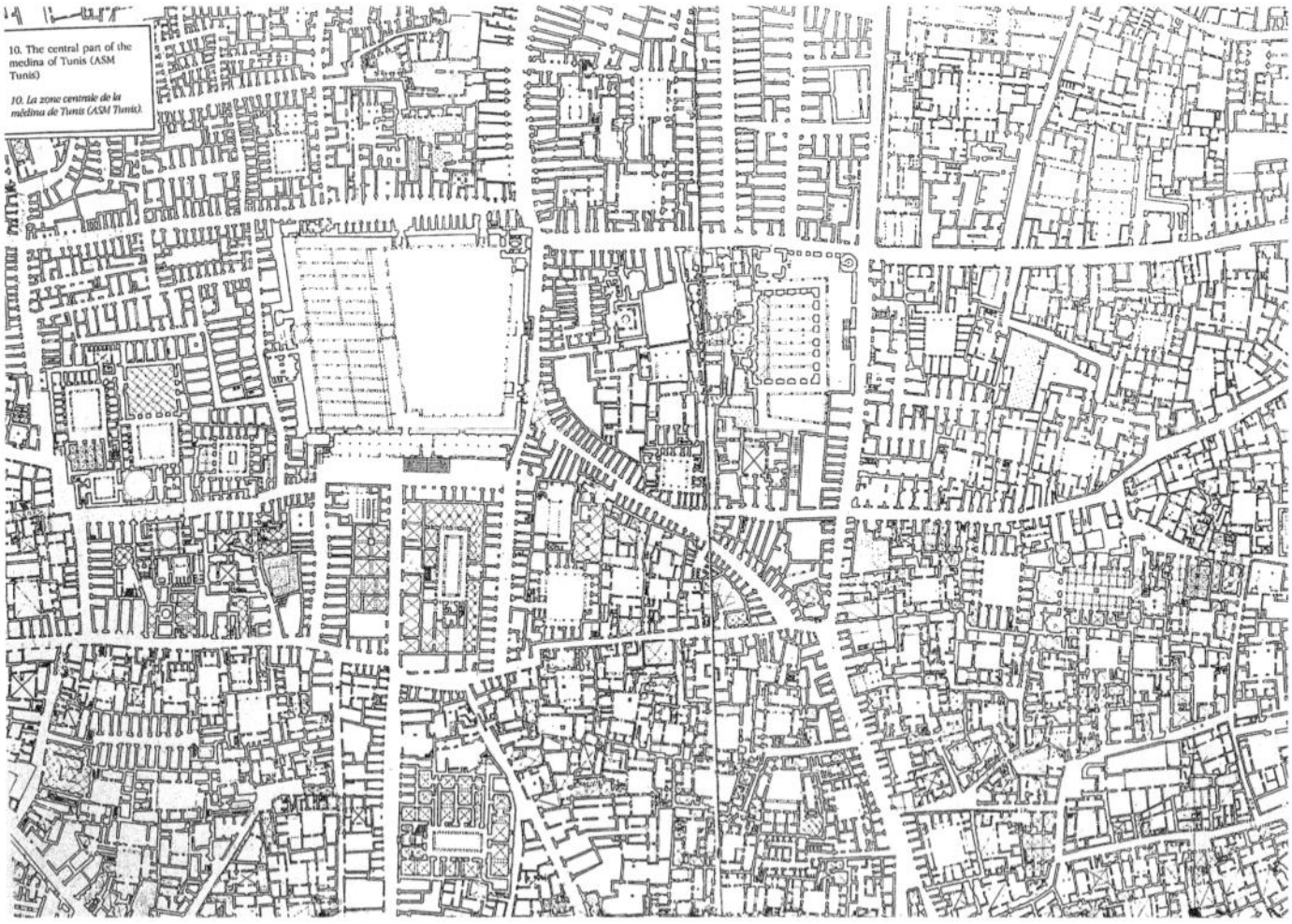

大モスクを中心にスークの商業空間が広がる

大きく見ると中心に大モスクがあり、その周辺がすべて商業空間です。「スーク」といいますが、大きな商業空間で厳密にいうと、ひとつひとつの道が個々のスークなのです。カーペットとか、布地、スリッパ、貴金属など業種ごとに分かれていて、スークの入口のところに鍵がかかるところも多いのです。その裏手には中庭型の大きな建物が並ぶのですが、その多くはハーンといって隊商宿です。同時に公衆浴場など、いろいろな施設が背後にできています。

それから住宅も中庭型です。日本の町家では、職住が一体となって店を構えてそこに住んでいました。しかし、イスラーム圏ではスークには人が住んでいないのです。できるだけアーケードをかけて、人工空間化しています。

イスラーム圏ではモスクと周りのスークのもつ中心の求心力がいまも強く、迷宮的でわかりにくいということが一方でありますが、ある意味で機能が非常に合理的にレイアウトされていて使いやすい。そして、シンボル性や求心性がある。個々の建築や都市空間の演出が、たいへん細やか

モスクから連なるメインストリートの様子

に考えられ、象徴性を高めるように工夫されています。

たとえば、大モスクから連なるひとつのメインストリートがあるのですが、重要な施設がくるところにはトンネルを架けます。このなかに、ハンマームという公衆浴場があって、床屋も入っている。入口には、柱に二色のねじりん棒のように装飾をして、いかにもモニュメント、あるいは公共のコミュニティ施設であることをサインとして訴えかけているのです。かつてのイスラームの教育施設で大学のようなものだった建物が、現在はミュージアムになっており、かつてはここに大勢の学生が泊まり、勉強は大モスクの施設をつかっていたのです。

公と私のゾーニング

イスラーム圏の大きな特徴として、外部にあまり華やかで立派なつくりを見せようとせず、どちらかというと内側に隠す。したがって街路景観は質素です。外観上は質素で、迷宮的で、それほど華やかさは持たない。むしろ中心の商業空間のところに活気と華やかさがある。そのようにパブリックな中心区域とプライベート性を大切にする住宅地を分けている。ところが住宅も、一歩なかに入ると、とても華やかです。かつて首相を務めたという富豪の家では、入口から直角に曲がって入ると、やがてメインの接客空間があり、寝室になっています。そして中庭から振り分けられるように、空間ユニットが周りに配置されているという典型的なつくりです。

都市に住む人々にとっては、空間のクオリティが重要ですが、地中海の古い文明を継承して発展させたところは非常に早くから居心地のよさ、快適性、アメニティというものを追求しました。家族の生活の場を、しっかりと質の高いものを家のなかに保証して、そして外部も演出している。一方で、都心の公共空間はまた非常にお金をかけて立派に、そして快適で魅力のあるものにしている。そういう様子が、いまのイスラーム世界の都市を観察していても非常によくわかります。

このようにイスラーム圏では、商業がメインの賑やかな公共的中心と落ち着きと安全が重要な住宅地、この両方の巧みな組み合わせを見ていく必要があります。

袋小路と中庭型住宅

チュニスにおける典型的な都市空間のタイプというものを取り上げてみましょう。先ず、奥まった所に位置する豪邸を見ます。いまはミュージアムになっています。メインの通りから引っ張り込んでトンネルがあり、さらに引っ張り込んで、もうひとつトンネルをくぐって入口があります。プライバシーを守るため、L形に曲がって中庭に入る。質の高い安定した美しい空間がそこにあります。同じように、メインストリートから袋小路に引き込んだ奥に、わざわざ立派な家を構えている家もあります。

次は庶民の家です。中世の後半にできているので、ニュータウンのようにやはり計画性が強い。昔から培った計画技術をスマートに、システマティックに導入してつくられた歴史ゾーンであり、すっきりしています。メインストリートから枝分かれして、背割り線を通してほぼ同じようなユニットを並べて、標準化しています。

迷宮のなかに取られた古い庶民の家のプランで、小さいのですがみんな中庭を持っていて、袋小路のどんづまりにあります。こうして、どんな階層も安定した中庭型の住宅をつくっていて、都市空間が形成されているという理屈がだんだんわかってきます。

最も庶民的な家の内部は、装飾要素は全然ないのですが、空間のつくり方はやはり中庭をもつ点でよく似ています。風土、環境、建築材料、そして高密度につくっていくノウハウ、そういうところではいずれも共通しているのです。

アラブの都市について、もうひとつ知っておきたいことがあります。チュニスの典型的な街区、メインストリートがあり、大きめの街区のなかにたくさんの住戸が入っているのですが、袋小路でアプローチする家がずいぶんあるのです。もちろん外周の道路から入る家もあるのですが、できたら袋小路から入りたいという願望がある。なぜならそのほうが安全で、快適なのです。都市の喧騒からも守れる。

袋小路の入口にはかつてはゲートをつけて、都市のパブリックスペースから近隣のセミ・パブリックスペースへ入るところを仕分けていました。内側はここに住んでいる人たちの空間なので、外来者は心理的に入りにくいし、だから安全で、子供たちも自分たちの庭のように遊べるわけです。このように、パブリックなものからプライベートなものまで分節化がたいへん上手にできているのがアラブの都市なのです。家は外に対して窓が適当に開いていますが、そこから都市の雰囲気、気配を感じながら、町のなかで暮らしている。だけど基本的には、中庭に開いているということなのです。

地中海世界の大きな特徴のもうひとつは、中に入るとまったく表情が変わって、典型的な中流の家でも、地面とのつながりが非常に強いことです。中庭は戸外のサロンのように、部屋の延長上として使われているケースが多い。地べたにカーペットを敷いてくつろいでいますが、気候風土もいいですから、外で過ごすと気持ちがいい。部屋と外がつながっている感じです。

先ほど、迷宮のなかに視覚的な面白い演出をしていると言いましたが、下手をすれば鬱陶しくて、歩きにくい町になります。そこで、快適で楽しく歩けるように視覚的なデザイン演出がずいぶん成されています。たとえば、典型的なものとして、泉、水汲み場があり、これをT型に交わる道のアイストップのところに置いて象徴的なスポットをつくっています。それから住宅の入口がアクセントになっています。とくにアーチにはブルーがよく使われます。地区の生活に密着した雑貨屋もアイストップの位置に必ず置かれています。そうやって、迷宮なのですが、視覚的なある種の秩序が生まれています。まさに生きられた空間がどんどん意味を加えていくということになります。

マラケシュ——迷宮・身体のリズムとの共鳴

若者に人気の迷宮空間

最近の東京で、若者の間で人気のある場所というと、複雑に入り組んだ迷宮的な雰囲気をもった所が不思議に多い。渋谷、原宿、下北沢などの遊び感覚に溢れた繁華街ばかりか、谷中、神楽坂、そして北千住といった歴史性をもち、落ち着いた中にも変化に富んだ表情のある界隈が注目されている。

車がない時代にできた道ばかりだから、そのスケールが親密で、身体にぴたりと合う。地形のあやを読んでいるため、微妙な曲がりが具合よい。見通しのきかない変化に富んだ空間は、どこか期待感を抱かせる。そして何よりも繊細な空間感覚を満足させてくれるのである。

さらに、歴史的な場所であればあるほど、宗教空間も入り込んで聖と俗が混在し、また店や工房の職場に住まい、あるいは遊びの場が組み込まれ、機能が様々に重なった面白さがある。近代都市計画でできた、機能と効率を追求し、形態も機能もすっきりと整理された空間とはまったく異なる、多様性と演劇的な華やぎがあるのである。

東京ばかりではない。古い都市文明を基層にもつ地中海世界には、こうした迷宮性をもった複雑な空間が、どの地域にもたくさん存在する。歴史の中でつくられ、様々な要素が複合的に絡まり合う変化に富んだ空間は、私たちの感覚を心地よく刺激し、また不思議に身体のリズムと共鳴する。

二十一世紀を迎えた今日、ものごとを合理性や機能性、経済性だけで判断し、社会や環境を組織しようとする近代の直線的な発想だけでは、人間はもはや生きられないだろう。矛盾や非合理的なことも含めて複雑に織り成されている糸の絡まりを解き明かすラビリンス（迷宮）的な発想が必要であり、またそうした渾沌とした状況をも取り込んだ新しい秩序を生み出すことが重要だと思えるのである。都市空間についても、まさにそうした柔らかい発想が求められている。

となると、地中海世界は、願ってもない発想の宝庫といえよう。地中海都市は単純ではない。都市をつくる長い経験を駆使して、色々な機能を組み合わせ、互いの利害を調整しながら、高密で複雑なプログラムをもつ生活空間を築き上げた。こうして、ぎっしり詰まっていながら、内部に快適性を常に実現し、しかもシンボリズムを追求して、場所や空間に精神的な意味を生み出してきた。近代都市には望むべくもないような、劇的な空間の構成が随所に見られる。それは単に視覚的秩序や頭で考えた理屈というよりは、人間の身体感覚とか人々の振る舞い方など、あらゆるものを総合して生まれた秩序であり、何千年もの経験に裏打ちされたものといえよう。

観念の中の迷宮

日本も地中海世界も迷宮的な空間が好きな点では共通するが、一つ違いがある。地中海の世界には、観念の中の迷宮というものが歴史的に存在してきた。それは有名なクレタ島の迷宮（ギリシア語のラビュリントス）にまつわる神話にさかのぼる。すなわち、クレタ王のミノスは、王妃パーシパエと牝牛の間に生まれた牛頭人身の怪物ミノタウロスを閉じ込めておく迷宮を天才工人ダイダロスに建設させた。英雄テセウスが、ミノス王の娘アリアドネの手渡した糸の導きで、ミノタウロスを退治した後、迷宮から無事に脱出したという。

この古代クレタの迷宮神話を象徴的に表現する迷宮図が、以後、ヨーロッパの歴史の中に繰り返し登場することになった。それは死の象徴とも、母体への回帰、すなわち再生を意味するともいわれる。あるいは螺旋やラビリンスは、複雑に折れ曲がったコースをたどることによって、人間の罪が浄化され、神性に近づくという意味をもったとされる。いずれにしても、迷宮は神話的イメージと結びついた空間である。こうして西洋世界には、観念としての迷宮が生まれ、いつの時代にも大きな力をもった。古代ローマの住宅や別荘の床に、見事なモザイクの迷宮が描かれた、また中世のキリスト教の教会堂の床にも、それと同じような迷宮の装飾パターンが描かれた。そして、合理性を追求したはずのルネサンスの時代、幾何学的に構成されたイタリア庭園の中に、迷宮の造型が好んでつくられたのである。

地中海世界には、二つの原理が表裏一体に存在する。素晴らしいプロポーションをもち、太陽の下で輝くようなギリシア神殿のもつ、美しい秩序。ギリシア植民都市やローマの都市に見られた大掛かりな秩序のある都市計画。こうした高い知性と優れた造形センスで輝く秩序のある空間を生み出しながら、もう一方で、複雑に糸が絡まった中に人間の内面世界と根源的に結びついた迷宮への志向性を同時にもったということが、興味深い。

ラビリンス空間をもつ都市の形成

こうした観念の中の迷宮が存在したばかりか、地中海世界では、実際の都市そのものが迷宮的に形成されるという特徴を示してきた。特に、南イタリアやスペイン、そしてイスラーム圏の都市は、必ずその中心に古いラビリンスの空間をもっている。

外敵の侵入を防ぐ防御の意味もあったが、より根源的には家族のプライバシー、私的生活を大切にするという発想と結びついていた。外来者にはわかりにくく、心理的に入りづらい空間であるのに対し、そこに住む人々には、逆に自分たちの縄張りにできる、馴染みのある使いやすい空間となるのである。近隣のコミュニティにとっては、その方がずっと価値がある。

南イタリアやアンダルシアの都市ばかりか、実はヨーロッパの多くの都市が、中世にはアラブのイスラーム都市に通じるような空間の体質をもっていた。ルネサンスの時代が近づくと、道は真っ直ぐの方がよいという考えが強まり、やがてパースペクティブ（遠近法）の原理にのっとる秩序ある空間が登場し、さらにバロックの時代には、どこまでも突き抜ける街路が都市を貫くようになった。そして近代。直線的で幾何学的、さらには均一なグリッド（格子）による空間が支配的になり、迷宮性のもつ価値は完全に忘れ去られた。

世界有数の迷宮都市マラケシュ

だが、近年、ヨーロッパ都市の旧市街では、車を締め出し、歩行者に開放された魅力ある空間を実現している。その多くは、中世に形成された迷宮的な変化に富んだ空間であり、そこを歩く楽しさが人々の心を捉えているのである。

マラケシュ――喧騒と静寂のコントラスト

地中海世界のイスラーム圏でも、最もラビリンス度が高いのは、モロッコの都市であろう。幸い、私の研究室のＯＢ、今村文明氏が青年海外協力隊の仕事で長く現地に滞在し、この国の迷宮都市を歩き回っていたので、彼を案内人として各地で調査ができた。

ここでは、フェズと並び、モロッコを代表する迷宮都市、マラケシュを訪ねてみたい。複雑きわまりなく見えるこの都市が、一体どんな空間的な成り立ちをしているのか、その秘密を探ってみることにしよう。

南部の平野にあるマラケシュは、遠方から水を引いてできたオアシス都市で、乾燥した風土の中にあって、建物の壁の赤茶色が強烈な印象を与える。そのメディナ（旧市街）は、一度入り込んだら出られないのでは、と不安になるほどの複雑きわまりない迷路である。

マラケシュといえば、すぐ話題になるのが、世界でも最もエクサイティングな見世物広場として名高いジャマ・エル・フナ広場である。ここにはあらゆる種類の見世物が繰り広げられ、屋台も無数に出て、夜遅くまで賑わいが絶えない。この広場の熱狂に溢れた光景を見ていると、都市は見世物的な要素と結びついた魔性を孕んでいる必要もあることを、強く印象づけられる。

ジャマ・エル・フナ広場

そしていよいよ、複雑な迷宮に入るわけだが、ここでも、あらかじめ入手できた詳しい地図が助けになった。それをじっと睨み、この見世物広場の背後から、都心の商業空間と住宅地の関係が面白そうなエリアを選び、狭い迷宮状の道を中へ、中へと入っていった。

ここにも先ず、イスラーム世界の都市を特徴づける賑やかで華やぎのあるスーク（市場）の商業空間が発達している。小さい店がびっしり並び、集積度のきわめて高い商業空間を形づくっている。スークでは、カーペット、貴金属、布地、靴、香料、金物、木工といったように、業種ごとにゾーンに分かれ、それぞれ独特の雰囲気を漂わせる。呼び声、騒音が溢れ、独特の活気に満ちた空間である。町人地に源流をもつ日本の商店街では、本来、そこに住みながら商売が行われてきたが、スークには人が住んでおらず、夜になると鍵を掛けて帰宅する。もっぱら商売のためだけの空間で、職住を分ける近代都市の発想を先どりしていたともいえる。暑さや強い陽射しから守るために、スークの上には、よしずなどで簡単な屋根が架けられる傾向がある。

十九世紀のパリに登場したパッサージュ、あるいは日本の駅前商店街にあるアーケードの発想は、実はイスラーム世界のスークやバザールで先ずは発達したものである。

迷宮都市の高度な計画性

ここで私たちは、一つの発見をした。マラケシュのこの喧騒に満ちたスークの道からは、裏手に広がる住宅地への入口がまったくとられていない。それは明らかに、意図されたものに違いない。スークは広域ネットワークの各地から旅人や商人がやってくる。いわばインターナショナル・シティであり、そこへは迷わずアクセスできる必要がある。だが、そこに集まる外来者が、裏手に広がる住民の生活空間としてのドメスティック・シティに勝手に入ってきたのでは困る。そこで、治安を考え、住民の落ち着いた生活を保証するために、住宅地への入口はスークから遠い位置に設けるという工夫を見せているのである。イスラームの迷宮都市の中に秘められた一つの計画性といえる。迷宮にはそもそも、計算された規則性や秩序があるものである。

そして、もう一つ、面白い発見ができた。商業空間のスークと住宅地への入口との間に、コミュニティにとって必要なサービス施設がずらっと並んでいるのである。スークからゲートを潜って横道に入り、もう一つゲートを潜ると、立派な「ムワーシーンの泉」のある小広場に出る。この泉は、西隣にあるこの地区の中心としてのモスクと同様、十六世紀に名門ムワーシーン家の寄進によってつくられたもので、昼間、スークの狭い店舗でずっと働く人々にも、通行人や旅人にとっても有難い都市施設だった。この泉の手前の路地を入ると、イスラーム社会には欠かせない公衆浴場（ハンマーム）がある。特にモロッコでは、今もハンマームがコミュニティ施設として生きている。

また、泉の先の狭い路地を入り、L字形に折れると、公衆トイレに出る。中庭を囲む立派な施設である。イスラーム世界の都市では、ヨーロッパのようにトイレ探しに困ることはない。ちょっとしたモスクの近くには必ずトイレが見つかる。人が集まる公的な場所にトイレを設けるという発想は、古代ローマ時代の都市づくり以来の地中海世界の伝統であるが、公衆浴場とともに、それがヨーロッパよりもむしろイスラーム圏の都市に受け継がれてきたという点が興味深い。都市性の高さを計る一つの尺度といえよう。

安全で平和で快適な暮らしの場

では、いよいよ、モスクのすぐ南にあるアーチ状の門から住宅地に入ろう。かつてはここにも扉がついていて、夜は閉めていた。この奥は、まさに究極の迷路。正確には、長い長い袋小路である。入口から二〇〇メートルも入り込んで、ようやく行き止まりとなるものが何本もある。地図上で見ると、まるで蟻の巣を平面的にしたように、複雑に道路網が入り組んでいる。

どこまでもクネクネと折れ曲がって続く狭い道には、あちこちで住宅がかぶさってトンネル状となり、上から差す光と影の変化が、この迷宮空間をドラマチックに演出している。こんなに狭い路上でも、子供たちがサッカーや石蹴りに興じている。建物の道側にはほとんど窓がなく、マラケシュ独特の明るい茶色の壁が続く。その中を鮮やかな色彩の伝統衣装に身を包んだ女性が次々に通るから、絵になることこの上ない。

暗くていささか鬱陶しい路地から、扉を開けて家の中に入ると、まったく異なる世界が待ち受けている。軽快なアーチやバルコニーで美しく飾られ、タイルで明るく彩られた中庭には、真ん中に噴水があり、樹木が植えてある。安全で平和な家族の暮らしの場がここに保証されている。住み心地も最高だという。結局、調べた六軒のどれもがごく普通の一般庶民の家であったが、すべて美しい中庭をもっていた。

この静かで落ち着いた中庭の住宅から路地を抜けて表へ出れば、喧騒に満ちたスーク。そして過激な見世物空間としての広場が続く。こうした静寂と喧騒のコントラストこそ、中東・地中海世界の長い歴史的経験の上につくられたアラブ・イスラームの迷宮都市ならではの興味深い特徴といえよう。

アンダルシア——異文化との融合

イスラームの建築の枠

イスラーム文化が生んだ魅力溢れる建築空間を身体で感じるには、グラナダのアルハンブラ宮殿を訪ねるのがよい。この町の丘の突端につくられた堅固な城構えの中に、美しい中庭を囲む「地上の楽園」のような空間が実現されている。人々の精神的な価値と結びついた宗教建築に比べ、実用性を重んじる宮殿や住宅建築というのは、案外残りにくかった。中世（十三~十五世紀）につくられたこのアルハンブラは、世界の中でも今日に受け継がれた最古のイスラームの宮殿、あるいは住宅建築を今日に伝えている。この王宮には、まさにイスラームの芸術、建築の粋が集められている。

そもそも、王宮の中央部分の構成全体がいかにもイスラーム建築らしくできている。ヨーロッパの宮殿のような全体を統合する強い軸線や空間のヒエラルキーはない。パティオ（中庭）を中心とする閉じた心地よい小宇宙が、迷路的に結ばれており、意外性をもって次々に出現する。先ずは、軽快な柱廊が長方形のプールに美しい姿を映す「アラヤネスのパティオ」に出る。そして最も奥に秘められた「獅子のパティオ」へと導かれる。中央に獅子の噴水をもち、林立する繊細な円柱で囲われたこの中庭は、椰子の生い茂る安らぎに満ちた美しい楽園を象徴しているように思える。

噴水は繊細で、わずかしか水を立ち上げない。そして部屋の中にも、細い水路と可愛い噴水を取り込み、佇む人間に水が語りかける。回廊の巡る空間を巧みに生かした光と影の演出がまた見事である。柱に光が当たると陰影がくっきり浮かび、壁面に繊細な表情の凹凸が生まれる。色彩豊かなタイルをはじめ、壁面の装飾の美しさも目を奪う。ヒューマン・スケール（人間的寸法）でつくられた空間の親密さと居心地のよさに、誰もが魅了されるに違いない。まさにイスラーム建築の真骨頂といえる。

アルハンブラの中には、新たな支配者、キリスト教徒のカルロス五世がいかにも西欧的なルネサンスの原理で付け加えた、四角形の平面の内部に円形の回廊式の中庭をもつ宮殿建築がある。それ自体は知的で面白い建築ではあるが、華麗に語りかけ人間の身体を悦ばせるイスラームの宮殿建築を体験したあとでは、いかんせん何の興趣も感じられない。頭で理性的に考えられた空間と、身体および五感のすべてから発想された親密な空間との間の、文化の質の違いは歴然としている。

今に受け継がれるイスラームの都市施設

グラナダの町そのものにも、イスラームの要素が随所に受け継がれている。ダウンタウンの中心にあるカテドラルは、もとの大モスクの位置に建っている。隣にあるかつてのマドラサ（学校）は、今の大学として受け継がれ、内部にはムデハル様式と呼ばれる、イスラーム様式とキリスト教的要素が混ざり合った独特の様式が見られる。

そのすぐ近くには、アラブ都市のスークのような雰囲気のアルカイセリアという商業空間があるし、その奥に、もともと十四世紀初めに一種の隊商宿としてつくられたカーサ・デル・カルボン（石炭の家）という名の古い建物がある。中庭をもった、まさにアラブ世界のハーンにあたる都市施設である。ダロ川に沿って上った所に、十一世紀につくられたアラブ式の公衆浴場の跡が残っているのも、興味深い。このように、グラナダには、大モスク、マドラサ、スーク、ハーン、そして公衆浴場という、イスラーム都市を読むために必要なキーワードがすべて揃っているのである。

しかも、斜面にゆったりと広がる古いアルバイシン地区を歩くと、イスラーム時代から受け継がれてきたに違いないパティオをもつ住宅群の姿を見ることができる。また、旧モスクのミナレット（塔）が鐘楼に転用された面白い教会に幾つも出会える。こうしてイスラーム文化とヨーロッパ文化が融合した空間を身体で感じつつ歩くのは、興味深い体験である。アンダルシアを代表する他の町、コルドバでもセビーリャでも、同じような感覚で町歩きを楽しめる。

アルコス——異文化との混淆を語る町

アンダルシアには、知られざる魅力的な小都市も多い。アルコス・デ・ラ・フロンテーラもその一つで、セビーリャから南東に車で二時間ほどの所にある。もはやモロッコにもだいぶ寄った位置にあり、風土や文化の上での共通性が感じられる。

アルコスは、私たちのイメージするアンダルシアの都市イメージにぴったりの町である。切り立った崖の上に密度高くつくられた斜面都市で、白く輝く迫力ある都市風景を見せる。中に入ると、道が複雑に入り組み、迷宮状の空間をなす。どの家も、内側に素敵なパティオをもっていて、そこが人々のゆったりとした暮らしの舞台となっている。

私たちは、このまさに理想的なアンダルシアの小都市と出会った。異文化との混淆を語る上でも格好の都市なのである。セビーリャやコルドバのように知られた大きい町ではなく、小さい町でアラブ文化の影響を象徴する「パティオ」をもつ住宅のある町を探したいという私たちの思いに、アルコスが見事に応えてくれた。

アルコスに残る歴史層

いかにも地中海都市らしく、この小さなアルコスも、幾つもの歴史の層を重ねている。ローマ起源であるこの町は、八世紀にイスラームの支配下に入り、都市として発展した。すぐ横をグアダーレ川が流れ、片側が崖になった高い丘の上にあるアルコスは、水利の面でも軍事上の都合からも地理的好条件に恵まれ、栄えていた。しかし、スペイン北部から始まったレコンキスタ（キリスト教徒による国土回復運動）によって、ムスリムは十三世紀半ばにこの町から追い出された。

丘の上に発達したアルコスの旧市街（撮影：伊藤喜彦）

しかし、アルコスには今もなお、イスラーム時代の都市の痕跡が様々な形で刻まれている。中心の高台にあるサンタ・マリア教会は、大モスクの上に十三―十四世紀に建てられたもので、アプス（後陣）の背後に現在もミフラーブ（礼拝の方向を示すアーチ状のくぼみ）の跡が残されているという。その近くにあり、絶壁の上に威容を誇る支配者の城は、イスラーム時代の十一世紀につくられた城塞を受け継いでいる。重要な尾根道に沿ったサン・ペドロ教会の内陣部分は、イスラーム時代の要塞を受け継ぐものである。また、南東へ下った所に、やはりイスラーム時代の城塞の一部と城門が残っている。だが、その城門の中に、現在はマリア像が祀られ、その両文化の混在した面白い造形を

イスラーム時代のものを受け継ぐ城門。アーチの上部にマリア像が見える

見せている。

イスラーム文化の影響は、モニュメンタルな建物だけではなく、都市空間の隅々まで反映していると考えられる。先ずは、複雑な街路パターンに受け継がれているはずであるし、アラブ文化と共通する中庭（パティオ）を囲む住宅にも色濃くその影響が見られるのである。

丘の上の高台から都市の建設が始まったというのは、イタリアの都市ともよく似ている。敵から守るにも、疫病から守るにもよかったはずである。高台を行く尾根道が都市形成の軸になった。そこに主要な教会、権力者の館などが置かれている。

十六―十八世紀につくられた貴族の館（パラショ）が幾つもあるが、いずれも、旧市街の比較的中心部分に分布している。とはいえ、必ずしも、尾根を行く主要道路に面しているわけではなく、わき道からアプローチするように工夫しているものも多い。主要道路をさけて、奥まった落ち着いた住宅地に立地している立派な邸宅もたくさんある。どう見ても、イタリアをはじめとするヨーロッパ型の都市のでき方とは、かなり違っている。イスラーム世界の都市との親近性がそこにもある。

パティオ型住宅

石灰で白く塗られた家並みを見ながら、その迷宮的都市を歩くのは、楽しい。ヨーロッパの普通の町に比べ、明らかに街路の側に窓が少ない。その分、内側のパティオに面して開き、快適な生活空間を保証しているのである。アルコスの人々はこのパティオを大いに自慢している。観光客はまだ少ないものの、パティオを訪ねて歩くガイド付きのツアーが組織されている。

アルコスのパティオは、マグリブ（アフリカ北西部のチュニジア、アルジェリア、モロッコの総称）のイスラーム都市の中庭とよく似ている。だが、アラブ都市の住宅以上に緑をたっぷり取り込み、涼しげで居心地のよい生活の場を生んでいる。

どの家にも、パティオの下に雨水を蓄える貯水槽があり、今もつるべで水を汲み上げ、それを鉢植えの植物にやって、緑を大切にしているのが印象的である。ただし、アルコスでは雨水はあくまで生活用水であり、飲料水にはならなかった。今はもちろん水道があるが、かつては下の泉まで汲みに行っていたという。どの地域でも水の確保には、それぞれ工夫があった。こうした居心地のよい中庭は、アラブ世界と同じように、戸外のサロン的に生活の中で使われている。それを囲む一階の部屋が、相変わらず生活空間として重要性をもち続けているというのは、ヨーロッパの中ではこのアンダルシア、南イタリアの一部などにしか見られない地中海的な特徴である。だが、レコンキスタ以後、キリスト教化し、アルコスがアラブ色を薄め、ヨーロッパ的な町として発展してく過程で、パティオ型の家のつくりにも変化が起こったと考えられる。モロッコやチュニジアの住宅と比較すると興味深い。

家族のプライバシーを重んじるアラブ社会の都市では、住宅の中庭は外の街路を歩いていて、まったく見えない。内部の私的生活を外来者の目から守るために、覗かれないように工夫するのである。玄関からのアプローチの通路は、どれも意図的にL字型に折れ曲げられている。それに対して、アンダルシアの住宅では、真ん中から真っ直ぐ入れることは避けるが、やや斜めに振った入口通路の奥に、美しく飾られたパティオの一部を、ちょっと自慢気に見せていることが多い。見え隠れする美学がある。家の内と外の意識が少しばかり変化しているのが、興味深い。これがルネサンスのイタリアの邸宅となると、中央から堂々と真っ直ぐ入れて、奥に中庭を左右対称に置き、その全体像をしっかり見せる演出をとる。そこには隠すという奥ゆかしさはない。

小広場でのイベント

それとも関連して、大きな違いが生じている。アラブ社会にあっては、モロッコでもチュニジアでも、伝統的には、血のつながった大家族が同じ中庭を囲んで一つの家に住む傾向を見せてきたが、アンダルシアではアルコスのような小さな町でも、大半のパティオ型住宅には、血縁関係にない多くの家族が、まさに集合住宅のようにして一緒に住んでいる。パティオから外階段が立ち上がり、各住戸へのアプローチのための外廊下が上方の壁沿いに巡る。こうしたごく普通の住宅では、パティオも屋上も、特定の家族には属さず全家族のもので、掃除も修理も分担して行うという。

地中海世界では、外来者から家族の生活を守るというある種のプライバシーを住宅のつくりが早くから保証したが、近代の個人主義とはまったく異質な、隣人と関係をもちながら、ある時はそれを楽しみつつ、ゆとりをもって暮らすセンスを今も持ち続けている。そこに他者を排斥しない懐の深さ、暖かさが感じられる。

この町にも、アラブ都市と似て、広場は少ない。だが、住宅地の中にとられたほとんど唯一の小広場は、時折、屋外の催し物に使われる。私たちの滞在中にも、「フラメンコの夕べ」と銘打ったイベントが行われた。夕方から準備が進められ、日がとっぷり暮れた九時頃から、大勢の住民が集まった広場で、コンサートが始まった。調査中に馴染みになった家族の姿も多い。ギターの演奏をバックに、男女の歌手がフラメンコの音楽を切々と歌い上げ、拍手喝さいを浴びた。夏の夜の開放的で楽しいひと時を、こうして町の人々は広場で満喫するのであった。

トルコ——多様な風景を誇る国

都市や集落の風景を語るのに、トルコほど豊かな材料を提供してくれる国も少ないだろう。古い歴史を誇り、地形や気候が変化に富み、民族的にも多様なこの国には、色々な生活の様相が見られる。

アナトリアの北部では、地中海の周辺地域としては珍しく、木造文化が発達している。ブルサやサフランボルに代表されるような、緑の多い斜面に木造民家が並ぶ絵画的な風景は、シリアに近い東南トルコの乾燥地域に出ると、石造りの中庭型住宅が支配的になるし、日干し煉瓦の民家が並ぶ集落も少なくない。また、イズミール周辺の西部の海沿いでは、いかにも地中海らしいカラフルな漆喰を塗った石造の住宅群が目を引く。このようなトルコを旅していると、風景の変化を見ているだけでも興味は尽きない。

私の研究室では、黒海沿岸地域西部の内陸部にあるキャラバン都市、ギョイヌックを一九九九年に調査した。山に囲われる谷あいに発達した小さなキャラバン都市であり、斜面の緑の中に木造建築がリズミカルに並ぶ美しい風景は、これぞトルコの都市という印象を与える。

一階は石造、上階は木造

キャラバンルートの山道からギョイヌックに近づくと、ぱっと視界が開け、眼下に、谷間の斜面に発達した町の全貌が広がる。素晴らしい町との出会いである。ギョイヌックも、他の多くのトルコ都市と同様、城壁をもたない。斜面地に起伏を生かし緑をたっぷり取り込みながら、自然と都市が融合したのどかな独自の生活空間をつくり出したのである。

ビザンティン時代に城塞があった中央の丘に立つ塔がランドマークとして見える。川沿いの低地に、ミナレット（モスクの塔）の聳える大モスクと墓廟、立派な公衆浴場などがあり、そこからゆるやかに斜面を登るキャラバンルートに沿って、いかにもイスラームの都市らしいチャルシュ（商店街）が伸びている。男どもの集まるチャイハネ（茶屋）や床屋が幾つもあり、社交の場となっている。

絵画的風景の木造建築群　サフランボル

ギョイヌックの町並み

住宅地は、いく筋もの街路に面して、広く分布しているが、いずれも斜面を巧みに利用して置かれている。まわりに庭、菜園などの空間をとり、一戸建ての形式でゆとりをもちながら住宅が並ぶが、主要街路沿いなどでは、隣と壁が接して連続的な町並みを構成する。

木造とはいえ、実は一階は石造であり、上階をがっちり支えている。一階は入口、倉庫、そして家畜小屋にあてられ、家族の生活空間は上にとられる。

室内に入るには、靴を脱ぐ。

斜面に建ち並ぶから、どの家においても、上の部屋から眺望を楽しむことができる。これこそトルコの特徴で、同じイスラームの文化圏でも、外部に閉じ中庭側のみに開くアラブの住宅とは、考え方がまったく異なる。家の中から眺望を楽しめるということは、逆に、外から見た時に、素晴らしい景観を生む可能性があることを意味する。実際、ギョイヌックの住宅の中にも、外観を飾る意識が強く見られる。

内部の構成を見ると、中央にソファと呼ぶ広間をとり、両側に居室を並べる。インテリアを美しく飾り、居心地のよい生活空間をつくっているのは、イスラーム世界に共通する。家に居ることの多い女性たちが、快適に過ごすことを考えてのことでもある。

ギョイヌックの住宅。二階が道路に張り出している

木造の特徴を生かし、二階を外へ張り出す形式が発達した。内部の床面積を少しでも広げるメリットがあるばかりか、景観の上でも大いに効果をあげている。道路際の敷地が不整形な時には、これが大いに威力を発揮する。石造の一階は敷地に合わせて歪めてつくっておき、二階は道路への張り出しを活用してちゃんと矩形にできる。ギョイヌックの住宅は、出窓を自在に活用し、外観に左右非対称の面白い効果を生んで、道行く人たちの目を大いに楽しませてくれる。木造建築ならではの景観演出の妙といえよう。

山間の小都市だけに、日本とも同様、過疎化が進み、町もいささか活気を失っている。だが近年、民家の保存への動きが出てきて、立派に修復され、ホテルとして蘇った伝統的な住宅もある。

あとがき

幸い、日本でのイタリアの人気は相変わらず高く、毎日のようにＴＶで色々な都市が紹介されている。かつては敬遠されがちだった南イタリアの都市を訪ねる方々も、このところ急増している。日本が今、求めているものが、このイタリアという国に見出せるという感覚が、人々の間で共有されているのであろう。

イタリア都市の魅力を系統立てて説明するのは簡単ではない。だが、思いつくままに挙げてみよう。

古代からの圧倒的に長い歴史。しかも、幾重にも時を刻んだ都市が今なお持続し、魅力的な暮らしの舞台となっている。地形・自然条件が変化に富み、多様な立地条件にみ合った複雑な空間構造とダイナミックな造形、景観がそこにある。

都市空間をデザインする造形感覚、美意識が抜群で、格好いい広場、街角が至る所に存在する。

その上、恵まれた気候のおかげで、広場、街路、路地、中庭などの外部空間が人々の交流の場として積極的に使われている。社交性に富むその人々の振る舞いがどこか演劇的でもある。イタリア人のおしゃれ感覚もこうした都市の在り方と結びついているに違いない。

さらには、歴史と自然の豊かな蓄積を現代的な感覚でお洒落に使いこなすのが上手い。要は、建物、広場などハードな器を今に活かすソフトの演出も巧みなのだ。

そして近年、新たな魅力として、大きく注目されてきたのが、都市の周辺に広がる田園の魅力だ。自然・地形条件の多様さのおかげで、田園風景がこれほど変化に富む国も少ない。しかも、都市と田園の密接な関係の再評価が進み、スローフード運動が提唱する地産地消の動きの高まりとともに、各地でローカル色豊かな料理とワインをさらに楽しめるようになってきた。もはや、イタリアは都市だけ見ていたのでは駄目で、周辺に広がる地域と一体となってその底力を発揮する状況に目を向ける必要がある。

以上だが、グローバリゼーションのもと、画一化、均一化が進めば進む程、イタリアの個性ある都市の在り方が評価される、という関係にある。

本書は、こうした特徴をもつイタリア都市を対象に、一九八〇年代末から色々な機会に発表してきた論考、エッセイを一冊に編んだものである。書名に「空間人類学」という言葉を用いた経緯、ねらいは、序論に詳しく書き記してある。

それに関連して、少しだけ付け加えておきたい。「外国のことを我々日本人が研究する意味はどこにあるか」と私はいつも自問自答する。建築や都市空間の分野でいうと、造形感覚にすぐれたイタリア人は、やはりその形態、造形、構造、様式など、つまりハードな面に強い関心を示す一方、その空間や場所の使い方、そこにおける人間関係など、ソフトな面にはあまり興味をもたないように見える。彼ら自身が演劇的な振る舞いを得意とし、空間を濃密に使いこなしているから、あえて自覚してその研究に取り組む必要はないのかもしれない。

日本は逆で、伝統的に民家の空間の使い方に関する民俗学的な研究が行われてきたし、寝殿造りの邸宅内部の使い方、儀式の在り方など、空間と人間の行為、使い方に関する建築史の研究にも多くの蓄積がある。イタリアでは、伝統的に建築の用途との対応を示す平面図よりも造形の美を表現する立面図を重視してきたのに対し、日本では間取り、使い方を示す平面図が絶対的に重視されてきたことも、両者の違いを端的に示している。日本ではさらに、現代の建築家達も、家族の在り方と部屋の配置の相互関係を細やかに観察・考察し、新たな提案をするといったアプローチにおおいに関心をもつ傾向がある。

また日本には、「聖と俗」、「ハレとケ」や「奥」、「間」、「結界」といった場所の意味を読み解く方法、概念が発達している。こうした発想を自ずと身につけた我々が、イタリアの石造りでできた住居、都市を対象に、その使い方、人間と空間の関係を細やかに観察し、分析考察することは大きな可能性をもつはずである。ちなみに、イタリアには、歴史学、考古学が極めて発達している反面、文化人類学が手薄であり、また日本の民俗学のような学問はほとんど存在しないと言ってよい。

実際、法政大学の我々の研究室の研究成果に対し、こうした観点から評価を与えてくれるイタリア人の専門家が多い。サルデーニャの小さな出版社から刊行された我々の本 *La Sardegna vista dai giapponesi L'architettura popolare, la vita, le feste* (Nuoro, 2004) は、訳すと『日本人から見たサルデーニャ：民衆の建築、生活、祝祭』となり、まさに「空間人類学」の視点に注目してくれている。

また、我々の研究室で取り組むトスカーナのオルチア川流域（ユネスコの世界遺産）に関する研究成果に基づく国際シンポジウムが企画された際に、主催者のローマ大学教授、パオラ・ファリーニ氏が選んだタイトルは、「オルチア川流域：空間人類学としての文化的景観」であった。こうした経験から見ても、イタリア都市を「空間人類学」の立場から研究することは、我々にとって大きな可能性があると思うのである。

外国のことを日本人が研究する意味に関し、我々にはもう一つ、大きな強みがある。日本の大学には、ゼミ、あるいは研究室という制度があり、学部学生から修士、博士まで、年齢も経験も異なる学生達が集まり、大家族のような機能をもつ。こうした制度は世界中でも日本にしか無いようで、人手の要る大がかりな都市の実測調査は、日本の建築学科のお家芸ということになる。幸い、私も法政大学の自分の研究室のメンバーと毎年、イタリア、あるいは他の地中海世界の都市に出掛け、フィールド調査を継続して行うことができた。

本書が生まれる切掛けは、二〇一〇年六月に弦書房から『イタリアの街角から――スローシティを歩く』を刊行していただいたことにある。その前年、西日本新聞での五十回に渡る連載「イタリアの街角より」の企画を聞きつけた弦書房の野村亮氏が、すぐに出版を約束。連載原稿を核として、一冊のイタリア都市に関するこのエッセイ集を編んで下さった。

幸い好評を得たので、その延長上に、今度は、より本格的なイタリア都市論の本の刊行という企画をご提案いただき、「空間人類学」という書名を想定しつつ、書きためていた論考、エッセイ、講演集などをもとに本書がまとまった。

多岐にわたる様々な文章を整理、分類して明快な本の構成を考え、精力的に編集の作業を進めて本書の刊行に漕ぎ着けて下さった野村亮氏には、心より感謝申し上げる。そして、弦書房からの前著に続き、素敵な装丁をして下さった毛利一枝さんにも、厚くお礼を申し上げる。また、これまで論考、エッセイなどの執筆の際に担当下さった各誌の編集者の方々にもこの場を借りてお礼を述べたい。

なお、本書に収めた文章は、最小限の修正を除き、基本的に発表時のものであるが、町、街、まちの表記に関しては、今回は、町に統一した。一般に、日本の伝統的な場所は町、原宿や恵比寿のような現代的な場所は街と書くことが多いが、ヨーロッパに関しては、必ずしも明確な傾向はないように思える。私の中では、比較的最近は、イタリアの都市が現代的なセンスで再生され、魅力を高めてきたことから、街を使うことも多かったが、本書では「空間人類学」として都市の基層を論ずることを考え、原点に戻り、町に統一してある。

最後にひとこと。本書は、法政大学の研究室の学生たちと一九九三年以来、継続してきたイタリア都市調査の体験によるところが大きい。この十数年、調査の企画実施を牽引してきた稲益祐太氏をはじめ、イタリア各地での調査に参加した大勢の元学生諸君に心から感謝したい。

二〇一五年八月

陣内秀信

【初出一覧】

〈Ⅰ 空間人類学から読むイタリア都市〉

イタリアと日本　『公共空間としての都市』岩波書店、二〇〇五年
都市空間の中の異次元空間　『「未開」概念の再検討Ⅰ』リブロポート、一九八九年
地形と都市の立地　『イタリア文化事典』丸善、二〇一一年
都市空間の中の聖と俗　『地中海学会月報』地中海学会、二〇〇九年
中世海洋都市の比較論　『中世の文化と場』東京大学出版会、二〇〇六年
都市風景の南と北　『日伊文化研究XL』財団法人日伊協会、二〇〇二年
祝祭空間としての広場　『地中海学研究Ⅸ』地中海学会、一九八六年
都市の劇場性　『19世紀学研究』19世紀学学会・19世紀学研究所、二〇〇九年
都市と水と人間　『水景の都市（季刊大林別冊）』大林組、二〇〇九
住宅と町並みの比較　『まちなみ大学講義録』住宅生産振興財団、一九九七年
ヴェネト都市の多様な住まい方　『QUATTRO STAGIONI 18』レーシング・クラブ・インターナショナル、二〇〇一年
南イタリア都市の袋小路を囲むコミュニティ　『QUATTRO STAGIONI 17』レーシング・クラブ・インターナショナル、二〇〇一年
底力を発揮したイタリア都市　『みなとみらい』みなとみらい21街づくり協議会、二〇〇一年
それはボローニャからはじまった　『approach』竹中工務店、二〇〇四年
イタリアの魅力的な小さな町　『city life No.78』財団法人第一住宅建設協会、二〇〇五年
歴史的ストックの活用法　『ファクト』日建設計、一九九三年
都市を読む　『まちなみ大学講義録』住宅生産振興財団、一九九八年

〈II イタリア都市論〉

ヴェネツィア　NHK人間講座『地中海都市のライフスタイル』日本放送出版協会、二〇〇一年

海が生んだ都市文化　『星美学園短期大学日伊総合研究所報5』二〇〇九年

水上の祝祭都市　『イタリア研究会報告集№22』イタリア研究会、一九九〇年

ヴェネト　NHK人間講座『地中海都市のライフスタイル』日本放送出版協会、二〇〇一年

フィレンツェ・建築と都市の革新　『美術史論叢21』東京大学大学院人文社会系研究科・文学部美術史研究室、二〇〇五年

シエナ／ローマ／ナポリⅠ　NHK人間講座『地中海都市のライフスタイル』日本放送出版協会、二〇〇一年

ナポリⅡ　『QUATTRO STAGIONI 4』レーシング・クラブ・インターナショナル、一九九七年

アマルフィⅠ　NHK人間講座『地中海都市のライフスタイル』日本放送出版協会、二〇〇一年

アマルフィⅡ　『まちなみ大学講義録』住宅生産振興財団、二〇〇〇年

イトゥリア地方　*Il tempo della pietra* (A. Fiore, R.Venezia), Mario Adda Editore, Bari, 2012.

レッチェ　『日伊文化研究XXXVII』財団法人日伊協会、一九九九年

シチリアⅠ　NHK人間講座『地中海都市のライフスタイル』日本放送出版協会、二〇〇一年

シチリアⅡ　『まちなみ大学講義録』住宅生産振興財団、二〇〇〇年

シチリアⅢ　『QUATTRO STAGIONI 3』レーシング・クラブ・インターナショナル、一九九七年

サルデーニャ　『イタリア研究会報告集№70』イタリア研究会、一九九七年

イスラーム世界の中庭という宇宙　NHK人間講座『地中海都市のライフスタイル』日本放送出版協会、二〇〇一年

迷宮都市・チュニス　『まちなみ大学講義録』住宅生産振興財団、二〇〇〇年

マラケシュ／アンダルシア／トルコ　NHK人間講座『地中海都市のライフスタイル』日本放送出版協会、二〇〇一年

【図版引用文献】

I　空間人類学から読むイタリア都市

〈イタリア都市の歴史と空間文化〉

川田順造編『「未開」概念の再検討（1）』リブロポート、一九八九年。
小野有五「フランスの空間5　奥のない山」『地理』三十巻八号、一九八五年。
田島学「シエナ――イタリア中世都市の生と死」『SD』一九八一年七月号。
S.Dakaris, "To Ieron tes Dodones", *Archaeologikes Ephemeris*, Athens,1959.
M.Coppa, *Storia dell'urbanistica dalle origini all'ellenismo*, Torino, 1968.
L.Benevolo, *Storia della città*, Roma-Bari, 1975.
La Rocca, *Guida archeologica di Pompei*, Verona, 1976.
F.Çoarelli 他, *Guida archeologica di Roma*, Verona,1974.
L.Bortolotti, *Siena*, Roma-Bari,1983.
A.Zorzi, *Una Città una Repubblica un Impero Venezia 697・1797*, Milano,1980.
L.Benevolo, P.Boninsegna, *Urbino*, Roma-Bari,1986.
『プロセス・アーキテクチュア』（特集：東京エスニック伝説）№72、一九九一年。
L.G.Bianchi, E.Poleggi, *Una città portuale del medioevo*, Genova, 1987.
U.Mugnaini, *Approdi, scali e navigazione del fiume Arno nei secoli*, Pisa, 1999.
G.Cassini, *Piante e vedute prospettiche di Venezia (1479-1855)*, Venezia, 1982.
C.de Seta, L.Di Mauro, *Palermo*, Roma-Bari,1980.
陣内秀信・三谷徹・糸井孝雄編『広場』（S・D・Sシリーズ）新日本法規出版、一九九四年。

〈イタリアの都市空間〉
Architettura e Utopia nella Venezia del Cinquecento, Milano, 1980.

〈イタリアのコミュニティ〉
La Rocca, *Guida archeologica di Pompei*, Verona, 1976.
B.S.Hakim, *Arabic–Islamic Cities：building and planning principles*, London, 1986.
陣内秀信『地中海世界の都市と住居』山川出版会、二〇〇七年。
G.Perocco,A.Salvatore , *Civiltà di Venezia*, vol.2, Venezia, 1973.
Planimetria della città di Venezia edita nel 1846 da Bernardo e Gaetano Combatti ,Ponzano/Treviso ,1982.
『プロセス・アーキテクチュア』（特集：ヴェネト　イタリア人のライフスタイル）No.109、一九九二年。
L.Benevolo, *Storia della città*, Roma-Bari, 1975.
陣内秀信・朱自煊・高村雅彦編『北京——都市空間を読む』鹿島出版会、一九九八年。
『季刊 iichiko』（特集・シチリア都市の文学——シャッカ・斜面都市・コルティーレ）No.41、一九九六年。

〈イタリアの町づくり〉
P.L.Cervellati 他、*La nuova cultura delle città*, Milano, 1977.

II　イタリア都市論

〈ヴェネツィア〉
A.Zorzi, *Una Città una Repubblica un Impero Venezia 697・1797*, Milano,1980.

Venezia e l'Islam 828-1797（展覧会図録）, Venezia, 2007.
G.Perocco,A.Salvatore ,*Civiltà di Venezia*, vol.1, Venezia, 1973.
B.T , Mazzarotto, *Le feste veneziane*, Firenze, 1980.
Venezia e lo spazio scenico, La Biennale di Venezia（ヴェネツィア・ビエンナーレ建築展図録）,Venezia, 1979.

〈イタリア都市〉

P.Bargellini 他、*Firenze delle torri*, Firenze , 1973.
都市史図集編集委員会編『都市史図集』彰国社、一九九九年。

陣内秀信・三谷徹・糸井孝雄編『広場』（S・D・Sシリーズ）新日本法規出版、一九九四年。

陣内秀信『都市を読む＊イタリア』法政大学出版局、一九八八年。

福井憲彦・陣内秀信編『都市の破壊と再生——場の遺伝子を解読する』相模書房、二〇〇〇年。
E.Guidoni, *Vicoli e cortili*, Palermo, 1984.
陣内秀信・柳瀬有志『地中海の聖なる島　サルデーニャ』山川出版社、二〇〇四年。

陣内秀信・新井勇治『イスラーム世界の都市空間』法政大学出版局、二〇〇二年。

〈著者略歴〉

陣内秀信（じんない・ひでのぶ）

一九四七年、福岡県生まれ。東京大学大学院工学系研究科修了・工学博士。法政大学デザイン工学部教授。専門はイタリア建築史・都市史。

イタリア政府給費留学生としてヴェネツィア建築大学に留学、ユネスコのローマ・センターで研修。パレルモ大学、トレント大学、ローマ大学にて契約教授。

主な著書に『東京の空間人類学』（筑摩書房）、『ヴェネツィア――水上の迷宮都市』（講談社）、『シチリア――〈南〉の再発見』（淡交社）、『南イタリア都市の居住空間』（編著、中央公論美術出版）、『地中海世界の都市と住居』（山川出版社）、『イタリア　小さなまちの底力』（講談社）、『イタリア海洋都市の精神』（講談社）『イタリアの街角から――スローシティを歩く』（弦書房）など他多数。

サントリー学芸賞、建築史学会賞、地中海学会賞、イタリア共和国功労勲章（ウッフィチャーレ章）、日本建築学会賞、パルマ「水の書物」国際賞、ローマ大学名誉学士号、サルデーニャ建築賞二〇〇八、アマルフィ名誉市民、各受賞。

イタリア都市の空間人類学

二〇一五年十月五日　発行

著　者　陣内秀信《じんないひでのぶ》

発行者　小野静男

発行所　株式会社　弦書房
（〒810・0041）
福岡市中央区大名二－二－四三
ELK大名ビル三〇一
電　話　〇九二・七二六・九八八五
FAX　〇九二・七二六・九八八六

制作・忘羊社
印刷・製本　シナノ書籍印刷株式会社

落丁・乱丁の本はお取り替えします
© Jinnai Hidenobu 2015
ISBN978-4-86329-118-8　C1052

◆弦書房の本

イタリアの街角から
スローシティを歩く

陣内秀信 太陽と美食の迷宮都市、南イタリアのプーリア州を皮切りに、イタリアの建築史、都市史の研究家として活躍する著者が、路地を歩き、人々とふれあいながら、イタリアの都市の魅力を再発見。蘇る都市の秘密に迫る。〈四六判・260頁〉【3刷】2100円

身近なところからはじめる建築保存

頴原澄子 建築保存の専門家である著者が、建築保存やその取り組みについて、国内はもちろんイギリスやフランスなど海外の様々な事例を紹介しながら解説。建築物そのものを理解するために建築の「読み解き方」についてもふれる。〈四六判・172頁〉1800円

九州遺産 近現代遺産編101

砂田光紀 近代九州を作りあげた遺構から厳選した101箇所を迫力ある写真と地図で詳細にガイド。産業遺産（橋、ダム、灯台、鉄道施設、炭鉱、工場等）、軍事遺産（飛行場、砲台等）、生活・商業遺産（役所、学校、教会、劇場、銀行等）を掲載。〈A5判・272頁〉【7刷】2000円

赤土色のスペイン

堀越千秋 描き、書き、歌う日々！ スペイン在住30余年、画家でありカンテ（フラメンコの唄）の名手でもあるホリコシ画伯が辛口のユーモア溢れるエッセイでスペインと日本の今を切り取る。カラー88点、モノクロ50点の絵を収録。〈A5変型判・376頁〉2400円

眼の人 野見山暁治が語る

北里晋 筑豊での少年時代、画学校での思い出、戦争体験、パリでの暮らし、「無言館」設立への道、出会った人々、そして今。精力的に制作を続ける画家、野見山暁治が88年の人生を自ら語る。日本洋画史の同時代的でリアルな記録。〈四六判・224頁〉2000円

＊表示価格は税別